猪 生 产

黄国清 吴华东 主编

中国农业大学出版社
·北京·

内 容 简 介

　　《猪生产》以生产过程为依据,按照"学习情境—工作任务"的结构,构建养猪生产的 9 个学习情境(猪场建设与标准化生产、猪的品种及经济杂交、配种舍的生产、妊娠舍的生产、分娩舍的生产、保育舍的生产、育肥舍的生产、猪场饲料的生产与加工、猪场的经营管理),充分体现"以职业为先,岗位为重,素质为本"的现代职业教育理念。本课程在编写过程中,以养猪生产的工作岗位为行动导向,按照"理实一体化"进行课程的设计,突出理论知识的应用和实践能力的培养,强化学生对问题综合解决能力和职业能力的全面提升,充分体现专业性、应用性和先进性的原则。

图书在版编目(CIP)数据

猪生产/黄国清,吴华东主编. —北京:中国农业大学出版社,2016.6
ISBN 978-7-5655-1570-5

Ⅰ.①猪…　Ⅱ.①黄…②吴…　Ⅲ.①养猪学-中等专业学校-教材　Ⅳ.①S828

中国版本图书馆 CIP 数据核字(2016)第 101376 号

书　　名	猪生产		
作　　者	黄国清　吴华东　主编		
策　　划	赵　中	**责任编辑**	韩元凤
封面设计	郑　川	**责任校对**	王晓凤
出版发行	中国农业大学出版社		
社　　址	北京市海淀区圆明园西路 2 号	**邮政编码**	100193
电　　话	发行部 010-62818525,8625	**读者服务部**	010-62732336
	编辑部 010-62732617,2618	**出 版 部**	010-62733440
网　　址	http://www.cau.edu.cn/caup	**E-mail**	cbsszs@cau.edu.cn
经　　销	新华书店		
印　　刷	涿州市星河印刷有限公司		
版　　次	2016 年 6 月第 1 版　2016 年 6 月第 1 次印刷		
规　　格	787×1 092　16 开本　20.5 印张　505 千字		
定　　价	43.00 元		

图书如有质量问题本社发行部负责调换

教育部　财政部职业院校教师素质提高计划成果系列丛书

项目牵头单位　江西农业大学
项目负责人　黄国清

项目专家指导委员会

主　任　刘来泉

副主任　王宪成　郭春鸣

成　员　（按姓氏笔画排序）

刁哲军　王继平　王乐夫　邓泽民　石伟平　卢双盈
汤生玲　米　靖　刘正安　刘君义　孟庆国　沈　希
李仲阳　李栋学　李梦卿　吴全全　张元利　张建荣
周泽扬　姜大源　郭杰忠　夏金星　徐　流　徐　朔
曹　晔　崔世钢　韩亚兰

编写人员

主　编　黄国清（江西农业大学）

　　　　吴华东（江西农业大学）

副主编　陈功义（河南农业职业学院）

　　　　朱淑斌（江苏农牧科技职业学院）

　　　　郑云林（江西农业大学）

参　编　于桂阳（湖南永州职业技术学院）

　　　　游金明（江西农业大学）

　　　　杨孟鸿（赣州农业学校）

　　　　张君胜（江苏农牧科技职业学院）

　　　　付水广（江西科技师范大学）

　　　　刘燕娜（赣州农业学校）

　　　　万敏慧（江西永辉生态养殖有限公司）

　　　　韩　伟（湖南天心种业有限公司）

　　　　李　文（江西万佳果业科技发展有限公司）

出版说明

《国家中长期教育改革和发展规划纲要（2010－2020年）》颁布实施以来，我国职业教育进入加快构建现代职业教育体系、全面提高技能型人才培养质量的新阶段。加快发展现代职业教育，实现职业教育改革发展新跨越，对职业学校"双师型"教师队伍建设提出了更高的要求。为此，教育部明确提出，要以推动教师专业化为引领，以加强"双师型"教师队伍建设为重点，以创新制度和机制为动力，以完善培养培训体系为保障，以实施素质提高计划为抓手，统筹规划，突出重点，改革创新，狠抓落实，切实提升职业院校教师队伍整体素质和建设水平，加快建成一支师德高尚、素质优良、技艺精湛、结构合理、专兼结合的高素质专业化的"双师型"教师队伍，为建设具有中国特色、世界水平的现代职业教育体系提供强有力的师资保障。

目前，我国共有60余所高校正在开展职教师资培养，但由于教师培养标准的缺失和培养课程资源的匮乏，制约了"双师型"教师培养质量的提高。为完善教师培养标准和课程体系，教育部、财政部在"职业院校教师素质提高计划"框架内专门设置了职教师资培养资源开发项目，中央财政划拨1.5亿元，系统开发用于本科专业职教师资的培养标准、培养方案、核心课程和特色教材等系列资源。其中，包括88个专业项目，12个资格考试制度开发等公共项目。该项目由42家开设职业技术师范专业的高等学校牵头，组织近千家科研院所、职业学校、行业企业共同研发，一大批专家学者、优秀校长、一线教师、企业工程技术人员参与其中。

经过3年的努力，培养资源开发项目取得了丰硕成果。一是开发了中等职业学校88个专业（类）职教师资本科培养资源项目，内容包括专业教师标准，专业教师培养标准、评价方案以及一系列专业课程大纲、主干课程教材及数字化资源；二是取得了6项公共基础研究成果，内容包括职教师资培养模式、国际职教师资培养、教育理论课程、质量保障体系、教学资源中心建设和学习平台开发等；三是完成了18个专业大类职教师资资格标准及认证考试标准开发。上述成果，共计800多本正式出版物。总体来说，培养资源开发项目实现了高效益：形成了一大批资源，填补了相关标准和资源的空白；凝聚了一支研发队伍，强化了教师培养的"校—企—校"协同；引领了一批高校的教学改革，带动了"双师型"教师的专业化培养。职教师资培养资源开发项目是支撑专业化培养的一项系统化、基础性工程，是加强职教教师培养培训一体化建设的关键环节，也是对职教师资培养培训基地教师专业化培养实践、教师教育研究能力的系统检阅。

自 2013 年项目立项开题以来，各项目承担单位、项目负责人及全体开发人员做了大量深入细致的工作，结合职教教师培养实践，研发出很多填补空白、体现科学性和前瞻性的成果，有力推进了"双师型"教师专门化培养向更深层次发展。同时，专家指导委员会的各位专家以及项目管理办公室的各位同志，克服了许多困难，按照两部对项目开发工作的总体要求，为实施项目管理、研发、检查等投入了大量时间和心血，也为各个项目提供了专业的咨询和指导，有力地保障了项目实施和成果质量。在此，我们一并表示衷心的感谢。

指导委员会
2016 年 3 月

前　言

　　猪生产是动物科学本科专业的专业课程，是在学习畜禽解剖生理、动物生物化学、动物微生物学、生物统计附试验设计、饲料营养与饲料、畜禽繁育等课程基础上开设的一门综合性、实践性很强的课程。本课程从养猪企业饲养和管理岗位的职业能力分析入手，以中国养猪生产实际上的难点、存在的问题和工艺流程为主线，以应用能力培养为重点，打破原有的学科体系设置，本着"理论学习是基础，实际动手是方向，解决生产实际中的问题是重点"的思路，将传统养猪生产课程的内容进行整合和优化，在突出基础理论知识的基础上，着重应用和实践能力的培养，强化学生在生产实践中发现问题、分析问题、动手解决问题能力和职业能力的全面提升，充分体现专业性、应用性、科学性和先进性的原则。通过本课程的学习，使学生掌握养猪生产的基本知识和基本技能，同时培养学生创新能力和实践能力，为今后走上工作岗位打下较坚实的基础。

　　本教材在内容编排上，紧紧抓住"养猪生产技术及其应用"这条主线，以工作过程为导向，以猪生产过程为依据，按照"学习情境—工作任务"的结构，构建养猪生产的9个学习情境33个工作任务，充分体现"以职业为先，岗位为重，素质为本"的现代教育理念。

　　本教材按照"以岗位能力培养为核心、以工作任务为载体"的要求，"教、学、做"一体化的体例进行编排，有利于"理实一体化"教学的全面实施。每个工作任务设有若干个项目，每个工作任务理论学习与实训操作相结合，让学生边学习边操作，边理解边记忆。在注意理论教学的基础上，重点突出现场实境教学，结合企业参观、专题讲座、实训操作、小组讨论、网络互动等模式组织教学，使学生边学边做、边做边学，从而提高学生的实际动手操作能力。由于本教材设计的实训项目较多，各地采用时应根据各自的条件有选择地开展。

　　本教材具有体例新颖、内容结合生产实际、实用性强的特点，既可作为动物科学职教师资本科专业和动物科学应用型本科专业教材，也可作为养猪企业技术人员和个体养殖户学习使用。

　　本教材在编写过程中，得到了项目组专家、全国部分农业高校、企业同行的细心指导和大力帮助，并吸收了许多新的研究成果，在此一并表示感谢！

　　本教材在编写体例、结构和内容选取等方面作了大胆的改革尝试，但由于养猪生产的理论和实际操作在不断发展，涉及的内容较广，限于编者的能力和水平，教材中难免有不妥甚至错误之处，敬请同行专家和使用者批评指正，以便再版时修正。

编　者

2016 年 2 月

目　　录

导　　学

一、中国养猪发展史

现代家猪是由几千年前的野猪经过人们长期驯化豢养而进化来的,猪在分类学上属于哺乳纲偶蹄目猪次目猪科猪亚科猪属,猪属中则包括野猪种和家猪品种。

在现有发现的有记载养猪文字的国家中,中国的历史最早,而驯化和饲养猪也以中国为最早。根据考古史证明,最晚在新石器时代(即公元前 3 000 年以前),中国就开始驯化和豢养猪。英国生物学家查理斯·达尔文在其著名的论著《物种起源》《动物和植物在家养下的变异》和《人类原始及类择》等著作中,一再强调中国人民对人工选择及变异理论的卓越贡献时,不止一次明确指出:中国人民最早驯育兔、猪,最早培育金鱼、鸡、牡丹、桃和小麦等动植物的许多变种,并把它们引入欧洲以至全世界。

中国悠久的养猪历史,可以从大量的考古资料中得到佐证。20 世纪以来,考古工作者在发掘中国古代文化遗址中,如河姆渡遗址、田螺山遗址、半坡遗址等多处都发现猪的遗骸。1921 年首次在河南渑池县仰韶村所发掘出来的新石器时代的文化遗址中,有很多家猪骨骼。1990—2002 年,中国对浙江省杭州市萧山区湘湖湖区跨湖桥遗址共进行了 3 次考古发掘,根据 [14]C 研究表明,该遗迹距今已有 8 000 多年,在对考古中发现猪的头骨、牙齿等的研究表明,至少在 8 000 年前,中国劳动人民已经开始驯化豢养猪。中国最早的文字,殷墟出土的甲骨文(公元前 16 世纪—前 11 世纪)中,就有关于养猪的文字。

在整个中华民族的历史长河中,随着中国劳动人民对猪不断地驯化豢养,造成了猪的不断变化,以适应人类的需要。随着不同地区人类对猪进行不同方向的定向选择,加上中国地域辽阔,各地气候环境条件的多样性,不同地区猪的外形、外貌、生产性能、繁殖性能逐渐表现出不一致,也就形成了中国猪种资源十分丰富的特点。中国劳动人民在长期的生产实践中,深刻认识到猪与环境的统一关系,用人工改变猪的生存条件来改变猪种,使之适应于人类的需要。达尔文在《动物和植物在家养下的变异》一书中早已指出:"他们知道,在那里(指中国)植物和动物长久以来就受到非常细心的饲养和管理,因而他们可以希望在那里发现深刻改变了的家养猪。"猪每天吃的饲料,有些是他们在野生状态下所未曾利用过的,饲养时间和饲养日程也受到调整,猪的体型,甚至内部结构都发生了朝着有利于人的要求的方向改变。由此可见,呈现早熟、易肥、繁殖能力强等优良性状的中国猪种,都是在良好的饲养管理条件下创造出来的。

随着历史的推移和变迁,至魏、晋、南北朝(公元 220—589 年)时,中国养猪模式发生了较大的变化,舍饲与放牧相结合的饲养方式逐渐代替了以放牧为主的饲养方式。由于养猪业的发展和经济、文化的不断进步,群众中的养猪经验日益积累,并用文字记载下来。现仅存有北魏时的《齐民要术》,其中载有:"圈不厌小,圈小肥疾,处不厌秽,泥秽得避暑。亦须小厂以避雨雪。春草夏生,随时放牧;糟糠之属,当日则与。八、九、十月,放而不饲,所有糟糠,则畜待穷冬春初。"说明当时人们已经注意到调节饲料的余缺,不同季节实行不同的饲养方式。该书还介绍了仔猪补料的方法，"宜埋车轮为食汤，散粟豆于内。小豚足食，出入自由，则肥速"；仔猪断乳后阉割"六十日后犍"及催肥"麻盐肥豚豕"等技术措施。

至隋、唐时期(公元581—906年)，养猪业已普遍成为当时农民增加收入的一种重要来源。唐代张鷟《朝野佥载》(公元713—741年)中载："唐拱州，有人畜猪以致富，因号猪为乌金。"

到了宋代(公元960—1279年)，由于科学技术特别是印刷术的进步，文献资料出版的繁荣，不少有关养猪业的发展情况，散见于诗文、笔记和小说之中。据宋周紫芝《竹坡诗话》云："东坡性喜嗜猪肉，在黄冈时，戏作食猪肉诗云：黄州好猪肉，价贱等粪土，富者不肯吃，贫者不解煮，慢著火，少著水，火候足时他自美，每日起来打一碗，饱得自家君莫管。"说明当时养猪生产比较发达，饲养猪的数量很多，物美价廉的猪肉已成为民众的生活必需品。

至公元1271年，随着元代统一了中国，政府强调"以农桑为急务"，把恢复和发展农业生产摆在重要位置，养猪业也随之得以发展。在王祯的《农书》(1313年完成)中，记载了有关养猪技术方面的宝贵经验，如"江南水地，多湖泊，取萍藻及近水诸物，可以饲之"。

明代(公元1368—1644年)由于城市的不断扩大，大量工商业和手工业的发展，推动了农业生产的迅猛发展，在政府的大力扶持下，养猪技术和饲养水平也相应提高，"熟喂"(即将饲料煮熟后喂猪)已很普遍。饲料调制方法的改进和饲料的多样化，为养猪提供了有利的条件。据《番禺续志》载："当地养猪，均以煮熟番薯、番瓜、红苋菜等和糟饲之，故其肉肥美。"《北流县志》和《郁林郡志》记载："豕用薯、芋苗和米麦糠等饲之，大者可至二三百斤。"明徐光启的《农政全书》总结了中国古代劳动人民的许多农业生产经验和技术，记载了猪的饲养方法："用贯众三斛，苍术四两、黄豆一斗、芝麻一升，各炒熟共为末，饵之，十二日则肥。"

清代(公元1644—1911年)的养猪业比明代有较大的发展，据考证，当时各府、州、县大都把猪作为"物产"列入地方志中，如四川省养猪为全国各省之冠。据《蜀海丛谈》(卷一)载：光绪年间四川总督丁宝桢的奏折中说"川省宰猪实较他省特多"。关于养猪的著述，内容更为丰富，比以前的著作增添了不少新的内容，对于选种、饲养、疫病防治等，都作为本地区的经验加以总结。

清末至民国初期，随着人口的增长，养猪数量有所上升。1911年为4 124万头，至1934年养猪圈存量达7 853万头，为抗日战争前的最高水平。但以后由于连年战争和农业生产的衰败，养猪业日趋没落，至1949年，养猪头数下降到5 775.2万头。

新中国成立后，中国的养猪生产经历了三个阶段。

第一阶段：从新中国成立到20世纪70年代末的缓慢发展阶段。

新中国成立以后，养猪生产得到迅速发展。这一阶段中国养猪还是一种低投入、低产出阶段。此时的养猪主要是在农村以一种副业形式出现，农民遵循一种"养猪不挣钱，回头看农田，杀猪为过年"的传统分散式养殖模式，养猪的目的是为了积肥和肉食品自给，饲养的品种主要以地方品种为主，少量的杂交品种，瘦肉型猪基本没有。1972年"全国猪育种科研协作组"成立以后，逐渐开始重视外来瘦肉型猪种的引进和开展杂交生产工作，并陆续培育了一批杂交品种，同时大力推广一些养猪新技术，包括人工授精技术、重大疾病防控技术等。

第二阶段：从20世纪70年代末到90年代初的快速发展阶段。

随着中国对内改革、对外开放，养猪生产开始由传统分散型向现代化、集约化方向发展，中国开始大量从国外引进瘦肉型的猪种，包括丹麦的长白猪、英国的大约克夏猪、美国的杜洛克猪和汉普夏猪，同时利用这些外来品种开展有计划、有目的的纯繁、杂交和改良地方品种工作，先后培育了一大批杂交猪种,如三江白猪、湖北白猪、南昌白猪、上海新金猪等,促进了中国养猪生产的迅猛发展。与此同时,一大批为满足城市发展所需要而建设的"菜篮子"工程猪场在中国大中城市周边迅速建立,对推进中国养猪集约化、规模化生产起到了十分重要的作用。

第三阶段:从20世纪90年代初到现在的调整转型阶段。

20世纪90年代初以来,中国的养猪生产进入了快速发展时期,养猪场大量建设,促进了中国规模化养猪生产的迅猛发展,养猪已经成为中国国民经济中的支柱产业,具有"无猪不稳,猪粮安天下"的战略意义,中国已成为世界养猪和猪肉消费大国,生猪饲养量、猪肉产量位居世界第一,猪肉也是中国城乡居民的主要肉食品,猪肉的消费量占整个中国人民肉食类消费的60%以上。作为传统的产业,进入21世纪以来,更多的外来资本源源不断地进入养猪行业,据不完全统计,目前有30多家上市公司拥有生猪养殖业务,这些公司涵盖了IT、钢铁、化工、电子、煤炭等多个产业领域。2009年网易公司的CEO丁磊宣布在浙江湖州市安吉县孝源村建设猪场,占地面积1 200亩;2010年北京中实集团在陕西渭南建设"黄河国际食品产业基地",投资10亿元养猪;2012年武汉钢铁也发布消息,准备开始养猪,同年中粮集团和四川广元市人民政府签订20亿元养猪协议;2014年恒大集团宣布投资1 000亿元开展养殖生产。随着大量非农资本进入养猪产业,养猪业发展进入一个新的快速发展阶段,至2012年末,中国生猪存栏4.73亿头,能繁母猪存栏量4 928万头。出栏肉猪6.61亿头,猪肉产量5 053万t,占肉类总产量的64.76%,占世界猪肉总产量的50%左右;而2013年猪肉产量5 493万t,生猪存栏47 411万头,生猪出栏71 557万头;到2014年出栏生猪达到创记录的73 510万头(2009—2014年生猪出栏见表1)。

表1　中国生猪出栏一览表

年份	猪存栏量/万头	猪出栏量/万头	猪肉产量/万t
2009年	46 996.0	64 538.6	4 890.8
2010年	46 460.0	66 686.4	5 071.2
2011年	46 862.7	66 362.1	5 060.4
2012年	47 592.2	69 789.5	5 342.7
2013年	47 411.3	71 557.3	5 493
2014年	46 583	73 510	5 671

数据来源:中商情报网。

养猪业作为国民经济的支柱产业,在满足人民物质生活需要的同时,为农业生产提供大量的肥料,对促进了种植业的发展起到了十分重要的作用,同时为轻纺工业提供原料、为出口创汇、安排农村剩余劳动力、提高农产品的附加值、为医学服务等方面也起到了十分重要的作用。

二、当代中国养猪业生产的特点

1.区域布局不断明显

进入21世纪以来,一批优势畜产品基地初步形成,养猪产业布局越来越明显。沿海地带的广东、福建、上海等地由于土地资源、水资源和环保压力,在保证自给的基础上,养猪业逐渐萎缩;东北地带的吉林、辽宁和黑龙江依托饲料资源优势,大力发展集约化养殖;而中部地带的湖南、湖北、山东、四川、安徽、江西等传统养猪和粮食主产地带的发展速度迅速,并逐渐形成产业带。如江西的上高、樟树、东乡、万年、高安等20个重点县,猪肉产量占全省猪肉总量的40%,外销生猪占全省70%以上。2013年江西全省生猪出栏3 231万头,比2012年增长3.2%。从总体上看,西南地带的广西、四川、重庆、云南、贵州利用地理优势发展生猪养殖的区域布局越来越明显。长江中下游区(川、重庆、鄂、湘、赣、苏、浙、皖)的猪肉产量占全国总产量的43.8%;华北区(冀、鲁、豫)占全国总产量的21.6%;东北区(辽、吉、黑)占全国总产量的6.3%;东南沿海区(闽、粤、桂、琼)占全国总产量的13.2%;长江中下游区和华北区是全国猪肉的主产区和调出区,东北区的猪肉已由短缺转为自给有余,已成为养猪新区。

2. 规模化、集约化养殖不断发展

随着中国经济及规模化养猪的快速发展,规模化养猪所占比例迅猛增加,传统的农村散养猪所占比例迅猛减少,同时养猪产业化进程明显加快,集约化集团化养猪企业逐年增多。截至2013年末,中国基础母猪存栏500头、年出栏万头以上的大型猪场有2 500余个,约占全国总出栏的10%。以江西为例,全省养猪小区达800多个,小区出栏生猪近500万头。年出栏1 000头以上的养猪场590多个,其中年出栏万头以上的养猪场达200余个,全省规模养猪户8.2万户,规模养猪比重达到60%以上,规模饲养已成为养猪业生产的主导。而同期的湖北,万头猪场数量508个,全国排名第一,标准化养殖模式迅速扩张,农畜产品交易所正式成立,养猪产业总产值达1 200亿元,为农民带来纯收入250亿元。

3. 生猪质量不断提高

目前中国有国家级的原种猪场100家,包括北京中育种猪养殖中心原种猪场、天津市宁河原种猪场、上海祥欣畜禽有限公司、江西省原种猪场有限公司等,形成了高水平育种核心群5万头,纯种母猪群10万头的基础布局。各省根据本地特点,建设了一批省级、市级种猪场或扩繁场。这些种猪场除了对引进品种进行驯化提纯复壮外,还利用这些品种进行选育,培育出多个专门化品系,其生产性能接近或达到了国际先进水平。以江西为例,有各类规模的种猪场256个,商品猪生产基本实现了三元杂交、双杂交,并逐步推行配套系生产。江西农业大学遗传育种实验室通过几年来的努力,建立了国内第一个比较完备的中国地方猪种基因组DNA库,研究了地方猪种特性的分子遗传解析,对种猪高产仔性状形成的机理进行了系统的研究,这些研究为提高生猪的质量提供了可靠的保证。此外,猪肉的安全性有了明显的进步,国内有的企业还创出"绿色猪肉"品牌,销售价格较高,在市场受到好评。

4. 生态养殖不断扩大

从20世纪初开始,猪场污染治理已经纳入了各级政府、养殖企业的议事日程,各地结合自己的实际情况纷纷出台了各种政策、法律、法规,对污染治理提出了相应的要求和措施,各地养殖企业也根据情况采取了相应的技术措施,养猪生产的污染情况得到了改观,安全、清洁生产的理念已经开始贯彻到各个规模化养殖企业。如江西省在各地广泛推广"猪—沼—果"、"猪—沼—渔"等生态养殖模式,以减少对环境的污染。全省兴建大中型畜禽场沼气工程361处,实施"猪—沼—果"的果园面积比重达到30%以上,与沼气、果业结合的养殖户30余万户,其中生猪出栏近3 300万头,沼气发电初具规模(图1)。初步形成了赣南、赣东以"猪—沼—果"为主,赣中以"猪—沼—菜"、"猪—沼—粮"为主,赣北以"猪—沼—鱼、牧—珠"共养为主的生态养殖格局。

图1　沼气发电机

三、中国养猪生产存在的问题

养猪业在发展过程中,也面临诸多突出的问题,主要包括:

1. 环保意识淡薄

目前,有相当一部分人对生态的意识淡薄,对发展养猪生产带来的环境污染等缺乏系统了解,看不到这些问题造成的生态性危害和灾难,造成养殖区域内粪便随意堆积、死猪随意丢弃(图2)、污水不经处理直接排入环境,造成水体污染严重。据新华社报道,截止到2013年3月17日黄浦江共打捞漂浮死猪9 460头;而南昌市水务局2014年3月18日从赣江中打捞起137头死猪。

图2　随意丢弃的死猪

2. 基础设施落后

基础设施落后,也是制约养猪业发展的重要因素。交通、通信的不畅,给高效生态养殖业的发展造成了很大的局限性,大量的农业产品及项目由于无信息、无交通而流产;水利设施的不足、工程性缺水、阶段性缺水对养猪生产和相当一部分人、畜饮水造成困难;养猪业生产设备简陋、养殖环境条件差;环境保护设施的落后,使生态环境得不到应有的保护,并伴有恶化的趋势;经济基础薄弱,实力不强,财力不济,养殖员工收入不高,使发展高效养猪生产缺乏经济实力的有力支撑。

3.养猪生产水平低

农村养猪生产基本上以传统生产方式为主,生产水平低下,猪的生长速度慢、饲料利用率低、养殖过程中死亡率高,养殖成本居高不下(图3),养猪是否盈利完全取决于市场行情,行情好则有利润,当市场价格低迷时往往亏损严重,个别猪场在这种行情下,只有关门。以2013年出栏生猪计算,中国2013年存栏母猪5 000万头,而全年出栏肥猪71 557万头,即每头母猪年提供商品肥猪14.3头,这个指标远低于同期欧美国家的标准。而生长育肥猪的增重速度和料肉比和养猪业发达国家相比,差异较大。如果按照高效生态养猪的要求,难度就更大。

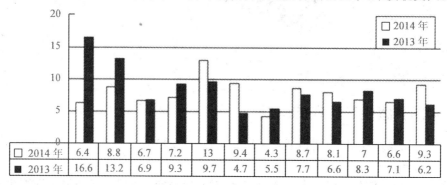

图3　某猪场2013—2014年各月产房仔猪死亡率

4.意识观念封闭

有不少地方的意识观念较为封闭落后,养猪生产主要依靠传统经验和消耗自然资源来发展,不是以市场需求而是以区域内资源的状况和自需的程度来决定,自给自足的自然经济还有一定的比重,特别是在山区,大多数农民是以家庭为项目进行的小微型的生产经营,生产组织结构松散,不利于养猪发展和集中开发,不易于形成特色和优势,从根本上说,就是不利于养猪生产的发展。

5.市场功能配置差

对于生猪商品市场的功能配置差,主要表现为生猪商品经济发育缓慢,市场体系不完善,多数农民在观念上和行动上以及能力上都还未成为市场经济成熟的主体,农村的产品市场较为单一,生产要素的自由流动也存在着一定的障碍,农村资源对于市场的配置还不相适应等。

四、中国养猪业未来发展道路

养猪业是中国农业生产中的传统产业,也是发展最快的产业,很明显,未来随着人民生活水平的不断提高,对畜产品需求仍会不断增加。但养猪业在快速发展同时也出现了一些问题和挑战,如饲料需求量增加、养殖猪的卫生健康状况和人类健康受到影响、小个体养殖户向新的市场提供产品的机会受到限制等。特别是从2013年以来,中国养猪生产步入一种全面、深度亏损状态。因此,未来中国养猪业将走上表现以"六个转变"为主的发展道路。

1.由分散饲养为主向规模养殖转变

现代养猪业在未来必将实现由传统的家庭分散养殖为主模式向适度规模、专门化商品养殖模式转变。中国养猪业正处在生产方式发生根本性转变的关键时期,从 2010 年起,养猪生产进入了一个快速发展阶段,大量企业、资金进入养猪行业,至 2013 年、2014 连续两年全国年出栏生猪 7 亿多头。由于供大于求,使养殖企业长期处于亏损阶段。因此抓住这个有利时机,大力发展适度规模养殖企业、养殖小区、专业大户,以规模促生产、以规模促效益。进一步优化区域布局,发展养殖基地,形成一批具有较强市场竞争能力的生猪优势产业区、产业带,有效地提高生猪综合生产能力和效益,不断提升中国现代养猪业的整体水平是中国养猪企业必由之路。

2. 由单纯的数量扩张为主向量质并举转变

现代养猪业必须实现由追求数量增长为主,向追求数量和优质、安全、高效、生态并重的方向转变。实行"档案生产"制度,生产者对种猪引进、饲料生产、饲养管理、产品加工、运输销售的全过程建立完整档案,实现从饲料厂、养猪场、肉类加工厂、销售商一直到普通百姓餐桌的全过程质量监控和可追溯制度,保证猪肉产品安全。推广生态养殖模式,实施动物福利原则,进而促进人与自然的和谐发展。

3. 由粗放经营向标准化经营转变

作为养殖企业,应不断提升产品的竞争力,生产中应制订和完善生猪生产的技术标准、规程,将生猪产前、产中、产后全过程纳入标准化管理的轨道。未来生猪标准化生产技术,特别是无公害生产将成为养猪业的主体,因此,建设标准化规模养猪场、养猪小区,提高标准化生产的整体水平是养殖企业发展的必然要求和发展趋势。通过校企合作,将成熟实用技术科学组合,配套在企业推广,逐步提高养猪业生产水平和效益是养殖企业提高核心竞争力的关键。

4. 由忽视环保向生态养殖转变

《中华人民共和国环保法》明确规定,"畜禽养殖场、养殖小区应当保证畜禽粪便、废水及其他固体废弃物综合利用或者无害化处理设施的正常运转,保证污染物达标排放,防止污染环境"。因此,发展生态养猪,运用循环经济学的原理,以资源的高效利用为核心,坚持"总量控制、无害处理、农牧结合、种养平衡"的原则,科学规划和建设生猪养殖企业势在必行。对于新建的规模养殖场,必须做到合理选址,建设时做到环保工程与主体工程同时设计、同时施工、同时投产,避免走先污染、后治理的老路。

5. 生猪生产的产业链条将逐渐延长

未来中国生猪主产区屠宰加工龙头企业会越来越大,一大批布局合理、规模适度、机械化水平较高、带动力强的屠宰加工企业会蓬勃发展,在扩大加工规模,提高加工档次的同时,打造产品品牌,以冷却肉、分割肉、小包装肉和直接食用的方便熟肉制品为突破口,促进生猪及其制品的加工和流通是未来养殖企业发展的必然方向。由活大猪向冷鲜肉和肉制品发展,由初级加工向精深加工发展,不断提高精深加工产品的比重。根据自愿互利的原则,生猪产、加、销一体化的合作社(联合体)、股份合作制企业的产生,使生产者和经营者形成一个利益共同体,实现利润的最大化和二次分配,有效地规避生猪的市场风险。

6. 社会服务化功能将逐步完善

围绕生猪生产,一批与之配套的行业会更加完整,如产前:提供猪舍设计建设、养殖设备、粪污处理、技术研发的技术支持;产中:包括种猪供应、饲料、兽药和疫病控制、标准化生产技术的提供;产后:活猪收购、运销、屠宰加工企业与之配套将逐渐形成,饲料场、养殖企业、兽医和疫苗生产企业的联系将更加密切,中间环节逐渐减少,从而使中国养猪生产走上良性发展的轨道。

【小结】

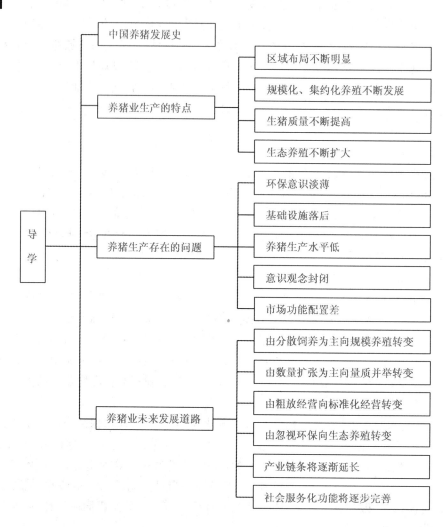

【自测训练】

一、填空题

1.世界上养猪最早的国家是_____。中国养猪最多的省份是_____。

2.未来发展养猪的最佳养殖模式是_____。

3.新中国成立后,养猪生产经历的三个阶段分别是_____、_____和_____。

二、论述题

1.结合所学知识,谈谈你对中国养猪业的看法。

2.中国养猪业存在的问题主要表现在哪些方面?

3.生态环保养猪为什么是未来养猪发展的必由之路?

4.结合本地实际,谈谈养猪生产中存在的问题和解决方法。

5.养猪业发展的未来趋势给了你什么启发?

6.如何看待世界养猪业发展趋势?

7.如何看待猪肉进口事件?

【阅读材料】

世界生态养猪业发展现状及趋势

一、世界养猪业的现状和主要模式

综观世界各国生态养猪业的发展现状,世界生态养猪业的发展模式主要有四种:一是以集约化发展为特征的农牧结合型生态养猪业发展模式,这种模式以美国和加拿大为典型代表;二是以草畜平衡为特征的草原生态养猪业发展模式,这种模式以澳大利亚和新西兰为典型代表;三是以农户中、小规模饲养为特征的生态养猪业,这种模式以日本和中国为典型代表;四是以开发绿色、无污染天然畜产品为特征的自然养猪业,这种模式以英国、德国等欧洲国家为典型代表。

二、世界各国发展养猪业采取的主要措施

1. 政府和农场主高度重视和支持生态养猪业的发展

许多国家的政府出台了相关的法律、法规和政策,以鼓励和支持生态养猪业的发展。《欧洲共同农业法》有专门条款鼓励欧盟范围内的生态养猪业发展;澳大利亚联邦政府于20世纪90年代中期提出了可持续发展的国家农林渔业战略;奥地利于1995年实施了支持生态养猪业发展的特别项目;法国于1997年制定并实施了"有机农业中期计划"。另外,从20世纪90年代开始,一些发达国家开始运用经济方式补贴生态养猪业的发展,由于有了政府的支持,生态养猪的发展速度极快。

2. 采用高新科技促进养猪业资源的循环利用和高效转化

按照"整体、协调、循环、再生"的原则,许多国家采取各种措施,以确保养猪资源的低耗、高效转化和循环利用。包括培育良种,提高饲料转化率,加快生长速度;实行标准化养殖技术,对养猪业生产全程进行标准化科学管理;利用现代化新技术,降低养猪业的投入、提高产出;建立"资源—产品—废弃物—资源"的循环经济模式,如利用农作物秸秆发展节粮型养猪业,将粪污、污水制成生物有机肥或生产沼气、利用沼气发电等以降低养猪业给环境带来的污染。

3. 加大对养猪业污染的防治

养猪业生产的废弃物对土壤、水体的污染是非常严重的问题,对养猪业发展较快、人口密集的国家和地区,其污染问题和带来的威胁更为严重。因此,世界各国纷纷采取各种政策、措施,致力于控制和降低养猪业污染以保护生态环境。主要表现在几个方面:一是制定防污染法规。如英国、法国、俄罗斯、美国、日本、丹麦、荷兰、意大利等国家都先后制定了相应的养猪业污染防治法规及标准,对饲养规模、场地选择、养猪业污染的排放量及污染处理系统、设施和措施等都做出了具体要求,使养猪业污染防治走向科学化、系列化、无污染化。二是不断开发新的技术以降低猪粪便中的氮素污染。如培育良种、科学配料,应用酶制剂、生长素、矿物质添加剂等以及运用生物制剂处理、饲料颗粒化等方式,以降低养猪业的污染。如美国设计的饲料配方,使猪的肉料比达到1:(2.2~2.5),这种低消耗高产出的生产模式,在一定程度上降低了排泄物中氮的含量,产生了一定的环保效果。三是开发和应用畜用防臭剂,以减轻畜禽排泄物及其气味的污染。如应用丝兰属植物提取物、天然沸石为主的偏硅酸盐矿石、绿矾(硫酸亚铁)、微胶囊化微生物和酶制剂等,来吸附、抑制、分解、转化排泄物中的有毒有害成分,将氨变成硝酸盐,将硫化氢变成硫酸,从而减轻或消除污染。四是运用生物净化方式,实现对畜粪及其污水的净化与污染消除,目前主要是通过发酵,将污物处理为沼气和有机肥。五是实现畜禽

粪便的再利用,以减少粪便污染,实现废物资源化的效果。目前已有许多国家养殖的猪粪被用来喂牛、喂鱼、喂羊等。

4.大力倡导健康养猪、关注猪的福利

猪肉产品是重要的肉食品来源,健康的猪是饲养者追求的目标,也是消费者的期望,是安全猪肉的保证。所以,政府要求养猪场除为猪提供理想的养殖条件外,对各种疫病的预防控制措施必须得力,出现重大疫情必须采用无害化处理,从而有效地遏制重大传染病的发生及传播。同时,对猪场采取净化措施,安全生产保障力度较高。如一些国家已开展 SPF(无特异性病原)猪的生产,净化的病原有喘气病、萎缩性鼻炎、伪狂犬病等达 6～7 个。很多西方国家已将动物福利通过立法形式进行保护。避免饲养、运输、屠宰过程中虐待动物,已是养殖场必须遵循的原则,善待动物已成文明社会的重要标志,同时也是饲养者获得好的养殖效益所不能忽视的。从生产角度出发,除有利于生产和管理的一些处理方法如断尾等有悖于动物福利原则外,其他诸多方面以猪的利益为本,进行生产安排,如放养与圈养结合法,彰显了现代社会与动物和谐相处的文明理念。尽管欧洲及北美国家养猪生产数量不高,但在全球猪肉贸易方面占有主导地位。荷兰、丹麦等国家年生产生猪数量不超过 3 000 万头,年出口量达 20%左右。养猪产业比重虽不大,但产业优势非常明显。此外,一些发达国家正在逐步压缩猪的生产规模,主要是从环保考虑,兼有国民猪肉消费意愿降低的因素。不久的将来,有些国家将成为猪肉的纯消费国家。

三、世界生态养猪业发展的基本趋势

1.生态养猪业将成为 21 世纪养猪业的主导模式

随着高新技术的迅猛发展,生态养猪业得到广大消费者、政府和养殖企业的一致认可,消费生态食品已成为一种新的消费时尚。尽管生态食品的价格比一般食品贵,但在西欧、美国等生活水平比较高的国家仍然受到人们的青睐,不少工业发达国家对生态食品的需求量大大超过了对本国的产品需求。随着世界生态畜产品需求的逐年增多和市场全球化的发展,生态养猪业将会成为 21 世纪世界养猪业的主流和发展方向。

2.生态养猪业的规模将不断扩大,速度将不断加快

随着可持续发展理念的深入人心,绿色、环保生产和可持续发展战略也得到了各国的共同响应。生态养猪业作为可持续农业发展的一种实践模式,进入了一个崭新的发展时期,预计在未来几年其规模和速度将不断加强,并将进入产业化发展的时期。据预测,今后几年许多国家生态食品的市场增长率为 20%～50%。这就为生态畜产品的扩张提供了十分广阔的市场空间。

3.生态养猪业的生产和贸易相互促进、协调发展

随着全球经济一体化和世界贸易自由化的发展,各国在降低关税的同时,与环境技术贸易相关的绿色壁垒则日趋盛行,尤其是对于猪肉的产品卫生安全标准要求更加严格,猪肉的生产方式、技术标准、认证管理等附加条件对猪肉的国际贸易将会产生重要影响。这就要求产品在进入国际市场前,必须经过权威机构按照通行的标准加以认证。目前,国际标准化委员会(ISO)已制定了环境国际标准 ISO 14000,与以前制定的 ISO 9000 一起作为世界贸易标准。绿色壁垒虽然在短期内对各国的贸易产生了一定的负面影响,但是从长远来看,也促使各国不断提高和统一畜产品质量标准,从而进一步促进世界生态养猪业的协调发展。

4.各国生态食品的标准及认证体系将逐步趋于统一

目前,国际生态农业和生态农产品的法规与管理体系分为联合国层次、国际非政府组织层次、国家层次三个层次。联合国层次目前尚属建议性标准。在未来几年,随着生态农业的不断发展,这三个层次之间的标准和认证体系将彼此协调统一,逐步融合成一个国际化的生态食品标准和认证体系,各国间将逐渐消除贸易歧视,削弱和淡化因标准歧视所引起的技术壁垒和贸易争端。在养猪业方面,也将毫无疑问地遵循这一逐步融合的共同标准。

四、世界生态养猪业对中国的启示

1.加强宣传教育,强化养猪业可持续发展的意识

世界上一些生态养猪业发达的国家养猪业之所以能有快速持续发展,一个重要的因素就是其政府和全体国民都有强烈的可持续发展观念和保护生态环境的意识。在中国,广大养殖户是生态养猪业建设的主体,只有调动起他们的积极性,生态养猪业建设才能付诸实效。为此,动员养殖户自觉地积极参加到生态养猪业建设当中;同时要多形式、多层面、全方位宣传养猪业可持续性发展的意义,形成全社会关心、支持和积极参与保护生态环境、建设生态养猪业的良好氛围。

2.加强对生态养猪业发展的政策、资金、技术等方面的支持

尽快制订并完善有关生态养猪业发展的政策、法规、资金、技术、法律等,加强对生态养猪业的政策支持力度和宏观调控,形成以法治污、科技兴猪的良好氛围。同时,应加大对养猪业的投入,特别是加大对生态养猪业的科研、技术推广及基础设施投入。成立专门基金,采用财政补贴政策,还可以运用产业倾斜政策,对经营生态养猪业的企业减征或免征增值税。

3.改革兽医管理体制,强化动物疫病防治工作

要积极推进兽医体制改革,实行从业许可管理制度,建设完善的兽医防疫检疫和执法管理队伍,狠抓各项防疫制度的落实,强化检疫和监督工作,坚决堵住外源疫病侵入和疫情扩散,建立重大动物疫病快速反应机制,提高处理突发动物疫病快速反应能力,为生态养猪业的健康发展保驾护航,建立完善的保险和理赔机制。

4.建立猪肉及其产品的质量安全检测体系和生态养猪业的环境监测体系

发达国家的畜产品安全卫生实行全程质量监管,畜产品的监管力度较大,产品质量高。而中国在畜产品市场管理及食品安全卫生监督方面实行的是阶段管理,畜产品质量检测方面仍比较混乱,造成市场上各种产品鱼目混珠,生态畜产品价值没有得到真正体现。为此,必须加大猪肉及其制品在生产、加工、包装、运输、销售等全程监督管理力度,尽快成立各级生态畜产品质量安全检测中心,开展生态畜产品质量检测,建立生态畜产品市场准入机制,以保护生态畜产品生产者的生产积极性和应对绿色贸易壁垒。同时,也要加快建立生态养猪业的环境监测体系,加强各级养猪业的生态环境监测,确保生态养猪业的安全生产环境。

5.培育和健全绿色、生态、有机产品的市场运作机制

从降低生态畜产品的生产成本入手,发挥养猪业行业协会等的经营组织作用,发展多种经营模式、多种生产类型、多层次的养猪业经济结构,引导集约化生产和农村适度规模经营,优化养猪业经济结构,建立收购、加工、销售网络,合理扩大企业经营规模、降低单位成本,通过优质的市场服务,增加消费者的质量信任感,以赢得较强的市场竞争力。另外,可通过生态旅游等形式,开展多元化的营销渠道,促进生态产品的销售,从而推动生态养猪业的发展。

中国进口猪肉

2015年8月底,国家进口肉类指定口岸验收组对外宣布,河南进口肉类指定口岸郑州、漯河两个查验区设施基本完善,制度建设较为全面,口岸条件符合总体要求,同意河南进口肉类指定口岸通过审核。这是我国首个批准的不沿海、不沿江、不沿边的内陆进口肉类指定口岸。这是否意味着猪肉进口数量将剧增?

全球的猪肉消费中,有半数出现在中国人的餐桌上。中国养殖户散养户的比例很大,在行情不景气的时候,就会有很大一部分散养户退市。今年的猪价之所以会出现"疯涨"的情况,正是由于前几年退市的养殖户太多,产能淘汰过度,供给量远远达不到需求量,市场缺少优质猪源所造成的。

事实上,随着国内肉价的飙升,进口猪肉也加快了来华的步伐。今年1—7月,温州口岸进口肉类(猪肉)13批,344 t,64.4万美元,进口国家为丹麦、西班牙和比利时。而去年全年进口肉类(猪肉)才10批,266.6 t,39.6万美元,进口国家为丹麦和荷兰。

我国的养猪业因原料成本及养殖效率低下等原因,导致养殖成本远高于国际水平,而养殖技术却远远低于国际水平。养殖成本的增加,使得猪肉价格也相对较高。自2015年4月起,国内猪肉价格开始了一轮快速上涨,从最低点到目前累计涨幅已经超过50%,据国家统计局2015年8月18日发布的8月1—10日50个城市主要食品平均价格变动情况显示,猪肉(五花肉)平均价格为29.88元/kg,这个数字即将超过2011年30元/kg的最高水平。

猪肉价格的上涨使得国内外猪肉差价进一步拉大,价差偏大,意味着进口利润较大,这也是猪肉进口旺盛的主要原因。且欧洲因为俄国实行农副产品进口禁令,猪价处在下跌的通道中。

法国农民游行抗议猪价过低,甚至推动总统、总理亲自前往欧洲各国推销本国的猪、牛、羊肉,然而1个月过去了,从目前欧盟的猪价来看,似乎并未对欧盟的整体肉制品市场带来什么根本改变。欧洲部分国家急需把猪肉出口出去,好获取利润,提高本国猪肉价格。

有需求又有高额利润存在,猪肉进口快速增加,廉价进口猪肉是否会对国内猪肉价格造成影响,这是大家所关心的。据路透社报道,荷兰合作银行预估2015年中国猪肉进口将跳升54%至200万t,而去年为130万t,主要受惠者为欧盟国家。德国肉品协会VDF指出,2015年上半年德国出口到中国的猪肉数量较上年同期成长1倍,达到8.34万t。

漯河是双汇发源地,其为双汇大量进口埋下伏笔,而河南境内总共有47家企业具有肉类进口权,加上其他沿海口岸,国外廉价猪肉可通过进口口岸,源源不断地流进中国国内。进口猪肉大幅增加,是否会像大豆及其他农产品一样,进口大门一旦打开便呈几何倍数增加,对国内影响逐渐加大,最后导致国际控制国内局面呢?

学习情境 1 猪场建设与标准化生产

【知识目标】

1. 了解猪场规划建设的要求和基本原理；
2. 掌握各类猪舍布局的基本原则；
3. 熟悉各类建筑的功能和设计时的注意事项；
4. 了解猪舍设备的种类和使用时应注意的问题；
5. 了解猪场污染的种类及处理方法；
6. 了解规模化养猪的工艺流程；
7. 熟悉标准化生产的基本要素。

【能力目标】

1. 能科学地对猪场进行选址并能进行总体规划；
2. 能进行猪场的平面设计；
3. 能掌握猪场环境调控技术与技能；
4. 能对猪场污染物进行无害化处理；
5. 能对不同工艺流程的猪场进行生产组织；
6. 能对不同规模猪场提出标准化生产的改进意见。

工作任务 1-1 猪场总体规划与设计

一、猪场场址选择

选址前必须对当地的气候条件、地理条件、人口情况、水文资料等进行必要的了解,只有符合养殖条件的地方才能选择建场。此外具体选址时,还需要考虑:

1. 地形地势

猪场一般要求地形整齐开阔,地势较高、干燥、平坦或有缓坡,场地坡度以 1%～3% 为宜,最大不能超过 25%,同时要求背风向阳,最好方位为坐北朝南,北高南低(图 1-1-1)。

2. 土质要求

猪场土质要求通透性良好,未受过病原微生物、有毒物质的污染,兼具沙土和黏土的优点是最佳的土质。由于猪场场地土壤的物理、化学、生物学特性,对猪场的环境、猪只的健康与生产力均有影响。因此在猪场选址时,对土壤的要求是土壤必须透气透水性强,毛细管作用弱,吸湿性和导热性小,质地均匀,抗压性强,且未曾受过病原微生物污染。由于沙壤土兼具沙土和壤土的优点,因此是建猪场的理想土壤。土壤一旦被病原微生物、工业污染,常具有多年危

图 1-1-1 猪场各区依地势、风向规划图

害性。因此,选择场址时应避免在旧猪场场址、其他畜牧场场地上和曾经是有工业污染的土地上重建或改建。在山区建猪场时,为了少占或尽量不占耕地,选择场址时对土壤种类及其物理特性的要求不必过于苛求。

3. 交通便利

交通运输条件直接关系到猪场的运行成本,关系到养殖的经济效益。由于猪场每天需要消耗大量的饲料、排出大量的粪便和污水,同时经常有猪需要出售,因此交通是否便利对猪场就显得特别重要。猪场在选址时必须选在交通便利的地方,但因猪场的防疫需要和对周围环境的污染,又不可太靠近主要交通干道,故猪场选址建设时,最好离主要干道 1 000 m 以上,同时要距离居民点 1 000 m 以上。如果有围墙、河流、林带等屏障,则距离可适当缩短些。但禁止在旅游区及工业污染严重的地区建场。因此猪场一般远离城市,在农村或山区建场。

4. 水源水质

猪场水源要求水量充足,水质良好,便于取用和进行卫生防护,水位在 2 m 以下。水质要求无色、无味、无臭。水源水量必须能满足场内生活用水、猪只饮用及饲养管理用水(如清洗调制饲料、冲洗栏舍、清洗机具、用具等)的要求,一般一个年出栏万头肥猪的猪场,日均需水量在300 000 L 左右。各类猪只的需水量见表 1-1-1。

表 1-1-1 各类猪只的用水需求量　　　　　　　　　　　L/(头·d)

猪别	饮用量	总需要量
种公猪	10	40
妊娠母猪	12	40
带仔母猪	20	75
断奶仔猪	2	5
生长猪	6	15
育肥猪	6	25

5. 场地面积

猪场占地面积依据猪场生产的任务、性质、规模和场地的总体情况而定。生产区面积一般可按每头繁殖母猪 40～50 m² 或每头上市商品猪 3～4 m² 计划。各类猪只需要的面积见表 1-1-2。

表 1-1-2　各类猪只需要的面积

参数	猪场生产规模/(头/年)		
	3 000	5 000	10 000
占地面积/万 m²	1.5～1.8	2.3～2.7	4.1～4.8
生产建筑物/m²	2 700～3 300	4 300～5 300	8 000～10 000
辅助生产建筑物/m²	550～600	660～700	1 000～1 100
饲料加工厂占地/m²	2 500～3 500	4 000～4 500	5 000～6 000

二、猪场总体规划与布局

在制定总体规划前,需要根据猪场建设目标、投资规模、饲养品种、生产模式、饲养规模等选择场址,根据选址点的情况进行水质、水量的调查,在水质、水量满足猪场基本要求后才能开始进行总体规划。

由于环保压力的增大,许多地方政府已经在进行区域规划时,就已经划定了养猪业生产的禁养区、限养区和可养区。在禁养区内不准有畜牧场,已有的限期搬离;限养区内严格限制养殖数量,只准减少,不得增加;可养区内的养殖模式必须朝着生态、环保的方向发展。因此,在对猪场进行总体规划时必须考虑所选场址属于哪类地区。

(一)总体布局

在进行总体布局时,一般按照"四区、两道"的原则进行。

1. 生活区

包括办公室、接待室、财务室、食堂、宿舍、运动场、娱乐实施等。这是猪场经营管理、技术、接待的中心,是猪场人员和家属日常生活的地方。生活区一般设在生产区的上风向,或与风向平行的一侧,位置一般为猪场的最高点,以免受到猪场不良气体的污染。

2. 生产区

生产区是猪场养猪的场所,包括各类猪舍和生产设施,这是猪场中的主要建筑区,一般建筑面积占全场总建筑面积的 70%～80%。大型的现代规模化、集约化、工厂化养猪场的生产区主要包括:后备种猪舍(车间)、公猪舍(车间)、空怀配种舍(车间)、妊娠舍(车间)、哺乳舍(车间)、保育舍(车间)、小猪舍(车间)、生长舍(车间)、育肥舍(车间)等组成,这些猪舍(车间)往往相互独立,通过道路将猪场连接成一个相对闭锁的、又相互连接的整体。小型猪场往往把几种相近的舍(车间)集中在一栋栏舍内,结构相对简单。

生产区一般设置在猪场的下风向,或在猪场相对低洼的地方,种猪生产区一般设计在猪场的最里面,而肥猪一般设计在猪场生产区的外缘。

3. 饲养管理区

猪场日常生产管理所必需的附属建筑物实施。包括饲料原料仓库、饲料加工车间、饲料仓库、修理车间、变电所、锅炉房等。由于它们和日常的饲养工作有密切的关系,所以这个区应该与生产区毗邻设计。在小型猪场,饲养管理区往往和生产区设置在一起,以降低建筑成本。

4.病猪隔离区、粪便处理区

这些区域主要是由病猪(或引进猪)隔离区、猪尸体解剖区及病猪火化或死坑、猪粪、尿处理区等组成,这些建筑物应远离生产区,设在下风向、地势最低的地方。

5.兽医室(技术室)

大型养猪场一般会设置兽医室或技术室,主要是猪场资料收集、整理和技术人员开会所用。兽医室大多设在生产区内,只对区内开门,为便于病猪处理,通常也设在下风方向。

6.道路

道路对生产活动正常进行,对卫生防疫及提高工作效率起着十分重要的作用。场内道路应净、污分道,互不交叉,出入口分开。净道的功能是人行和饲料运输的通道。污道为运输粪便、病猪和废弃设备的专用道。净污道路设置时的原则一般是:单列式猪舍净道一般设置在猪栏的东面,污道设置在西则;在双列式猪场,两栋猪舍之间的道路为净道,并与中间主干道合并设立,人员和饲料由净道进入后向两边猪舍分开;而多列式猪场,平行的猪舍之间道路一般设置成净道,在平行猪舍的另外两端设置污道。

7.待售栏、出猪台

待售栏一般设计在猪场的下风口,靠近肥猪舍或后备种猪舍和公路的一端,有利于猪的销售。猪栏设置时,要求地面比客户观察的走道高 40～60 cm,以便客户隔着玻璃观察猪只情况。出猪台一端和待售栏通过走道相连,另外一端开口于厂区外面,对于大型猪场,出猪台一般设计成三层,也可设计成活动式(图1-1-2)。

图 1-1-2 活动式出猪台

8.供、排水系统

供水系统包括水井、水塔和各类管道。水井选址时一定要远离猪场,位置要求较高,处于猪场上方向,猪场污水或粪便处理时不经过水井。水塔是清洁饮水正常供应的保证,位置选择要与水源条件相适应,且应安排在猪场最高处。猪场水管一般采用密闭式管道,而且最好能埋在地下,以免冬天因温度低而导致水管破裂。在猪场确定水源后,须请水质检验部门对水质进行检验,检验合格的才能使用;检验结果未达到饮用水标准时,一定要安装净化和消毒设备,对水源进行净化和消毒处理,或重新打井。

猪场的排水系统按照标准化、生态养殖的要求一般采取净、污分开设置的原则,即每栋猪舍排出的污水是一条沟,而天上下的干净的天水是另外一条沟。所有的污水通过管道或明沟合并进入污水处理系统。而干净的天水通过收集后可用于猪舍清洗,以节约水资源。

9.围墙和隔离条件

养猪场由于出于防疫的要求都要求设置围墙,以保证生物安全性,但在山区或边远地区在设计猪场时,可充分利用地形、地貌等地理特点,可利用水库、河流、树木或其他自然条件作为隔离设备。

(二)猪舍朝向和间距

1.猪舍朝向

在设计猪场时一定要因地制宜确定猪舍朝向。一般来说,最佳的朝向是坐北朝南偏东

5°～15°,这样,夏天的阳光不容易直接进入猪栏,有利于降温;而冬天阳光刚好能最大限度地照进猪舍,有利于提高猪舍温度,而且能起到杀菌消毒的效果。在具体进行猪舍设计时,应考虑以下两种情况:

(1)在封闭式有窗猪舍、全开放式、半开放式猪舍,采取开放或半开放设计建设,因此其猪舍的朝向就非常重要。

(2)在全封闭式猪舍,特别是工厂化养猪场,由于采取高密度饲养的模式,因此一栋猪舍的建筑面积比传统猪舍要大得多。由于猪舍内的温度、湿度、光线、风速都是由机械进行自动控制,此类猪舍对朝向没有特殊要求,其设计时往往依据地形地貌进行。

2.猪舍间距

一般来说,考虑光照、通风因素时,猪舍间距一般为屋檐高度的4～5倍;而考虑防疫、防火因素时,猪舍间距一般为屋檐高度的10～15倍。猪舍间距太小,不利于通风、光照、防疫和防火,但间距太大,则土地的利用率低,提高了投资成本。所以猪场在设计猪舍时,猪舍间距一般采取4～5倍的猪舍屋檐高度是比较经济、合理的。

(三)美化、绿化

在中国,现代化猪场在进行总体规划设计时,非常重视环境的美化、绿化。在场界周边种植乔木和灌木混合林带,作场界林带;在场界周边冬季上风向(防冷风)或夏季上风向(防风沙)种植宽5～8 m、3～5行的乔木和灌木,作防风林带;在场区隔离墙内外种植宽3～5 m、2～3行的乔木,作场区隔离林带,起分隔和防火的作用;在场内外道路旁种植乔木或亚乔木1～2行,在猪舍之间种植1～2行乔木或亚乔木作遮阴林;在猪舍边上种藤蔓植物,在裸露的地面上种草;在猪场空地上种优质的牧草。猪场在设计时,种植草坪和花可以美化猪场环境,一般绿化或美化面积可占猪场占地面积的20%以上。同时还可以在生活区设计假山、流水、喷泉等美化实施,不仅可美化环境,而且可以净化空气。

三、主要参数指标确定

(一)母猪繁殖指标确定

母猪的繁殖指标主要包括:可繁母猪头数、配种方式、母猪年产胎次、母猪每胎产活仔数、哺乳仔猪成活率等。

1.可繁母猪头数

可繁母猪是指猪场能够配种繁殖的母猪,包括体重达到成年猪体重的70%以上;能定期正常发情、配种、受孕、生产;身体健康,没有影响繁殖疾病的三类母猪。对于新建猪场是指准备或已经引进的母猪数。

2.配种方式

指猪场采取人工授精或本交方式进行配种,根据配种方式可确定公猪的数量。在采取人工授精时,公母比例为1:(60～80),甚至可高达1:(100～200)。而本交时一般公母比例为1:(20～30)。

3.母猪年产胎次

指母猪每年产仔的总胎次。目前中国的实际情况一般为2.0～2.3,大多在2.15左右。

4.母猪每胎产活仔数

指每年母猪平均每胎的产活仔数。不同品种的产仔数差异较大,如中国太湖猪是一个高产仔品种,其最高产仔数记录为胎产42头;而杜洛克的产仔数较低,平均为7～9头。

5.哺乳仔猪成活率

指断奶时(在中国哺乳期一般为21～28 d)仔猪的成活率。在中国,仔猪的成活率一般在85%～95%。

6.母猪繁殖周期

母猪繁殖周期是指母猪妊娠期(一般109～120 d,平均114 d)、哺乳期(21～28 d)和空怀期(7～14 d)的总和。目前,中国母猪实际年平均产2.15窝左右,故母猪的繁殖周期为168 d左右。

(二)生长育肥猪指标确定

1.保育猪

保育猪是指仔猪断奶(体重7 kg左右)到15 kg左右的猪。在此期间的日增重一般为250～350 g,成活率在85%～95%之间。

2.生长育肥猪

生长育肥猪指体重从15 kg至出栏的猪。按体重分为小猪(小猪是指体重在15～30 kg阶段的猪),此阶段成活率一般在90%～95%,日增重为350～450 g;中猪(中猪又称生长发育猪,是指体重在30～60 kg阶段的猪),此阶段成活率一般在97%～99%,日增重为550～650 g;肥猪(肥猪是指体重在60 kg以上阶段的猪),此阶段成活率一般在98%～99.5%,日增重为750 g以上。

(三)集约化养猪场常见的技术指标参数

集约化养猪场常见的技术指标参数见表1-1-3。

表1-1-3　集约化养猪场技术指标参数参考值

项目	参数	项目	参数
妊娠期	114 d	哺乳仔猪成活率	94%
哺乳期	21～28 d	断奶仔猪成活率	96%
保育期	35 d	生长期成活率	98.5%
生长育成期	56 d	育肥期成活率	99.5%
育肥期	56 d	母猪年更新率	30%
繁殖周期	168 d	母猪情期受胎率	85%～90%
母猪年产胎数	2.0～2.5	消毒空栏时间	7 d
母猪窝产仔数	10头	妊娠母猪提前进产房时间	7 d
窝产活仔数	9头	母猪配种后进妊娠栏时间	21 d
公母比例	1∶100或1∶25	繁殖节律	7 d

(四)各类猪只存栏数量的确定

1.所需猪舍的种类

根据生产工艺流程可知,所需猪舍的种类有种公猪舍、空怀母猪舍、妊娠母猪舍、分娩哺乳舍、断奶仔猪保育舍、生长猪舍、肉猪肥育舍。

2.各类猪舍中的猪只存栏量

各类猪舍中的猪只存栏量计算如下：

(1)年需要母猪总头数 = $\dfrac{\text{年出栏商品猪总头数}}{\text{母猪年产胎次}\times\text{窝产活仔数}\times\text{各阶段成活率}}$

(2)公猪头数 = $\dfrac{\text{母猪总头数}}{\text{公母比例}}$

(3)空怀舍母猪头数 = $\dfrac{\text{总母猪头数}\times\text{饲养日数}}{\text{繁殖周数}}$

(4)妊娠舍母猪头数 = $\dfrac{\text{总母猪头数}\times\text{饲养日数}}{\text{繁殖周数}}$

(5)分娩哺乳舍母猪头数 = $\dfrac{\text{总母猪头数}\times\text{饲养日数}}{\text{繁殖周数}}$

(6)分娩哺乳舍哺乳仔猪头数 = $\dfrac{\text{总母猪头数}\times\text{母猪年产胎数}\times\text{窝产活仔数}\times\text{饲养日数}}{\text{繁殖周数}}$

(7)断奶仔猪保育舍仔猪头数 = $\dfrac{\text{总母猪头数}\times\text{年产胎次}\times\text{窝产活仔数}\times\text{哺乳期成活率}\times\text{饲养日数}}{365}$

(8)生长猪舍育成猪头数 = $\dfrac{\text{总母猪头数}\times\text{年产胎次}\times\text{窝产活仔数}\times\text{哺乳期存活率}\times\text{保育期存活率}\times\text{饲养日数}}{365}$

(9)肉猪肥育舍肥育猪头数 = $\dfrac{\text{总母猪头数}\times\text{年产胎次}\times\text{窝产活仔数}\times\text{哺乳期成活率}\times\text{保育期存活率}\times\text{生长期存活率}\times\text{饲养日数}}{365}$

在确定各类猪只的存栏基数后,可根据每栏饲养的数量即可确定所需要的猪栏数量。

四、猪场平面布局

总体布局的展示形式目前主要有三种,即平面图、平面效果图和演示沙盘。

1.猪场平面图

一般设计小型猪场时,只要进行平面图的设计即可。在进行平面设计时要根据猪场场址的具体情况、饲养规模、饲养模式、猪场设计中的相关参数在电脑中绘制平面布局图(图1-1-3)。

2.猪场效果图

对于大中型猪场、工厂化养猪而言,平面图已经不能满足其建筑设计的要求,根据平面图设计效果图就显得特别重要(图1-1-4)。

3.沙盘

对于大型甚至是超大型猪场,光有平面图和平面效果图就显得不足,主要是因为猪场规模大,资金一次性的投入也大,猪场内部功能分区较细而且各建筑物要求高、联系紧密,在猪场建设时要求就特别高。因此在对大型猪场进行设计时,需要畜牧兽医技术人员根据猪场规模、生产模式、工艺流程及管理需要,提出总体规划的要求和设计要求,制成沙盘,根据沙盘的布局进行单体及配套工程的设计和建筑,从而保证猪场布局和各建筑物的完整性、准确性、直观性,同时根据沙盘还可以监督各建筑物的建设进程。

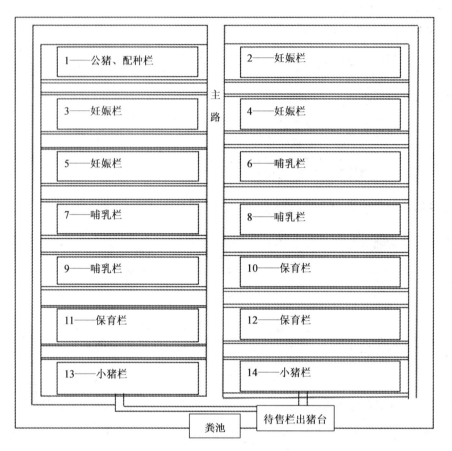

主路

1——公猪、配种栏	2——妊娠栏
3——妊娠栏	4——妊娠栏
5——妊娠栏	6——哺乳栏
7——哺乳栏	8——哺乳栏
9——哺乳栏	10——保育栏
11——保育栏	12——保育栏
13——小猪栏	14——小猪栏

粪池　　待售栏出猪台

图 1-1-3　平面布局图

图 1-1-4　猪场平面效果图

【实训操作】

猪场平面图的绘制

一、实训目的

1.了解猪场平面设计图的作用；

2.熟悉平面图绘制的要点；

3.掌握绘制平面图的方法。

二、实训材料与工具

1.材料

以拟建设年出栏 3 000 头商品出栏肥猪的猪场作为实训材料,假设猪场占地 13 300 m^2（20 亩）,场地长 133 m,宽 100 m。

2.工具

纸、笔、皮尺、钢卷尺、电脑。

三、实训步骤

1.由老师结合场地特点,进一步讲解猪场平面布局的要求；

2.由老师讲解猪场主要的技术指标,确定猪场各参数,并计算各类猪只的存栏数；

3.根据存栏数计算各类猪只占地面积和栏数,并计算各类栏舍的面积；

4.学生以 2 人为一组,根据老师提出的要求进行设计,现场绘制平面布局图。

四、实训作业

根据上述实训已知条件和参数,设计一小型工厂化养猪场。绘制该猪场平面布局图。

五、技能考核

猪场平面布局图评分标准

序号	考核项目	考核内容	考核标准	评分
1	参数确定、绘图	整体布局	各功能区布局是否合理、科学、环保、绿化	15
2		功能区	各参数是否正确、各栏舍数量是否正确	15
3		生产流程	按现代工厂化流程进行布局	20
4	综合考核	口试	能准确回答老师的提问	20
5		图纸	是否美观、符合建设要求	20
6		实训表现	小组协作好,能服从老师安排,态度与表现好	10
合计				100

工作任务 1-2　猪舍建筑设计

一、猪舍的形式

中国猪舍的形式和种类很多,在猪场建设时,各地往往根据当地的自然条件、气候条件开展。在中国,由于南北温差大,在进行设计时往往侧重点不同。如北方猪舍设计时强调保温,南方则强调降温。猪舍按不同的分类方法,其种类不同。

（一）按屋顶形式分

按屋顶形式将猪舍分为单坡式、双坡式、钟楼式、联合式等(图 1-2-1)。

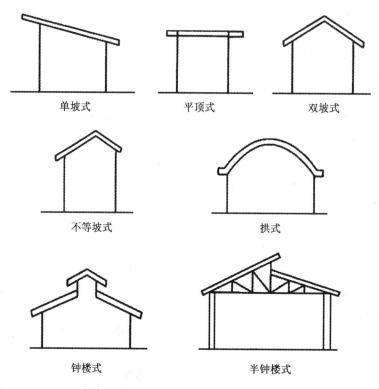

单坡式　　　　　平顶式　　　　　双坡式

不等坡式　　　　　　　拱式

钟楼式　　　　　　半钟楼式

图 1-2-1　不同样式的猪舍屋顶

1.单坡式

这类猪舍一般跨度较小,多用于单列式猪舍。其优点是结构简单,屋顶材料较少,施工简单,造价低,舍内通风、光照较好,适合在不同地区建设;缺点是冬季保温差,土地面积及建筑面积利用率低。故这类猪舍一般仅适合于养猪专业户和小规模猪场使用,大型猪场一般不采用。

2.双坡式

双坡式可用于各种跨度的猪舍,一般用于跨度较大的双列或多列式舍。双坡式屋顶由于跨度大,其优点是保温好,若设吊顶则保温性能更好,节约土地面积及建筑面积。缺点是对建筑材料要求高,投资稍大。中国规模较大的猪场多采用此种类型。

3.联合式

联合式猪舍的特点介于单坡和双坡式屋顶之间。

4.平顶式

平顶式多为预制板或现浇钢筋混凝土屋面板,可适宜各种跨度。该屋顶只要做好屋顶保温和排水,则使用年限长,效果较好;缺点是造价较高。

5.拱顶式

拱顶式猪舍可用砖拱或钢筋混凝土壳拱,大多在北方寒冷地方建设,目前很少采用。

6.钟楼式和半钟楼式

钟楼式猪舍是在双坡式猪舍屋顶上安装天窗,如只在阳面安装天窗即为半钟楼式。优点是舍内空间大,天窗通风换气好,有利于采光;缺点是不利于保温。故适宜在南方炎热的地区使用,北方一般不采用。

(二)按墙的结构和窗户的有无分

按墙和窗的结构将猪舍分为开放式、半开放式、有窗封闭式和无窗封闭式等几种(图1-2-2至图1-2-4)。

1.开放式猪舍

开放式猪舍三面设墙,一面无墙。优点是结构简单,造价低,通风采光好;缺点是受外界环境影响大,尤其是防寒能力差,在冬季如能加设塑料薄膜,也能够获得较好的效果。在南方的养猪个体户、专业户可采用该种类型猪舍,在冬季寒冷时加设塑料薄膜。北方则不适宜建造。

2.半开放式猪舍

半开放式猪舍三面设墙,一面设半墙。其使用效果与开放猪舍接近,只是保温性能略好,冬季也可加设卷帘或塑料薄膜。

3.有窗封闭式猪舍

该种猪舍四面设墙,纵轴上设窗,窗的大小、数量和结构由当地气候条件来定。寒冷地区可适当少设窗户,南边窗宜大,北边宜小,以利保温。在夏季炎热的地区,为解决通风降温,可在两纵墙上设地窗,屋顶设通风管或天窗。有窗式猪舍的优点是保温隔热性能较好,并可根据不同季节启闭窗户,调节通风量和保温隔热,使用效果较好,特别是防寒效果较好,缺点是造价较高。它适合于中国大部分地区,特别是北方地区以及分娩舍、保育舍和幼猪舍。

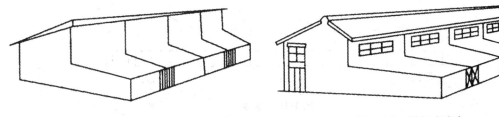

图1-2-2　开放式猪舍　　　　　　　　图1-2-3　封闭式猪舍

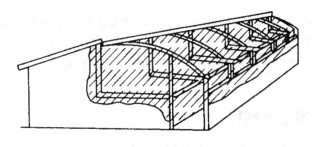

图1-2-4　塑料大棚简易猪舍

4.无窗封闭式猪舍

该种猪舍墙上只设应急窗,仅供停电时用。舍内的通风、光照、采暖等全靠人工设备调控。优点是给猪提供适宜的环境条件,有利于提高猪的生产性能和劳动生产率。缺点是猪舍建筑、设备等投资大,能耗和设备维修费用高。在中国这类猪舍主要用于大型机械化养猪场。

（三）按猪栏排列的方式分

按猪栏的排列将猪舍分为单列式、双列式和多列式三种(图1-2-5)。

1.单列式猪舍

单列式猪舍的猪栏排成一列,一般在靠北墙处设饲喂走道,舍外根据需要可设或不设运动场。单列式猪舍跨度较小,一般为4～5 m。其优点是结构简单,对建筑材料要求低,采光及舍内空气环境较好。缺点是土地面积及建筑面积利用率低,冬季保温能力差。该种方式适宜养猪专业户和种猪舍。

2.双列式猪舍

双列式猪舍猪栏排成两列,中间设一走道,根据需要在南北墙可再各设一条清粪通道,一般跨度为7～10 m。双列式猪舍的优点是土地面积及建筑面积利用率较高,管理方便,保温性能好。缺点是北侧猪栏采光差,圈舍易潮湿,影响猪的生长发育。在规模化猪场多采用双列式这种模式。

3.多列式猪舍

多列式猪舍将猪栏排成三列、四列或更多列,一般跨度在10 m以上。其优点是土地面积及建筑面积利用率高,管理方便,保温性能好;缺点是采光差,圈舍阴暗潮湿,空气环境差,并要求辅以机械通风。这种模式在中国多用于大型集约化、机械化养猪场,中小型猪场一般不使用。

单列式   双列式   多列式

图 1-2-5 猪舍

（四）按猪舍的用途分

随着现代化、集约化、机械化养猪的发展,猪舍建筑常根据不同种类的猪群对环境条件的要求来进行建设,规划时将猪舍划分为公猪舍、配种舍、妊娠舍、分娩舍、保育舍、生长育肥舍等几种类型的猪舍,根据生产规模分别建设。各类猪舍的结构、样式、大小、保温隔热性能等都有所不同。

二、猪舍的基本形态结构

一列完整的猪舍,主要由墙壁、屋顶、地面、门窗、粪尿沟、隔栏、走道等部分构成。

（一）墙壁

墙壁是猪舍的主要外围护结构,是猪舍建筑结构的重要部分,它将猪舍与外界隔开。按墙所处位置可分为外墙、内墙。外墙为直接与外界接触的墙,内墙为舍内不与外界接触的墙。对墙壁的要求是坚固耐久和保暖性能良好。猪场墙体的材料多采用砖砌墙,要求水泥勾缝,离地0.8～1.2 m水泥抹面,以便于清洗和消毒。墙壁的厚度应根据当地的气候条件和所选墙体材料的特性决定。

(二)屋顶

屋顶的作用是防止降水和保温隔热。屋顶的保温与隔热作用大,是猪舍散热最多的部位。冬季屋顶失热多,夏季阳光直射屋顶,会引起舍内急速增温。比较理想的屋顶用瓦做,也可以用水泥预制板。目前,有些畜牧场其屋顶采用进口新型材料,做成钢架结构支撑系统、瓦楞钢房顶板,并夹有玻璃纤维保温棉,保温效果良好。一般南方猪场屋顶为单坡、双坡或联合式;北方一般为拱顶,有利于保温。在屋顶设计时,也可以综合几种材料建成多层屋顶。猪舍加设天棚,可明显提高其保温隔热性能。

(三)地面

对于大中型猪场的产房、保育床一般采取高床饲养,床面使用水泥、复合塑料或金属做地面,其他猪舍使用最多的是水泥地面,也有勾缝平砖式地面。其次为夯实的三合土地面,三合土要混合均匀,湿度适中,切实夯实。土质地面、三合土地面和砖地面保温性能好,但不便于清洗和消毒;水泥地面坚固耐用、平整,易于清洗消毒,但保温性能差。地面必须有一定的坡度,一般2%～3%,而且在猪栏内一般三个角高,一个角低,低的地方设置排污口。对于使用漏缝地板而言,要求上宽下窄,便于漏粪,不同猪的地板间隙大小不一,一般为:成年猪20～25 mm,产房10 mm,保育猪15 mm,生长育肥猪20～25 mm。

(四)粪尿沟

单列式猪舍中,开放式舍一般设在南墙的外面,全封闭、半封闭猪舍可设在距墙40 cm处挖沟,并加盖漏缝地板。双列或多列式一般设置在猪栏纵轴的两边。粪尿沟的宽度应根据舍内面积设计,但至少有30 cm宽。漏缝地板的缝隙宽度根据猪只大小不同而有所差异。

(五)门窗

一般开放式舍运动场前墙应设有门,高0.8～1.0 m,宽0.6 m,要求特别结实,尤其是种猪舍;半封闭猪舍则与运动场的隔墙上开门,高0.8 m,宽0.6 m;全封闭猪舍则仅在饲喂通道的一侧设门,门高0.8～1.0 m,宽0.6 m,以方便饲养员进行操作,通道的门高1.8～2.0 m,宽1.0 m。无论哪种猪舍都应设后窗,开放式、半封闭式舍的后窗长与高一般可在0.4～1.0 m,上框距墙顶0.4 m,半封闭式中隔墙窗户及全封闭猪舍的前窗要尽量大,下框距地应为1.1 m。全封闭猪舍的后墙窗户可大可小,若条件允许,可装双层玻璃。

(六)隔栏

猪舍内的隔墙目前有三种形式,即砖砌水泥抹面隔墙、钢构栅栏隔墙、水泥和钢栅栏结合隔墙。

1. 水泥隔墙

水泥隔墙是猪舍使用最多的一种隔墙,其厚度一般为12 cm,两面用水泥抹光,高度根据猪只大小而不同,一般在60～120 cm。可用于各类猪小群或大群饲养时使用。这种隔墙清洗消毒方便,对防止传染病的传播有一定效果,但占地较多。

2.钢构栅栏

钢构栅栏是使用钢管作为建筑材料,可设置成固定式和移动式,高度根据猪只大小而不同,一般在40～120 cm。这种隔栏制作快,猪舍内通风方便,在大型集约化养猪场使用越来越多。缺点是由于相邻猪栏的猪彼此接触多,不利于疾病防控。这种隔墙可设置成单体式即饲养一头猪,如妊娠母猪单体栏、哺乳母猪单体栏,也可设置成小群如保育栏、空怀母猪栏、后备母猪栏,或大群饲养如生长育肥栏等多做模式。

3.水泥和钢栅栏结合隔墙

这种隔墙是在地面用砖砌隔墙,一般高度在20～40 cm,再在隔墙上面加钢构栅栏。这种隔墙结合了水泥隔墙和钢构栅栏两种隔墙的优点,但施工难度大,工期长(图1-2-6)。

图1-2-6 水泥-钢构隔墙

(七)舍内走道

单列式走道一般设置在猪栏北边,宽度一般为1.0～1.2 m。双列式一般设置在中间,宽度一般为1.0～1.2 m,如有需要,在靠墙四周再设置一条0.8～1.0 m宽的道路作为污道(如妊娠限位舍、产房、保育舍)。对于多列式而言,每两列之间都要设置一条走道。所有地面均要求有一定坡度,而且最好高于猪栏2～3 cm,以防止猪栏内污水流入走道。

(八)运动场

对于单列式、双列式猪舍,可在猪舍两边设置运动场,面积大小可按照不同猪只进行设置。在大型现代化养猪场,一般在猪舍内不设置运动场,在毗邻种公猪舍、配种舍附近设置专用的运动场,供种公猪、待配母猪运动。运动场地面一般使用水泥地面或用三合土夯实,上铺10～30 cm厚的沙子,以有利于提高运动强度(图1-2-7)。

(九)供水、供电

猪舍内的供水系统最好能设置两套水管,即饮用水管和冲洗水管。饮用水管要按栏舍设计布置到指定的饮水位置,水管最好安置在地下或墙面上。每栋猪舍还应设置一个水表及相应数量的开关、水龙头。在猪舍进水口的一端,最好能设置一水箱,有利于日后生产时对猪进行保健加药时使用。水箱的体积为本栋猪舍存栏猪一天的用水量。供电应根据本栋猪舍的用电量选择大小合适的电线并事先进行埋设,每栋猪舍最好能设置电表和漏电保护装置。

图 1-2-7　猪运动场

（十）通风和照明系统

开放式、半开放式猪舍一般利用门窗的开启进行通风，或在屋顶设置通风管进行通风，而光照使用自然光照加人工辅助照明方式进行。密闭式猪舍则采用人工智能通风或机械通风，光照全部使用人工光照，其设计参数见图 1-2-8、表 1-2-1。

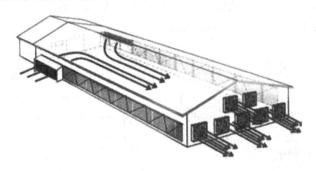

图 1-2-8　封闭式猪舍通风示意图

表 1-2-1　各类封闭式猪舍适宜的舍内环境主要设计参数

| 猪舍类别 | 舍温 /℃ | 相对湿度 /% | 气流速度/(m/s) | | CO_2 浓度 /% | NH_3 /(mL/L) | 光照 /lx | 噪声 /db |
			春、秋、冬	夏				
公猪、空怀、妊娠舍	14~16	75	0.3	1.0	0.2	0.02	110	50~70
分娩舍	18~20	70	0.2	0.4	0.2	0.015	110	50~70
分娩舍仔猪	28~30	70	0.2	0.4	0.2	0.015	110	50~70
保育舍	16~18	70	0.2	0.6	0.2	0.015	80	50~70
育肥舍	14~16	75	0.2	1.0	0.2	0.02	20	50~70

三、猪舍设计

（一）公猪舍

公猪舍在中国设计时类型较多，各地差异较大（图 1-2-9 至图 1-2-12）。目前常用的主要有：

1.开放式

一般是单列式,北边全墙,走道设置在靠北墙,南边为开放式,外设运动场,单栏圈养。由于有运动场,公猪的运动量增加,精子质量较好。但占地较多,夏季高温时对精子质量影响较大,故在南方夏季一般可采取屋顶喷水、栏内设置电风扇的方式降温。这种养猪方式主要在中国的海南、广东、福建等冬季气候比较温暖的地方,而北方由于冬季气温低,这种方式由于不利于保温。

2.半开放式

在南方、中部省份由于夏季温度较高、冬季又比较寒冷,故多采用这种模式。半开放式公猪舍大多采用双列式,不设运动场,走道设置在中间,公猪栏一般设置在南、北方向。在南北墙上装置卷帘,春秋常温季节把卷帘升起,有利于光照充足,冬季寒冷时放下卷帘成封闭式。其优点是占地面积小,易管理。但由于运动量小,公猪精液质量稍差,特别夏季高温季节对公猪影响较大。所以在夏季一般可采取屋顶喷水、栏内设置电风扇、水帘降温系统或空调等方式降温。

3.封闭式

一般用于北方或集约化、机械化养猪场,和待配母猪饲养在同一栋栏内,采取围栏单圈饲养,在没有配种任务时,每天赶入运动场运动。

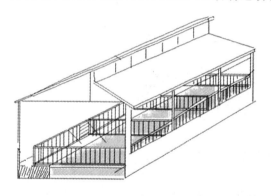

图 1-2-9　单列式公猪舍

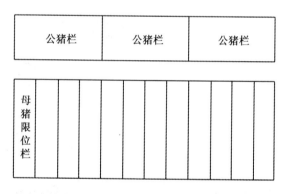

图 1-2-10　公猪和母猪饲养舍平面布局图

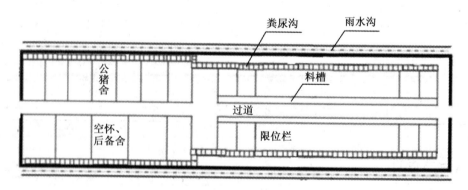

图 1-2-11　公猪和妊娠母猪舍平面图

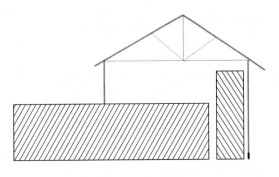

图 1-2-12 单列式有运动场的猪舍

（二）空怀、妊娠舍

目前常用的空怀、妊娠舍主要有：

1. 开放式、半开放式

传统为单栏或小群饲养，一般 4～6 头一栏。猪场大多采用限位栏单栏饲养，妊娠后期（84 d 后）单栏饲养；现代养殖是多采用限位栏进行饲养。采用双列或多列式。半开放式在南北墙上装置卷帘，需要时放下卷帘成封闭式。在南方夏季一般可采取屋顶喷水、栏内设置电风扇或水帘式等降温方式（图 1-2-13）。

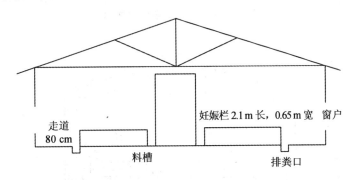

图 1-2-13 开放式和半开放式空怀栏、妊娠栏

2. 封闭式

一般用于集约化、机械化养猪场，和待配母猪饲养在同一栋栏内，采取限位栏单圈饲养（图 1-2-14、图 1-2-15）。

（三）分娩舍

分娩舍是母猪分娩哺乳的场所。母猪分娩舍多采用封闭双列或多列式高床养殖模式，分娩栏产床的中间为母猪饲养区，采用母猪限位饲养模式。其中母猪饲养区是母猪分娩和仔猪哺乳的地方，两边是仔猪采食、饮水、取暖和活动的地方（图 1-2-16、图 1-2-17）。

（四）保育舍

现代化猪场多采用高床网上保育栏，主要由金属编织漏缝地板网、围栏、自动食槽、连接卡、支腿等部分组成，金属编织网通过支架设在粪尿沟上或水泥地面上，围栏由连接卡固定在

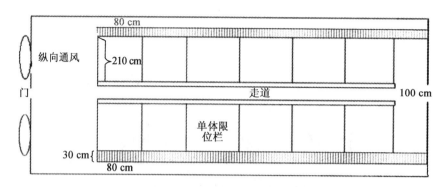

图 1-2-14　空怀、妊娠舍平面图

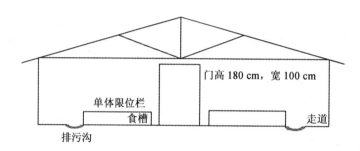

图 1-2-15　空怀、妊娠舍立面图

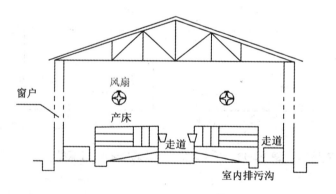

图 1-2-16　封闭式双列产房剖面图

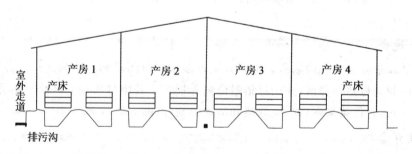

图 1-2-17　多列式分娩舍示意图

金属漏缝地板网上,相邻两栏在间隔处设有一个双面自动食槽,供两栏仔猪自由采食,每栏安装一个自动饮水器。一般设计为每栏 10 m² 左右,可养殖 20 头仔猪。保育舍多采用封闭双列或多列式模式,除采食区外全部采用漏缝式地板,猪栏地面前高后低,有利于排污(图 1-2-18)。

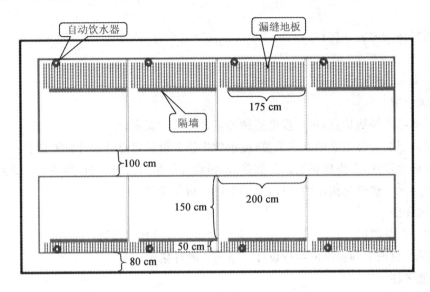

图 1-2-18　保育舍平面图

(五)生长育肥舍

生长育肥猪大多采用开放、半开放式地面平养模式,舍内大多是双列式(图 1-2-19)。

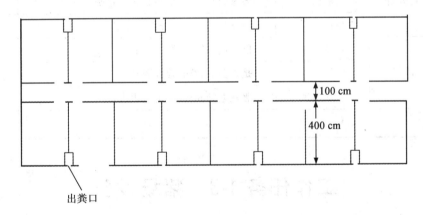

图 1-2-19　育肥舍平面图

【实训操作】

猪舍建筑设计

一、实训目的

1. 使学生了解各类猪舍的作用;
2. 熟悉各类建筑物的建设要求;

3. 掌握猪舍平面设计要点;

4. 能根据不同地区特点,科学设计猪舍。

二、实训材料与工具

1. 材料

以当地某猪场为实训材料。

2. 工具

纸、笔、皮尺、钢卷尺、电脑。

三、实训步骤

1. 由老师结合场地特点,进一步讲解猪场猪舍设计的要求;

2. 由老师根据猪舍主要的技术参数,提示学生猪舍设计要点并设计各种猪舍;

3. 根据猪舍设计,学生现场绘制各类猪舍,对设计的猪舍进行分析,指出其优缺点;

4. 随机提出一规模化猪场的产量,由学生进行猪舍设计。

四、实训作业

参观和分析某猪场,每4个同学一组,测量猪舍的各种技术参数,并指出该猪场的优缺点,提出改进意见,根据老师提出的指标设计一猪场的各种猪舍。

五、技能考核

猪舍设计评分标准

序号	考核项目	考核内容	考核标准	评分
1	调查分析	整体布局	各功能区布局是否合理、科学、环保、绿化	15
2		功能区	各参数是否正确、各栏舍数量是否正确	15
3		生产流程	按现代工厂化流程进行布局	20
4	综合考核	口试	能准确回答老师的提问	20
5		图纸	是否美观、符合建设要求	20
6		实训表现	服从老师安排,态度与表现好	10
合计				100

工作任务 1-3　猪场设备

一、饲喂设备

(一) 食槽

猪的食槽分固定式、移动式和自动食槽。产床使用的仔猪补料槽一般用硬塑料制成,固定在产床上(图 1-3-1)。妊娠和哺乳母猪一般采用钢制料槽(图 1-3-2)。保育猪一般采用双面固定料槽(图 1-3-3)。而生长育肥猪采用固定饲槽为水泥浇注固定饲槽,都在隔墙或隔栏的下面或固定在猪栏内,由走廊或人工添料。为便于猪采食,饲槽一般为长形或圆形,每头猪所占饲槽的长度根据猪的种类、年龄而定(表1-3-1)。集约化、工厂化猪场,限位饲养的妊娠母猪或泌乳母猪,采用自动喂料系统(图1-3-4)。

图 1-3-1 仔猪补料槽

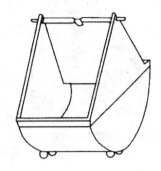

图 1-3-2 钢制饲槽

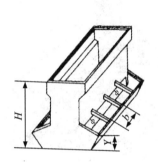
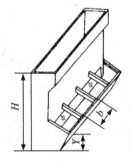

图 1-3-3 单、双面饲槽大样图

图 1-3-4 自动喂料桶

表 1-3-1 双面自动料槽主要结构参数　　　　　　　　　　　　　　　　　　　　mm

类别	高度(H)	前缘高度(Y)	总体宽度	采食间隔(b)
保育猪	700	100～120	520	140～150
生长猪	800	150～170	650	190～210
育肥猪	900	170～190	690	240～260

(二)供水设备

猪场供水设备主要由水井提取、水塔储存和输送管道等部分组成。现代化猪场的供水一般都是采用压力供水,其供水系统主要包括供水管路、过滤器、减压阀、自动饮水器等。猪的饮水设备种类主要有水槽和自动饮水器两种。水槽一般设在猪栏内,同时可作食槽用。猪用自动饮水器的种类很多,有乳头式(图1-3-5)、鸭嘴式(图1-3-6)、杯式(图1-3-7)等。由于乳头式和杯式自动饮水器的结构和性能不如鸭嘴式饮水器,目前普遍采用的是鸭嘴式自动饮水器。

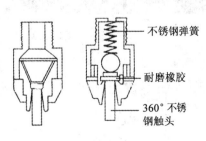

不锈钢弹簧

耐磨橡胶

360°不锈钢触头

图 1-3-5 乳头式饮水器

图 1-3-6　鸭嘴式饮水器

图 1-3-7　杯式饮水器

（三）喂料设备

猪场喂料方式要有机械喂料和人工喂料。

1.自动喂料设备

随着猪场规模化不断增大,用人难、生物安全的问题逐渐凸显出来,机械化喂料成为必然。机械喂料设备包括运输料车、储料塔、电机、输送带、管道等组成（图 1-3-8 至图 1-3-10）。在机械喂料加高床、自动清粪的猪场,一个饲养员可饲养 1 000 头以上母猪,1 000～3 000 头肥猪,大大节省了劳力。

图 1-3-8　自动喂料设备

2.人工喂料设备

人工喂料设备主要包括各种类型的饲料车和铲子。

图 1-3-9　妊娠栏自动喂料设备

图 1-3-10　育肥舍自动喂料设备

二、栏舍设备

（一）母猪限位栏

主要用于饲养空怀、妊娠母猪舍,其规格为 210 cm×60 cm,高度 100 cm,一般使用镀锌钢管做成(图 1-3-11、图 1-3-12),地面为水泥地面,前段和后端之间有一定落差,有利排水。

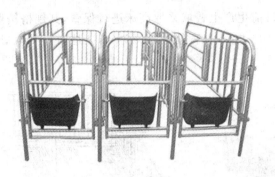

图 1-3-11　妊娠母猪限位栏实样图

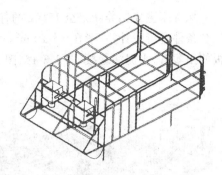

图 1-3-12　母猪限位栏

(二)产床

通常使用高床对哺乳母猪进行饲养,以提高哺乳仔猪成活率(图 1-3-13、图 1-3-14)。其常见规格为 210 cm×200 cm,其中饲养母猪的区域为 210 cm×60 cm,高度 100 cm,在母猪饲养区两边为仔猪区,规格 210 cm×60 cm,高度为 50 cm。此外再设一仔猪保温区,两个相邻的共用,规格为 105 cm×40 cm。母猪饲养区地面一般使用铸铁地板,仔猪为塑料地面。保温箱为塑料和木头制作,朝母猪一侧有一个 30 cm×40 cm 出口,供仔猪自由进出,下面安装电热保温板(图 1-3-15)。

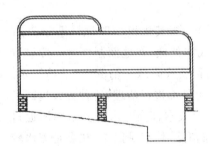

图 1-3-13　母猪产床大样图

图 1-3-14　母猪产床

图 1-3-15　仔猪电热保温板

（三）保育床

保育床主要饲养断奶至 15 kg 的仔猪。目前生产上普遍采取高床进行保育，其规格按照栏舍条件进行设计，一般在 5～10 m²，可饲养 10～20 头保育猪，栏高 50 cm，离地面 60 cm。地板使用塑料、水泥漏缝板（图 1-3-16、图 1-3-17）。

图 1-3-16　保育栏实样图

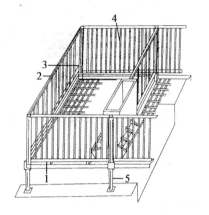

图 1-3-17　保育栏
1.连接板　2.围栏　3.漏缝地板
4.自动落料饲槽　5.支腿

（四）生长育肥猪舍设备

生长育肥猪舍的地面有水泥、漏缝板、水泡粪、发酵床等模式，其规模一般每栏饲养 20～30 头猪，最多可饲养 100 头左右。其中水泥地面结构简单、成本低廉，在地面制作时一般设置成三个角高，一个角低，低的位置设置饮水设备和排污口，此种模式采取干清粪，可节约用水。漏缝地板为地面架空以后安装漏缝地板，粪尿漏下后可在猪舍外部进行清理，这种方式提高了栏舍面积的利用率、提高了猪的生长速度、有利于疾病防控，但成本较高。水泡粪指粪尿通过漏缝漏下猪床后，在猪场下面进行发酵，一定时间后再将粪尿清除，优点是简单，缺点是需水较多。发酵床养猪是将地面做成 80～100 cm 深沟，沟内放置经过发酵的垫料，猪在垫料上养殖，这种模式由于猪粪尿排泄后在垫料上发酵，因而解决了猪污染物对周边环境污染问题，但大量的垫料需要进行处理。

三、废弃物处理设备

工厂化、集约化猪场由于规模较大，每天产生的粪、尿的数量相当惊人，如果不进行科学的处理，不仅严重影响猪只正常健康的生长，甚至污染环境和水体，影响人们正常的生活，阻碍猪场的发展。由于中国已经立法规定了猪场污染物处理要求，因此在猪场建设和使用过程中，必须严格遵守。猪场的废弃物主要有：粪污、污水、尸体、胞衣、胎盘、各种瓶子、人工授精后的输精管、精液瓶等。使用的设备主要包括高压清洗机、刮粪板、粪水分离机、污水处理系统、沼气发电机、尸坑、尸体无害化处理机、粪便运输车、沼液运输车、有机肥料生产设备等。

（一）猪粪处理设备

猪场一般是人工清粪、水冲粪、水泡粪、发酵床养猪、机械清粪等方式。

1.人工清粪设备

采用人工的方法对猪舍内粪便每天清理2次,清理出来的粪便倒入粪坑(池)内,作为肥料或经过发酵后在种植业(如猪—沼—果、猪—沼—菜等模式)或养鱼(猪—沼—鱼)上利用。设备主要包括各种扫把、推车、粪池(坑)。这种方法适用于地面平养,但员工劳动强度较大、费时费工,不适合大规模养殖。

2.水冲粪设备

每天用水冲洗猪粪,所需设备为高压清洗机。冲洗出来的粪水经过发酵处理后利用,或自然沉淀后,粪、水分别处理,或使用固液分离机将粪、水分离,分离后分别处理。这种方法适用于地面平养,员工劳动强度较小,但水资源浪费大,污水处理压力大,不适合现代生态养殖模式。

3.水泡粪设备

猪粪尿由漏缝地板漏下后,进行发酵,一定时间后再一次性排出,排出猪舍后集中处理利用,设备主要是污水处理系统。这种方法适用于高床漏缝式地面,员工劳动强度小,但水资源浪费较大,污水处理压力较大,也不适合现代生态养殖模式。

4.发酵床养猪设备

猪每天的粪尿直接排放在发酵床上,由于发酵床的垫料中拌入微生物,粪尿进入后发酵,降低了污染,饲养员每天翻动垫料,一定时间后再将垫料清理出来进行处理。发酵床的优点是水的用量少,冬春季节有利于猪舍保温,因此在北方使用效果较好。而南方夏天温度高、湿度大,使用发酵床往往效果不理想,此外目前发酵床使用的微生物发酵效果较差,因此,饲养密度应比正常的要小。使用的设备包括小型铲车、耙子、铁锹等。

5.机械清粪设备

猪粪尿由漏缝地板漏下到排粪沟内,再使用机械设备进行清粪,粪污清理出来后再处理。设备主要是机械刮粪板。

（二）污水处理设备

猪场污水处理的方法有物理法、化学法和生物法等。其设备包括:

1.物理法

主要通过沉淀法(使用沉淀池)、过滤法(使用格栅、筛网、沙滤)完成对污水的处理,这种方法简单易行、投资低,但效果不明显。一般适用于小型和个体户养殖猪场。

2.化学法

化学法是指通过化学反应的方法来处理猪场污水,常用的方式有混凝法、化学沉淀法、中和法、氧化还原法等。

3.生物法

通过生物处理的方式处理污水,在中国猪场普遍使用的处理方式,是使用沼气的方式完成,即物理方法加生物方法的方式处理猪场的污水,其设备主要包括:多级沉淀池、固液分离机、酸化池、发酵池、曝氧塘、生物塘以及发电机等组成。

（三）尸体、胞衣、胎盘处理设备

根据国家统计局和农业部发布的信息,2014年中国出栏生猪7.3亿头,母猪存栏4 619万头,年产胎数达到9 000多万窝。按照目前中国养猪生产过程中大约10%的死亡率,所有养猪场一年产生的病死猪高达 7 000 多万头。大量死亡猪和胎盘如果不经过处理对环境的破坏极大。中国 2010—2014 年生猪存栏、出栏情况见表 1-3-2。

表 1-3-2 中国 2010—2014 年生猪存栏、出栏情况

项 目	2010	2011	2012	2013	2014
出栏肉猪数量/万头	66 700	66 170	69 628	71 557	73 510
存栏母猪数量/万头	4 750	4 920	5 060	4 966	4 619
每头母猪年出栏肥猪数/头	14.04	13.45	13.75	14.41	15.91

由于中国猪病种类较多,每年有大量的猪只死亡需要进行处理,目前处理的方法主要是无害化处理、尸坑处理、作肥料等方式。其设备有:

1. 无害化处理

这种方法主要用焚烧方式进行处理,达到无害化处理的目的。其设备主要是焚尸炉。

2. 尸坑处理

这种方法中国使用较多。在建设猪场时就设计好尸坑,死亡猪只、胎盘、胞衣等全部倒进尸坑,当装满后,把尸坑开口封闭,重新再做一个。

3. 作有机肥料

目前规模化大型猪场对尸体处理均采取这种方法,这种方法处理后没有任何污染,是一种较为理想的方法。目前有专业的尸体处理设备,经过处理后的尸体可作为肥料使用。

(四)其他废弃物的处理设备

猪场在日常管理过程中的废弃物还包括各种型号的药瓶、废弃的手术刀片、人工授精后的受精管、精液瓶等,一般采取无害化处理。

四、猪舍环境控制设备

猪舍环境控制设备包括加热保温设备、降温设备、通风换气设备、清洗消毒设备等。

(一)加热、保温设备

猪舍的供暖分集中供暖和局部供暖两种方法。集中供暖是由一个集中供热锅炉,通过管道将热水输送到猪舍内的散热片,加热猪舍的空气,保持舍内适宜的温度。而在分娩舍为了满足母猪和仔猪的不同温度要求,常采用集中供暖,维持舍温 18℃。在仔猪栏内设置可以调节的局部供暖设施,保持局部温度达到 30～32℃,局部保温可采用远红外线取暖器、红外线灯、电热板、热水加热地板等,这种方法简便、灵活,只需有电源即可。目前大多数猪场实现高床分娩和育仔。因此,最常用的局部环境供暖设备是采用红外线灯或远红外线板,采用保温灯泡,加热效果更好。传统的局部保温方法采用厚垫草、生火炉、搭火墙、热水袋等方法。这些方法目前多被规模较小的猪场和农户采用,效果不甚理想,且费时费力,但费用低。目前最好的方式是将保育猪养在地面上,地下预埋水管,通过热水、热气散发的热量加热。在开放式或半开放式的妊娠、小猪、生长育肥舍一般不设加温设备,冬天通过放下卷帘保温。

(二)降温设备

猪舍降温常见的主要通过通风方式实现。

1.自然通风

自然通风是靠舍外刮风和舍内外的温差实现的。风从迎风面的门、窗户或洞口进入舍内，从背风面和两侧墙的门、窗户或洞口穿过，即利用"风压通风"。舍内气温高于舍外，舍外空气从猪舍下部的窗户、通风孔和墙壁缝隙进入舍内，而舍内的热空气从猪舍上部的屋面经自然通风器、通风窗、窗户、洞口和缝隙压出舍外为"热压通风"。舍外有风时，热压和风压共同起通风作用，舍外无风时，仅热压起通风作用。

2.机械通风

炎热地区猪场需进行机械通风，机械通风分为以下方式。

(1)负压通风　即用风机把猪舍内污浊的空气抽到舍外，使舍内的气压低于舍外的气压而形成负压，舍外的空气从屋顶或对面墙上的进风口被压入舍内。

(2)正压通风　即将风机安装在侧墙上部或屋顶，强制将风送入猪舍，使舍内气压高于舍外，舍内污浊空气被压出舍外。

(3)联合通风　同时利用风机送风和利用风机排风，可分为两种形式。第一种形式适用于较热的地区，进气口设在低处，排气口设在猪舍的上部，此种形式有助于通风降温。第二种形式应用范围较广，在寒冷和炎热地区均可采用，将进气口设在猪舍的上部，排气口设在较低处，便于进行空气的预热和冷却。

3.通风换气降温设备

猪舍的通风换气设备一般主要安装在妊娠、哺乳、育肥舍。降温方式主要采用水帘-风机降温、屋顶喷水降温、喷雾降温、冷风机降温、电风扇降温等多种模式。目前有些猪场在公猪舍使用空调进行降温，其降温效果良好，但成本较高。其设备主要有水帘、风机、风扇等，安装在妊娠、哺乳、育肥舍(图1-3-18至图1-3-22)。

图 1-3-18　风机

图 1-3-19　水帘

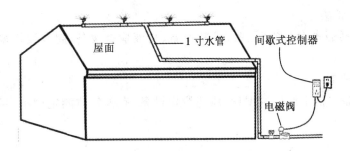

图 1-3-20　屋顶喷水降温设备

图 1-3-21　水帘降温设备

图 1-3-22　冷风机

（三）清洗、消毒设备

1.车辆、人员清洁消毒设施

必须进场的车辆，经过大门口车辆消毒池消毒。消毒池与大门等宽，长度为机动车轮胎周长的2.5倍以上，车身经过冲洗、喷淋、消毒后方可进场。进场人员都必须经过隔离、温水冲洗、更换工作服，通过消毒间喷雾（图 1-3-23）和消毒池消毒，再经过紫外线消毒灯，方可进入猪场。

2.环境消毒设备

常用的消毒设备有以下两种：

（1）电动清洗消毒车　该机工作压力为 15～

图 1-3-23　喷雾消毒设备

20 kg/cm²，流量为 20 L/min，冲洗射程 12～15 m，是工厂化猪场较好的清洗消毒设备。

（2）火焰消毒器　火焰消毒器是利用液化气或煤油高温雾化，剧烈燃烧产生高温火焰对舍内的猪栏、饲槽等设备及建筑物表面进行瞬间高温燃烧，达到杀灭细菌、病毒、虫卵等消毒净化目的。火焰消毒杀菌率高达97%以上，避免了用消毒药物造成的药液残留。

五、其他生产设备

1.饲料生产设备

包括粉碎机、搅拌机、混合机、制粒机、打包机、输送机、运输车等整套设备以及饲料原料和成品检测设备、贮存设备等。

2.配种、接产设备

配种设备包括假畜台、采精设备、输精设备、精液检查设备、超声波妊娠诊断仪（图 1-3-24）、接产用具等。

3.环境监控设备

环境监控设备包括干湿球温度计、风速测定设备、有害气体测定设备、照度计、粉尘监测设备。

4.兽医设备

包括消毒机、喷雾器、紫外线灯、各种诊断设备、细菌培养鉴定设备、抗体和病毒检测设备、

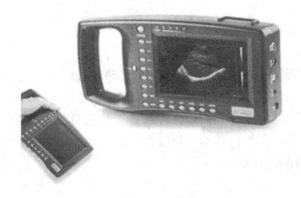

图 1-3-24　超声波妊娠诊断仪

各种手术器材和设备、防疫设备等。

　　5.日常管理设备

　　包括猪种猪性能测定设备、抓猪器、称重磅秤、体尺测定设备、耳号剪、耳号牌、剪牙剪、断尾剪、活体测膘仪、屠宰测定设备、赶猪走道、运猪车、料车、粪车、灭蝇蚊器等(图 1-3-25 至图 1-3-27)。

　　6.办公设备

　　包括办公设备诸如电脑、办公软件,猪场管理软件、财务管理、后勤、销售门卫、保管所需各种设备等。

图 1-3-25　喂料车

图 1-3-26　转猪车

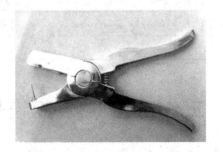

图 1-3-27　耳号钳

【实训操作】

猪舍设备的识别和操作

一、实训目的

　　1.使学生了解各类设备的功能;

　　2.正确识别各类设备;

　　3.掌握各种设备的操作、保养、维修要点;

　　4.能根据不同设备的特点,提出改进意见。

二、实训材料与工具

以当地某猪场为实训材料,正确识别各种设备。

三、实训步骤

1.由老师根据猪场各种设备,进一步讲解猪场各种设备;

2.由老师带领学生到各类猪舍,指导学生识别各类设备;

3.在老师指导下,学生熟悉不同猪舍内的各种设备,并对各类设备进行现场操作;

4.通过和猪场相关人员的交流,结合自己的操作,学生指出各种设备的操作要点和使用过程中的优缺点,并提出改进意见。

四、实训作业

参观和分析某猪场的各种设备,识别各种设备,熟悉各种设备的规格、功能、安装要求、使用要求,熟练掌握其操作方法,并指出该设备在使用过程的优缺点,提出改进意见。根据实训内容写出实训报告(不少于500字)。

五、技能考核

猪舍设计评分标准

序号	考核项目	考核内容	考核标准	评分
1	设备调查、识别与使用	设备调查	不同猪舍设备的调查并列表说明	10
2		设备识别	正确识别各种设备	15
3		设备操作使用	正确使用和操作各种设备	25
4	综合考核	设备优缺点	能准确回答老师提出的设备优缺点	20
5		设备改进、维修	能对设备提出改进措施,并能进行简单维修	20
6		实训报告	能将整个实训过程完整、准确地表达	10
合计				100

工作任务 1-4   规模化猪场污染的防制和处理

近年来随着养猪业的快速发展,规模化、集约化的养猪场和养殖小区不断增加,猪的粪便和污水排放量剧增,养猪场的粪便随地堆积、污水肆意排放,严重污染养猪场周边的环境,养猪污染问题越来越突出,特别是夏季到来后,养猪场周围臭气冲天、蚊蝇成群。

2014年4月24日,十二届全国人大常委会第八次会议表决通过了《环保法修订案》,被称为"史上最严厉"的新法于2015年1月1日施行。在新修改的"环保法"中对养猪业影响较大的主要集中在以下几条:

"环保法"第四十一条规定:建设项目中防治污染的设施,应当与主体工程同时设计、同时施工、同时投产使用。防治污染的设施应当符合经批准的环境影响评价文件的要求,不得擅自拆除或者闲置。

"环保法"第四十五条规定:国家依照法律规定实行排污许可管理制度。实行排污许可管理的企业事业单位和其他生产经营者应当按照排污许可证的要求排放污染物;未取得排污许可证的,不得排放污染物。

"环保法"第四十九条规定:畜禽养殖场、养殖小区、定点屠宰企业等的选址、建设和管理应当符合有关法律法规规定。从事畜禽养殖和屠宰的单位和个人应当采取措施,对畜禽粪便、尸体和污水等废弃物进行科学处置,防止污染环境。

因此,规模化猪场如何合理发展适度规模的养猪生产,合理治理养猪污染,实行无公害生态养猪,是各级部门都十分关心的问题,也是养殖企业未来能否继续生存下去的根本,随着中国对养殖企业污染排放处理力度的加大,养猪污染问题能否得到有效处理,已成为制约猪生产可持续发展的关键所在。

一、猪场环境污染的危害

规模化猪场对环境造成污染的污染物主要有恶臭、有害气体和微生物等。

1. 粪便

据分析,1头90 kg左右的商品猪日排粪量约2.2 kg,一个万头猪场(按中猪计算)每年至少要向猪场周围排出1.26万 t的粪便,由于猪对饲料中氮的吸收率很低(30%~55%),大量的氮随粪便被排出体外后,在土壤中累积,极易超过其单位面积生态环境再循环的需求,造成土壤污染。而且通过雨水的冲刷会造成地下水源和地表水源的污染。同时粪便中含有大量对环境造成严重污染的其他物质,如微量元素、抗生素等。

2. 污水

1头90 kg左右的商品猪日排尿量2.9 kg,产生污水20~30 kg。中国规模化猪场长期以来为追求经济效益,环保意识差,对污水管理落后,致使大量的粪便随冲洗水直接流失,甚至有的将污水直接排入河流中,严重污染了大江、大河的水质。猪场排放的粪尿污水中的生化指标极高,其中COD(化学耗氧量)和BOD(生物耗氧量)远远超过国际标准。高浓度的有机污水排入江河湖泊中,造成水质不断恶化。由于高浓度的氮、磷能促使藻类过度生长,是造成水体富营养化的主要原因。因此,未经处理的污水一旦进入养殖池塘,极易导致鱼类的大量死亡,严重威胁水产业的发展。猪粪便污染物不仅污染了地表水,使地表水中的硝酸盐含量超出允许范围(50 mg/L),其有毒、有害成分还易进入到地下水中,严重污染地下水,一旦污染地下水,极难治理恢复,将造成持久性的污染。同时养猪场在污染周围环境的同时,也污染了自身的环境,严重地影响了畜牧养殖业自身可持续发展。

3. 恶臭及氨

粪便的臭味是指粪便中含有的或在贮存过程中释放出来的挥发性成分,如果规模化猪场对粪便没有进行有效处理,相当部分的猪场散发出非常难闻的气味,严重地污染了周围居民的生活环境。目前已有160种挥发性成分从粪中鉴定出来。在粪尿中还发现80多种含氮化合物,其中有10种与恶臭味有关。降低粪中氮的排出会降低粪中的挥发性物质,从而减少粪便的臭味。此外,粪尿在发酵时会产生大量的氨气、SO_2、NO_2、胺及氨基酸衍生物等,尽管氨气与粪臭味之间相关不大,但大量研究表明,环境氨气浓度过高会影响猪的生产性能和健康状况,猪的采食量和日增重下降,肺炎发生率上升,性成熟推迟。

4. 有害气体及尘埃和微生物对猪的影响

(1)有害气体对猪的影响　猪舍内对猪的健康和生产或对人的健康和工作效率有不良影响的气体统称为有害气体。猪舍有害气体通常包括 NH_3、H_2S、CO_2、CH_4、CO 等,主要是由猪呼吸、粪尿、饲料以及有机物腐败分解而产生。有害气体在浓度较低时,不会对猪只引起不良症状,但长期处于含量低的有害气体的环境中,猪的体质变差、抵抗力降低,发病率和死亡率升高,同时采食量和增重降低,引起慢性中毒。这种影响不易察觉,常使生产蒙受损失,应予以足够重视。

(2)尘埃和微生物对猪的影响 猪舍内的尘埃和微生物少部分由舍外空气带入,大部分则来自饲养管理过程,如猪的采食、活动、排泄、清扫地面、换垫草、分发饲料、清粪等。要减少猪舍空气中的尘埃和微生物,必须在建场时就合理设计,正确选择场址,合理布局场区,防止和杜绝传染病侵入;舍内应及时消除粪污和清扫圈舍,合理组织通风,定期消毒等。

5.滥用抗生素的污染

研究发现,土壤和农田地下水中的细菌从来自猪的肠道菌那里获得了耐受四环素的耐药基因,一旦发生转移,耐药基因可以长期存在于土壤和水生细菌中,而且可能传播到环境中危险性极大、毒性极强的细菌上。如果人饮用这样的水,毒性极强的耐药细菌也可以传播进入人体,给人造成极大的伤害。研究人员发现,在人类结肠中发现的大多数种类的细菌如今有80%的细菌携带有四环素耐药基团,与之相比,20世纪70年代之前只有30%的细菌携带有四环素耐药基因,也就是说,如今具有耐药基因的细菌成倍地增长,这既是人们滥用抗生素的恶果,也是对动物使用抗生素的后果。抗生素的适当和适量使用是人类对健康与生命的有效保护。但是当对人和动物滥用和大量使用抗生素时,这不仅会促使细菌产生耐药性,而且会破坏生态平衡。因此,如何使用抗生素是人类面临的棘手问题。由于不可能完全消灭致病微生物,理智的办法是与细菌和平共处,不滥用抗生素或者主要利用机体的免疫力来对付病原体和各种疾病。

二、猪场环境污染的控制

(一)从规划设计角度减少环境污染

许多集约化猪场过多考虑运输、销售等生产成本,而忽视其对环境的潜在威胁,往往将场址选择在大中城市的城郊或靠近公路、河流水库等环境敏感的区域,以致产生严重的生态环境问题,现在不得不重新搬迁。因此,建场时要把猪场的环境污染问题作为优先考虑的要素,将排污及配套设施规划在内,充分考虑周围环境对粪污的容纳能力。在场址的选择上,应尽量选择在偏远地区、土地充裕、地势高燥、背风、向阳、水源充足、水质良好、排水顺畅、治理污染方便的地方建场;同时最好能与当地的立体农业相互促进,变废为宝,达到生态农业综合、持续、稳定地增长。

(二)从营养与饲养角度减少环境污染

其具体措施包括:

(1)根据不同品种猪的营养需要及饲料原料的营养价值配制饲料。

(2)以理想蛋白质模式和可消化氨基酸含量为基础设计饲料配方。

(3)添加合成氨基酸配制低蛋白饲料。

(4)添加高效无公害添加剂,提高饲料的养分利用率。

(5)合理加工日粮。

(6)公母分群饲养及阶段饲喂技术。

（三）从饲养管理角度减少环境污染

幼龄猪在低温影响下，磷的排泄量会明显提高，而且会使骨骼发育不全；相反，在超过37.8℃的高温环境中机体钾离子和碳酸盐的排泄量会增加而不利于猪的正常生长。因此必须为猪生长发育提供适宜的环境，采取合理组群、及时处理猪场粪尿、定期消毒等措施。同时根据每日营养需要提供定量的饲料，尽量做到不浪费，以减少猪对饲料的过多摄入量，从而不仅在一定程度上减少猪场粪污的排放量，减少蛆、蝇、蚊、螨等害虫的繁殖，而且还可以降低商品猪尤其是仔猪的发病率。此外，猪场内的老鼠、苍蝇等都可造成饲料营养损失或在饲料中留下毒素，还会传播各种传染性疾病。在养殖场内应当尽可能消灭它们，以减少其对生产造成的损失。

（四）从生物净化技术角度减少环境污染

为了控制猪场对周围环境造成的污染，应当采取经济有效、方便可行的方法，遵循"无污化、资源化、低成本、高效率"的原则逐步削减污染物，使猪场周围的土壤、水体及大气自然生态系统免受污染。但到目前为止，单一处理方法如好氧生物处理、厌氧生物处理等远没有达到人们所追求的理想效果。杭州灯塔养殖总场的综合生物处理法处理猪粪污水，已取得了良好的效果，其污水处理工艺基本流程为：猪粪污水—格栅—浓污水集水池—固液分离机—沉淀池—调节池—UASB厌氧池—配水池—SBR好氧池—混凝沉淀池—达标排放。

（五）从绿化的角度改善猪场环境

在规划设计前要对猪场的自然条件、生产性质、规模、污染状况等进行充分的调查。要从保护环境的观点出发，合理规划，合理地设置猪场饲养猪的类型、头数，从而优化猪场本身的生态条件。

在进行绿化苗木选择时要考虑各功能区特点、地形、土质特点、环境污染等情况。为了达到良好的绿化美化效果，树种的选择，除考虑其满足绿化设计功能、易生长、抗病害等因素外，还要考虑其具有较强的抗污染和净化空气的功能。在满足各项功能要求的前提下，还可适当结合猪场生产，种植一些经济植物，以充分合理地利用土地，提高猪场的经济效益。

（六）从生产流程上减少环境污染

根据中华人民共和国《畜禽养殖业污染物排放标准》（GB 18596—2001），养殖业污染物达标排放处理的技术方案：

1. 污染物的减量问题

鉴于中国水资源缺乏的现实，提倡兴建的工厂化养猪场，改用人工清粪为主，水冲为辅的清粪方式，是从污染源头抓起，减少污染程度的有力措施。通过在湖北省一些猪场采用此技术措施后，万头规模的猪场每日排污量可降低到$50 \sim 60 \ m^3$，COD 8 000 mg/L，与全冲洗清粪方式相比，排污量减少近2/3，有机物含量减少约1/3。据广东省的经验：如果日排放污水每增加$20 \ m^3$，那么，污水处理工程的投资需要增加10万元以上。用水减少之后，配置高压冲洗清洁系统，既能节约水源，又有很好的清洁效果。而且，排出的鲜粪远比粪渣的肥效高数倍，有利于有机肥的制作，值得推广。

2. 猪场配置两条排水系统

在猪场设计时，注意将雨水和污水分开，同时，加强管理，提倡节约用水，避免长流水，减少污水排放量也是十分必要的。

3.采用先进的工艺流程

根据养猪场污水水质特性及排水状况,在污水处理工艺前端设置固液分离段,以利粪便与污水初步分离,减少污水处理量,分离后的粪便和人工清除的粪便作进一步堆积发酵处理后,加工成为有机肥出售。分离后的污水经格栅拦截后,进入拦污撇渣池,污水大部分悬浮杂质经撇渣清除后,自流进入水解调节池,污水进一步水解酸化及均衡调节,清除部分水解污泥至干化池。污水经泵提升后进入 UASB 反应池,进行第一级生化处理,产生沼气用于发电,沉淀污泥送至污泥干化池经干化处理后作复合肥利用。上清液回流至水解调节室重新进入系统。经 UASB 处理后,其 COD、BOD 降解大约可达 80% 以上。污水再进入高效生物反应器(CLBR),作深度处理,即二级生化处理,污水在此处经进一步脱磷、脱氨处理,主要降解指标 COD、BOD、氨态氮去除率可超过 97% 以上,基本满足排放标准。处理后污水经集水沉淀池后达标外排。

三、养猪污染的处理技术

为控制养猪业产生的废水,国家环境保护总局先后发布了《畜禽养殖业污染防制管理办法》、《畜禽养殖业污染物排放标准》、《畜禽养殖业污染防制技术规范》,详细规定了猪养殖场清粪工艺、猪粪便贮存、污水处理、固体粪肥的处理利用、污染物监测等污染防制的基本技术要求。

(一)实行无公害生态养猪,对猪场污染的综合防制措施

1.综合管理

在经济发展中国家,行业本身倾向追求经济效益,环保投入经费有限,过分依赖末端治理,在环保监督跟不上或有机可乘时,运行过程容易产生偷工减料。因此必须考虑综合治理措施,即从多环节入手,加强生产工艺的改进和源头的管理。从长远来看,解决猪场废水污染问题需要依赖综合措施,例如,调整饲养规模、合理选点规划、配套相应土地、提高饲料利用率、改善冲洗办法和加强废弃物管理等。对现有猪场上述各环节措施的环境效益进行分析和评价,必然有助于引导、发展或制订经济与环境和谐发展的养猪业。

2.区域或农场养分平衡措施

任何地区的环境容量都有限,需根据当地的环境容量来确定养殖规模、布局与生产方式,以及废弃物的处理措施。在欧美国家的规模化养殖业中,已开始改变过去只重视废弃物末端处理的做法,而是从政策法规上,根据养殖项目的养分排泄量(主要是氮和磷)、当地的环境容量以及利用养分的配套设施来审核养殖规模。现在国内已经有些地方开始启用类似的条例。有必要综合分析和总结国内外的经验和资料,制订适度养猪规模下,猪场粪便、废水的排泄量及其养分含量、养分损失以及待处理或消纳的养分量;并初步提出合理的废水处理工艺和配套的土地利用方式。

3.环保治理措施

根据预测,发展中国家的养猪业将继续增长,在耕地面积没有增加的情况下,单靠养分平衡(还田)措施,显然无法应对继续增加的养猪环保压力。因此,养猪业废弃物的末端治理必不可少。经过 20 年的发展,中国绝大多数大中型猪场投资建设了废水处理设施,但多数运行不良。有必要对现有猪场废水处理设施的建设、工艺和运行现状作出评估,寻找合适的工艺和管理办法。

4.政策与管理措施

尽管过去 20 年,中国在养猪业环保方面做了大量工作,包括科研、技术示范、政策法规和管理等,并取得了长足进步和诸多成果,但与发达国家比较,中国仍然需要继续完善相关政策和加强管理。例如政府或非政府组织的培训计划、鼓励使用畜禽粪便生产和使用有机肥、有利于防疫和生态环境保护的养猪场科学合理选点规划布局规范、严格的建场审批制度、严格的监督程序等。今后需要改变以往在养猪业环保上侧重惩罚性管制,而应加强源头建设性引导与管理,这样也可以减轻监管的强度。根据地区环境容量,探讨规模化养猪业的适度规模与布局、经营与组织办法、废弃物处理与利用技术 3 项配套措施。

(二)污染物处理技术

1.猪场废弃物的一般处理技术

(1)猪粪收集　猪场的清粪方式常见的有手工清粪、刮粪板清粪和水冲清粪等方式。快速清粪的最好办法是采用漏缝地板,用刮粪板清粪和水冲清粪。良好的漏缝地板能使猪粪很快地漏到地板下面的集粪区或粪池。

(2)粪便向贮粪池的转运　如果贮粪坑直接坐落在漏缝地板下面,粪便的转运问题就比较简单,但直接在猪舍地面贮粪有一定的困难。转运猪粪的基本方法有两种:即刮粪法和冲洗法。

刮粪可以采用人工或机械刮粪,将相对固态的猪粪集中堆积在集粪区,然后在方便的时候送去肥田或制作肥料。刮粪法成本低,但只能处理固态猪粪,如果固态猪粪积存时间超过 7 d,就会滋生苍蝇,造成危害。在水源充足,粪池容积大时,采用冲洗法。冲洗法常用 3 种形式:第一种是水箱——粪沟冲刷式,第二种是重力引流式,第三种是粪沟再注式。

(3)生物处理　用化粪池处理粪便有赖于微生物活动,因此化粪池设计合理以便不断地为有益细菌提供良好的生存环境。化粪池可以设计成适合于厌氧菌的或需氧菌的良好环境,但大多数化粪池是厌氧池,因为其成本很低。需氧化粪池只用于严禁臭气的地方或还田面积有限的地区。这些化粪池必须很浅(不超过 1.5 m),以保证整个池中氧气的扩散和阳光的透入,这样才能使池中产生氧气的藻类能够繁衍生息。需氧化粪池需要的容积应为厌氧化粪池的 2 倍多。如果池中有机械条件,需氧化粪池也可以设计得小些,但启动和运作成本较高。

厌氧化粪池要有一定的深度以确保无氧条件,可以减少池表占地面积。典型的厌氧池达 6 m 深,但深度不得低于正常地下水位。池壁和池底应有防漏功能,以免污染地下水。粪便在池中长期贮存后本身会形成一层自然封闭层,但对沙性土质可能需要一层黏土层或人工衬里防漏。多数化粪池属于一级池,即只有 1 个粪池。但是,如果冲刷用水需要有二级池,二级化粪池由 2 个粪池组成,第一个粪池较大,池满后溢到第二个较小的次级池中。次级池的水澄得较清后,经消毒可用作循环水送回猪舍冲洗用。

2.粪便的无害化处理与有效利用

(1)用作肥料　固体粪便可采用堆肥的形式加以利用。在粪堆的底层垫有木屑、稻草或麦秸等,用以吸收尿素和废渣。一般经 4~5 d 即可使堆肥内温度升高至 60~70℃,2 周即可均匀分解。堆肥不仅能够产生较好的经济效益,并且由于污物是固状的肥料,其处理方式也较为方便,且可以减少对环境的污染,是一种较为经济的污物处理方式。但是这种方式只能分批处理少量的粪便,因此只适用于规模小的猪场。

（2）粪便的生物能利用　利用猪的粪尿生产沼气也是一个处理猪粪尿的好办法,不但解决了环境污染问题,生产出来的沼气还可以供生活、生产的能源所需。

3.CLBR 反应器技术

CLBR 反应器技术,即有机废水复合生物反应器(CLBR)技术是根据微生态学理论,运用现代生物技术与环境技术研制而成的国内首创的新型环保处理设备。其核心技术——复合/活生物制剂(CLBP),已成功运用于高浓度有机废水(味精废水)与养殖、畜禽废水治理,其COD、BOD、N、P 污染物指标下降十分明显,去除率均达到 80% 以上。

【实训操作】

规模化猪场污物处理

一、实训目的

1.使学生了解规模化猪场污染物的种类;

2.正确认识污染物的危害;

3.掌握猪场污染物处理的方法;

4.能根据猪场实际污染物处理方法的特点,提出改进意见。

二、实训材料与工具

以某猪场为实训材料,正确认识和掌握污染物处理的方法。

三、实训步骤

1.由老师根据猪场污染物处理条件,进一步讲解污染物的种类和危害;

2.由老师带领学生到污染物处理现场,指导学生识别各类污染物的处理方法;

3.在老师指导下,学生熟悉各种设备,对各类设备进行现场操作;

4.通过和猪场相关人员的交流,结合自己的操作,学生指出各种设备的优缺点,并提出改进意见。

四、实训作业

参观和分析某猪场的污染物处理设备和处理方法,并指出这些方法在使用过程中的优缺点,提出改进意见。根据实训内容写出实训报告。

五、技能考核

猪场污染物处理的评分标准

序号	考核项目	考核内容	考核标准	评分
1	污染物的调查、识别与处理	污染物的种类	猪场污染物的种类和危害	20
2		污染物的处理	正确识别各种处理方法	30
3		设备操作使用	正确使用和操作各种设备	20
4	综合考核	总体评价	能准确回答老师提出的各种问题	10
5		实训报告	能将整个实训过程完整、准确地表达	20
合计				100

工作任务 1-5　规模化猪场工艺流程和设计

一、规模化养猪生产的工艺流程

现代化养猪生产一般采用分段饲养、全进全出饲养工艺,猪场的饲养规模不同、技术水平不一样,不同猪群的生理要求也不同,为了使生产和管理方便、系统化,提高生产效率,可以采用不同的饲养阶段,实施全进全出工艺(图1-5-1)。现在介绍几种常见的工艺流程。

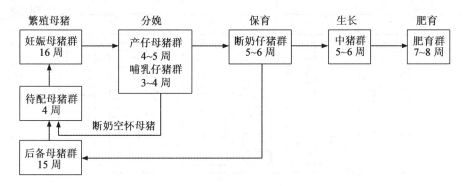

图 1-5-1　规模化养猪生产流程图

1.三段饲养工艺流程

空怀及妊娠期——→泌乳期——→生长肥育期

三段饲养二次转群是比较简单的生产工艺流程,它适用于规模较小的养猪企业,其特点是:简单,转群次数少,猪舍类型少,节约维修费用,还可以重点采取措施,例如分娩哺乳期可以采用好的环境控制措施,满足仔猪生长的条件,提高成活率,提高生产水平。

2.四段饲养工艺流程

空怀及妊娠期——→泌乳期——→仔猪保育期——→生长肥育期

在三段饲养工艺中,将仔猪保育阶段独立出来就是四段饲养三次转群工艺流程,保育期一般5周,猪的体重达20 kg,转入生长肥育舍。断奶仔猪比生长肥育猪对环境条件要求高,这样便于采取措施提高成活率。在生长肥育舍饲养15～16周,体重达90～110 kg出栏。

3.五段饲养工艺流程

空怀配种期——→妊娠期——→泌乳期——→仔猪保育期——→生长肥育期

五段饲养四次转群方式与四段饲养工艺相比,是把空怀待配母猪和妊娠母猪分开,单独组群,有利于配种,提高繁殖率。空怀母猪配种后观察21 d,确认后转入妊娠舍饲养至产前7 d转入分娩哺乳舍。这种工艺的优点是断奶母猪复膘快、发情集中、便于发情鉴定,容易把握适时配种。

4.六段饲养工艺流程

空怀配种期——→妊娠期——→泌乳期——→保育期——→育成期——→肥育期

六段饲养五次转群方式与五段饲养工艺相比,是将生长肥育期分成育成期和肥育期,各饲养7～8周。仔猪从出生到出栏经过哺乳、保育、育成、肥育四段。此工艺流程优点是可以最大限度地满足其生长发育的饲养营养,环境管理的不同需求,充分发挥其生长潜力,提高养猪效率。

以上几种工艺流程的全进全出方式可以采用以猪舍局部若干栏位为单位转群,转群后进行清洗消毒,这种方式因其舍内空气和排水共用,难以切断传染源,严格防疫比较困难。所以,有的猪场将猪舍按照转群的数量分隔成单元,以单元全进全出(图1-5-2),虽然有利于防疫,但是夏季通风防暑困难,需要经过进一步完善。如果猪场规模在3万～5万头,可以按每个生产节律的猪群设计猪舍,全场以舍为单位全进全出;或者部分以舍为单位实行全进全出,是比较理想的。

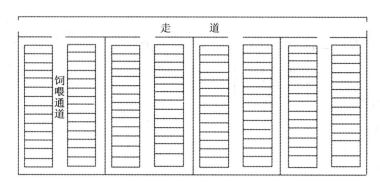

图 1-5-2　分段式产房示意图

5. "全进全出"的饲养工艺流程

大型规模化猪场要实行多点式养猪生产工艺及猪场布局,以场为单位实行全进全出,其工艺流程见图1-5-3。

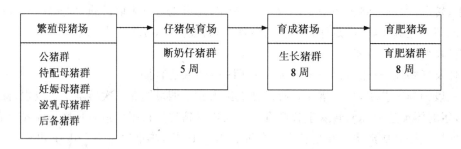

图 1-5-3　全进全出生产模式示意图

以场为单位实行全进全出,有利于防疫、有利于管理,可以避免猪场过于集中给环境控制和废弃物处理带来负担。

需要说明的是饲养阶段的划分并不是固定不变的。例如,有的猪场将妊娠母猪群分为妊娠前期和妊娠后期,加强对妊娠母猪的饲养管理,提高母猪的分娩率;如果收购商品肉猪按照生猪屠宰后的瘦肉率高低计算价格,为了提高瘦肉率一般将肥育期分为肥育前期和肥育后期,在肥育前期自由采食、肥育后期限制饲喂。总之,饲养工艺流程中饲养阶段的划分必须根据猪场的性质和规模,以提高生产力水平为前提来确定。

二、生产工艺的组织方法

(一)确定饲养模式

确定养猪的生产模式主要考虑的因素有猪场的性质、规模、养猪技术水平等。例如,养殖规模小,采用定位饲养,投资高、栏位利用率低,加大了生产成本。同样是集约化饲养,可以采用公猪与待配母猪同舍饲养,也可以采用分舍饲养;母猪可以定位饲养,也可以小群饲养(图1-5-4)。

各类猪群的饲养方式、饲喂方式、饮水方式、清粪方式等都需要根据饲养模式来确定。在中国现阶段养猪生产水平下,饲养模式一定要符合当地的条件,不能照抄照搬;在选择与其相配套的设施设备的原则是:凡能够提高生产水平的技术和设施应尽量采用,可用人工代替的设施可以暂缓采用,以降低成本。

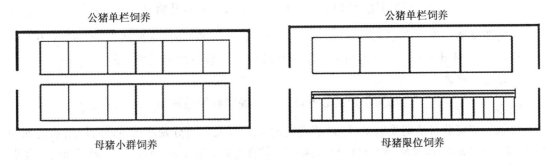

图 1-5-4　母猪饲养模式

(二)确定生产节拍

生产节拍是指相临两群泌乳母猪转群的时间间隔(天数)。在一定时间内对一群母猪进行人工授精或组织自然交配,使其受胎后及时组成一定规模的生产群,以保证分娩后形成确定规模的泌乳母猪群,并获得规定数量的仔猪。

合理的生产节拍是全进全出工艺的前提,是有计划利用猪舍和合理组织劳动管理、均衡生产商品肉猪的基础。

生产节拍一般采用 1 d、2 d、3 d、4 d、7 d 或 10 d 制,要根据猪场规模而定。例如,年产5 万～10 万头商品肉猪的大型企业可实行 1 d 或 2 d 制,即每天有一批母猪配种、产仔、断奶、仔猪保育和肉猪出栏;年产 1 万～3 万头商品肉猪的企业多实行 7 d 制;规模较小的养猪场一般采用 10 d 或 12 d 制。

7 d 制生产节拍有以下优点:①便于组织生产,因为猪的发情期是 21 d,是 7 的倍数。②可将繁育的技术工作和劳动任务安排在一周 5 d 内完成,避开周六和周日,因为大多数母猪在断奶后第 4～6 天发情,配种工作可安排在 3 d 内完成。如从星期一～四安排配种,不足之数可按规定要求由后备母猪补充,这样可使生产的配种和转群工作全部在星期四之前完成。③有利于按周、按月和按年制订工作计划,建立有序的工作和休假制度,减少工作的混乱性和盲目性。

（三）确定工艺参数

为了准确计算猪群结构即各类猪群的存栏数、猪舍及各猪舍所需栏位数、饲料用量和产品数量，必须根据养猪的品种、生产力水平、技术水平、经营管理水平和环境设施等，实事求是地确定生产工艺参数。

1. 繁殖周期

繁殖周期决定母猪的年产窝数，关系到养猪生产水平的高低，其计算公式如下：

$$繁殖周期＝母猪妊娠期（114\ d）＋仔猪哺乳期＋母猪断奶至受胎时间$$

一般采用 21～35 d 断奶；母猪断奶至受胎时间包括两部分：一是断奶至发情时间 7～10 d，二是配种至受胎时间，决定于情期受胎率和分娩率的高低。假定分娩率为 100%，将返情的母猪多养的时间平均分配给每头猪，其时间是：21×（1－情期受胎率）天。所以：

$$繁殖周期＝114＋35＋10＋21×（1－情期受胎率）$$

当情期受胎率为 70%、75%、80%、85%、90%、95%、100% 时，繁殖周期为 165 d、164 d、163 d、162 d、161 d、160 d、159 d，情期受胎率每增加 5%，繁殖周期减少 1 d。

2. 母猪年产窝数

$$母猪年产窝数＝（365×分娩率）/繁殖周期$$

母猪年产窝数与情期受胎率、仔猪哺乳期的关系很大。当分娩率为 95%、仔猪哺乳期为 21 d、28 d 和 35 d 时，母猪年产窝数与情期受胎率的关系如表 1-5-1 所示。由表可知情期受胎率每增加 5%，母猪年产窝数增加 0.01～0.02 窝/年。仔猪哺乳期每缩短 7 d，母猪年产窝数增加 0.1 窝/年。

表 1-5-1 母猪年产窝数与情期受胎率、仔猪哺乳期的关系 　　　　　　　窝/年

断奶时间	情期受胎率/%						
	70	75	80	85	90	95	100
21 d 断奶	2.29	2.31	2.32	2.34	2.36	2.37	2.39
28 d 断奶	2.19	2.21	2.22	2.24	2.25	2.27	2.28
35 d 断奶	2.10	2.11	2.13	2.14	2.15	2.17	2.18

因此，在正常的饲养管理条件下，大多数规模化猪场的工艺参数是基本一致的，见表 1-5-2。

表 1-5-2 规模化猪场的工艺参数

项目	参数	项目	参数
妊娠期/d	114	每头母猪年产活仔数/头	
哺乳期/d	35	出生时	19.8
保育期/d	28～35	35 日龄	17.8
断奶至受胎/d	7～14	36～70 日龄	16.9
繁殖周期/d	159～163	71～170 日龄	16.5
母猪年产胎次	2.24	每头母猪年产肉量（活重）/kg	1 575.0

续表1-5-2

项目	参数	项目	参数
母猪窝产仔数/头	10	平均日增重/g	
窝产活仔数/头	9	出生～35日龄	194
成活率/%		36～70日龄	486
哺乳仔猪	90	71～160日龄	722
断奶仔猪	95	公母猪年更新率/%	33
生长育肥猪	98	母猪情期受胎率/%	85
出生至目标体重/kg		公母比例	1：25
初生重	1.2～1.4	圈舍冲洗消毒时间/d	7
35日龄	8～8.5	生产节律/d	7
70日龄	25～30	周配种次数	1.2～1.4
160～170日龄	90～100	母猪临产前进产房时间/d	7
		母猪配种后原圈观察时间/d	21

3.猪群结构

根据猪场规模、生产工艺流程和生产条件,将生产过程划分为若干阶段,不同阶段组成不同类型的猪群,计算出每一类群猪的存栏量就形成了猪群结构。下面以年产万头商品肉猪的猪场为例,介绍一种简便的猪群结构计算方法。

(1)年总产窝数

$$年产窝数 = \frac{计划年出栏头数}{窝产仔数×从出生到出栏的成活率} = \frac{10\,000}{10×0.9×0.95×0.98}$$
$$= 1\,193(窝/年)$$

(2)每个节拍的转群头数 以7 d为一个节拍标准,其转群头数为:
①周产仔窝数=1 193÷52≈23(头),一年52周,即每周分娩泌乳母猪数为23头;
②周妊娠母猪数=23÷0.95≈24(头)(分娩率95%);
③周配种母猪数=24÷0.80=30(头)(情期受胎率80%);
④周哺乳仔猪数=23×10×0.9=207(头)(成活率90%);
⑤周保育仔猪数=207×0.95≈196(头)(成活率95%);
⑥周生长肥育猪数=196×0.98≈192(头)(成活率98%)。

(3)各类猪群组数 生产以7 d为节拍,故猪群组数等于饲养的周数。

(4)猪群结构

$$各猪群存栏数 = 每组猪群头数×猪群组数$$

猪群的结构见表1-5-3,生产母猪的头数为576头,公猪、后备猪群的计算方法为:
①公猪数:576÷25≈23(头),公母比例1：25;
②后备公猪数:23÷3≈8(头)。若半年一更新,实际养4头即可;
③后备母猪数:576÷3÷52÷0.5≈8(头/周),选种率50%。

表 1-5-3　万头猪场猪群结构

猪群种类	饲养期/周	组数	每组头数	存栏数/头	备注
空怀配种母猪群	5	5	30	150	配种后观察 21 d
妊娠母猪群	12	12	24	288	
泌乳母猪群	6	6	23	138	
哺乳仔猪群	5	5	230	1 150	按出生头数计算
保育仔猪群	5	5	207	1 035	按转入的头数计算
生长肥育群	13	13	196	2 548	按转入的头数计算
后备母猪群	8			64	8 个月配种
公猪群	52	8	8	23	不转群
后备公猪群	12			8	9 个月使用
总存栏数				5 404	最大存栏头数

（5）不同规模猪场猪群结构　见表 1-5-4。

表 1-5-4　不同规模猪场猪群结构

猪群种类	存栏数量/头					
生产母猪	100	200	300	400	500	600
空怀配种母猪	25	50	75	100	125	150
妊娠母猪	51	102	156	204	252	312
泌乳母猪	24	48	72	96	126	144
后备母猪	10	20	26	39	46	52
公猪（含后备公猪）	5	10	15	20	25	30
哺乳仔猪	200	400	600	800	1 000	1 200
保育仔猪	180	360	540	720	900	1 080
生长肥育	445	889	1 334	1 778	2 223	2 668
总存栏	940	1 879	2 818	3 757	4 697	5 636
全年上市商品猪	1 696	3 391	5 086	6 782	8 477	10 173

4.猪栏配备

现代化养猪生产能否按照工艺流程进行,关键是猪舍和栏位配置是否合理。猪舍的类型一般是根据猪场规模按猪群种类划分的,而栏位数量需要准确计算,计算栏位需要量方法如下:

　　　　各饲养群猪栏分组数 ＝ 猪群组数 ＋ 消毒空舍时间(d)/生产节拍(7 d)
　　　　每组栏位数 ＝ 每组猪群头数/每栏饲养量 ＋ 机动栏位数
　　　　各饲养群猪栏总数 ＝ 每组栏位数×猪栏组数

如果采用空怀待配母猪和妊娠母猪小群饲养、泌乳母猪网上饲养,消毒空舍时间为 7 d,则万头猪场的栏位数见表 1-5-5。

表 1-5-5　万头猪场各饲养群猪栏配置数量

猪群种类	猪群组数	每组头数	每栏饲养量/(头/栏)	猪栏组数	每组栏位数	总栏位数
空怀配种母猪群	5	30	4～5	6	7	42
妊娠母猪群	12	24	2～5	13	6	78
泌乳母猪群	6	23	1	7	24	168
保育仔猪群	5	207	8～12	6	20	120
生长肥育群	13	196	8～12	14	20	280
公猪群(含后备)	—	—	1			28
后备母猪群	8	8	4～6	9	2	18

5.一周工作安排

根据工艺流程安排一周的工作内容,对每一项内容提出具体的要求,并且监督执行。一般每周的工作内容如下:

星期一:对待配的后备母猪、断奶的成年空怀母猪和妊娠前期返情的母猪进行发情鉴定和人工授精,从妊娠舍内将临产母猪群转至分娩泌乳母猪舍。对转出的空舍或栏位进行清洗消毒和维修工作。

星期二:对待配空怀母猪进行发情鉴定和人工授精配种、哺乳小公猪去势、肉猪出栏、清洁通风、机电等设备维修。

星期三:母猪发情鉴定和配种、仔猪断奶、断奶母猪转至空怀母猪舍待配、肉猪出栏、肥猪舍清洗消毒和维修、机电设备检查与维修。

星期四:母猪发情鉴定、分娩舍的清洗消毒和维修、小公猪去势、兽医防疫注射、给排水和清洗设备的检查。

星期五:母猪发情鉴定和人工授精配种、对断奶一周后未发情的母猪采取促发情措施、断奶仔猪的转群、兽医防疫注射。

星期六:检查饲料储备数量、检查排污和粪尿处理设备、病猪隔离和死猪处理、更换消毒液,填写本周各项生产记录和报表、总结分析一周生产情况,制定下一周的饲料、药品等物资采购与供应计划。

【实训操作】

规模化养猪工艺流程

一、实训目的

1.使学生了解规模化养猪的工艺流程;

2.正确识别不同规模猪场的工艺流程特点;

3.掌握不同规模猪场工艺流程的设计;

4.掌握不同规模猪场猪群的组成。

二、实训材料与工具

以猪场为实训材料,掌握猪场的工艺流程特点。

三、实训步骤

1. 由老师根据猪场的工艺流程,进一步讲解猪场工艺流程特点;

2. 由老师带领学生到各类猪舍,指导学生认识其流程设计、日程安排;

3. 在老师指导下,4 个学生一组,分别对各类工艺参数进行现场计算;

4. 通过和猪场相关人员的交流,结合自己的操作,学生以组为单位指出猪场流程的优缺点,并提出改进意见。

四、实训作业

参观和分析某猪场的工艺流程,熟悉各种参数的设计和计算,并指出该猪场流程的优缺点,提出改进意见。根据实训内容写出实训报告。

五、技能考核

猪舍设计评分标准

序号	考核项目	考核内容	考核标准	评分
1	猪场工艺流程	工艺流程调查	猪场工艺流程的调查并列表说明	15
2		流程参数	正确计算各工艺参数	20
3		日程安排	正确安排猪场每天的工作	15
4	综合考核	综合考察	能准确回答老师提出的问题	20
5		工艺流程改进	能对猪场的工艺流程提出改进措施	20
6		实训报告	能将整个实训过程完整、准确地表达	10
合计				100

工作任务 1-6　标准化养猪生产

改革开放 30 多年来,中国养猪生产保持了持续快速发展的强劲势头,现在已经成为世界第一养猪大国。2014 年,中国生猪存栏头数为 4.65 亿头,全年出栏 7.35 亿头,均占全球总量的 50% 左右,猪肉产量达到 5 671 万 t。在生产发展的同时,养猪业的养殖水平也不断提高,2014 年生猪出栏率超过 155%,超过了世界的平均水平。

近年来,中国规模化养猪的数量和水平都在不断增加和提高。据 2014 年统计,我国猪场总数 6 713.7 万个,100 头以上的规模养殖场达 50%,其中年出栏万头以上的规模化养猪场有 2 800 多个。

中国养猪生产快速发展,生产水平快速提高,主要是由于养猪新技术的开发和推广,特别是人工授精技术(AI)、超早期隔离断奶(SEW)、多位点生产(场外生产)、计算机管理、生猪的饲养管理自动化、养猪的新工艺与猪舍的环境控制等技术的应用,由于生产过程中能够提前发现问题,减少损失,因而节约了劳动力开支,降低生产成本,增加企业盈利。

中国是养猪大国,但不是养猪强国,在养猪生产发展的同时,也存在一些问题。如与国外养猪发达国家相比,标准化程度低,养猪生产水平低,环境污染较严重,饲料转化率低等。中国养猪业在发展规模化的同时,也要发展标准化和现代化,促进中国养猪产业安全、优质、高效、循环发展。

一、标准化生产的内涵

生猪标准化养殖是指在生猪生产经营活动中以市场为导向,依据国际或国家的相关法律、法规,建立完善的工艺流程和衡量标准。生猪标准化养殖是生猪产业的一种先进模式,其主要特点是品种良种化、饲料配方优质化、饲养管理科学化、疫病防治规范化和生产过程标准化,从而达到养猪经济效益和生态效益的最大化。其内容包括:

1.品种良种化

因地制宜,选用高产优质高效的生猪良种,品种来源清楚、性能良好、检疫合格。对于中小规模的养殖户,主要是注意外购种猪时务必要从具有《企业法人营业执照》、《种畜禽生产经营许可证》、《动物防疫条件合格证》的正规的种猪场引种,同时,引种时要求其提供"种猪合格证"或"种猪档案证明"。合格证中有3个比较重要的内容:种猪的耳号标记方法、种猪3代以上的系谱和生产性能测定结果。有了这些资料和数据,说明所购买的种猪来源正规,种猪质量相对有保证。

2.养殖设施化

主要指养殖场选址布局科学合理,猪圈舍、饲养和环境控制等生产设施设备满足标准化生产需要。

饲养和环境控制等设施设备满足标准化需要,主要指母猪分娩舍、保育舍应采用高床漏缝地板,猪舍配备通风换气与温控等设备,有自动饮水器,有能控制的饮水加药系统等。饲料、药物、疫苗等不同类型的投入品分类、分开储藏且储藏设备完善。场区入口有消毒池、生产区入口有更衣消毒室等,防疫设施齐全。有一定规模的猪场还可以安装自动送料系统,配备B超用于妊娠检查以及信息化管理设施等。

3.生产规范化

制定并实施科学规范的猪饲养管理规程,配备与饲养规模相适应的畜牧兽医技术人员,严格遵守饲料、饲料添加剂和兽药使用有关规定,生产过程实行信息化动态管理。

生产管理规程和制度主要包括:后备种猪、种公猪、怀孕母猪、分娩母猪、断奶仔猪、保育猪、生长肥育猪等生产技术操作规程;疫病检测和诊疗制度、免疫程序、饲料、饲料添加剂和兽药的管理制度、卫生防疫制度、生产记录和档案管理制度、病猪无害化处理制度、粪污处理管理制度等。

各项制度要求挂在相应的猪舍或办公室醒目的位置。同时,完善各项表格的登记、记录,并及时存档,做到可追溯。日常生产管理中要严格按照各项操作规程操作,可以完善但不要随意频繁变更规程和制度的内容,特别是免疫程序。避免因人员等变动造成生产的不稳定。

4.防疫制度化

主要指防疫设施完善,防疫制度健全,科学实施猪的疫病综合防控措施。

5.粪污无害化

指粪污处理方法得当,设施齐全且运转正常,实现粪污资源化利用或达到相关排放标准。包括病、死猪的无害化处理和猪粪尿的无害化处理。

猪场应配备焚尸炉或化尸池等病、死猪无害化处理设施,所有的病死猪要详细登记,进行无害化处理并有完整的记录。猪场都应设有固定的猪粪储存、堆放设施和场所,并有防雨、防渗漏、防溢流措施。

二、标准化生产的意义

标准化生产是现代农业的重要基础,是提升农产品和食品质量安全水平、增强市场竞争力的重要保证。大力推广生猪标准化生产意义重大,包括:

1. 通过生猪标准化生产,提高畜产品质量

通过生猪标准化生产,大力发展无公害生猪及产品、绿色生猪及产品和有机生猪及产品,不断提高生猪及其产品质量,造就一批有竞争力的市场主体,培育一批名牌生猪及其产品。

2. 通过标准化规模养猪场的建设,提高疾病防控能力

通过标准化规模养猪场的建设,利用科学设计建设以及标准化饲养技术,能起到自然防疫的屏障作用,有利于各项防疫措施的落实,有利于阻断疫情传播途径,有利于提高动物疫病综合防控能力。

3. 通过标准化建设,实行清洁生产

通过标准化建设,增加环保设施的投入,完善应有的环保设施,做到达标排放,从而有效解决人畜混居、庭院环境污染等难题,而且标准化养殖小区对粪便实行集中无害化处理,可以为种植业提供大量的有机肥源,促进粮食的增值转化,带动种植业的增产增收。

总之,标准化生产是中国生猪产业的发展趋势,是达到高效率、高效益生猪生产的保证,是安全、优质、高效猪肉生产的基础。

三、标准化猪场选址与布局

1. 地形地势选择

猪场地形要求开阔整齐,有足够面积,地形狭窄或边角多都不便于场地规划和建筑物布局;面积不足会造成建筑物拥挤,给饲养管理、改善场区和猪舍环境,以及防疫、防火等造成不便。猪场生产区面积一般应按繁殖母猪每头 $45\sim50\ m^2$、以上市商品肥育猪每头 $3\sim4\ m^2$ 考虑,猪场生活区、行政管理区、隔离区另行考虑,并留有发展余地。

猪场地势要求较高、干燥、平坦、背风向阳、有缓坡,便于排水,坡度应不大于 $25°$,以免造成场内运输不便。地势低洼的场地易积水潮湿,夏季通风不良,空气闷热,易使蚊蝇和微生物滋生;而冬季则阴冷,不宜选作猪场场址。选址还应符合当地土地利用发展规划和村镇建设发展规划的要求。

2. 水源、水质要求

要求水量充足,水质良好,水质符合《畜禽饮用水水质》(NY 5027—2008),便于取用和进行卫生防护,并易于净化和消毒。猪饮用水水质标准见表1-6-1。

3. 土壤特性

一般情况下,猪场土壤要求透气性好,易渗水,热容量大,这样可抑制微生物、寄生虫和蚊蝇的滋生,并可使场区昼夜温差较小。

为避免与农争地,少占耕地,选址时不宜过分强调土壤种类和物理特性。应着重考虑化学和生物学特性,注意地方病和疫情的调查,应避免在旧猪场场址或其他畜牧场场地上重建或改建。

表 1-6-1 猪场饮用水水质标准

感官性状及一般化学指标		标准值
	色度	不超过 30°
	浑浊度	不超过 20°
	臭和味	不得有异臭和异味
	肉眼可见物	不得含有
	总硬度（以碳酸钙计）	≤1.5 mg/mL
	pH	5.5~9
	溶解性总固体	≤4 mg/mL
	氯化物（以氯离子计）	≤1 mg/mL
	硫酸盐（以硫酸根离子计）	≤0.5 mg/mL
细菌学指标	总大肠杆菌	成年猪≤10 个/100 mL 仔猪≤1 个/100 mL
毒理学指标	砷	0.2 g/m³
	镉	0.05 g/m³
	氟化物	3 g/m³
	氰化物	0.2 g/m³
	总汞	0.01 g/m³
	铅	0.1 g/m³
	铬（六价）	0.1 g/m³
	硝酸盐（以氮计）	30 g/m³

4.周围环境

交通方便，供电稳定，粪尿污水能就地处理或利用，有利于防疫。一般来说，远离铁路、公路、城镇、居民区和公共场所，猪场距铁路、国家一级和二级公路不少于 1 500 m，距三级公路应不少于 500 m，距四级公路不少 200 m，距离屠宰场、畜产品加工厂、垃圾及污水处理场、风景旅游区 2 000 m 以上。禁止在旅游区、自然保护区、水源保护区和环境污染严重的地区建场。与居民点间的距离，一般猪场应不少于 500 m，大型猪场（如万头猪场）则应不少于 1 000 m；与其他畜牧场间距离为：一般猪场应不少于 300 m，大型猪场应不少于 1 500 m。

5.猪场总体布局

标准化猪场一般可分为四个功能区，即生活区、生产区、生产管理区、隔离区。为便于防疫和安全生产，应根据当地全年主风向和场址地势，按顺序安排以上各区。生产区按夏季主导风向布置在生活管理区的下风向或侧风向处，隔离区应位于场区常年主导风向的下风向及地势较低处。生产区与生活管理区之间的防疫间距应不少于 50 m。各区之间用绿化带或围墙隔离（可参见工作任务 1-1）。

四、不同猪舍建设设计

猪舍是猪场的核心部分,为猪群的繁殖、生长发育提供良好的环境,是获得高利润的前提。不同性别、不同饲养和生理阶段的猪对环境及设备的要求不同,设计猪舍内部结构时应根据猪的生理特点和生物习性,合理布置猪栏、走道,合理组织饲料、粪便运送路线,结合当地的实际情况和气候地理条件,选用适宜的生产工艺和饲养管理方式,充分发挥猪只的生产潜力,同时提高饲养管理工作者的劳动效率(可参见工作任务1-2)。

【实训操作】

标准化养猪生产

一、实训目的

1.使学生了解标准化养猪生产的概念;

2.熟悉标准化生产的意义;

3.掌握标准化生产的基本要素;

4.掌握不同规模猪场标准化生产的组织。

二、实训材料与工具

录像带、猪场为实训材料,掌握猪场标准化生产的基本要素及如何组织标准化生产。

三、实训步骤

1.由老师根据录像带进一步讲解标准化生产的意义和生产要素;

2.由老师带领学生到各类猪舍,开展调查,记录各种生产情况;

3.在老师指导下,学生对生产记录进行分析;

4.通过和猪场相关人员的交流,学生指出猪场在标准化生产中存在的问题,并提出改进意见。

四、实训作业

参观和分析某猪场的生产,掌握各种生产数据和生产条件,并指出该猪场与标准化生产存在的差异,提出改进意见。根据实训内容写出实训报告。

五、技能考核

猪舍设计评分标准

序号	考核项目	考核内容	考核标准	评分
1	猪场标准化生产	标准化要素	猪场标准化要素调查并列表说明	20
2		猪场生产记录	正确记录各种生产指标	20
3		猪场生产组织	妥善组织生产	20
4	综合考核	综合考察	能准确回答老师提出的问题	10
5		工艺改进	能对猪场的工艺流程提出改进措施	20
6		实训报告	能将整个实训过程完整、准确地表达	10
合计				100

【小结】

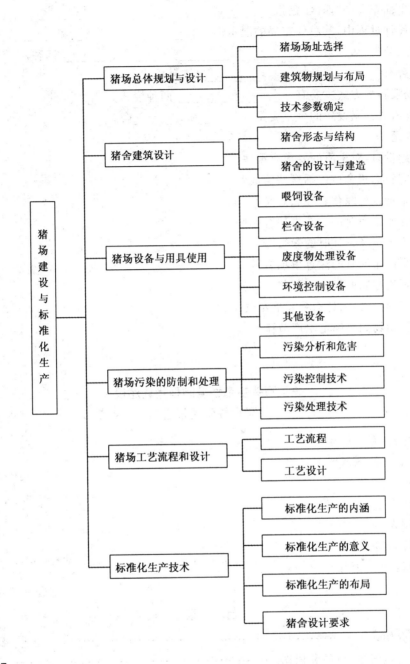

【自测训练】

一、填空题

1.猪场选址前必须对当地的_____、_____、_____、_____等进行必要的了解。

2.猪场选址时,要考虑的是_____、_____、_____、_____、_____等因素。

3.猪场最适宜的坡度为_____,最大不得超过_____。

4.猪场设计时对土地面积要求可按每头繁殖母猪_____ m² 进行规划。

5.目前,中国养猪的模式主要有_____、_____、_____、_____和_____等五种。

6.猪场平面布局的"四区"是指_____、_____、_____、_____。

7.猪场设计过程中,其总体布局的展示形式有_____、_____和_____三种。

8.按屋顶分类,猪舍可分为_____、_____、_____、_____四种。

9.公猪舍有_____、_____、_____等三种模式。

10.猪场喂料的方式主要有_____和_____两种模式。

11.猪场需要保温设备的舍主要是_____和_____舍。

二、问答题

1.猪场建设时,对土质的要求有哪些?

2.一栋完整的猪舍应包括哪些组成?

3.对养猪场进行绿化有什么意义?

4.在设计肥猪舍时的注意事项有哪些?

5.如何确定猪场设计时的参数?

6.绘制平面布局时的注意事项有哪些?

7.猪场环境控制的设备有哪些?

8.猪场在建设时,为什么要发展沼气工程?

9.规模化猪场如何确定生产节律?

【案例】

关于万头生态型瘦肉型猪场建设
可行性研究报告

项目名称:生态猪场建设

项目地点:××区××镇

项目负责人:×××

技术负责人:×××

项目编制人:×××

投资单位:×××

投资预算:××万元

二〇一五年三月

目　录

一、项目介绍

　　××生态养殖场坐落在××县××镇××村附近的山林地,建设单位是××公司。本项目生产经营规模为年出栏瘦肉型生猪10 000头的生态型规模猪场,商品生猪全部送××、××等屠宰加工。拟固定资产总投资××万元,年销售收入××万元,年均利润××万元。计划分两期完成,第一期年出栏生猪××头(2016年6月之前完成);第二期年出栏生猪再增加××头(2016年10月之前完成)。

二、项目建设背景、目的和依据

　　随着社会发展、人民生活水平的不断提高,消费者对肉食品的需求量将会越来越大,在我们这个肉食品结构中传统上以猪肉为主的国度,猪肉消费总量日益增加,消费结构不断改善,安全、生态、绿色优质瘦肉型猪肉的销售将愈益呈现更大的市场空间,我国优质肉猪生产和整个养猪业将迎来全面发展的黄金时期。当前,由于受饲料成本、疫病等影响和农副产品价格的理性回归,国内市场猪肉价格自2013年下半年下跌以来,进入2015年,价格一涨再涨,长期困扰我国广大农民养猪低效,猪肉市场长期低迷的不利态势已经过去,越来越多的社会资源、资金和人力资源不断投入其中,规模化、标准化、生态化的猪场将在未来的市场竞争中立于不败之地。

　　本项目建立的生态猪场,将强调生物链建立,废弃资源循环利用,以环境友好、动物福利和产品安全为目标,采取统一规划、统一防疫、统一标准、统一治污、统一管理,全面实现标准化管理、生态化养殖、产业化经营、企业化运作、市场化发展模式,向社会提供安全、优质、绿色的猪肉产品,保障人民群众食肉安全。该项目符合社会经济发展趋势、国内政策导向和市场需求,项目建成将具有极大经济效益和显著社会效益。

　　1.建设标准、规范、生态猪场符合当前我国养猪业发展趋势

　　养猪业是我国国民经济的重要产业,是社会主义新农村建设中的重点产业、优势产业和主攻的产业。是实现农民增收、农业增效,全面建设小康社会的主要手段。当前,随着规模化饲养比例稳步提高,养猪业生产已逐步由规模化、集约化养殖向畜牧养殖小区、园区和高效生态牧区转变,畜产品生产方式已由数量增长型向质量效益型转变,畜产品消费由消费型进入追求质量安全阶段。因此,如何抢抓机遇乘势而上,采取有效措施,建设生态牧业园区,走节约型、无污染的循环经济模式和依靠科技进步的内涵式增长之路,全面落实科学发展观,使养猪业,特别是生态绿色牧业在社会主义新农村建设和农民增收致富中发挥应有的作用,则是当前政府和我们广大投资者迫切需要解决的问题。生态猪场将结合牧业结构调整,将养猪业经济区与自然区交叉和融合,依据循环经济理念和养猪业生态学原理设计建设的一种新型养猪业组织形态,它具有资金集中投入、展示高新技术、实现人畜分离、实行集约管理、龙头企业带动、生

态环境良好、畜禽产品优质、经济效益显著等特点,是集繁育、养殖、加工、技术开发、试验示范、技术培训等功能于一体的标准化现代化牧业园地和生态牧业、有机牧业、绿色食品和无公害畜产品生产基地。因此,将具有极佳的发展前景。

2.生态猪场的建设符合政策导向,满足政策要求

2006年1月1日,延续了2 600年的农业税正式废止,标志着国家对农业实现了由"取"向"予"的重大转折。多年来,中央在"多予、少取、放活"原则基础上,在畜牧生产用地、农业基础设施建设、银行贷款、政府补贴、良种畜禽饲养等方面制定了一系列强农惠农政策,有力地促进了养猪业发展。特别是在2006年以来,由于饲料原料价格上涨、疫病威胁日益加大,市场生猪供应日趋紧张,猪肉价格持续上涨,CPI指标(特别是农副产品指数)长期高位运行,引起了中央、国务院的高度重视,并出台了能繁母猪饲养、生猪良种繁育、生猪保险、疫苗补助,对新、扩建生态猪场建设补助政策和生猪生产调运大县的奖励措施。在部分省市依靠其强大的经济实力,还在养殖场污染治理、沼气池建设、无害化处理设施建设、生态养殖小区建设和重大动物疫病扑杀补助以及农业产业化项目建设上以奖代补。可以说,各级政府为恢复生猪生产,发展优质肉产品供应创造了良好的外部环境。

3.项目产品社会需求巨大,市场前景广阔,经济效益显著

中国是一个生猪生产大国,同时也是猪肉及其制品消费大国。据国家统计局的数据,2014年,我国生猪存栏量为5亿多头,出栏量为7.35亿头,猪肉产量已经达到世界猪肉总产量的一半,中国年人均猪肉消费量也从1990年的20 kg上升到2014年的43 kg。目前,我国高收入人群中每天每人猪肉均消费水平已经达到100~150 g,而农民年人均猪肉消费不足20 kg。虽然短时间内我国居民很难达到高收入人群的消费水平,但是随着人民生活水平的提高,二元消费结构下农村居民人均猪肉消费量将逐步提高,将是推动我国猪肉消费量增长最主要的因素。再次,随着人口的自然增长,城市人口的较快增加(农村人均年消费猪肉约25 kg,城市人均年消费约46 kg)。到2020年,全国人口将突破15亿,专家预测猪肉消费量年增长3%~5%,我国肉类消费还存在着成倍增长的空间。

三、未来生猪市场预测

我国养猪历史悠久,品种资源丰富。改革开放以来,我国的养猪生产发生了很大变化,不少地区的养猪生产,已由过去的自给或半自给的分散型,传统家庭副业生产逐步向专业化、规模化、集约化、商品化生产方向发展。这为改变人民群众的食品结构,提高人民生活水平发挥了积极作用。但是就目前国内的生猪饲养结构及生产水平来看,仍然不能满足社会发展的需要。一是目前我国的养猪结构仍以农户散养和小规模化饲养为主,市场稳定和供应能力偏弱。据统计,目前我国规模养猪增势趋缓,农户养猪占多数,2014年全国生猪存栏,散养户占生猪出栏总量45%以上,由于小养殖户饲养的品种落后、技术落后、饲养条件差,抵抗市场风险和疫情风险的能力非常差。受2013年严重疫情影响很多养殖户也只能望价兴叹,市场猪肉供应将仍然非常紧张。再次,目前国内生猪存栏仍然不足,养猪业仍处于高盈利区。今年政府给了养猪业大力支持,引种的、扩群的也很多,但由于生猪生产周期长、饲养技术要求高和资金投入需求大的影响,很难在短时间内改变猪肉紧缺的现状,在2016年、2017年两年内生猪市场行情不会大幅度下跌。第三,未来我国养猪业市场变动将越来越小,行情会越来越稳定,养猪利润空间将处在20%~30%之间。随着国家宏观政策调控力度加大,生猪规模化、良种化的进程加快和养殖结构逐渐转型,生猪市场将越来越稳定,猪价涨跌幅度将越来越小,周期也会

越来越短,养猪业将慢慢进入稳定利润时期。优质、高效、安全猪肉和猪肉制品仍将是国内消费主流,以后我国的养猪业必将走向规模化、大型化,朝着优质、高效、安全的目标发展。

四、项目风险分析

任何投资项目都存在风险,特别是养殖,因为它涉及很多方面因素,受很多条件影响。总的来说,生猪养殖是投入资金大、生产周期长、技术含量高的行业,同时还受市场波动、疫情威胁等影响。在生产上,首先是新建猪场用地困难。虽然国家出台了农业用地优惠政策,但由于农业无税收贡献影响,个别地方政府对新申办猪场用地的支持力度还是不够大。再次是环评。由于养猪业一直被认为是农业高污染行业,猪尿、粪水以及恶臭、有害气体等污染环境和土壤,影响猪场环评。在资金投入上,首先要涉及的是基本建设投入、污染治理投入、防疫设施投入和猪群投入,且因猪群生长周期较长(一般6个月左右),一年之内很难见效益。在市场风险上,养猪业市场风险较大,首先是目前生猪价格波动仍然较大,直接影响经济效益。再次是饲养成本包括人工成本、饲料等生产资料成本涨价影响。第三是疫病风险,特别是重大传染病风险,将对猪场构成毁灭性打击。最后还有区域性特大自然灾害、异常气象等的影响。所有这些,只有从提高生产水平,降低生产风险,从饲养工艺和防疫灭病两方面入手,不断提高母猪繁殖率、肉猪出栏率、饲料利用率,采取综合措施,降低发病率、死亡率;同时加强内部核算,提高集约化管理水平,加强环保配套,全面应用生态养殖,将极大降低各种风险,提高经济效益。

五、项目产业化经营方案

项目建设经营拟以资源开发利用、废弃物资源化、清洁生产、遵循自然生态系统的物质良性循环规律的经济发展模式,实现"资源—产品—再生资源"的闭环反馈式循环过程,以生态化、规模化养猪为主,实行农牧结合,养猪、养鱼(养鳖)、果蔬以及农业观光、农家乐等有机结合,组建生态养殖有限公司,下设五个分公司即饲料公司,贸易公司,水产公司,蔬菜、水果公司和一个瘦肉型猪场,要求国家、省、市、县政府给予各项相关的优惠政策和补助措施,降低或减免流通环节相关税费,降低生猪流通环节的交易费用,节约养殖成本,提高养殖效益。养猪场由4个部分组成,即生活区、生产区、隔离区和排污区,占地47亩,建筑面积12 680 m²,其中:生猪生产区9 680 m²,生活区和配套区建设3 650 m²,250吨位的水塔,使瘦肉型生猪存栏稳定在年存栏5 000头,商品猪出栏率为190%;水产区面积30亩,蔬菜、水果区50亩,通过将猪粪投入池塘繁殖浮游生物作为鱼的饲料或猪粪进行"蝇蛆、蚯蚓—饲料和肥—田"或"沼—肥—果蔬—鱼"等,或对粪尿污水采用"沼—肥—田"、"沼—肥—果蔬—鱼"等处理和多级利用等形式,实现资源循环和重复利用。

六、项目建设规模与目标

项目总的规模是年稳定生猪存栏5 000头(其中生产母猪600头,公猪20头),到2017年出栏优质瘦肉型商品猪达1万头。项目分两年实施:2016年1—6月达5 000头,2016年12月达1万头。具体实施是2014—2015年建设母猪、公猪、商品猪栏,进行饲养基地、生产、办公建设和防疫基础设施建设,引进种猪300头;2015—2016年引进后备种猪300头,形成核心猪群600头,年出栏商品猪1万头左右的规模化猪场,同时进行污染治理建设、水产区和蔬菜、水果区建设,实现废弃物的循环利用,最终建成生态化猪场。

七、项目建设的地点及范围

1.项目建设的地点、范围

项目建设地点为××县××镇小源村,以租用山地、半山地和林地为基础,通过平整、硬化和水利建设等成为基地。

2. 项目区的自然、社会经济条件

××镇为××县的副中心城镇,坐落于杭州西部的天目溪畔,依山傍水,山峦重叠,溪涧纵横,气候温和。境内××、××等河流汇于××江,全镇总面积××km²,辖××个行政村、××个居民区,总人口××万,外来人员××万。××、××省道穿镇而过。猪场所在地小源村距××高速××出口××km,距××市区××km,距××市××小时车程,距××县城××分钟,交通十分便利。×××溪穿村而过,水量充沛,为清澈山泉水,长年不断。境内气候条件属中亚热带季风湿润气候,具有"气候温和,四季分明,雨量充沛,日照充足"和"霜雪较短,无霜期长"的特点,年均温度16℃,盛夏年平均气温26.1℃;年降雨量为××mm。同时电力充足,程控电话、全球通手机直拨世界各地。

3. 项目区的畜禽养殖情况

整个××县畜牧生产规模化程度较低,饲养量相对杭州市其他地方偏少。目前全县养殖的方式主要有两种:一是传统的农户养猪生产方式,一般每户每年饲养2～5头,作为家庭的副业,主要利用其家里的剩汤剩饭和一些农副产品饲养,较少的利用配合饲料和科学的饲养管理技术,养殖方式较为粗放。二是规模化、专业户养猪,存栏数达××千头以上的全县仅几家,规模化程度较低。据统计,××年底全县存栏生猪××万头,其中散户××万户,占饲养总量××%。项目所在地××镇××年存栏生猪××万头,××村××年养猪户××户,年底生猪存栏××头,绝大多数为农户散养。

4. 猪场概况

××村地形复杂,山多田少,很难有成片的平坦的可供开发的山地和林地,村道贯村而过,为本村居民出入的主要通道,但车流量很少。生态养殖场选择在距离村道××m,共××m²,合××亩,各地块之间相距400m以上,该处不属于畜牧禁限养区和农业保护用地,无城乡建设用地,现有山地种植桑树。根据国家有关规定,经批准可以兴办适度规模猪场。

八、项目生产工艺技术方案

万头生态型瘦肉型猪场的建设,将主要抓好以下几个方面的技术工作:

1. 良种繁育

以长白、大约克和杜洛克为基本猪种,自繁自养,年生产杂交瘦肉型商品猪1万头。

2. 改善饲养环境

采用先进的猪舍建筑结构、材料,以及有利于提高生猪生育成绩和饲料报酬的新工艺新设备。

(1)配种舍 为半漏缝地面,全部使用钢制定位栏,设自动饮水器,装壁扇。

(2)分娩舍 实施全漏缝高位床栏舍,有母子舍及仔猪补料槽,装地下冲水池,采用自动饮水器,装电热板和红外线灯,用于冬季保暖。

(3)保育舍 实施全缝高位钢架床位,装地下冲水池,采用自动饮水器,配电热板。

(4)生长育肥舍 采用舍内水泥地面饲养,采用自动饮水器。

3. 实行全进全出和三点式饲养模式

利用天然山地的隔离屏障,实施生猪三点式养殖模式,布局以下三个区:配种妊娠及分娩哺乳区、断奶仔猪保育区和肉猪育肥区。各区域配有专门化猪舍、设备和生产管理人员。同时严格做到各生产单元以周为单位全进全出,严格猪群周转和各舍的大小以及规格布局,按设计要求系统安排,形成稳定的生产流水线。

4.立体的防疫技术、设备和药物

建立起以预防为主的生物安全机制,配以先进的设备和药物,实施严格的免疫程序,并采取隔离、消毒、免疫和无害化处理等配套的综合防疫措施和规章制度,配备动物标识智能识读器、电脑等信息终端。

5.全价饲料的使用

饲料消耗在养猪成本中占70%～80%;优化的饲料配方,是降低饲料成本,提高经济效益的有效途径。

6.科学管理

项目建立后将使用计算机信息管理系统,实施动态管理,制订各项规章制度,使生猪行业取得更大的经济利益。

九、项目建设的具体内容

根据我国目前实际情况和现有生产水平,考虑场地占地面积和能容纳生猪数量,我们对年产10 000余头肉猪生产线实行工厂化生产管理方式,采用先进饲养工艺和技术,其设计的生产性能参数选择为:平均每头母猪年生产2.14～2.5窝,提供20头肉猪,母猪利用期为3年,肉猪平均日增重700 g以上,达90～100 kg体重的日龄为160 d左右(23周)。设计的生猪普通生产技术指标:配种受胎率85%、配种分娩率90%、胎均总产仔数10.5～11.5、胎均活产仔数10、断奶仔猪成活率95.0%、保育期成活率97.0%、育成期成活率99.0%、全期成活率按91%计算,则猪场存栏猪结构标准为:妊娠母猪数=303头,哺乳母猪数=123头,空怀断奶母猪数=123头,后备母猪数=16头,成年公猪数=15头,后备公猪数=5头,仔猪数=980头,保育猪=1 125头,中大猪=3 169头,合计:5 894头(其中基础母猪为550头),年出栏生猪10 000头左右。

1.需要建设的相应猪舍

(1)配种妊娠舍 空怀及后备母猪在配种舍大栏内饲养,妊娠母猪在妊娠舍定位栏内饲养。配种舍1栋(建筑面积约$80 \times 8 = 640$ m²),设大栏40个,妊娠舍1栋(每栋建筑面积约$80 \times 8 = 640$ m²),设定位栏360个。

(2)产仔舍 产仔舍共设2栋(每栋建筑面积约$70 \times 8 = 560$ m²),分为10个单元,每个单元内设15个产床,共150个产床。产仔舍是全厂投资最高、设备最佳、保温和通风换气最好的猪舍,舍内应设有保温性能良好并能排湿的顶棚,应有排风装置。

(3)断奶仔猪舍 仔猪培育舍共建2栋(每栋建筑面积约$80 \times 8 = 640$ m²),分6个单元,每个单元25个高床栏,培育舍应吊顶棚,要达到保温、通风、排湿的目的。

(4)生长育肥猪舍 保育猪进入中大猪舍饲养,一般情况下再养16～23周时,体重90 kg以上时上市。中大猪舍10栋(每栋建筑面积约$70 \times 8 = 560$ m²),每栋40栏,每栋能容纳350头育肥猪。

(5)隔离场 共建1栋(建筑面积约$50 \times 8 = 400$ m²),每栋30栏,每栋能容纳300头育肥猪。

2.配套用房建设(2 450 m²)

(1)兽医防疫室 根据三点饲养模式,各分场均建设一个兽医室,建筑面积50 m²,配备相应的诊疗设备、药品库和疫苗库等,计150 m²。

（2）饲料加工房及库房 用于生产、储存三个牧区生猪所需全部饲料、预混料和添加剂。拟建在靠村头的 1 牧区，总计约 800 m²，其中库房和原料车间 650 m²，加工车间 150 m²。

（3）工人宿舍 各区根据人员多少建立职工宿舍，位于上风口，需建 50 人×10 m²/人＝500 m²。

（4）生态猪场办公用房 用于猪场总部人员工作、猪场会议、培训和外来人员接待等。拟建在靠村头的面积最大的 1 牧区，面积 1 000 m²。

（5）水电增容改造 建造牧区生猪饮用深水井和山泉水提灌站，建造储水塔，配置 80～100 kW 变电器。

3. 环保、污染治理用设施建设（1 200 m³）

（1）猪粪便、污水净化处理池 每个牧区建设一个二级沉淀池，每个 200 m²，用于收纳猪场实施粪尿分离后的污水和沼液。预处理（一级处理）用沉淀分离等物理方法将污水中悬浮物和可沉降颗粒分离，然后再用生物处理的方法，进一步分解污水中的胶体和有机物以达到达标排放灌溉农田或通过管网输送到附近桑园、果地、蔬菜、鱼塘或水生植物塘等作为有机肥使用，真正实现生态牧业园区，共计 600 m³。

（2）无害化处理设施 用于收集和无害化处理牧场病死生猪用，防止乱扔以污染环境，整个牧区只需建设一个，150 m³，以集中处理。

（3）沼气池 通过专用管道收集牧场的固态或液态粪污，在沼气发酵池中发酵，用于生产沼气，供猪场供热、照明和作燃料用，富余沼气还可向附近村民免费供应，解决能源问题。发酵后的沼渣经处理后可制成有机肥，沼液可应用于灌溉。3 个牧区，每个牧区建设 150 m³，共 450 m³。

4. 生态牧业建设

（1）鱼塘建设 用于消化沉淀池处理的粪尿、沼液，达到资源最大利用和再生。每个牧区建设鱼塘 5 000 m³，共计 15 000 m³。

（2）果地建设 在牧区周围山地和牧区隔离带，利用猪场粪便，种植当地适宜栽培果树，每个牧区周围果树利用面积不少于 10 亩，共 30 亩。

（3）毛竹、桑园基地建设 小源村有传统的种植毛竹和种桑养蚕的习惯，利用猪场的生物肥料，并结合公司的缫丝厂，开发毛竹、桑园种植，开发面积不少于 100 亩。

（4）蔬菜基地建设 利用沼液、生物有机肥，成立相应的蔬菜公司，发动村民种植有机蔬菜，开发面积不少于 50 亩。

十、项目土地规划和环境保护

（1）本项目计划用地 47 亩，均是山地非耕地，不涉及农保田，当地农民同意以租赁形式供养殖使用。城乡建设规划无其他项目，属农业用地性质。

（2）万头规模猪场年需生产、生活用水约 3 万 m³，场址附近有一溪流，常年流水不断，除用于经济作物灌溉外，尚有部分可用于猪场；西北侧 1.5 km 处有一大型水库，不足部分可用水库水或自来水补充。

（3）妥善处理粪尿和污水。项目建设期将安排专项资金，建设污染治理设施，猪场严格实行雨污分流、固液分离，粪便及时收集，粪水通过沉淀、发酵、生物除臭和生物利用等措施处理，利用沼气用于能源，利用沼液、粪渣等排泄物养鱼、鳖等，沼渣和粪便经高温堆肥后制作活性有机肥或有机无机复合肥，生产绿色蔬菜和水果，按平均每亩年施有机肥 4 t 计，1 000 亩作物可消化全部猪粪(年产鲜猪粪约 4 000 t)和人畜污水,达到猪场废弃物资源化和循环利用,纳污减排、达标排放的目的。

(4)猪场在养殖过程中产生一定数量的 NH_3、H_2S 等臭气,如何防止对周边环境和群众生活的影响至关重要。由于该场址处山坞内,采用多点式饲养,降低饲养密度,并且山坞内有几个口子能流通空气,周边山林茂盛,山林、经济作物有较强的吸纳能力,此外,可在饲料中添加乳酸菌或其他防臭剂,预测废气对环境的影响十分有限,投产后不会引起附近群众的意见和纠纷。

十一、项目建成后就业预测、农民增收情况

项目建成后,可直接安排农村居民就业,还可带动运输、销售、屠宰加工及饲料以及附近农户养殖,提高就近农民收入等。其中需从当地招收和外来人才聘用包括兽医:3 人(三点式饲养,每点 1 个兽医,其中主管兽医 1 人);配种员:1 人;财务:2 人;销售人员:1 人;饲料加工人员:1~2 人;原料采购人员:1 人;饲养员和生产员:32 人;杂工(水电工、木工等):3 人;保安:3 人等。合计 47 人。

十二、项目投资估算

总投资:建设万头瘦肉型猪场共需资金 1 200 万元。

1.固定资产部分(805 万元)

(1)母猪及产仔舍:2 400 m^2/头×500 元/m^2=120 万元;

(2)公猪舍:20 头×10 m^2/头×400 元/m^2=8 万元;

(3)商品猪舍:7 280 m^2×250 元/m^2=182 万元;

(4)配套排污工程(包括粪便干湿分离、污水净化排放):80 万元;

(5)引种费用(公、母猪引种):100 万元;

(6)产床、水道、饲槽及喂料系统等机电设备部分:56 万元;

(7)水电设备(包括水塔、提灌设备等):20 万元;

(8)交通设备:27 万元;

(9)饲料储存、加工厂房和加工设备:60 万元;

(10)饲养员宿舍、办公场所、生活区建设费:35 万元;

(11)沼气建设:45 万元;

(12)病死猪无害化池:12 万元;

(13)二级沉淀发酵池(3 座):60 万元。

2.场地费用(205 万元)

(1)场地租用费用:50 年×500 元/年×16 亩=40 万元;

(2)青苗补偿费:5 万元;

(3)房屋拆迁补偿费:40 万元;

(4)土地平整、砌石坝、修路、修桥费:120 万元。

3.流动资金(190 万元)

(1)商品猪饲料:150 万元;

(2)母猪饲料:20 万元;

(3)公猪饲料:5 万元;

(4)保健、医药和疫苗等:15 万元。

十三、资金筹措计划

(1)公司自筹资金:××万元;

(2)申请国家、省、市项目配套扶持资金:××万元。

十四、资金分年使用情况

第一期(2015—2016 年):完成全部投资和建设,全面建成年产 10 000 头规模化猪场。资金按 8:2 分 2 年投入,合计 1 200 万元,达到生产 8 000 头商品猪规模。其中:

(1)2015 年 3—7 月 项目论证、实施方案完善、环评、土地租用等,需资金 230 万元。

(2)2015 年 8—12 月 施工规划、基础设施建设包括场地平整、养殖猪舍、饲料厂、隔离场、供水系统、电路系统、办公区建设和设备购置等,同时招聘人员,需资金 717 万元。

(3)2016 年 1—6 月 引种(300 头)、隔离饲养观察和混群,同时做好猪场排泄物净化处理池建设,无害化处理池及沼气池等建设,需资金 167 万元。

(4)2016 年 7—9 月 养殖场绿化、隔离带建设和其他配套设施建设,完善牧场管理,需资金 50 万元。

(5)2016 年 10—12 月 引种(300 头)、隔离饲养观察和混群。需资金 36 万元。

第二期(2016—2017 年):完成牧区生态农业建设。实现种养结合,达到真正的资源循环利用,促进生态农业发展。

(1)2017 年 1—6 月 果、林地休整和幼苗种植,鱼塘建设和鱼苗放养。

(2)2017 年 7—12 月 蔬菜大棚和无公害蔬菜基地建设。

十五、项目经济评价

1. 按现行价格估算成本及分析

项目建成后,常年饲养能繁母猪 600 头,公猪 20 头,共计年饲养种猪 620 头。每头种猪日需配合精料 2.5 kg,每千克 2.70 元,计成本 2 430 元/年。防疫、消毒、售药费 22 元,猪场年折旧费每年 25 万元,人员 47 人,工资年平均 12 000 元;饲料每头猪按 90 kg,料肉比按 2.8:1 计算,需饲料 252 kg,每千克饲料按 2.4 元计算,合计为 605 元;则全部总成本合计为 2 430×620+22×12 620+47×12 000+605×12 000+200 000=150.66+27.764+57.6+726+25=987.024 万元,约 987 万元。

2. 产品销售收入

每头能繁母猪(550 头繁殖群)年产 2.2 窝,每窝平均产活仔 10 头,按 91% 出栏率计算,年产三元商品仔猪 11 011 头,每头 90 kg,平均每千克按 13 元计算,年销售收入 1 288.28 万元;即年生产总值为 1 288.28 万元。

3. 生产利润

该项目建成投入生产后,年生产总值 1 288.28 万元,生产总成本 987 万元(其中折旧费 25 万元),年利润 301 万元左右。猪肉是我国人民和世界人民主要肉食品之一,瘦肉型猪肉价格近两年一直保持在 13 元/kg 以上。此外还有促进粮食增长和转化、渔牧结合、生态平衡、劳动就业、带动加工、运输等间接效益,若按每头每年 100 kg 粪便计算,可为农业生产提供 1 620 t 农家肥,可提高土地肥力,增加粮食产量,形成猪—肥—粮,粮—猪—肥循环链发展,其社会、生态效益较好。

4. 风险分析

首先,对外开放是我国的一项基本国策,市场和总的物价水平处于稳定,无重大风险。瘦肉型猪的开发技术方案,是在长期实践的基础上制定的,在技术措施上是可行的。第二,项目区自然条件优越,有利于项目的实施,但由于畜牧对自然条件依赖性强,所以难免发生一些不可抗拒的自然灾害和疫病威胁,会给项目带来一定的局部的损失。这种情况在项目总体规划中已作考虑,不存在很大风险。

5.投资回收期

投资回收期＝总投资/(年利润＋年折旧费)＝1 200/(301＋25)＝3.68(年),即项目建成后,投资回收期为3.68年。

6.营利性分析

投资利润率＝年均利润/总投资×100％＝301/1 200×100％＝30.1％

十六、结论

本项目从经济、技术、管理、市场及社会效益方面论证是可行的。项目建成后,每年提供瘦肉型猪1万头,将为繁荣市场、出口创汇、提高人民经济收入和财政增收起到积极作用。项目的各项服务体系,除为项目服务外,还将为社会服务,以带动全社会以养猪为主的养猪业更大发展。

十七、附件

(1)项目建设单位证明;

(2)土地使用证明、租用协议;

(3)拟建地点的规划设计平面图;

(4)环评报告;

(5)附表;

(6)其他附件。

学习情境 2　猪的品种及经济杂交

【知识目标】

1. 了解猪的经济类型；
2. 掌握不同经济类型的主要特征；
3. 了解中国地方猪种的类型及特点；
4. 掌握引入猪种的品种特征及杂交利用情况；
5. 熟悉猪的经济杂交方式；
6. 掌握猪的杂种优势利用。

【能力目标】

1. 能完成猪的经济类型划分与品种识别；
2. 能根据生产实际，开展经济杂交。

工作任务 2-1　猪的经济类型和品种

一、猪的经济类型

根据经济用途不同，可将猪分为瘦肉型、脂肪型和兼用型三个类型。

1. 瘦肉型

国家标准 GB 8468—87 和 GB 8470—87 规定，瘦肉型猪的胴体瘦肉率至少为 55%，其生长发育快，肥育期短。瘦肉型猪在肥育期有较高的氮沉积能力，生产瘦肉的能力强，能有效利用饲料转化为瘦肉，瘦肉占胴体重 55%～65%。猪的外形特点主要是：躯体长，胸腿肉发达，身躯呈流线型，体长比胸围长 15～20 cm，背膘厚 1.5～3.0 cm，腰背平直，腿臀丰满，四肢结实。在国外，这类猪又分为鲜肉型和瘦肉型，丹系长白猪是典型代表。

2. 脂肪型

脂肪型猪能生产较多的脂肪，一般脂肪占用体重 45%～50%，胴体瘦肉率仅占 35%～45%，背膘厚 5.0 cm 以上。这种类型的猪性成熟早，繁殖力高，耐粗饲，适应性强，肉质好。对蛋白质饲料需要较少，需要较多的碳水化合物饲料，单位增重消耗的饲料较多。猪的外形特点是：体躯宽深而稍短，颈部短粗，下颌沉垂而多肉，四肢短，大腿较丰满，臀宽平厚，胸围大于或等于体长，早年的巴克夏猪是典型的代表。

3. 兼用型

这种类型猪的体形、胴体肥瘦度、背膘厚度、产肉特性、饲料转化率等均介于瘦肉型猪和脂肪型猪之间，有的偏向于瘦肉型猪，称为肉脂兼用型猪；有的偏向于脂肪型猪，称为脂肉兼用型猪。瘦肉占胴体重 45%～55%，背膘厚 3.0～4.5 cm，其中以北京黑猪为典型代表。

二、猪的品种

在全球 238 个国家和地区中,拥有种猪的国家有 130 个,占国家总数的 54.6%。在这 130 个国家中,欧洲有猪种的国家有 42 个,拥有 503 个品种;非洲有猪种的国家有 33 个,拥有 128 个品种;美洲有猪种的国家有 24 个,拥有 213 个品种;亚洲有猪种的国家有 18 个,拥有 307 个品种;大洋洲有猪种的国家有 13 个,拥有 120 个品种(表 2-1-1)。

表 2-1-1　世界猪种资源分布

洲别	地方品种		引入品种		培育品种		合计
	数量	占世界百分比	数量	占世界百分比	数量	占世界百分比	
欧洲	89	7.00	225	17.70	189	14.87	503
亚洲	189	14.87	67	5.28	51	4.01	307
美洲	36	2.83	100	7.86	77	6.05	213
非洲	33	2.60	75	5.90	20	1.57	128
大洋洲	10	0.79	51	4.01	59	4.66	120
合计	357	28.09	518	40.75	396	31.16	1 271

而在这些猪种资源中,又以长白猪的数量最多,约占整个数量的 24.90%,其次为杜洛克,占 15.25%,汉普夏占 9.46%,约克猪占 9.27%。

中国是世界上最早开始驯化豢养猪的国家,不但是世界上最大的养猪国,同时也具有十分丰富的猪种资源。根据《中国猪品种志》统计,中国有地方品种 68 个,培育品种 12 个,从国外引入并经中国长期驯化的品种 6 个,共计 86 个,居世界之首。而列入省级以上《畜禽品种志》和正式出版物的地方猪种有近 100 个。

(一)中国地方猪种的类型及特点

依据猪种起源、体形特点和生产性能及自然分布,将中国地方猪种划分为华北型、华南型、江海型、西南型、华中型、高原型六大类型。

中国地方猪种各类品种的具体分布见表 2-1-2。

1. 华北型

主要分布于淮河、秦岭以北地区,包括华北区、东北区和蒙新区。主要特点是体躯较大,四肢粗壮,毛粗密,鬃毛发达,背毛多为黑色,偶在末端出现白斑,冬季密生绒毛,嘴筒较长,头平直,耳大下垂,额部有纵形皱褶,体质强壮,皮肤厚。乳头 8 对左右,产仔数一般在 12 头以上,母性强,泌乳性能好,耐粗饲,消化能力强。该类型猪的优点是繁殖力高,抗逆力强;缺点是生长速度慢,后腿欠丰满。代表猪种有民猪、八眉猪、黄淮海黑猪、汉江黑猪和沂蒙黑猪等。

2. 华南型

主要分布于中国的南部和西南部边缘地区的广西壮族自治区、广东省偏南大部分地区、云南省的西南与南部边缘和福建省及台湾省的东南。主要特点是猪体质疏松,早熟易肥,个体偏小,体形呈现矮、短、宽、圆、肥的特点,毛色多为黑白花,在头、臀部多为黑色,腹部多为白色,背腰宽,但多凹,腹大下垂,腿臀丰满。头较小,面凹,额部多有横行皱褶,面部微凹,耳小直立。

皮肤比较薄,毛稀。繁殖力较差,乳头5～6对,产仔6～10头。该类型猪的优点是早期生长快,骨细,屠宰率高;缺点是抗逆性差,脂肪多。代表猪种有两广小花猪、香猪、滇南小耳猪、海南猪等。

表 2-1-2　中国各类猪种产地及分布

类型	猪种	产地	类型	猪种	产地
华北型	民猪	辽宁、吉林、黑龙江	华中型	宁乡猪	湖南
	八眉猪	陕西、青海、甘肃		湘西黑猪	湖南
	黄淮海黑猪	江苏、安徽、山东、		大围子猪	湖南
		山西、河南、河北、		华中两头乌猪	湖南、湖北、江西、广西
		内蒙古		大花白猪	广东
	汉江黑猪	陕西		金华猪	浙江
	祈蒙黑猪	山东		龙游乌猪	福建
				闽北花猪	浙江
华南型	两广小花猪	广东、广西		嵊县花猪	浙江
	粤东黑猪	广东		乐平花猪	江西
	海南猪	海南		杭猪	江西
	蓝塘猪	广东		赣中南花猪	江西、浙江
	香猪	贵州、广西		玉江猪	江西、福建
	隆林猪	广西		武夷黑猪	湖北
	槐猪	福建		清平猪	河南
	五指山猪	海南		南阳黑猪	安徽、浙江
	太湖猪	江苏、浙江、上海		皖浙花猪	福建
	姜曲海猪	江苏		福州黑猪	福建
	东串猪	江苏	西南型	荣昌猪	重庆
	虹桥猪	浙江		内江猪	四川
	圩猪	安徽		成华猪	四川
	阳新猪	湖北		雅南猪	四川
	台湾猪	台湾		湖川山地猪	湖北、湖南、四川
高原型	藏猪	西藏、云南、甘肃、		乌金猪	云南、贵州、四川
		四川		关岭猪	贵州

3.江海型

主要分布于汉水和长江中下游沿岸以及东南沿海地区。江海型猪毛黑色或有少量白斑,头中等大小,耳大下垂,背腰稍宽、平直或微凹。腹大,骨骼粗壮,皮厚、松软且多皱褶。乳头在8对以上,窝产仔13头以上,高者达15头以上。该类型猪的最大优点是繁殖力极强;缺点是皮厚,体质不强。代表猪种有太湖猪、虹桥猪、姜曲海猪、台湾猪等。

4.西南型

主要分布于四川盆地和云贵高原以及湘、鄂的西部。西南型猪头较大,颈粗短,额部多有横行皱纹且有旋毛。背腰宽而凹,毛色全黑或黑白花。乳头 6～7 对,产仔数一般为 8～10 头。该类型猪屠宰率和繁殖力略低。代表猪种有荣昌猪、内江猪、乌金猪及关岭猪等。

5.华中型

主要分布于长江和珠江流域的广大地区,包括湖南、江西和浙江南部以及福建、广东和广西的北部,安徽、贵州也有分布。毛色以黑白花为主,头尾多为黑色,体躯中部有大小不等的黑斑,个别有全黑者,背腰宽且凹,腹大下垂,皮薄毛稀,头不大,额部有横行皱褶,耳中等大小,下垂,乳头 6～7 对,每窝产仔 10～13 头。该类型猪的优点是骨骼较细,早熟易肥,肉质优良;缺点是体质疏松,体质较弱。代表猪种有宁乡猪、浙江金华猪、华中两头乌猪、大花白猪等。

6.高原型

主要分布于青藏高原。被毛多为全黑色,少数为黑白花和红毛。体躯较小,结实紧凑,四肢发达,蹄坚实而小,嘴尖长而直,绒毛浓密,善于奔走,行动敏捷,乳头多为 5 对,每窝产仔 5～6 头。该类型猪的抗逆性极好,放牧能力强;但生长速度慢,繁殖力低。代表猪种主要包括云南迪庆藏猪、四川阿坝及甘孜藏猪、甘肃合作藏猪、西藏林芝藏猪。

(二)优良地方猪种

1.民猪

(1)产地与分布　原产于东北和华北部分地区。现分布于东北三省、华北及内蒙古地区。

(2)体型外貌　按体型大小及外貌特点可分为大、中、小三种类型,体重在 150 kg 以上的大型猪称大民猪;体重在 95 kg 左右的中型猪称为二民猪;体重在 65 kg 左右的小型猪称荷包猪。目前民猪多属于中型猪,头中等大,嘴鼻直长,额部有纵行皱纹,耳大下垂;体躯扁平,背腰狭窄稍凹,后躯斜窄,腹大下垂,四肢粗壮;被毛为黑色,冬季密生棕红色绒毛。乳头 7～8 对(图 2-1-1)。

(3)生产性能　据报道,在体重 18～90 kg 肥育期,日增重 458 g 左右。体重 90 kg 时屠宰率为 72% 左右,胴体瘦肉率为 46%。成年体重:公猪 200 kg,母猪 148 kg。民猪性成熟早,公猪一般于 9 月龄,体重 90 kg 左右时配种;母猪 4 月龄左右时出现初情期,母猪发情征状明显,配种受胎率高,护仔性极强,民猪母猪一般于 8 月龄,体重 80 kg 左右时初配。

2.香猪

(1)产地与分布　香猪是中国小体型地方猪种。中心产区在贵州省从江、三江都县与广西环江县等。主要分布在黔、桂两省接壤的榕江、荔波等县。

(2)体型外貌　体躯短而矮小,被毛多为黑色,有"六白"或"六白"不全的特征。头较直,耳较小呈荷叶状,稍下垂或两侧平伸,身躯短,背腰宽而微凹,腹大下垂,后躯较丰满,四肢矮细,乳头 5～6 对(图 2-1-2)。

(3)生产性能　成年公猪平均体重 37.4 kg,母猪平均体重 40.0 kg。母猪平均产仔数为 4～6 头。

3.太湖猪

(1)产地与分布　主要分布于长江中下游的江苏、浙江省和上海市交界的太湖流域的广大地区,由二花脸猪、梅山猪、枫泾猪、米猪、沙乌头猪、嘉兴黑猪和横径猪等地方类型猪组成。

(2)体型外貌　太湖猪以梅山猪较大,骨骼粗壮;米猪骨骼细致;二花脸猪、枫泾猪、横泾猪和嘉兴黑猪介于两者之间;沙乌头猪体质比较紧凑。太湖猪头大额宽,额部皱纹多且深,耳大头大额宽,额部皱纹多而深,耳特大而下垂,形似大蒲扇。全身被毛黑色或青灰色,毛稀疏,腹

图 2-1-1 民猪

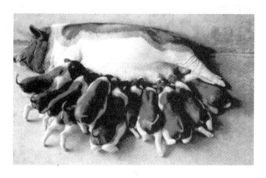

图 2-1-2 广西巴马香猪

部皮肤呈紫红色。乳头为 8~9 对(图 2-1-3)。

(3)生产性能 太湖猪以繁殖力高著称于世,成熟早,肉质好,性情温顺,易于管理。但生长速度较慢,6~9 月龄体重 65~90 kg,屠宰率 67% 左右,胴体瘦肉率 39.90%~45.08%,成年公猪体重 140 kg,母猪体重 114 kg。7~8 月龄体重可达 75 kg,屠宰率 65%~70%,瘦肉率 40%~45%。

4. 荣昌猪

(1)产地与分布 主要产于四川省荣昌、隆昌两县。主要分布于水川、泸县、泸州、宜宾和重庆市。

(2)体型外貌 荣昌猪体型较大,被毛除两眼周围或头部有大小不等的黑斑外,均为白色。头大小适中,面微凹,耳中等大,下垂,额面皱纹横行,有旋毛。体躯较长,发育匀称,背腰微凹,腹大而深,臀部稍倾斜,四肢细致结实。乳头 6~7 对(图 2-1-4)。

(3)生产性能 荣昌猪日增重 313 g 左右,以 7~8 月龄体重 80 kg 左右屠宰为宜,屠宰率平均为 69%,瘦肉率为 42%~46%。性成熟早,初产母猪产仔数平均为 6.7 头,经产母猪平均产仔数为 10.2 头。

图 2-1-3 太湖猪

图 2-1-4 荣昌猪

5. 金华猪

(1)产地与分布 产于浙江省金华地区的义乌、东阳和金华三县。

(2)体型外貌 体型中等偏小,耳中等大小且下垂。背微凹,腹大微下垂,臀略倾斜。毛色除头颈和臀部为黑色外,其余均为白色,故有"两头乌"之称。四肢纤细而短,皮薄毛稀。头型分"寿字头"和"老鼠头"两种类型。两种头型的猪其体型也略有区别,前者分布于金华和义乌等地,个体较大,生长快,背稍宽,四肢较粗;后者分布于东阳,个体小,头长,背窄,四肢高而细。乳头为 8 对(图 2-1-5)。

(3)生产性能　金华猪繁殖力高,一般产仔 14 头左右,母性好,护仔性强,仔猪育成率高。成年公猪体重平均 111 kg,成年母猪体重平均 97 kg。一般饲养条件下,10 月龄肥育猪体重可达 70~75 kg,通常于 50~60 kg 屠宰,后腿可制成 2~3 kg 重的火腿,即为著名的金华火腿。平均日增重 464 g,屠宰率平均为 71%,瘦肉率平均为 43%。

6.内江猪

(1)产地与分布　主要产于四川省的内江、资中、简阳等市、县,主要饲养单位为内江市中区猪场。

(2)体型外貌。内江猪体型大,体质疏松,头大嘴短,额角横纹深陷成沟,耳中等,腹大下垂,体躯宽深,背腰微凹,四肢较粗壮。皮厚,全身被毛黑,鬃毛粗长(图 2-1-6)。

图 2-1-5　金华猪

图 2-1-6　内江猪

(3)生产性能　在农村低营养饲养条件下,体重 10~80 kg 阶段,日增重 226 g,屠宰率 68%,胴体瘦肉率 47%。在中等营养水平下限量饲养,体重 13~91 kg 阶段,日增重 400 g,体重 90 kg 时屠宰率 67%,胴体瘦肉率 37%。公猪成年体重约 169 kg,母猪成年体重约 155 kg。公猪一般 5~8 月龄初次配种,母猪一般 6~8 月龄初次配种,初产母猪平均产仔 9.5 头,3 胎及 3 胎以上母猪平均产仔 10.5 头。

7.黄淮海黑猪

(1)产地与分布　黄淮海黑猪产于山东、安徽等地,分布于黄河中下游、淮河、海河流域。黄淮海黑猪包括淮猪、莱芜猪、深州猪、马身猪、河套大耳猪。其中以淮猪为典型代表。淮猪是原产淮北平原的古老地方品种,主要分布于江苏省淮北平原和宁镇、扬丘陵山区及沿海地区,分为淮北猪、山猪、灶猪三种类型。

(2)体型外貌　淮猪体型较大而紧凑,耳大下垂超过鼻端,嘴筒较长而直,背腰平直狭窄,臀部倾斜,四肢结实有力。被毛黑色,皮厚毛粗密,冬季密生棕红色绒毛(图 2-1-7)。

(3)生产性能　淮猪性成熟早,母猪产仔数较多,经产母猪平均产仔 13 头左右,成年公猪体重约 140 kg,母猪体重约 115 kg,育肥猪平均日增重 475 g 左右。饲料报酬 4.75∶1,皮较厚,瘦肉率较高达 45%。

8.大花白猪

(1)产地与分布　大花白猪产于广东珠江三角洲一带。主要分布在广东省的乐昌、仁化、顺德和连平等 42 个市、县。大花白猪具有耐潮湿、耐热,性成熟早,繁殖力高,早熟易肥和沉积脂肪能力强等特点。

(2)体型外貌　大花白猪体型中等大,毛色为黑白花,头部和臀部有大块黑斑,在黑白交界处有黑皮白毛的灰带环绕,被毛稀疏,耳稍大、下垂,额部多有横行皱纹,背、腰较宽,微凹,腹较大。乳头多为 7 对(图 2-1-8)。

图 2-1-7　黄淮海黑猪

图 2-1-8　大花白猪

(3)生长性能　大花白猪繁殖力较高,据测定,初产母猪平均产仔 11.7 头,二产 12.9 头,经产 13.8 头。大花白猪在良好的饲养管理条件下,体重 20～90 kg 阶段,平均日增重 519 g。而体重 67.5 kg 的肥育猪屠宰率 70.77％,胴体瘦肉率 43.2％。用大花白猪做母本,与杜洛克、汉普夏进行二元杂交,效果较好,一代杂种猪体重 20～90 kg 阶段,日增重分别为 583 g 和 584 g。体重 90 kg 时屠宰,屠宰率分别为 70％和 71％,胴体瘦肉率分别为 48.5％和 48.6％。

9.宁乡猪

(1)产地与分布　宁乡猪原产于湖南省宁乡县的草冲和流沙河乡,分布于益阳、安化、怀化及邵阳等县、市。

(2)体型外貌　宁乡猪分"狮子头"、"福字头"和"阉鸡头"三种类型。头中等大小,额部有横纹皱褶,耳小下垂,颈粗短,背凹陷,腹部下垂,斜臀,四肢粗短,多卧系。被毛短而稀,毛色为黑白花,分为"乌云盖雪"、"大黑花"和"小黑花"三种(图 2-1-9)。

(3)生产性能　育肥阶段,日增重 587 g,体重 90 kg 左右时屠宰率为 74％,胴体瘦肉率 35％左右。成年公猪体重 113 kg 左右开始配种;初产母猪产仔数 8 头左右,经产母猪产仔数

图 2-1-9　宁乡猪

10 头左右。

10．华中两头乌猪

（1）产地与分布　华中两头乌猪产于长江中游和江南平原湖区、丘陵地带,包括湖南沙子岭猪、湖北监利猪和通城猪、江西的赣西两头乌猪和广西的东山猪等地方猪。为中国长江中游地区数量最多、分布最广的猪种类。

（2）体型外貌　华中两头乌猪躯干和四肢为白色,头、颈、臀、尾为黑色,黑白交界处有 2～3 cm 宽的晕带,额部有一小撮白毛称笔苞花或白星,头短宽,额部皱纹多呈菱形,额部皱纹粗深者称狮子头,头长直额纹浅细者称万字头或油嘴筒,耳中等大、下垂,监利猪、东山猪背腰较平直,通城猪、赣西两头乌猪和沙子岭猪背腰稍凹,腹大,后躯欠丰满,四肢较结实,多卧系、叉蹄,乳头多为 6～7 对(图 2-1-10)。

图 2-1-10　华中两头乌猪

（3）生产性能　由于产区分布广,饲养条件不一,类群之间有一定差异,以赣西两头乌猪和通城猪较小,东山和监利猪较大。6 月龄体重,公猪 36 kg,母猪 38 kg。6 月龄前生长发育较快,2 岁后达到成年。不同类群的成年母猪,体重为 94～124 kg,体长 120～129 cm,胸围101～119 cm。据测定,沙子岭公猪 45 日龄有成熟精子出现,3 月龄有配种能力。公猪一般于 5～6 月龄体重 30～40 kg 开始配种,由于早配和使用过度,一般多利用 2～3 年。小母猪初次发情在 100 日龄左右,一般于 5～6 月龄体重 40～50 kg 配种。初产母猪产仔数为 7～8 头,三产及三产以上母猪产仔数为 11 头左右。在农村饲养条件下,肥育猪 8 月龄体重可达 80 kg 左右。体重 80 kg 左右的肥育猪,屠宰率 71%,胴体瘦肉率 41%～44%。

11．玉山黑猪

（1）产地与分布　玉山黑猪是江西省玉山县的一个优良地方品种,玉山黑猪的中心产区位于江西省玉山县的古城、岩瑞、下镇、四股桥、六都、群力等乡镇,并广泛分布于广丰、上饶、铅山、横丰、弋阳等县市。

（2）体型外貌　玉山黑猪毛色全黑,头型分狮头(占25%)和马脸型(75%)两种。狮头型头大,额宽,且有较深的皱纹。嘴筒短略上翘,躯干背腰不平。腹下垂,体短,体型较小,体质较疏松。耳中等大,下垂,四肢关节结实;马脸型头中等大,躯干背腰平直,体长。尾长 13～25 cm,肋骨 13～14 对,乳头多为 7 对(图 2-1-11)。

图 2-1-11　玉山黑猪

（3）生产性能 性成熟早，母猪3～4月龄开始发情，公猪在3月龄出现性欲。母猪性周期19 d（18～22 d），持续期3～4 d，发情症状明显。一般母猪7月龄，体重50 kg适配；公猪8月龄，体重55 kg适配。在农村，母猪5～6月龄，体重30 kg左右适配；公猪6月龄，体重30 kg适配。江西农业大学对该猪进行肌肉组织学特征的测定，结果表明：玉山黑猪肌纤维嫩，肌纤维密度大，与长白猪相比差异极显著（$P<0.01$），肌肉结缔组织含量低于长白猪，差异极显著（$P<0.01$），表明玉山黑猪肉嫩多汁的特点。

（三）中国培育猪种

1.三江白猪

（1）产地和特点 分布于黑龙江东部合江地区境内的国有农牧场及其附近的县、乡猪场，产区为著名的三江平原地区。三江白猪是由长白猪×民猪正反交产生的一代杂种母猪再与长白猪回交，从其后代中择优组成零世代猪群，连续进行5～6世代的选育和横交固定育成的新品种。

（2）体型外貌 三江白猪被毛全白，头轻嘴直，耳较大、下垂或前倾。背腰宽平，腿臀丰满，四肢粗壮，蹄质坚实，乳头一般为7对，排列整齐，毛丛稍密（图2-1-12）。

图 2-1-12 三江白猪

（3）生产性能 三江白猪成年体重，公猪187 kg，母猪138 kg。性成熟较早，初情期4月龄左右，发情表现明显。初产母猪平均产仔10.2头，经产母猪平均产仔12.4头。按三江白猪饲养标准饲养，6月龄肥育猪体重可达90 kg，平均日增重666 g，料肉比为3.5：1，胴体长95 cm，平均背膘厚3.25 cm，腿臀比为29%，瘦肉率为58.6%，眼肌面积29.4 cm²，肉质良好。

2.湖北白猪

（1）产地和特点 湖北白猪产于湖北武昌地区，主要分布于华中地区。湖北白猪是通过大约克×（长白猪×本地猪）杂交和群体继代选育法，闭锁繁育育成的。为中国新培育瘦肉型猪种之一。

（2）体型外貌 湖北白猪除个别猪眼角、尾根有少许暗斑外，其余全身被毛白色。头较轻，大小适中，鼻直、稍长，耳向前倾或下垂，背腰平直，中躯较长，腿臀丰满，肢蹄结实，有效奶头6对以上（图2-1-13）。

（3）生产性能 湖北白猪成年体重，公猪230 kg，母猪200 kg，初产母猪平均产仔数为10.5头，经产母猪平均产仔数为12.5头。湖北白猪180日龄体重可达90 kg左右，日增重620 g左右，每千克增重耗配合饲料3.5 kg以下，屠宰率72%左右，胴体瘦肉率60%左右，膘厚 2.5 cm,眼肌面积 32 cm²,后腿比例 31％以上。湖北白猪与杜洛克、汉普夏和长白猪杂交都有较好的杂交效果,其中以杜洛克×湖北白猪组合最优,杂种后代日增重 650～750 g,饲料利用率为(3.3～3.5)∶1,瘦肉率在 62％以上。

3.北京黑猪

(1)产地和特点　北京黑猪产于北京市双桥农场和北郊农场。主要分布在北京市朝阳区、海淀区、昌平区、顺义区、通州区等。并推广于河北、河南、山西等省。北京黑猪是在北京本地黑猪引入巴克夏、中约克夏、苏联大白猪、高加索猪进行杂交后系统选育而成。

(2)体型外貌　北京黑猪全身被毛黑色,体质结实,结构匀称。头大小适中,两耳向上方直立或平伸,面部微凹,额较宽,颈肩结合良好,背腰较平直且宽,腿臀较丰满,四肢健壮。乳头多为 7 对(图 2-1-14)。

图 2-1-13　湖北白猪　　　　　　　　　　图 2-1-14　北京黑猪

(3)生产性能　北京黑猪成年体重,公猪 262 kg,母猪 236 kg。初产母猪平均窝产仔数 10 头,经产母猪为 11.52 头。据测定,20～90 kg 体重阶段,平均日增重为 609 g,料肉比 3.7∶1,屠宰率为 72.4％,胴体瘦肉率 51.5％。长白猪×北京黑猪一代杂种猪体重 20～90 kg 阶段,日增重 550～700 g,料肉比(3.2～3.6)∶1,胴体瘦肉率 55％以上。杜洛克×长白猪×北京黑猪和大约克夏×长白猪×北京黑猪的三元杂交后代,日增重 600～700 g,料肉比(3.2～3.5)∶1。体重 90 kg 时屠宰,胴体瘦肉率 58％以上。

4.哈尔滨白猪

(1)产地和特点　哈尔滨白猪简称哈白猪,产于黑龙江省南部和中部地区,以哈尔滨及其周围各县为中心产区。广泛分布于滨州、滨绥、滨北和牡佳等铁路沿线。哈白猪是由不同类型约克夏×东北民猪杂交选育而形成。

(2)体型外貌　哈白猪体形较大,全身被毛白色,头中等大小,两耳直立,面部微凹。背腰平直,腹稍大但不下垂,腿臀丰满,四肢健壮,体质结实。乳头 7 对以上(图 2-1-15)。

(3)生产性能　哈白猪成年体重,公猪 222 kg,母猪 176 kg,据对 380 窝初产母猪的统计,平均产仔数 9.4 头,1 000 窝经产母猪统计平均产仔 11.3 头。哈白猪在良好的条件下,体重 15～120 kg 阶段平均日增重为 587 g,料肉比为 3.7∶1,屠宰率 74％,膘厚 5 cm,眼肌面积 30.81 cm²,后腿比例 26.45％,胴体瘦肉率 45％以上。哈白猪与民猪、三江白猪和东北花猪进行正反交,其杂交猪在肥育期的日增重和饲料利用率均呈现较强的杂种优势。用长白猪公猪与哈白猪母猪杂交,杂种后代猪日增重平均 623 g,料重比 3.6∶1,杂种猪 90 kg 时屠宰,胴体瘦肉率达 50％以上。

图 2-1-15　哈尔滨白猪

5.上海白猪

(1)产地和特点　上海白猪产于上海和宝山两地,主要分布于上海市近郊各县。上海白猪主要是由约克夏、苏联大白猪和太湖猪杂交培育而成。

(2)体型外貌　上海白猪体型中等偏大,被毛白色,体质结实。头面平直或微凹,耳中等大略向前倾,背宽,腹稍大,大腿较丰满,平均乳头数 7 对(图 2-1-16)。

(3)生产性能。上海白猪成年体重,公猪 258 kg,母猪 177 kg。初产母猪产仔数 9.43 头,经产母猪产仔数 12.93 头。体重 20～90 kg 阶段日增重 615 g,料肉比为 3.6∶1。体重 90 kg 时屠宰率 70％,眼肌面积 26 cm²,腿臀比例 27％,胴体瘦肉率 52.5％。利用杜洛克公猪或大约克夏公猪与上海白猪母猪杂交,杂交一代体重 20～90 kg 阶段,日增重为 700～750 g,料肉比为(3.1～3.5)∶1,90 kg 时屠宰,胴体瘦肉率达 60％以上。

6.广西白猪

(1)产地和特点　广西白猪是用长白猪、大约克夏猪的公猪与当地陆川猪、东山猪的母猪杂交培育而成。广西白猪的体型比当地猪高、长,肌肉丰满,繁殖力好,生长发育优势明显。

(2)体型外貌　广西白猪头中等长,面侧微凹,耳向前伸,肩宽胸深,背腰平直或稍弓,身躯中等长。腮肉及腹部腩肉较少。全身被毛呈白色。成年公猪平均体重 270 kg,体长 174 cm;成年母猪平均体重 223 kg,体长 155 cm(图 2-1-17)。

图 2-1-16　上海白猪　　　　　　　　　　图 2-1-17　广西白猪

(3)生产性能　广西白猪出生后 173～184 日龄体重达 90 kg。体重 25～90 kg 育肥期,日增重 675 g 以上,料肉比 3.6∶1,体重 95 kg 屠宰,屠宰率 75％以上,胴体瘦肉率 55％以上。据经产母猪 215 窝的统计,平均每胎产仔数 11 头左右。用杜洛克猪公猪配广西白猪母猪,其杂种猪日增重的杂种优势率为 14％左右,饲料利用率的杂种优势率为 10％左右;用广西白猪母猪先与长白猪公猪杂交,再用杜洛克猪为终端父本杂交,其三品种杂种猪日增重平均为

646 g,料肉比为 3.55：1,体重 90 kg 屠宰时,屠宰率 76%,胴体瘦肉率 58% 以上。

(四)中国引入猪种

1. 长白猪

(1)培育和引进简介　原产于丹麦,是世界著名的瘦肉型品种之一。由于其体躯长,毛色全白,又称为长白猪。1887 年用英国大白猪与丹麦本地猪杂交选育成的瘦肉型猪。

(2)品种特征　头小颈短,嘴筒直,耳大向前倾,体躯特别长,体长与胸围比例约为10：8.5,后躯特别丰满,背腰平直,稍呈拱形,整个体躯呈流线型,皮薄,被毛白色而富于光泽。乳头 7 对以上。成年公母猪平均体重分别为 246.2 kg 和 218.7 kg(图 2-1-18)。公猪 6 月龄出现性行为,母猪 6 月龄开始发情,一般公猪在 10 月龄、母猪在 8 月龄开始配种。初产母猪平均产仔数 10.8 头,平均断奶窝重 107.16 kg;经产母猪平均产仔数 11.33 头,平均断奶窝重146.77 kg,育肥期日增重 718~724 g。

图 2-1-18　长白猪

(3)杂交利用　中国 1964 年开始从瑞典第一批引进,在中国长白猪有美系、英系、法系、比利时系、新丹系等品系。生产中常用长白猪作为三元杂交(杜长大)猪的第一父本或第一母本。在现有的长白猪各系中,美系、新丹系的杂交后代生长速度快、饲料报酬高,比利时系后代体型较好,瘦肉率高。中国各地用长白猪作为父本开展杂交利用。长白猪体质相对较弱,抗逆性差,易发生繁殖障碍及裂蹄。若以长白猪作为杂交改良第一父本,与地方猪种和培育猪种杂交,效果较好。

2. 大约克夏猪(大白猪)

(1)培育和引进简介　原产于英国北部的约克郡及其邻近地区。1852 年正式确定为品种,后逐渐分化出大、中、小三型,并各自形成独立的品种。中国于 1936 年引入其大型品种。

(2)品种特征　体格大、体型匀称。耳立、鼻直、背腰多微弓、四肢较高、被毛全白、少数额角皮上有小黑斑、乳头 7 对。成年公母猪平均体重分别为 263 kg 和 224 kg(图 2-1-19)。性成熟较晚。经产母猪平均产仔数为 12.15 头,60 日龄平均断奶窝重 133.2 kg。增重快、饲料利用率高。肥育期平均日增重 689 g,料肉比为 3.09：1。

(3)杂交利用　大白猪适应性强,繁殖力高,产仔数 10~12 头,在现代商品肉猪生产中常作为母本。由于该猪同时具有生长快、饲料利用率高、瘦肉多等特点,以其作为父本与地方母猪进行二元、三元或多元杂交也有良好的杂交效果。

3. 杜洛克猪

(1)培育和引进简介　杜洛克猪于 1860 年在美国东北部育成,1880 年建立该品种标准。

图 2-1-19 大约克夏猪

中国最早于 1936 年引入,20 世纪 70 年代开始大量引进瘦肉型杜洛克猪。

(2)品种特征 全身被毛为棕红色,深浅不一。头轻小而清秀,耳中等大小,耳根稍立,中部下垂,略向前倾。嘴略短,颊面稍凹,体高而身较长,体躯深广,肌肉丰满,背呈弓形,后躯肌肉特别发达,四肢粗壮结实。成年公猪体重 340~450 kg,母猪 300~390 kg(图 2-1-20)。繁殖力稍低,杜洛克猪 8 月龄性成熟,产仔数平均 9.78 头,肥育期间平均日增重在 700 g 以上,料肉比 2.91:1。

图 2-1-20 杜洛克猪

(3)杂交利用 杜洛克猪体质强健,生长快,饲料利用率高,其繁殖性能虽不如长白猪,但优于巴克夏猪。中国各地用该猪作为父本与地方猪种进行经济杂交或作为三元杂交的终端父本时,杂交效果良好,能大大提高杂种后代的早期生长速度和瘦肉率。

4. 皮 特 兰 猪

(1)培育和引进简介 原产于比利时,是由法国的贝叶杂交猪与英国的巴克夏猪进行回交,然后再与英国的大白猪杂交育成的瘦肉型品种。皮特兰猪是目前世界上瘦肉率最高的猪种。

(2)品种特征 瘦肉率高,后躯和双肩肌肉丰满。毛色呈灰白色并带有不规则的深黑色斑块,偶尔出现少量棕色毛。头部清秀,颜面平直,嘴大且直,双耳略微向前;体躯呈圆柱形,腹部平行于背部,肩部肌肉丰满,背直而宽大,有的个体的后躯似球形,肌肉特别发达(图 2-1-21)。母猪初情期一般在 190 日龄左右,经产母猪平均窝产仔猪 10 头。生长迅速,育肥阶段平均日增重约达 700 g,料肉比 2.65:1,6 月龄体重可达 90~100 kg,屠宰率 76%,瘦肉率可高达 70%。

图 2-1-21　皮特兰猪

(3)杂交利用　皮特兰猪瘦肉率极高,背膘薄。由于皮特兰猪产肉性能高,多用作父本进行二元或三元杂交,能显著提高杂种后代的瘦肉率。

5.汉普夏猪

(1)培育和引进简介　原产于美国,也是北美分布较广的品种。由于该猪的肩部及其前肢为一白色的被毛环所覆盖,故称之为"白带猪"。

(2)品种特征　嘴筒长直,耳中等大小且直立。体型较大,体躯较长,四肢稍短而健壮。背腰微弓,较宽。腿臀丰满。毛色为黑色,在猪体的肩部、前肢有一个白色的毛环。乳头 6 对以上,产仔数为 9～10 头。成年公猪体重 315～410 kg,母猪 250～340 kg,瘦肉率 64% 左右(图 2-2-22)。

图 2-1-22　汉普夏猪

(3)杂交利用　汉普夏猪突出的优点是眼肌面积大、瘦肉率高,不足之处是繁殖力偏低。因此,汉普夏猪主要作为杂交用的父本(特别是终端父本)利用,以提高瘦肉率。

6.PIC 猪

(1)培育和引进简介　PIC 种猪是 PIC 改良国际集团育成的一个配套系种猪。PIC 中国公司成立于 1996 年,目前在北京和成都设有分公司。PIC 中国公司拥有 7 个核心场和 10 余个扩繁场。

(2)品种特征　PIC 猪是一个杂交猪,其杂交组合模式见图 2-1-23。最明显的优点是产仔数高、泌乳量高、性情温顺、易管理、猪应激基因检测显阴性、生长速度快、胴体瘦肉率高、背膘薄、肉质鲜嫩、肌间脂肪均匀等于一身(图 2-1-24)。PIC 母猪的生产性能:产活仔率,初产猪10.5 头,经产母猪 11.5 头,产仔率 90%,平均每窝断奶 10 头以上,21 日龄断奶重 6 kg,商品猪出栏 25 头/(年·头),母猪年产 2.3 胎。日增重,L402 后代 862 g,L399 后代 919 g,L337后代 1 038 g。100 kg 出栏天数,L402 后代 155 d、L337 后代 140 d。背膘厚 10.3 mm。PIC猪属于五系配套,生长速度快,158 d 可达 110 kg,屠宰率 82.31%,瘦肉率 72.41%,料肉比2.78。

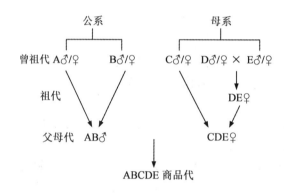

图 2-1-23　PIC 杂交组合模式

图 2-1-24　PIC 种猪

7. 斯格猪

(1)培育和引进简介　原产于比利时。是用比利时长白、英系长白、荷兰长白、法系长白、德系长白及丹麦长白猪合成的。是专门化品系杂交育成的超级瘦肉型猪(图 2-1-25)。该品种早在 20 世纪 80 年代初期引入中国,目前主要分布在湖北、江苏、广西、广东、福建、贵州、北京、辽宁和黑龙江等省市区。

(2)品种特征　斯格猪外貌相似于长白猪,其后腿和臀部十分发达,四肢比长白猪粗短,嘴筒亦比长白猪短(图 2-1-26)。特点是生长发育极快,饲料报酬高,但容易产生应激综合征。斯格猪繁殖性能良好,初产母猪平均产活仔猪 8.7 头,成年母猪平均产活仔猪 10.2头,平均产仔 11.8 头,仔猪成活率 90%以上。斯格猪生长迅速,初生个体重 1.34 kg,仔猪10 周龄体重 27 kg。生后 170~180 日龄体重可达 90~100 kg,平均日增重 650 g 以上,料肉比(2.85~3.00):1。

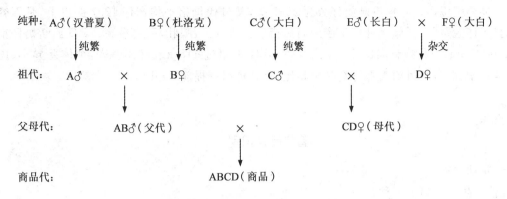

纯种： A♂（汉普夏）　　　B♀（杜洛克）　　　C♂（大白）　　　E♂（长白）　×　F♀（大白）

　　　　　↓纯繁　　　　　　　↓纯繁　　　　　　↓纯繁　　　　　　　　　↓杂交

祖代：　A♂　　　×　　　B♀　　　　　　C♂　　　　×　　　D♀

　　　　　　　　　　　　↓　　　　　　　　　　　　　　　　　↓

父母代：　　　　AB♂（父代）　　　×　　　　CD♀（母代）

　　　　　　　　　　　　　　　　　　↓

商品代：　　　　　ABCD（商品）

图 2-1-25　斯格猪杂交模式

图 2-1-26　斯格猪

8.托佩克猪

（1）培育和引进简介　托佩克是全球领先的猪育种和人工授精公司。托佩克种猪公司总部位于荷兰，其在荷兰的市场占有率超过了85％。在整个欧洲，托佩克在养猪领域也是占主导地位。托佩克活跃于全球50多个国家。通过在各国建立子公司、合作企业和经销商，托佩克占尽地利，能充分满足世界各地的市场需求。

托佩克种猪配套系目前在中国上市的种猪包括：SPF 纯种大白 A 系、纯种皮特兰 B 系和终端父本 E 系公猪（图 2-1-27）。

图 2-1-27　托佩克猪

（2）品种特征　父母代母猪发情明显，母性好，产仔数高，仔猪成活率高，泌乳力强，使用年限长,全世界范围内每年提供断奶仔数为 25.2 头,父母代母猪平均产仔 12.7 头以上,是不容怀疑的"产仔冠军"。托佩克种猪生产的商品猪生长速度快,腿壮、采食量高、25 日龄断奶仔猪体重可达 10 kg,商品猪料肉比 2.5 以下,150 d 体重超过 115 kg、群体整齐,个体差异小、皮薄,非常易于饲养,与目前大部分商品猪相比,该品种猪可提前 20 d 出栏。

【实训操作】

猪的品种识别

一、实训目的

1.使学生了解猪的品种;

2.正确识别不同种类的猪;

3.掌握不同猪种的生产性能特点。

二、实训材料与工具

不同猪品种电子图片、品种视频,多媒体播放设备。

三、实训步骤

1.学生首先观看猪品种电子图片、品种视频;

2.老师进一步讲述品种类别、性能特点;

3.学生在实训报告上记录该品种编号,并在实训报告上填写该品种的名称、原产地、经济类型和主要特征等信息;

4.在老师指导下,对所看到的品种资料进行分组讨论。

四、实训作业

根据实训报告上记录的该品种名称、原产地、经济类型和主要特征等信息,让学生对照,进行各项分值统计,汇总最终得分,评价品种掌握情况。

五、技能考核

猪的品种与类型实训评分标准

序号	考核项目	考核内容	考核标准	评分
1	品种和类型	品种特性	能准确掌握不同猪种的性能特点	30
2		分类、利用	正确掌握不同品种的分类和利用	20
3	综合考核	口试	能准确回答老师的提问	30
4		实训表现	服从老师安排,态度与表现好	20
合计				100

工作任务 2-2　猪的经济杂交

杂交是指不同品种、品系或类群间的交配。杂交所产生的后代称为杂种。杂种个体通常会表现出生活力和生殖力较强,生产性能较高,性状表型均值超过亲本均值,这种现象称为杂种优势。杂交的目的,就是为了加速品种的改良和利用杂种优势,在短时间内生产出高性能的商品育肥猪。杂交已成为现代化养猪生产的重要手段,对提高猪的生产性能及经济效益具有十分重要的作用。猪的常用杂交方式主要有以下几种。

一、两品种经济杂交

又叫二元杂交,是用两个不同品种的公、母猪进行一次杂交,其杂种一代全部用于生产商品肉猪。这种方法简单易行,已在农村推广应用。只要购进父本品种即可杂交。缺点是没有利用繁殖性能的杂种优势,仅利用了生长肥育性能的杂种优势,因为杂种一代母猪被直接肥育,繁殖优势未能表现出来。中国二元杂交主要以引入或中国培育品种作父本与本地品种或培育品种作母本进行杂交,杂交效果好,值得广泛推行(图 2-2-1)。

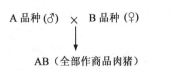

图 2-2-1　二元杂交示意图

二、三品种经济杂交

又称三元杂交,即先利用两个品种猪的杂交,从杂种一代中挑选优良母猪,再与第二父本品种杂交,所有杂种二代均用于生产商品肉猪。三元杂交所使用的猪种,母猪常用地方品种或培育品种,两个父本品种常用引入的优良瘦肉型品种。为了提高经济效益和增加市场竞争力,可把母本猪确定为引入的优良瘦肉型猪,也就是全部用引入优良猪种进行三元杂交,效果更好。目前,在国内从南方到北方的大多数规模化养猪场,普遍采用杜、长、大的三元杂交方式,获得的杂交猪具有良好的生产性能,尤其产肉性能突出,非常受市场欢迎(图 2-2-2)。

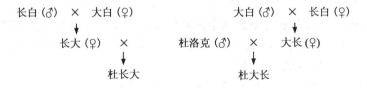

图 2-2-2　杜、长、大三元杂交示意图

三、轮回杂交

就是在杂交过程中,逐代选留优秀的杂种母猪作母本,每代用组成亲本的各品种公猪轮流作父本的杂交方式叫轮回杂交。

利用轮回杂交,可减少纯种公猪的饲养量(品种数量),降低养猪成本,可利用各代杂种母猪的杂种优势来提高生产性能,因此不一定保留纯种母猪繁殖群,可不断保持各子代的杂种优势,获得持续而稳定的经济效益。常用的轮回杂交方法有两品种和三品种轮回杂交。

四、双杂交

又叫四品种(品系)杂交,是采用四个品种或品系,先分别进行两两杂交,然后在杂交一代中分别选出优良的父、母本猪,再进行四品种杂交,称双杂交。

双杂交的优点,一是可同时利用杂种公、母猪双方的杂种优势,可获得较强的杂种优势和效益;二是可减少纯种猪的饲养头数,降低饲养成本;三是遗传基础更丰富,不仅可生产出更多优质商品肉猪,而且还可发现和培育出"新品系"。目前国外所推行的"杂优猪",大多数是由四个专门化品系杂交而产生。A 公猪和 B 母猪生产的 AB 公猪,C 公猪和 D 母猪生产的 CD 母猪为父母代(PS);最后 AB 公猪与 CD 母猪生产 ABCD 商品猪上市(图 2-2-3)。

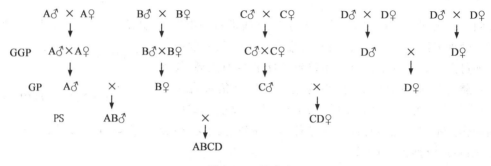

图 2-2-3　双杂交

五、猪的专门化系生产

近 20 年来,国外在提高猪群生产性能的方法上发生了很大变革,纯种选育提高和近交系选育已不再是育种工作的主攻方向,而杂交育种,特别是专门化品系(综合品系)的选育已成为各国普遍重视的先进方法。专门化品系(综合品系)是为了使期望的性状取得稳定的杂种优势而利用各品种猪建立的繁育体系,这个体系基本由原种猪、祖代猪、父母代猪以及商品代猪组成,其中的原种猪又称为曾祖代猪。

专门化品系是指一些专门化品系经科学测定之后所组成的固定杂交繁殖、生产的体系,在这个体系中,由于各系种猪所起的作用不同,因此在体系中必须按照固定的杂交模式生产而不能改变,否则,就会影响商品猪的生产性能。

专门化品系是一个特定的繁育体系,这个体系中包括纯种(系、群)繁育和杂交繁育两个环节,配套系有严密的代次结构体系,以确保加性效应和非加性效应的表达;配套系追求的目标是商品代肉猪的体质外貌、生产性能及胴体品质的完美和良好整齐度。

专门化品系猪在育种生产上,可以基于以上模式有多种形式,或多于四个系,如五个系的 PIC 配套系猪、斯格配套系猪,或少于四个系,如三个系的达兰配套系猪。

专门化品系猪通常有 3～5 个专门化品系组成,各专门化品系基本来源于几个品种:长白猪、大白猪、杜格克猪、皮特兰猪等,各猪种改良公司分别把不同的专门化品系用英文字母或数字代表。随着育种技术的进步,各专门化品系除了上述纯种猪之外,近年来还选育了合成类型的原种猪,这样的专门化品系选育过程基本经历了猪种改良公司的选育,分别按照父系和母系的两个方向进行选育,父系的选育性状以生产速度,饲料利用率和体形为主,而母系的选育以产仔数、母性为主。这些理论为培育专门化品系指明了方向,在养猪业中,品种概念逐渐被品系概念所替代。

专门化品系猪与现行的二元杂交猪的差别在于期望性状(如产仔头数、生长速度、饲料转化率等)可以获得比通常的二元杂交(或多种杂交方式)更加稳定的杂种优势,其终端产品的商品肉猪具有通常的三元杂交猪无法相比的高加工品质:整齐划一,屠宰率、分割率高等,这些优秀的品质是通过配套的体系(从原种、祖代、父母代直到商品代)实现的。专门化品系猪种有

4大优势。

（1）瘦肉率更高。配套系瘦肉率在65％～70％之间，而三元杂种在60％～65％之间。

（2）繁殖能力更强。配套系一胎产仔12头以上，两年5胎；而三元杂产仔数为10～12头，年2.2胎左右。

（3）生长周期更短。配套系长到90～100 kg需160 d左右，三元杂则需170 d左右。

（4）成本更低。配套系料肉比在2.5左右，而三元杂在2.8左右。

目前世界上的主要专门化品系猪如PIC、斯格、迪卡、达兰等都已经落户中国，并在生产中起到积极作用。

专门化品系的建立和完善是现代化养猪生产取得高效益的重要组织保证。完整的专门化品系主要包括以遗传改良为核心的育种场（群），以良种扩繁特别是母本扩繁为中介的繁殖场（群）和以商品生产为基础的生产场（群）。一般育种群较小，但性能高，需在繁殖场加以扩大，以满足生产一定规模商品肉猪所需的父母本种源。这样一个三层次的繁殖体系就如金字塔形。

育种群：育种群处于繁育体系的最高层，主要进行纯种（系）的选育提高和新品系的培育、其纯繁的后代，除部分选留更新纯种（系）外，主要向繁殖群提供优良种源，用于扩繁生产杂交母猪或纯种母猪，并可按繁育体系的需要直接向生产群提供商品杂交所需的终端父本。因此育种群是整个繁育体系的关键，起核心作用，故又称为核心群。

繁殖群：繁殖群处于繁育体系的第二层，主要进行来自核心群种猪的扩繁特别是纯种母猪的扩繁和杂种母猪的生产，为商品群提供纯种（系）或杂交后备母猪，保证生产一定规模商品肉猪的需要。同时，繁殖群按特定繁育体系（如四元杂交）的要求，生产杂种公猪提供商品群杂交所需的杂种父本。

商品群：商品场处于繁育体系的底层，主要进行终端父母本的杂交，生产优质商品仔猪，保证肥育猪群的数量和质量，最经济有效地进行商品肉猪的生产，为人们提供满意的优质猪肉。核心群选育的成果经过繁殖群到商品群才能表现出来。育种群的投入商品群才有产出，因此商品群获得的利润应该拿出一部分再投入育种群，进一步选育提高核心群的质量，生产更好的商品猪，使商品群最终获得更多的利润，从而形成一个良性循环、统一的专门化品系。

常见的专门化品系根据参与杂交的纯系数目分为二系、三系和四系杂交繁育体系，其中，在中国应用最普通的是二系和三系杂交繁育体系。

【实训操作】

猪的经济杂交

一、实训目的

1.使学生了解经济杂交的概念；

2.掌握不同的杂交方式；

3.能根据提供的品种，合理的开展杂交组合。

二、实训材料与工具

杂交品种的商品猪及其生产性能录像带，多媒体播放设备。

三、实训步骤

1.观看录像带，老师进一步讲述各种杂交模式、杂交的优点、杂交的方法及提高杂交效果的措施；

2.学生根据指导教师的讲述，记录所看到的杂交模式；

3.学生根据记录，提出各种杂交的效果；

4.指导老师随机指定4个品种，提出杂交模式要求。

四、实训作业

学生根据实训过程，制订一个杂交组合模式，并完成实训报告。

五、技能考核

猪的经济杂交实训评分标准

序号	考核项目	考核内容	考核标准	评分
1	经济杂交的因素分析	杂交方式	能掌握猪的杂交方式	15
2		影响因素分析	正确分析影响因素	15
3		提高杂种优势的技术措施	能结合录像提出提高杂交效果的综合技术措施	20
4	综合考核	口试	能准确回答老师的提问	20
5		整体评价	技术措施是否科学合理	20
6		实训表现	服从老师安排，态度与表现好	10
合计				100

【小结】

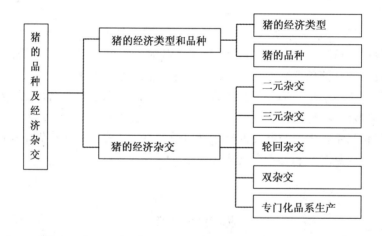

【自测训练】

一、填空题

1.根据不同猪种胴体_____和_____的变化，可把猪的品种分为三个经济类型，分别是_____、_____、_____。

2.脂肪型品种脂肪量一般占胴体的_____以上，背膘厚在_____以上。

3.瘦肉型猪的胴体指标是背膘厚_____cm，瘦肉率_____％以上，体长与胸围的差大于_____cm。

4.按培育程度猪的品种可划分为 _____、_____、_____。

5.鲜用型猪的瘦肉和脂肪占胴体的_____。

6.中国的优良地方猪种根据体型外貌、产地和生产性能可以划分为六类，即 _____、_____、_____、_____、_____、_____。

7.中国地方品种猪中，繁殖性能最好的为_____，肉质性能最佳的为_____。

8.中国新培育的猪的品种按外形和毛色可分为 _____、_____、_____三大类型。

9.引入的国外猪种的共同特点有_____、_____、_____。

10.中国引入的瘦肉型猪种有 _____、_____、_____、_____、_____。

二、名词解释

1.杂种优势率

2.三品种杂交

3.双杂交

三、问答题

1.现有太湖猪、长白猪、杜洛克猪、皮特兰猪四个品种，根据不同品种的生产性能特点，设计一个最佳的双杂交模式。

2.举例说明杂交亲本如何选择。

3.地方品种猪有哪些特点？

4.外来品种的特点是什么？

5.针对当前我国地方品种猪面临的实际情况，为了加强对猪种资源的保种及其开发和利用，请问你有何思路？

【阅读材料】

中国猪种资源的保护、开发与利用

中国地域辽阔，养猪历史悠久，自然生态、社会经济和民风民俗状况复杂多样，加之战乱纷争、人畜迁徙频繁，积淀了极为丰富的猪（品种、类群）遗传资源，是世界猪遗传资源的重要组成部分。这些资源不仅对中国养猪业的发展起了很大的作用，而且对世界优良猪种的改良已做出或正在做出积极的贡献。新中国成立以来，各级政府、部门一直重视地方猪种的保护利用工作，但由于财力、产品类型、保护利用方法等诸多方面的局限性，很难说这项庞杂的工作得到了卓有成效的开展，致使地方猪濒危品种（类群）数量有逐渐上升的趋势，如再不及时而有效地开展保护与利用工作，势必造成濒危品种增加、各品种（类群）种猪数骤降、血统数量锐减、遗传多样性（genetic diversity）迅速缩小，继而对养猪业的可持续发展带来不可估量的有害影响。

中国猪的共性是繁殖力高、性成熟早、抗逆性强、肉质好，适合家庭副业养殖，在中国人民长期的生产生活中，尤其是华东、华中、华南、西南等地区地方猪种起着肉食和肥料提供的主导作用。中国猪的多样性对世界猪种的改良也做出过重要贡献。远在公元1世纪，古罗马就引入过中国华南沿海猪种，广泛用以改良其晚熟、生长慢、肉质差的本地猪，继而育成了罗马猪。而罗马猪又对近代西方著名猪种的改良起过很大的作用（Branswerk，1993）。据《大英百科全书》（1964年版）载："现在欧洲的猪种是当地猪种和中国猪种杂交而成的。"

18世纪初,英国又引入广东猪种与本国猪种杂交,逐渐育成了约克夏猪和巴克夏猪,其时约克夏猪在英国被称作"大中国猪(Big China)"(H. M. Briggs,1980)。近20年来,为利用中国猪的繁殖力高、肉质优良特性,欧美各国纷纷引进中国猪(尤其是太湖猪各类型),并把提高繁殖力和改良肉质作为主要选育目标,取得了极为显著的效果,如广受海内外青睐的PIC配套系,其母系中就有中国梅山猪的血统。毋庸置疑,中国猪的多样性今后还将为世界猪种改良继续做出贡献。

但应当承认,中国猪也存在着不可忽视的局限性,主要表现为生长速度慢、瘦肉率低、精饲料转化能力差,虽然适合家庭副业养殖,但缺乏现代产业生产优势。因此地方猪种必须在保存的基础上,加以合理地改造利用。

一、中国猪遗传资源的保护与利用现状

中国猪遗传资源是中国人民千百年来的创造,是人类社会未来可持续发展的重要资源,应保护并利用好这一重要资源,国内外真正有计划、成规模的保护与利用当始于20世纪中后期。

(一)保护现状

新中国成立以来,各级政府、部门及从业者一直重视地方猪种的保护工作,几乎在每个著名地方猪种的原产地都设立了国家或省或县级保种(繁殖)场,开展了地方猪种的纯种保护选育工作。因此除少数猪种濒临灭绝外,大多数著名猪种还是基本上保存下来了。应该说,这个成绩的得来是中国贫困的农业经济超负荷地承担了这项沉重的国际义务的结果,的确来之不易。令人可喜的是,1996年1月中国正式设立国家畜禽遗传资源管理委员会,专事全国性畜禽遗传资源保护和利用的管理工作,2000年8月农业部发布150号公告,发布了国家级畜禽资源保护品种目录,其中包括19个地方猪种,使地方猪种的保护工作再次提到议事日程。但令人痛心的是,近年来由于诸多因素的影响,中国地方猪种的保护工作举步维艰,中国一些著名猪种的保种情况,不少著名地方猪种场内保种群体缩减、血统数下降,这一现象不能不引起业内外人士的高度重视。

(二)利用现状

中国猪的主要利用途径一是与外种猪的经济杂交,二是以中国猪作为育种素材培育新品种(系)。

1. 国内的利用

经济杂交:中国猪具有繁殖力高、肉质好、抗逆能力强的优点,而外来种猪则具有生长快、饲料转化能力强、瘦肉率高的优点,通过杂交,不但具有较大的互补效应,而且因遗传距离大,其杂交优势也很明显。据统计,外来种猪相互杂交日增重的杂交优势均仅在1%以下,而6个中国猪种与外种猪的杂交结果表明,日增重的杂交优势在8.7%～27.4%之间(汪嘉燮,1997),明显优于前者。因此20世纪70年代始,随着猪人工授精技术的广泛应用,国内各地广泛开展了地方猪经济杂交的研究与推广工作,确实对当时养猪生产发展起到了重要的推动作用。

新品种(系)培育:随着社会经济发展,人民生活水平的提高,中国猪简单的经济杂交已越来越难以适应经济发展和市场需求。20世纪80年代始,在国家有关部门和各省市的资助下,国内10多个著名猪种所在地均开展了以本地猪为素材、引进外血培育新品种(系)工作,共有

20 余个含地方猪种血液的新品系相继问世。如重庆以荣昌猪为育种素材导入 25% 的丹麦长白猪血液,江苏以太湖猪为育种素材导入 50% 的杜洛克猪血液,经继代选育成了新荣昌猪Ⅰ系和苏太猪,其瘦肉率在 55% 左右、日增重 600～800 g、饲料转化率 3.1 以下,各项生产性能指标均极显著优于原品种,成为生产瘦肉型猪的理想母本,推广后很适合当地的生产和市场(龙世发等,1998;王子林等,2000)。

实验用小型猪培育:中国小型猪资源十分丰富,如版纳微型猪、香猪、巴马小型猪、五指山猪等,有些小型猪比报道的国外小型猪体形更小,且细致紧凑,性情温顺。这些小型猪目前多通过多代近交方式,培育实验用猪,已育成的实验用小型猪有版纳小型猪、贵州白香猪和巴马小型猪(魏洪等,2003)。

2. 国外的利用

20 世纪 80 年代以来,对中国猪的研究和利用成为欧美诸国的热门课题。法、英、德、美、瑞典等国相继引进太湖猪(尤其是梅山、嘉兴黑、枫泾等类型)进行系统研究,主要是利用太湖猪的高繁殖力性能改良本国猪种,效果相当明显,一般都能提高胎产仔数 2～4 头,这是西方猪种上百年选育也得不到的成绩(吴常信等,2003;G. Phiffer 等,2002)。法国农业科学院采用梅山猪经过一系列的杂交选育后,正在培育所谓“中欧猪(Sino-European Pig)”(J. Peterson,2002)。英国学者(J. Webb 等)提出的利用太湖猪高繁殖力性能的方式更是独树一帜,其设想为以太湖猪(梅山×枫泾 F_1♀)作为胚胎移植受体利用其高产仔能力,以皮特兰×约克夏的 F_1 母猪作供体利用其高生产性能,“工厂式”批量生产所谓“超级猪”。

二、中国猪遗传资源保护与利用存在的主要问题

多年来经过各级政府、部门和从业者的艰苦努力,中国大多数著名地方猪种得到不同程度的保护和利用,然而由于认识、组织技术措施、财力等诸多因素的影响,中国地方猪种的保护和利用还存在下述亟待解决的问题。

1. 认识程度不同

国家有关部门和业界高级别人士历来重视猪种的保护与利用工作,专门成立国家畜禽遗传资源管理委员会,下达专门项目,安排专项经费,以保证著名地方猪种保护与开发利用工作顺利进行。但各地及业界基层人士对保护与利用重要性的认识差别甚大,很多省份至今尚未成立畜禽遗传资源管理委员会,有的虽成立此机构,但并未开展工作,不少省份既未下达专门项目,也未安排专项经费,致使保护与利用工作难以正常开展。

2. 保护与利用方法不恰当

不少地方猪种只保存了一个小群体,至于有无重要基因丢失,品种的重要遗传特性有无改变都未进行认真研究,因为没有明确的保种目标,基本上仅在保种的群体大小、血缘多少和体形外貌一致性方面做工作,造成形式上原品种基本上保存下来了,但实质上保护得怎样很难说清楚(张沅等,2003)。而地方猪种的开发利用基本上仅局限于简单杂交和新品种(系)培育,开发利用的深度和广度都不够。

3. 投入经费不足

由于地方猪种保护自身难以体现经济效益,经费投入不足直接导致地方猪种质特性研究不深入、保存的群体规模和血缘数量不足。而新品种(系)培育花费更大,经费投入过少即会造成选育基础群偏小、参选血缘数不足、选择强度(selection intensity)不大,选育效果不理想(D. Kunstner,1998;杜立新等,2000)。加之,育成的畜禽新品种(系)不受专利保护,如推广方式不当,育种单位的利益很难得到保障,培育新品种(系)的积极性不高。

三、中国猪遗传资源保护与利用的对策

针对存在的问题,必须采取相应对策措施。

1.成立专门机构,落实专项经费

各省应按照国家相关要求,尽快成立地方畜禽遗传资源管理委员会,专事地方畜禽遗传资源保护和利用的管理工作。上与国家畜禽遗传资源管理委员会对接,接受工作安排,承担专项保护利用任务;从下制定地方猪种保护利用规划,明确保护名录和保护利用目标任务,协调省际间保护利用工作。鉴于上面所述原因,地方猪种保护与利用所需经费应纳入各级公共财政预算,保证每年均有适当经费投入,确保地方猪种保护与利用工作规范而有序地开展。

2.制定专项规划,明确动态保护名录和目标性状

中国地方猪种资源十分丰富,要想全部完全保存下来,既无必要也不可能。而应根据"系统保种"和"目标保种"原理(盛志廉,2002),明确地方猪种应保护哪些特异性状,然后把这些需要保护的特异性状经过系统规划,制定保护名录和目标性状,把应保护的目标性状任务分配给最合适的品种去承担。就具体品种而言,只要保存住分配给它的目标特异性状即可,如荣昌猪的毛色特征、抗逆性和优良肉质。但整个物种是在动态变化的,因此制定的保护名录和目标性状不应该一成不变,也必须应时、应事而调整。

3.明确保种选育目标,确定保种选育方法

目前国际较流行的保种理论系所谓"随机保种法",此法是在品种内进行随机交配,不选择、不近交,采取尽可能全保的方略。其出发点基于人们目前的认知局限,尚不能完全预测哪些基因将来有用,哪些无用。这种方法有一定的可取性,但总的说,这是一种较保守的方法,仅把保种的着眼点局限在品种内。而事实上,大致的保护与利用方向还是可以预测的,为保险起见,可以把预测面主要放在特异性状上,只要是特异的性状就设法保存下来,这样丢失有用遗传特性的概率就可以缩到很小。此法可首先拟定目标特异性状,一个保种群内拟定2~4个即可,同时明确目标性状是保持原有水平或改进,如系改进当明确预期进展,再按"目标保种"原理制订保护与选育改进方案,这样既可增强针对性,保证有用遗传特性不丢失,又不至于耗费太大。应该说,这是目前活体保存最经济适用的方法。

4.发掘新资源,研究新的保存方法

新中国成立后,中国较大规模的畜禽品种(遗传)资源调查开展了2次,有些省份甚至开展了3~4次,每次大规模调查均有新的资源发现。因此,通过畜禽品种(遗传)资源调查,特别注意对未知稀有资源和濒危资源的调查,借以发掘新资源,丰富中国畜禽遗传资源的内涵。

近年来,随着基因组学(genomics)新技术研究的深入,猪的多种类型分子遗传标记(genetic marker)相继被发现,其中微卫星DNA标记已被国际学说界推崇并建议加以广泛应用,FAO亦推荐并认为微卫星是评估家养动物遗传多样性的最理想分子标记。而遗传多样性评估实际上就是对品种间、品种内基因组差异程度的分析与估计。中国猪品种繁多,都想保存必将造成都难保的局面,应该研究应用新技术尤其是基因组学新技术,才能更准确地评估遗传多

样性及品种间遗传距离(genetic distance),科学合理地确定优先保护次序、制定保护方案。此外,还应对猪胚胎(配子)冷冻保存、DNA文库保存、体细胞保存等技术进行深入开发研究,真正达到这些遗传材料能长期保存的目的,以补充完善猪遗传资源的多元保存方法、增大保存的效果、减少活体保存耗资巨大的压力。

5.进行特异性状分子遗传研究,开发猪遗传资源利用的新途径

目前对地方猪种的利用主要是进行杂交和新品种(系)培育,基本上是改进主要生产性能。但中国地方猪种遗传资源丰富,特异性状繁多,应研究开发新的利用途径。当务之急应对特异性状的分子遗传基础进行深入研究,在此基础上建立独特基因群体,如荣昌猪的白色毛色属隐性遗传性状,其全白个体伴随耳聋眼瞎,可建立荣昌猪白色耳聋眼瞎群体,再将荣昌猪的白色、耳聋、眼瞎基因纯合后,运用标记辅助导入(marker-assisted introgression,MAI)和标记辅助选择(marker-assisted selection,MAS)方法,将其导入实验用小型猪种,培育白色耳聋眼瞎实验用小型猪,毋庸讳言这在学术和实际应用上都有很大价值。

学习情境3　配种舍的生产

【知识目标】

　　1.了解发情母猪发情的行为变化；

　　2.掌握母猪的配种方式、方法；

　　3.熟悉配种母猪的饲养管理；

　　4.熟悉公猪的饲养管理。

【能力目标】

　　1.能对母猪是否发情做出正确判断；

　　2.能判断母猪适宜输精时间；

　　3.能科学饲养管理配种母猪；

　　4.能科学饲养管理种公猪。

工作任务 3-1　后备母猪的饲养管理

一、后备猪的选择

　　后备猪的选择一般是从仔猪断奶时就开始第一次选择，先后要经过多次分阶段选择后才能确定。

　　(一)后备猪选择的原则

　　1.种公猪选留

　　(1)体型外貌　种公猪的体型、外貌要求符合本品种的特征，体质结实，肌肉发达，结构匀称，四肢健壮，生殖器官发育正常，乳头7对以上(图3-1-1)。

　　(2)繁殖性能　要求性欲良好，配种能力强，精液检查品质优良。

　　(3)生长肥育性状　要求增重快，饲料利用率高，背膘薄，瘦肉率高。

　　2.种母猪选留

　　(1)体型外貌　体型外貌要求符合本品种的特征，体质结实，结构匀称，四肢健壮，生殖器官发育正常，乳头7对以上，排列整齐，无瞎乳头和副乳头(图3-1-2)。

　　(2)繁殖性能　要求发情明显，易受孕，产仔数多，泌乳力强，断奶窝重大。

　　(3)生长肥育性状　要求增重快，饲料利用率高，背膘薄，瘦肉率高。

　　(二)后备猪选择的时期

　　1.断奶阶段选择

　　在自繁自养猪场，断奶阶段是第一次挑选(初选)的最佳时期。挑选的标准为：仔猪必须来

图 3-1-1　公猪体型

图 3-1-2　母猪体型

自母猪产仔数较高的窝中,凡符合本品种的外形外貌要求,生长发育好,体重较大,皮毛光亮,背部宽长,四肢结实有力,乳头数在 7 对以上(瘦肉型猪种 6 对以上),同窝仔猪都没有明显遗传缺陷的可以作为后备种猪进行留种。不符合要求的进行育肥。

从大窝中选留后备猪,主要是根据母亲的产仔数,断奶时应尽量多留。一般来说,初选数量为最终预定留种数量母猪 5～10 倍以上,公猪为 10～20 倍以上,以便后面能有较高的选留机会,使选择强度加大,有利于取得较理想的选择进展。

2. 保育结束阶段选择

保育猪要经过断奶、饲养环境改变、换料等环节的考验,保育结束时一般仔猪达 70 日龄。断奶初选的仔猪经过保育阶段后,有的适应力不强,生长发育受阻,有的遗传缺陷逐步表现。因此,在保育结束后立即进行第二次选择,选择时应将体格健壮、体重较大、没有瞎乳头、公猪睾丸发育良好的留作种猪。其他不符合要求的予以淘汰。

3. 测定结束阶段选择

种猪的生产性能测定一般在 5～6 月龄结束。这时个体的重要生产性状(除繁殖性能外)都已表现出来。因此,这一阶段是选种的关键时期,应作为主选阶段。应该做到:

(1)凡体质衰弱、肢蹄存在明显疾患、有内翻乳头、体型有严重损征、外阴部特别小、上翘、同窝出现遗传缺陷者,睾丸大小不同,不整齐对称,摸起来坚硬、隐睾、单睾、有疝气和包皮积尿而膨大的可先行淘汰。要对公母猪的乳头缺陷和肢蹄结实度进行普查。

(2)其余个体均应按照生长速度和活体背膘厚等生产性状构成的综合育种值指数进行选留或淘汰。必须严格按综合育种值指数的高低进行个体选择,该阶段的选留数量可比最终留种数量多 15%～20%。

4. 种猪配种和繁殖阶段选择

这时后备种猪已经过了 3 次选择,对其祖先、生长发育和外形等方面已有了较全面的评定。所以,该时期的主要依据是个体本身的繁殖性能。对下列情况的种猪可考虑淘汰:

(1)至 7 月龄后毫无发情征兆者。

(2)在一个发情期内连续配种 3 次未受胎者。公猪性欲低、精液品质差,所配母猪产仔均较少者淘汰。

小型养猪场(户)经常从外场购买后备种猪,在选购后备种猪时应保证健康状况良好,以免将新的疾病带入。如选购可配种利用的后备公猪,要求至少应在配种前 60 d 购入,这样才有足够的时间进行隔离观察,并使公猪适应新的环境,如果发现问题,有足够时间补救。

二、后备种猪的饲养

(一)后备母猪的饲养

后备母猪的培养直接关系到初配年龄、使用年限及终身生产成绩。

1.后备母猪的初配标准

(1)发情2次或2次以上。

(2)初配体重达到130 kg以上。

(3)初配年龄最好在8月龄以上。发情已达2次,说明已经性成熟,生殖器官的发育已能满足怀孕产仔的需要,体重达130 kg也符合成年体重40%~50%的身体要求。

(4)初配时背膘厚(最后一肋骨处)18~20 mm。

(5)若采用人工授精,必须使用小号输精管及润滑剂,连续输配2~3次,间隔时间8~10 h,每次输入精液量为80 mL,精子数不少于30亿个。

2.饲养要点

(1)后备母猪体重在50~90 kg阶段,自由采食,每头每天至少饲喂2.5 kg,日喂3次,保证充足清洁的饮水。

(2)90 kg至配种前10~14 d,适当控制喂料量,日喂2次。实行控制饲养,既可控制体重的高速增长,防止偏肥,又保证各器官特别是生殖器官的充分发育。后期限制饲养的较好办法是增喂优质的青粗饲料。

(3)配种前14 d开始进行催情饲养,提高饲养水平,实行短期优饲,增加母猪排卵数,从而增加第一胎产仔数,具体做法:后备母猪首次发情(不配)后至下一次或第三次发情配种前10~14 d,提高饲养水平,每天给每头猪提供3.5~4 kg饲料,实行湿拌料饲喂。

(4)合理配制饲粮。按后备母猪不同的生长发育阶段合理地配制饲粮。应注意饲粮中能量浓度和蛋白质水平,特别是矿物质元素、维生素的补充。否则容易导致后备猪的过瘦、过肥,使骨骼发育不充分。

(二)后备公猪的饲养

1.后备公猪饲养要求

(1)2月龄小公猪留作后备公猪后,应按相应的饲养标准配制营养全面的饲粮,保证后备公猪正常的生长发育,特别是骨骼、肌肉的充分发育。当体重达80~100 kg以后,应进行限制饲养,控制脂肪的沉积,防止公猪过肥。

(2)应控制饲粮体积,以防止形成垂腹而影响公猪的配种能力。

(3)初配标准。后备公猪适宜的初配年龄和体重因品种和饲养管理条件不同而异。一般说来,早熟的地方品种生后6~8月龄、体重70~80 kg即可配种;晚熟的培育品种应在10~12月龄、体重130~150 kg开始配种利用为好。

2.饲养要点

(1)后备公猪体重在50~100 kg阶段,自由采食,每头每天至少饲喂2.5~3.0 kg,日喂3次。

(2)100~140 kg阶段,适当控制喂料量,日喂2次。在控制体重的增长、防止偏肥的前提条件下,保证公猪各器官特别是生殖器官、后肢的充分发育。

（3）在进入配种前 60 d 开始进行加强饲养,提高饲养水平,实行湿拌料饲喂。

（4）合理配制饲粮。按后备公猪不同的生长发育阶段合理地配制饲粮。应注意饲粮中能量浓度和蛋白质水平,特别是矿物质元素、维生素的补充。否则容易导致后备猪的过瘦、过肥,使骨骼发育不充分。

三、后备种猪的管理

（一）合理分群

后备母猪一般为群养,每栏 4～6 头,饲养密度适当。目前生产实际上的小群饲养有两种方式,一是小群合槽饲喂,这种方法的优点是操作方便,缺点是易造成强压弱食,特别是后期限饲阶段。二是单槽饲喂,小群趴卧或运动,这种方法的优点是采食均匀,生长发育整齐,但需一定的设备。而公猪一般单栏进行饲养,如需合群饲养,则必须从小开始,越早越好。

（二）适当运动

为强健体质,促使猪体发育匀称,特别是增强四肢的灵活性和坚实性,每天应安排后备猪进行运动。运动可在运动场内自由运动,也可结合放牧进行运动。

（三）加强调教

为繁殖母猪饲养管理上的方便,后备猪培育时就应进行调教。一要严禁粗暴对待猪只,应建立人与猪的和谐关系,从而有利于以后的配种、接产、产后护理等管理工作。二要训练猪只养成良好的生活规律,如定时饲喂、定点排泄等。

后备公猪达到配种年龄和体重后应开始进行配种调教或采精训练。小公猪的初配年龄随品种、气候和饲养管理等条件的不同而不同。一般来说,中国猪种性成熟普遍比外来品种早,如内江猪 63 日龄就能产生精子,体重 20 kg 左右就能配种,但此时并不是就可以配种利用,因为配种过早,会影响幼年猪本身的生长发育,缩短利用年限,受胎率低,初产母猪受胎不能增进生长,而公猪过早利用则会抑制生长。相反如果利用过晚,经济上也不合算,造成饲料、人工的浪费。在生产上确定什么时间开始配种最好时,应以品种、年龄、体重三个方面综合考虑而定。一般来说:地方猪种应在 6～8 月龄,而且体重达到 60～70 kg 时开始配种比较适宜。大、中型品种则应在 8～10 月龄,体重达 110 kg 以上,占成年体重的50%～60% 开始配种较为适宜。

在配种前,公猪应该进行调教,调教宜在早晚凉爽时间、空腹进行。调教时,应尽量使用体重大小相近、发情明显的母猪,让后备公猪进行爬跨,公猪爬上母猪、伸出阴茎后应将公猪赶下来,防止公猪交配。也可以让后备公猪在一旁观察成年公猪的配种,待配种完成后把成年公猪赶走,再把后备公猪赶入爬跨母猪。在进行人工授精的猪场,在公猪学会爬跨母猪后,可安排公猪爬跨假畜台(图 3-1-3)。

整个调教训练过程应有耐心,严禁粗暴对待后备公猪。新购入的后备公猪应在购入半个月以后再进行调教,以便适应新的环境。

训练公猪人工采精的技术要点包括:

1.调教时间确定

进行人工采精调教的主要是良种公猪,在生产上推广的良种猪有杜洛克、夏普汉、大约克和长白猪、皮兰特等瘦肉型猪。由于品种的原因,这些良种猪一般均要比本地种猪性成熟要晚些。这些瘦肉型猪多在体重 140 kg 左右,7～8 月龄后才开始性成熟。此时对种公猪进行人工采精调教训练比较适宜。

2.制作假台猪

假台猪的大小应根据种公猪体躯的大小而定,一般采用杂木制作,要求木质坚实,不易腐烂,一般长 120 cm,宽 30 cm,高 50 cm 即可。做成条凳或木架,可用破棉絮、麻袋片等物堆放在木板上,然后用麻袋片(或塑料编织袋)包好,反扣在木板的背面上,用压条钉紧即成为假猪背即可。也可购买现成商品化的假母台,根据公猪大小调节假母台高低,进行调教前在假母台上铺上麻袋(图 3-1-4)。

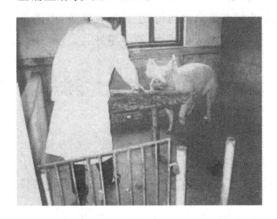

图 3-1-3　后备公猪的调教

图 3-1-4　公猪爬假畜台

3.调教操作要点

种猪的人工采精要在种猪圈附近有一个固定的采精室或棚,场地要清洁、卫生、硬实。调教时间在种猪吃完料后 30 min 后进行,由专人进行调教。调教时先将种公猪放出栏圈,赶进采精棚(室),然后用温肥皂水将种公猪包皮处洗净,擦干,种猪站在采精架跟前。采精员在种公猪的左侧,先用右手掌按压阴茎部数分钟,等感到阴茎在阴鞘内来回抽动时,用手隔着皮肤握着阴茎来回滑动数下,公猪的阴茎即可伸出包皮外。这时应握住龟头,让手掌沾上阴茎分泌物。公猪爬上假台猪后,要继续按摩阴茎处刺激阴茎勃起,看准射精时机用拳握法进行采精。在第一次采得精液后,连续调教 2～3 次,以后可隔 1 d 采 1 次,一连 8～10 d 即可建立条件反射,后备公猪每周进行 1 次采精,成年公猪每周进行 2～3 次采精。

常用的调教的方法有以下几种:

(1)观摩法　将小公猪赶至待采精地点,让其旁观成年公猪的交配行为或采精过程,激发小公猪的性冲动。经观察几次大公猪和母猪交配后,再让其试爬假台猪,进行精液试采,如此几次,就会形成条件反射。

(2)发情母猪引诱法　选择发情旺盛、发情明显的经产母猪,让后备公猪爬跨,以激发其性欲,产生性冲动。

(3)外激素或类外激素引诱法　用发情母猪的尿液,大公猪的精液,包皮冲洗液等,喷涂在假母台猪背部和后躯,引诱小公猪爬跨。

（四）定期称重

定期称重个体既可作为后备猪选择的依据，又可根据体重适时调整饲粮营养水平和饲喂量，从而达到控制后备猪生长发育的目的。

（五）后备猪的免疫接种

按猪日龄分批次做好免疫工作。在配种前 2～2 个月应接种 2 次伪狂犬、乙脑、细小病毒、猪瘟等，2 次间隔约 20 d（图 3-1-5）。此外，还要根据猪场的具体情况，加强接种猪繁殖与呼吸综合征、链球菌、支原体、传染性胸膜肺炎等疫苗，净化猪体内细菌性病原。应用广谱、高效、安全的预防性抗生素，在配种前 2 个月用药，每个月连续 1 周用药，直至配种；驱除体内外寄生虫。引进的后备猪应在第 2 周开始驱虫，配种前 1 个月再驱虫 1 次。所选的添加药物应为广谱驱虫药，如在用药期间要同时用 1%～3% 敌百虫水溶液对圈舍喷洒，能使驱虫效果更好。

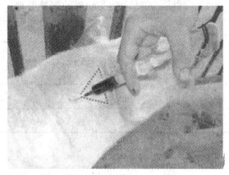

图 3-1-5　疫苗注射位置

【实训操作】

后备种猪的饲养管理

一、实训目的

1. 了解后备种猪饲养管理要点；

2. 掌握后备种猪的选择方法；

3. 掌握后备种猪初配时间的确定；

4. 掌握后备种猪的调教。

二、实训材料与工具

后备种猪，录像资料等。

三、实训步骤

1. 学生以 2～4 人一组，反复观看后备种猪饲养管理录像带或在猪场参观后备种猪的饲养管理；

2. 针对后备母猪选择要点，分群逐个观察，有针对性地进行对后备种猪的外形外貌、外生殖器的观察；

3. 学生以组为单位，对猪场的后备种猪各部位进行评分，并依据评分结果，提出选留意见；

4. 对后备种猪进行调教。

四、实训作业

正确理解后备种猪的选择和调教，根据实训过程完成实训报告。

五、技能考核

后备种猪的饲养管理

序号	考核项目	考核内容	考核标准	评分
1	后备种猪的选择和调教	后备种猪外貌特点	能正确掌握对后备种猪的外貌要求	15
2		后备种猪的选择与调教	能正确选择和调教后备种猪	15
3		后备种猪的饲养管理	能正确掌握后备种猪饲养管理技术	20
4	综合考核	后备种猪选择与调教	能准确回答老师提出的问题	20
5		后备种猪饲养管理	能准确理解后备种猪饲养管理要点并对生产实际提出改进意见	20
6		实训报告	能将整个实训过程完整、准确地表达	10
合计				100

工作任务 3-2　发情母猪的鉴别

母猪达到性成熟后就会开始发情,从上次发情到下次发情开始的间隔时间称为发情周期。猪的发情周期一般为 18～23 d,平均 21 d,每次发情的持续时间为 3～5 d,一般青年(后备)母猪比成年(经产)母猪持续时间长。

一、母猪发情症状

发情初期,母猪外阴部开始红肿,阴门内黏膜呈淡红色,精神不安,不时走动鸣叫,追随爬跨其他猪,个别母猪或地方品种甚至出现跳栏现象,地方品种母猪食欲开始减退,并逐渐消失,外来品种食欲不变或稍微减少,此时母猪拒绝与公猪交配;发情中期,外阴部肿胀呈核桃形,阴门内黏膜潮红,继续走动不安,但有时发呆,两耳竖立颤动,用手按压背部,母猪站立不动,出现"静立反射",愿意接受公猪爬跨和交配;发情后期,拒绝与公猪交配,外阴部红肿逐渐消失并开始收缩,阴户黏膜呈淡紫色。

个别母猪发情时仅有阴门红肿而无其他异常表现,外来种猪及杂种母猪发情不如本地母猪明显,成年母猪发情不如青年母猪明显,这些在生产上应特别注意。

二、发情母猪的鉴别

发情母猪的鉴别是母猪生产中一项十分重要的技术环节。通过发情鉴定,可以判断母猪所处的发情阶段,预测排卵时间,准确确定配种适期,以便及时进行配种或人工授精,从而达到提高受胎率、产仔数的目的,还可以发现母猪发情是否正常,以便发现问题,及时解决。常用的鉴别方法有:

(一)行为观察法

行为观察法主要观察猪的外部表现和精神状态,从而判断其是否发情或发情程度。

1.发情前期

阴户逐步变红肿胀,阴道流出水样黏液、母猪不安、减食、东张西望、爬跨同栏的其他猪只、手压背部无静立反应、喜欢接近公猪但不接受配种(图 3-2-1)。

2.发情期

母猪阴户肿胀皱缩,黏液变浓呈淡白色;母猪有瞪眼、翘尾、竖耳、排尿、背部僵硬、发呆等外部表现;接受公猪爬跨、手压背部和骑背静立不动,此时母猪卵泡发育成熟并排卵,是配种的适宜时期(图 3-2-2)。

3.发情后期

母猪阴户的肿胀逐渐消失,性欲减退,拒绝与公猪交配。

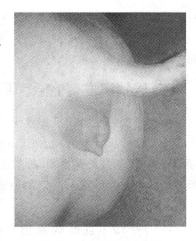

图 3-2-1　母猪发情前期

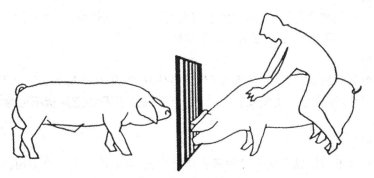

图 3-2-2　母猪发情期的压背反应

（二）阴部观察法

母猪在发情期外阴部呈现规律性的变化。发情前期阴门潮红肿胀,后备母猪肿胀程度明显,经产母猪肿胀程度不明显。阴道逐渐流出稀薄、白色的黏液,经产母猪明显。阴道黏膜颜色由浅红变深红;发情期外阴部特征为母猪阴部肿胀,阴道黏膜颜色由深红变浅红,分泌物也变浓厚,黏度增加;发情后期,发情母猪的阴部逐渐恢复正常。

（三）试情法

每日上、下午分别做两次试情检查。限位栏饲养空怀母猪检查时将试情公猪赶至待配

图 3-2-3　公猪查情

母猪舍,让其与母猪头对头接触(图 3-2-3);在小群饲养模式下,将公猪赶入母猪栏。通过公猪的嗅闻、母猪的表现判断母猪是否发情。一般在安静的环境下,当公猪对某头母猪发出求偶声音、并爬跨母猪,母猪不动,或有公猪在旁时工作人员按压母猪背部(或骑背),母猪有静立反应时,说明母猪已经发情,并能配种。此时查情人员应迅速对发情母猪做好记录,记录其栏号、耳号,并统计所有发情母猪数,通知采精人员,开始采精,以便适

时进行配种。

试情公猪一般选用善于交谈、唾液分泌旺盛、行动缓慢的老公猪或当天不安排配种、采精的公猪。

三、母猪不发情的原因和解决方法

母猪年提供断奶仔猪头数或母猪年出栏育肥猪头数,是衡量一个猪场经营效益好坏的重要指标。母猪正常发情和适时配种是养好母猪成败的关键所在,但实际生产上,经常出现后备母猪到了6～8月龄甚至10月龄还不发情或母猪断奶10多天仍不发情的现象,这严重影响猪场的经济效益。母猪不发情的原因很多,生产实际中要分析其产生的原因并采取针对性的措施。

(一)母猪不发情的原因

1. 先天性因素

主要是生理缺陷和遗传缺陷,如生殖器官发育不健全、两性猪、激素的异常分泌等。另外,季节性的繁殖劣性基因的存在也可能造成季节性的母猪不发情。

2. 传染性疾病

猪的附红细胞体病、猪繁殖与呼吸综合征、猪伪狂犬、猪布氏杆菌、乙脑、细小、衣原体、猪瘟等一些疾病,都可导致猪的生殖发育不良,以至造成猪不发情或发情不明显,从而造成繁殖障碍。

3. 饲养管理不良

由于饲养管理不当造成母猪不发情所占比例很大,主要有以下几个方面的原因:

(1)营养方面。由于饲粮营养水平过低或饲喂量过低,造成母猪过于瘦弱从而引起母猪不发情;饲喂单一品种的饲料,造成母猪营养不良,导致不发情;后备母猪饲料中维生素和微量元素不足或饲料中含有霉菌毒素等,都可以造成母猪不发情。饲粮营养水平过高或饲喂量过多、没有严格执行限制饲喂,使母猪养得过肥,卵巢内脂肪浸润,卵泡上皮脂肪细胞变性,造成卵泡萎缩或卵巢囊肿,也可导致母猪不发情(图3-2-4、图3-2-5)。

(2)母猪断奶过晚,母猪体重哺乳损失过大,断奶后母猪极度消瘦,导致身体状况差,造成断奶后发情推迟或不发情。

(3)外来品种后备母猪配种过早,体重未达到120 kg以上就开始配种,由于其自身身体尚未发育到一定程度,过早配种,母猪虽然能正常产仔、哺乳,但断奶后往往不容易发情。

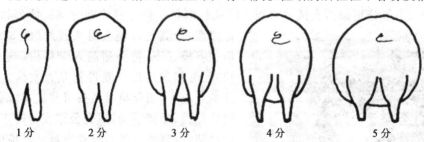

| 1分 | 2分 | 3分 | 4分 | 5分 |

图3-2-4 母猪评分标准

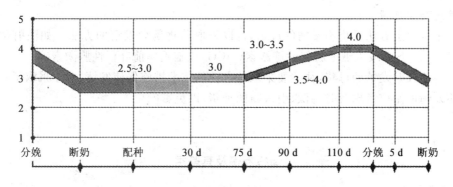

图 3-2-5　母猪各阶段理想膘情评分

4.母猪的产科病

如母猪患有子宫内膜炎、阴道炎也会造成不发情(图 3-2-6)。

(二)防治措施

在实际生产中,应检查出母猪不发情的原因,根据不同的原因采取不同的解决方法和措施。

1.先天性因素的防治

对于先天性的原因造成不发情的后备母猪,应尽快淘汰更新。

2.疾病因素的防治

如果是由于疾病造成的,应根据其发病的原因和程度采取不同的解决方法,严重的不能恢复正常发情,早一点淘汰。一般的疾病可做好疾病的治疗和防疫,使母猪恢复健康。

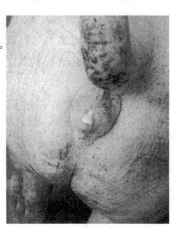

图 3-2-6　母猪子宫炎症

3.饲养管理因素的防治

由于饲养管理造成的,应改善饲养管理水平,具体做到以下几个方面:

(1)饲喂配合饲料,使母猪保持中等膘情。外来品种后备母猪在 80～90 kg 体重前时按肥猪饲养模式进行饲养,在 80～90 kg 体重时应对后备母猪进行一次全面的选择,合格的进入后备母猪舍,不合格的予以淘汰。对于进入后备母猪舍的后备母猪,必须采用后备母猪料,采取适当限制饲养的模式,控制其体重增长速度,以使其繁殖器官充分发育,在配种前 2 周进行催情补料。

(2)后备母猪达到 6～7 月龄时,每月将公猪定时赶到母猪栏进行刺激,这样做对后备母猪发情有益,但应控制每次时间不能超过 15～20 min。

(3)对于过分消瘦的母猪要增加每日的饲喂量,并增加青饲料的喂量,促使母猪迅速复膘,有利于母猪发情。但对于过肥的母猪一定要限制饲养,使母猪有一个合理的膘情是促使母猪正常发情的基础。

(4)改善母猪的饲养环境。猪舍建筑要合理,通风好,合理的光照,适宜的温度和良好的卫生环境是基础。对持久不发情的母猪定期赶到不同的猪栏里,不断更新的环境可促使发情,或放入运动场增加运动,有条件时可将不发情母猪装车,在场区内来回行驶。

(5)母猪产后加强产科疾病的治疗,让母猪尽快恢复健康。

4.使用药物催情

对于采取以上方法后仍不发情的母猪,可以采取药物诱导发情的方法。如注射孕马血清促性腺激素(PMSG)或人绒毛膜促性腺激素(HCG)或脑垂体前叶促性腺激素等。

对于不能及时发情的母猪,往往要采取综合性的技术措施促使发情,对于采取了一系列的措施仍不发情的则应考虑及时淘汰、引入新的种猪,以免影响生产。

【实训操作】

母猪发情及其鉴定

一、实训目的

1.了解母猪发情特点;

2.掌握母猪发情鉴定的方法。

二、实训材料与工具

空怀母猪群,试情公猪等。

三、实训步骤

1.学生在相关人员带领下经严格消毒进入猪舍,在空怀舍或者后备猪舍内分群逐个观察母猪;

2.根据生产记录信息,有针对性地进行对被检猪只的行为、外阴部观察,压背静立反应情况;

3.利用试情公猪试情,综合鉴定出发情母猪;

4.对断奶时间超过 10 d 以上、后备母猪超过 10 月龄以上的母猪仍不发情者进行分析,找出不发情的原因,提出解决措施;

5.记录发情母猪耳号,为配种提供依据。

四、实训作业

找出猪群中发情猪只个体,并说明选择其理由,根据实训内容,完成实训报告。

五、技能考核

发情母猪鉴别

序号	考核项目	考核内容	考核标准	评分
1	发情母猪的鉴别	母猪发情症状	能正确区别母猪的发情症状	15
2		发情母猪的鉴别	能正确地鉴别发情母猪	15
3		母猪不发情的处理	能正确分析原因并采取相应措施	20
4	综合考核	发情鉴别要点	能准确回答老师提出的问题	20
5		不发情母猪的处理	能准确分析母猪不发情的原因并提出合理化整改建议	20
6		实训报告	能将整个实训过程完整、准确地表达	10
合计				100

工作任务 3-3　母猪的配种方式、方法

配种是提高母猪繁殖力的主要环节,适宜的配种方式、方法是增加窝产仔数,提高仔猪健壮性,降低生产成本的关键。

一、配种方式

根据母猪在一个发情期内的配种次数,可分为单次配种、重复配种、双重配种和多次配种。

1. 单次配种

在母猪一个发情期内,只用一头公猪交配 1 次,即为单次配种。此方式要求配种人员具有丰富的配种经验。如果能很好地掌握母猪发情规律,抓住适宜的配种时间,可以获得较高的配种受胎率。但如无丰富配种经验,母猪的受胎率和产仔数将受到严重的影响。单次配种的优点是母猪在发情期只使用 1 次公猪,可减轻公猪负担,提高优良公猪的利用率。单次配种的最大缺点是,适宜的配种时间如掌握不好,将影响母猪受胎率和产仔数,故在生产实践中往往与其他方式结合使用。

2. 重复配种

在母猪一个发情期内,只用一头公猪先后配种 2 次,第一次配种后间隔 8~12 h,再用同一头公猪进行第二次配种,这种方式称重复配种。重复配种比单次配种的受胎率与产仔数都高,这是因为在母猪整个排卵期内,输卵管内经常保持有活力的精子,使卵巢先后排出的卵子都能得到受精的机会。在养猪生产中,大多数种猪场对经产母猪都采用这种方式。

3. 双重配种

在母猪的一个发情周期内,用 2 头血缘关系较远的同品种公猪,或用 2 头不同品种的公猪和同一头母猪交配,配种采取本交或人工授精。一般在第一次配完后,间隔 10~15 min 或 8~12 h,再用第二头公猪与其交配。双重配种的好处,首先,由于用 2 头公猪与同一头母猪在短时间里交配 2 次,能够更好地引起母猪的性兴奋,促使卵子加速成熟,缩短排卵时间,增加排卵数。故双重配种能使母猪多产仔,而且仔猪整齐度好。其次,由于 2 头公猪的精液都进入母猪的子宫,卵子可选择活力强的精子受精,从而提高仔猪生活力。缺点是公猪的利用率低。在种猪场和准备留纯种后代的母猪,不能采用双重配种,以免造成血统混乱,影响选种选配。

4. 多次配种

在母猪的一个发情期内,用同一头公猪(或不同公猪)交配 3 次或 3 次以上,称为多次配种。在生产中,3 次配种适合于初产母猪或某些刚引入的国外猪品种。超过 3 次以上配种并不能提高产仔数。其主要原因是:配种次数过多,造成公、母猪过于劳累,从而降低性欲与精液品质。试验证明:在母猪的一个发情期内配种 1~3 次,产仔数随配种次数的增加而增加;交配 4 次以后产仔数就明显下降,交配 5 次以上产仔数急剧下降。因此,在母猪同一发情期内,以配 2~3 次最合适。

二、配种方法

配种方法分为本交和人工授精两种方法。

（一）本交

交配场所应选择在离公路较远、安静而平坦的地方，并在公、母猪饲喂前、后 2 h 进行交配。配种时应先把发情适期的母猪赶入交配场所，先用毛巾蘸 0.1% 的高锰酸钾溶液洗净母猪阴户、肛门和臀部，然后用清水再洗一次，洗完将阴户抹干，再把所用公猪赶来。当公猪跨上母猪背部后，同样先用蘸有 0.1% 高锰酸钾溶液的毛巾洗净公猪的包皮周围及阴茎，再用清水清洗干净，这样可减少或防止阴道、子宫感染疾病的发生率。然后把母猪尾巴拉向一侧，使阴茎顺利地插入阴道（图 3-3-1）。必要时可用手握住公猪包皮引导阴茎插入母猪阴道。当公猪射精完毕离开母猪后，要用手轻拍或按压母猪腰部，不让母猪弓腰，以免精液倒流出阴道，更要防止母猪卧下。然后把母猪赶回原圈休息。公猪配完种后，要让其休息一会儿，再赶回原圈。配种后要及时做好记录，以便 21 d 左右观察是否又发情，并作为配准后进行正确饲养管理的依据。

图 3-3-1　母猪本交

（二）人工授精

猪的人工授精，是用人工方法把公猪的精液采出来，经过稀释处理，再输入发情母猪阴道和子宫内，使母猪受胎（图 3-3-2）。这是繁殖上一项行之有效的技术措施，其好处是大大提高良种公猪的利用率，加速猪种改良；可以少养公猪，节省养公猪的费用，降低生产成本；解决公、母猪体格大小悬殊、配种困难的矛盾；可以远距离给母猪输精，减少母猪的体力消耗；防治公、母猪疫病的相互传播。

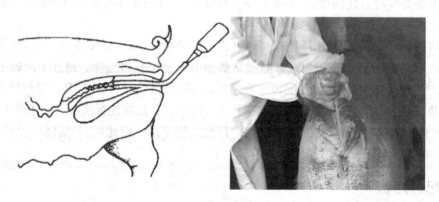

图 3-3-2　人工授精示意图

人工授精过程主要包括采精、精液品质和精子数量的检查、稀释、保存、运输和输精六个方面。在实际生产中,应注意以下事宜:

(1)合理选择一次性输精管。常见的一次性输精管包括螺旋头型和海绵头型,长度 50～51 cm。螺旋头一般用无副作用的橡胶制成,适合于初产母猪的输精;海绵头一般用质地柔软的海绵制成,通过特制胶与输精管粘在一起,适合于经产母猪的输精。一次性的输精管使用方便,不用清洗,但成本较高。

(2)仿生输精器的使用。一般为一种特制的胶管,因其成本较低重复使用而较受欢迎,但因头部无膨大部或螺旋部分,输精时易倒流,并且每次使用前、后均应清洗、消毒。

(三)输精方法

输精时,先将输精管海绵头用精液或人工授精用润滑胶润滑,用手将母猪阴唇分开,将输精管沿着稍斜上方的角度慢慢插入阴道内,在输精管进入 10～15 cm 之后,转成水平插入。当插入 25～30 cm 到达子宫颈时,会感到有点阻力,此时输精管顶已到了子宫颈口,用手再将输精管左右旋转,稍一用力,顶部则进入子宫颈第 2～3 皱褶处,回拉时则会感到有一定的阻力,即输精管被锁住。从精液贮存箱中取出输精瓶,确认公猪品种、耳号。缓慢摇匀精液,用剪刀剪去封头,接到输精管上开始输精。抬高输精瓶,使输精管外端稍高于母猪外阴部,同时按压母猪背部,刺激母猪使其子宫收缩产生负压,将精液自然吸收。绝不能用力挤压输精瓶,将精液快速挤入母猪生殖道内,否则精液易出现倒流。若出现精液倒流时,可停止片刻再输。

(四)注意事项

1.输精时间

正常的输精时间就和自然交配一样,一般为 10 min 左右。时间太短,不利于精液的吸收,容易出现精液倒流。大量精液倒流,不能确保进入子宫内的精液总量,受胎率下降,如果出现此情况,可让母猪休息 2 h 后再重新输精。

2.在输精后不要用力拍打母猪臀部以减少精液倒流

在输精前后任何应激因素都会对受精产生不利影响。输精后拍打母猪臀部会使母猪臀部肌肉收缩,而暂时避免精液倒流,但受到惊吓后体内会释放肾上腺素,对抗催产素等生殖激素的作用,将会减弱子宫收缩波,而影响到精液向子宫深部运行,对卵子受精会有不利影响。

3.重视初次输精,避免输精次数过多

生产中多见重复输精。如果能准确地把握输精时间,母猪只需要一次输精也能保证良好的受胎率和窝产仔数。第一次输精对受胎至关重要,因此应根据经验和母猪发情的各种信息,把握正确的输精时间,避免错过最佳的输精时间。第二次输精是增加受胎保险系数的一种方法,初配母猪间隔时间为 12 h,经产母猪间隔时间为 12～18 h。

4.输精结束后,应在 10 min 内避免母猪卧下

因躺下会使母猪腹压增大,易造成精液倒流,如果母猪要卧下,应轻轻驱赶,但不可粗暴对待造成应激;同时最好避免母猪饮过冷的水,否则可能会刺激胃肠和子宫收缩而造成精液倒流。

三、提高母猪受胎率的措施

1.掌握好配种时机

母猪适时配种是提高母猪受胎率的关键所在。母猪的发情一般持续 3～5 d,但排卵往往

在发情的后期,在实际生产中,母猪发情后2~3 d配种较好。由于母猪年龄对母猪发情和排卵时间影响较大,一般青年母猪发情后排卵往往较晚,而老龄母猪发情后排卵快,因此老母猪配种应比小母猪提前,俗话说"老配早,少配晚,不老不少配中间"就是这个原因。生产实践中可以采用手压法来确定配种时机,即:用双手手掌稍稍用力按压发情母猪的腰部,如母猪呆立不动,四肢用力支撑,即为最佳的交配时机(图 3-3-3、图 3-3-4)。

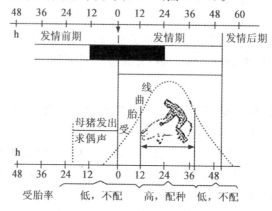

图 3-3-3　配种时间的确定

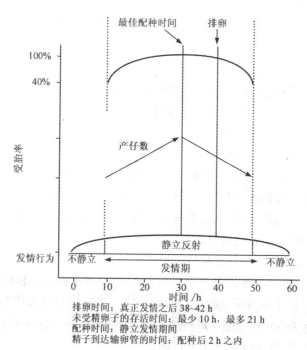

排卵时间:真正发情之后38~42 h
未受精卵子的存活时间:最少10 h,最多21 h
配种时间:静立发情期间
精子到达输卵管的时间:配种后2 h之内

图 3-3-4　配种时间的把握

2.采取适宜的配种方式

在实际生产上一定要根据猪场的实际情况,有针对性地选择适宜的配种方式。由于母猪在发情期内是连续排卵,复配能提高卵子受精的机会,提高产仔数。目前生产上,不论是本交还是人工授精,使用最多的配种方式是重复配种。

3.加强配种母猪的饲养管理

母猪配种后,呈浮游状态的受精卵在子宫内,逐渐形成胎盘并均匀吸附在两个子宫角内,吸附所需的时间 20～30 d,平均 22 d,这一时期通常称为"胚胎附植期"或"着床"。在形成胎盘前,由于胚胎没有保护物呈浮游状态,对来自外界不良条件的刺激很敏感,容易造成胚胎死亡,极易造成母猪配种后仍然出现空怀现象。因此,在这一时期需要对母猪进行耐心细致的饲养管理工作,在母猪配种期间,应喂给能量、蛋白质、氨基酸、矿物质和维生素等平衡的优质饲粮,以促进排卵。从临配种前 21 d 起为体况较差的母猪加料,增加这类猪的内分泌活动及生殖系统的机能,从而增加排卵数和产仔数。在母猪生长后期,要避免母猪过肥现象发生,过肥易造成产仔数少、难产等。在实际生产上,这一阶段采取限制饲养能提高母猪的产仔数。

【实训操作】

母猪的配种

一、实训目的

1.熟练掌握猪的配种方式;

2.掌握不同种猪的配种方法;

3.掌握提高配种受胎率的技术措施。

二、实训材料与工具

养猪场、空怀母猪。

三、实训步骤

1.在指导老师带领下,参观校内、外实训基地,了解不同猪场的配种方式和方法;

2.和实训基地技术人员进行交流,总结不同配种方式和方法的优缺点;

3.在指导老师带领下,对不同母猪确定采取的配种方法;

4.对母猪进行配种。

四、实训作业

根据参观过程,指出某猪场配种过程中存在的问题,并提出改进意见,完成实训报告。

五、技能考核

母猪的配种

序号	考核项目	考核内容	考核标准	评分
1	母猪的配种方式、方法	母猪的配种方式	能根据猪场性质、母猪情况选择适当的配种方式	15
2		母猪的配种方法	能正确选择配种方法	15
3		输精技术	能正确分析精液质量并进行人工授精	20
4	综合考核	母猪配种方式、方法的确定	能准确回答老师提出的问题	20
5		提高母猪产仔数	能准确分析提高母猪产仔数的技术措施并提出合理化整改建议	20
6		实训报告	能将整个实训过程完整、准确地表达	10
合计				100

工作任务 3-4　空怀母猪的饲养管理

配种期母猪管理的好坏，直接影响它的发情、排卵、受精和产仔，甚至影响母猪后续繁殖力和使用年限。做好配种期母猪的饲养管理，提高母猪的受胎率和产仔数，必须做到适时的配种，掌握母猪的发情、排卵规律，并严格落实保胎措施。

配种前要适当调整母猪的膘情，所谓"空怀母猪七八成膘，容易怀胎产仔高"。后备母猪配种前 10 d 左右和经产母猪从仔猪断奶到发情配种期间称为配种准备期，习惯上又称为母猪的空怀期。正常情况下，仔猪断奶 7～10 d 后母猪即可发情配种。但有时一些母猪发情时间延长，或者不能正常发情配种。造成母猪不正常发情的原因很多，在生产实际上经常遇到的有：有些母猪在哺乳期消耗大量的贮备物质用于哺乳，致使体况明显下降，瘦弱不堪，严重影响了母猪的繁殖机能，不能正常发情排卵；有些母猪哺乳期采食大量精饲料，泌乳消耗也少，导致母猪变得肥胖，使繁殖机能失常而不能及时发情配种；另外，母猪患病等原因也会造成母猪发情不正常。

在正常的饲养管理条件下的哺乳母猪，仔猪断奶时母猪应有七八成的膘情，母猪断奶后 5～7 d 就能再发情配种，开始下一个繁殖周期。因此，对空怀母猪配种前的进行短期优饲，有促进发情排卵和容易受胎的良好作用。

仔猪断奶前几天母猪还能分泌相当多的乳汁，为了防止断奶后母猪发生乳房炎，在断奶前后各 3 d 要减少配合饲料喂量，使母猪尽快干乳。断奶母猪干乳后，由于负担减轻食欲旺盛，多供给营养丰富的饲料和保证充分休息，可使母猪迅速恢复体力。

一、空怀母猪的饲养

（一）满足营养需要

空怀母猪由于没有其他生产负担，主要任务是尽快恢复种用体况，所以其营养需要比其他母猪要少，但要重视蛋白质和能量的供给量。蛋白质不仅要考虑数量，还要注意品质。如蛋白质供应不足或品质不良，会影响卵子的正常发育，使排卵数减少，受胎率降低。能量水平对后备猪的排卵数有一定的影响，配种前 20 d 内高能量水平可增加排卵数 0.7～2.2 个，而对经产母猪则可提高受胎率。另外，空怀母猪日粮中应供给大量的青绿多汁饲料，这类饲料富含蛋白质、维生素和矿物质，对排卵数、卵子质量和受精都有良好的影响，也利于空怀母猪迅速补充泌乳期矿物质的消耗，恢复母猪繁殖机能的正常，以便及时发情配种。

（二）实行短期优饲

短期优饲就是指在母猪配种前的一段时间内（10～14 d），在母猪原有日粮的基础上每天加喂 0.5～1 kg 的混合精料，到配种时结束，以促进母猪发情，提高母猪的配种效果。试验证明，短期优饲对后备母猪效果最显著，可提高后备母猪排卵数 1.58～2.23 个。而对经产母猪无明显效果，但可以提高卵子质量，利于受胎。

（三）饲喂技术

空怀母猪一天饲喂 2～3 次。饲料形态一般以湿拌料、稠粥料较好，有利于母猪采食。要注意针对母猪个体酌情增减饲料喂量，母猪过于肥胖应适当减少喂量，以利减肥；过于瘦弱则应适当增加喂量,以使其尽快恢复种用体况。

(四)母猪饲喂自动化

不同生理状态下的母猪,其饲养管理是不同的,母猪饲喂自动化必须适于各生理状态的母猪之特点和复杂的饲喂方式。妊娠母猪自动化饲喂方法目前主要有:

1. 同步落料系统

将饲料由散装贮料筒输送到猪栏上方的定量饲料储存器内,当到了所设定的饲喂时间,饲料便由上方容器同时落入饲料槽。饲料落下后,散装贮料筒的饲料又会自动填满猪栏上方的饲料储存器,等待下次的落料。

2. 缓慢落料系统

将饲料由散装贮料筒输送到猪栏上方的定量饲料储存器内,到了预定时间,饲料储存器下方的另一饲料输送管,以最慢的速度(猪群中采食最慢母猪速度)将饲料下到饲槽(图 3-4-1)。

3. 电子母猪饲喂系统

使用电子饲喂站,自动供给每个母猪预定的饲料量。计算机控制饲喂站,通过母猪耳标上的密码或母猪颈圈上的传感器来识别母猪。当母猪要采食时,就来到饲喂站,计算机就分给它日料量的一小部分。该系统适合任何一种料型,如颗粒饲料或湿粉料、干粉料、稠拌料或稀料。法国 ACEMO MF24 母猪多功能自动饲喂系统(图 3-4-2),1 台电脑可以控制 1～24 栏,每栏能够饲养 50～60 头母猪,其主要功能有:①供应饲料,单独定量供应 1～2 种饲料;②饮水,供料时,还可同步供水;③供应激素,便于控制同步发情;④发情识别,自动记录母猪访问公猪的次数、日期及访问的时间,处理这些数据可用来鉴定母猪发情;⑤母猪自动筛选与分隔;⑥喷色分类,根据不同类型气压喷色(三色标记)。

图 3-4-1　母猪饲喂缓慢落料系统

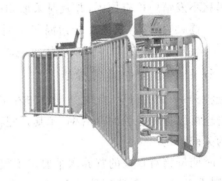

图 3-4-2　ACEMO MF24 母猪多功能自动饲喂系统

三色标记技术:在第一个情期用蓝色线条表示;约 3 周后第二个情期用绿色线条表示;6 周后第三个情期用红色线条表示。

二、空怀母猪的管理

(一)创造适宜的环境

舒适的圈舍环境(温度、湿度、气流、圈养密度等)对提高种猪的生产有着十分重要的意义。低温造成能量消耗增加,高温则降低食欲。因此,冬季应注意防寒保温,夏季注意防暑通风。空怀母猪适宜的温度为 15～18℃、相对湿度为 65%～75%。另外,圈舍要注意保持圈舍清洁卫生、干燥、空气流通,采光良好。

空怀母猪通常采用单栏饲养,但有时为了节省圈舍而小群饲养。群饲时为防止互相争抢食物,造成瘦弱母猪因采食量不足而难以恢复体况,应注意合理分群。实践发现,群饲空怀母猪可促进发情,一旦出现发情母猪后,可以诱导其他母猪发情,同时也便于管理人员观察和发现发情母猪,做到及时配种。

(二)及时发现并治疗疾病

如果空怀母猪体况不能及时恢复,也不能正常发情配种,很可能是疾病造成的。母猪泌乳期内物质消耗很多,往往会因营养物质失衡而造成食欲不振、消化不良等消化系统疾病以及一些体内代谢病。有些母猪则可能因产仔而患有生殖系统疾病,如子宫细菌感染造成子宫炎等。因此,在生产上要认真检查和治疗空怀母猪疾病,以使其能够正常发情配种。

(三)做好选择淘汰工作

母猪的空怀期也是进行母猪选择淘汰的最佳时期,选择标准主要是看母猪繁殖性能的高低、体质情况和年龄情况。首先应把那些产仔数明显减少、泌乳力明显降低、仔猪成活数很少的母猪淘汰掉。其次把那些体质过于衰弱而无力恢复、年龄过于老化而繁殖性能较低的母猪淘汰掉,以免降低猪群的生产水平。

(四)及时观察母猪发情

哺乳母猪通常在仔猪断奶后5～7 d就会发情。饲养人员要认真观察,以便及时发现。观察时间在早饲前和晚饲后,每天观察2次。观察方法可以是用有经验的饲养人员直接观察,也可以驱赶公猪到母猪圈试情的方法。

母猪不发情应检查原因,并及时采取相应的措施。对于久不发情的母猪,可将公猪赶入母猪圈内追逐爬跨母猪,或将公母猪混养1周诱使母猪发情,也可给不发情母猪注射孕马血清1～2次,每次肌肉注射5 mL,或者用绒毛膜促性腺激素,肌肉注射1 000 IU,其效果均较好。

(五)配种母猪的日常管理

配种1～3周的母猪,此时是受精卵着床期和胚胎器官的形成分化期。母猪配种后良好的饲养管理可以提高胚胎的存活率,尤其是配种后1周,由于此期影响胚胎着床,是提高母猪产仔数的关键时期。

此时期母猪对日粮的营养水平要求不很高,但对饲粮质量要求很高,母猪要严格控制饲喂量,饲喂不能过多。母猪配种后1～3 d内胚胎死亡率最高,由于胚胎早期需要的营养很少,不需要额外供给,所以配种后1周,母猪应该给低能量的日粮,使配种母猪代谢平衡,维持血浆孕酮高峰值,减少胚胎的死亡。如果配种母猪摄入过多的能量和蛋白质,影响肾上腺素的分泌,进而影响孕激素、孕酮分泌,影响胚胎的成活率。

配种母猪在母猪单体限位栏内直至确定妊娠后再转栏,防止机械刺激,否则影响受精卵着床,也容易产生畸形胎儿,避免母猪应激引起胚胎早期死亡。

(六)母猪淘汰

母猪群年龄和胎次结构要保持适当的比例,才能发挥猪群的最大生产性能。在一个组成较好的母猪群中,通常2胎以下(包括后备猪)的母猪所占的比例为30%,2～6胎的母猪所占比例为45%～55%,6胎以上的母猪所占的比例小于20%,8胎以上的母猪比例小于5%。生产中母猪的自然淘汰是保持猪群良好生产性能和遗传改良计划必不可少的部分,自然淘汰亦包括衰老淘汰和计划淘汰。衰老淘汰是指到了一定的使用年限(4～5 年),难以维持正常生产性能的母猪,应予以淘汰。计划淘汰则是由于生产计划的变更、引种、换种、疫病等因素,对原有生产性能较低或患有疾病的母猪群进行淘汰或处理。

此外,母猪淘汰存在异常淘汰情况,生产中引起母猪异常淘汰的原因很多,主要包括繁殖机能障碍、遗传缺陷、产科病、营养性疾病和肢蹄病等因素。

1. 后备母猪不发情

对于后备猪群中 3%～5% 经处理后确实不能正常发情的个体,(一般超过 10 个月仍没发情的)应予以淘汰。

2. 产后母猪不发情

有些母猪断奶后 30 d 仍没有发情征状或发情不明显,应予以淘汰。

3. 隐性发情

有些母猪,由于发情征状不明显,无爬跨行为,阴户红肿不明显,黏液较少,外观几乎看不出发情,但母猪却正处在发情期,如果不进行查情和试情,极有可能导致漏配,对这类母猪,应予以淘汰。

4. 屡配不孕

母猪经过多次配种(一般连续配 3 次都未配上),每次配种后间隔 18～25 d 后重新发情,对这类母猪,应予以淘汰。

5. 超期不产

有些母猪配种后,没有返情现象,也无妊娠迹象,甚至超过预产期也不分娩,使母体无法识别妊娠而处于"假孕"状态,遇到这种情况,应及早确诊和应及早淘汰。

6. 低产母猪

连续 3 胎产仔数少于 4 头的母猪应予以淘汰。

7. 泌乳力差

连续 3 胎都表现出泌乳力差,这种母猪就应淘汰。

8. 异食癖

连续 3 胎都表现母性差,有食仔恶癖,仔猪出生后,不能被很好地哺育,这种母猪应予以淘汰。

9. 患病母猪

经过现场兽医和畜牧技术人员的综合评定后,确认已无饲养价值的个体,应予以淘汰。

10. 肢蹄病

母猪由于后肢无力或蹄部疾病,无法承受本身重量和公猪爬跨,而不能正常配种,这种母猪应予以淘汰。

三、初产母猪断奶后不发情的处理

初产母猪断奶后不发情、再次配种困难、二胎产仔数降低,是现代母猪生产中最常出现的问题。造成这一问题的根源是进入第 2 繁殖周期时母猪体营养储备严重不足,因为生殖系统在营养分配的优先权弱于其他器官和系统,故营养缺乏对生殖系统影响最大。当然,初产母猪断奶不发情也与母猪健康状况尤其是生殖道健康以及诱情环境相关。为提高初产母猪配种效

率,应该做好的工作包括:

(一)提供适宜的营养

初产母猪发情所需要的营养储备,不仅需要自身营养储备,而且也需要生殖营养储备。自身营养储备主要指蛋白质、脂肪、常量矿物质、维生素等营养物质的储备,体现在体重和膘情上面;生殖营养储备主要指与生殖结构和生殖功能相关的关键营养如特殊的维生素、特殊的微量元素等营养的储备。这两类营养物资的足够储备都是完成繁殖过程不可或缺的。自身营养储备不够的主要原因有:初产母猪自身增重(初产母猪自身增重约为 50 kg)不够、初配体重不达标、妊娠早中期限饲不够或不当、日采食营养总量不够、哺乳期采食量不够、妊娠后期营养供应不够。

对于初产母猪而言,自身营养储备目标是:断奶时,母猪失重不超过 10 kg,膘情达到体况评分达中上等膘情。要实现这一体储目标,光增加哺乳期采食量是不够的,需要从初产母猪培育全过程着手。

生殖营养储备方面,一要注意限饲期因为精料采食量减少而导致生殖营养摄入不足;二要注意哺乳期的哺乳营养需要与生殖的营养需要是有差异的,在配种准备期,即使饲喂营养相对丰富的哺乳料,也满足不了发情所需的生殖营养需求;三是还要考虑高温季节对生殖营养需求的增加;四要考虑环境因素对饲料中生殖营养的破坏;五要考虑商品饲料添加量可能不足。

(二)促进初产母猪断奶不发情的具体措施

1.初配体重要达标

引进的国外品种,如大白猪,初次配种标准要达到体重 140 kg 以上,背膘 18~22 mm,230 日龄以上。只要达到这个标准,第 1 次发情也可配种(目前有报道认为第 1 次发情即可配种的观点,是基于体重、背膘、日龄达标的背景而言)。如果体重轻、背膘薄、年龄未到的母猪过早配种会导致初产母猪断奶后发情延迟、再次配种返情率高;二胎窝产仔数少;寒冷季节流产机会增加;泌乳量低,利用年限缩短。

2.初次怀孕母猪在妊娠期的营养水平要高于经产母猪

初次怀孕母猪在妊娠期的营养水平相对于经产母猪而言可以适当提高 10%左右,有些猪场初次配种母猪继续饲喂后备母猪料是有科学道理的。因为后备母猪饲料的蛋白质和生殖营养水平比怀孕母猪料要高。

3.初产母猪妊娠后期,仍然需要适度增加饲料

传统观点认为初产母猪不需要增料攻胎,担心妊娠后期加料会导致胎儿过大而增加难产发生率。但是随着近年来对种猪选育水平的提高,后备种猪的生长发育速度明显加快,对各种营养物质的需要量明显增加,由于胎儿的 2/3 的体重是在母猪妊娠期最后 1/3 的时间增加的,如果妊娠后期不加料,根据后代优先的营养分配原理,母猪的营养优先供应胎儿,在摄入不足的情况下,可能动用母猪体脂肪甚至体蛋白来供应胎儿的生长,意味着初产母猪在怀孕后期就在失重和掉膘。如果妊娠后期不加料,会导致母猪体质下降反而影响分娩;此外,胎儿初生重不足会影响哺乳期仔猪成活率。实际上,调查发现,初生重在 1.5 kg 以内不会因初生重过大而出现难产。因而初产母猪需要在妊娠后期必须适度加料,但前提是初产母猪所生仔猪的初生重最好控制在 1.5 kg 以内。猪场管理者可以通过数据统计、分析得出本猪场初生重控制在 1.5 kg 以内时,怀孕后期的最佳饲喂量。

4.调整并锻炼母猪胃肠道功能

胃好,胃口才好。这里的"胃好",指的是胃肠功能好和胃肠道容积大。最新的研究表明:母猪的肠道除了消化功能外,还有化学感应和接收机体信号的功能,小肠不是被动吸收通道,实际上在吸收之前还有调节控制功能。因此,饲养后备母猪必须先养好小肠。

5.加强对仔猪腹泻的控制手段

在控制仔猪腹泻时,不能仅仅考虑病原的因素,也不要对母猪滥用抗生素,而是从改善环境、调整水质和强化营养上下功夫;通过母猪的饲喂调控仔猪肠道健康,因此,猪场要把母猪作为核心要素从强化营养和加强管理上下力气,把母猪奶水搞好,仔猪从出生开始抓起,不使用抗生素一样可以成功断奶,而不必担心腹泻问题;在炎热环境下饲喂母猪需要特别注意饲养管理的改善,如增加净能的摄入量,饮水温度调节到 17℃左右等。

因此,怀孕母猪尤其是初产怀孕母猪,在整个怀孕期补充优质粗纤维特别是青绿饲料非常必要,可以减少便秘、锻炼肠道功能、撑大胃肠容积、促进生殖器官发育、增加母猪幸福指数。研究表明,临产前 3 d 和产后 7 d 补喂青绿饲料,对于减少泌乳障碍、增加产后 7 d 后的采食量很有帮助。因为临产前 3 d 需要逐渐减少饲喂量,产后 7 d 需要逐渐增加饲喂量,也就是说这 10 d 时间是需要适度限饲的。这样,可以通过青饲料来降低营养浓度、维持饱感和增进食欲,为顺利分娩和迅速增加分娩 7 d 后的采食量打下基础。具体操作上:怀孕期补饲青绿饲料最为理想;青绿饲料不足的话,加大优质粗纤维添加量,但最好在临产前 3 d 和产后 7 d 中补喂青绿饲料。就初产母猪而言,在妊娠后期,以往传统的做法是在怀孕 84~107 d 喂哺乳料,但最新的研究表明,最好的做法是继续喂怀孕料。因为初产母猪哺乳期采食量上不去,重要原因是胃肠道容积不足,而怀孕料粗纤维较多,本身体积就大,吸水后体积更大,这样,就把胃"撑"大了。所以初产母猪妊娠后期使用怀孕料,在控制总能量和蛋白摄入的基础上,增加粗纤维,"放量"让母猪吃饱。

6.集中猪场优势资源,增加初产母猪哺乳期采食量

泌乳期体重损失越多,断奶至发情的时间间隔越长,但这一特征主要在头胎表现得更明显。所以,增加哺乳期采食量是减少初产母猪断奶掉膘的最有效措施,务必全力以赴达到理想的采食量目标为:母猪标准采食量 $=1.8+0.5X$(母猪哺乳仔猪数)(kg)。

7.加强运动

初产母猪断奶后应加强运动,运动可促使初产母猪断奶后迅速发情。

(三)增加母猪采食量的技术措施

增加初产母猪哺乳期采食量的技术措施主要有:

1.提供适宜的温度

母猪最适宜的温度是 18~22℃,超过 24℃每增加 2℃就会减少 0.5 kg 的采食量。产房比较理想的降温方法有水帘降温、局部冷风降温、滴水降温,如果能配合屋顶和墙壁隔热,效果会更好。

2.保证清洁充足饮水

饮水器供水量 1.5~2 L/min,水温为 17℃左右,或者用料槽饮水,水质达到人的饮用水标准。

3.干净的料槽

夏天每次喂料前清洗料槽十分必要,可以去除馊味、减少腐败物质中毒。

4.妊娠早中期限饲

妊娠早中期严格按照饲喂标准摄入基础营养,不能过多摄入,因为怀孕早中期的采食量与哺乳期采食量呈负相关,而妊娠后期采食量与哺乳期采食量关联度不大。妊娠早中期加强对初产母猪肠道的锻炼,不仅可以提高哺乳期母猪的采食量,而且可以提高初产母猪的体质,为断奶后及时发情奠定扎实的基础。

5.饲料原料干净新鲜

保证原料的干净新鲜,防止使用发霉、有毒的饲料是保证母猪拥有健康体质的前提,此外通过饲喂水料(水与饲料的比例为 4:1)、增加饲喂次数(每天饲喂 3～4 次)、高温季节在早晚低温时段饲喂,也是提高母猪采食量的关键技术措施。

6.初产母猪哺乳料适当增加营养浓度

日粮中蛋白质的含量可以达到20%,补充赖氨酸至1.2%,并同时补充脂肪,注意氨基酸之间的平衡。

7.预防母猪产后感染

初产母猪产后容易发生感染各种炎症,发生炎症的母猪不仅采食量会降低,而且会直接影响到断奶发情及受孕,所以要通过产前清除病原、产中输液和产后打针抗感染、灌注药物加快排出恶露等措施来积极预防。一旦发生乳房产道感染,要积极治疗。

8.分批断奶以及适当提早断奶

对于初产母猪而言,分批断奶是提高断奶后及时发情的有效措施。具体方法是:体重较重的半窝仔猪比体重较轻的半窝仔猪提早2～5 d断奶。分批断奶后,哺乳初产母猪不仅可通过减少催乳素分泌启动发情的激素机制,而且减轻母猪哺乳负担,增强了体重轻的仔猪体质、仔猪均匀度好,此外母猪断奶后发情早;特别适合1胎母猪。

9.补充生殖营养

在配种准备期,即使饲喂营养相对丰富的哺乳料,也满足不了发情所需的生殖营养需求。所以,为了满足发情对生殖营养的需求,很有必要从哺乳期开始就补充生殖营养,直至下一次妊娠期。尤其在高温季节,母猪对生殖营养需求更多。因为高温,会造成胚胎供血不足,容易出现生殖营养缺乏;而且高温会使母猪增加呼吸频率、增强外周血液循环,相应的对内部特别是生殖系统血液循环作用减弱;同时,高温时母猪体温相对升高,胎儿在较高温度下,代谢增强。因此,高温季节,如果不额外补充生殖营养,则会造成早期胚胎死亡或者胎儿营养不良,活力减弱,造成胚胎早期死亡而出现不规律返情,或产仔数低、弱仔及死胎增加。

【实训操作】

空怀母猪的饲养管理

一、实训目的

1.熟练掌握配种母猪的饲养管理;

2.掌握不发情母猪的处理措施;

3.掌握提高母猪采食量的技术措施。

二、实训材料与工具

录像资料,实训基地猪场配种舍、空怀母猪。

三、实训步骤

1. 老师进一步讲解配种母猪的饲养管理要点；
2. 学生根据录像资料或猪场实际，分析配种母猪的饲养管理技术；
3. 通过饲养空怀母猪，熟悉提高母猪采食量的技术措施。

四、实训作业

查阅资料，比较并总结配种母猪饲养管理的要点，完成实训报告。

五、技能考核

空怀母猪的饲养管理

序号	考核项目	考核内容	考核标准	评分
1	配种母猪的饲养管理	配种母猪的饲养	能根据母猪的膘情进行饲养	15
2		配种母猪的管理	能正确进行日常管理	15
3		母猪淘汰	能正确分析母猪状态，提出淘汰计划	20
4	综合考核	母猪的饲养管理	能准确回答老师提出的问题	20
5		母猪淘汰	能准确判断需要淘汰的母猪	20
6		实训报告	能将整个实训过程完整、准确地表达	10
合计				100

【阅读材料】

提高母猪的年生产力(PSY)

衡量母猪群繁殖性能最常用的指标是母猪年生产力，即每头母猪每年提供的断奶仔猪头数(pigs meaned/(sow·year)，简称 PSY)。这个指标又是由"分娩窝数/母猪/年"和"断奶仔猪数/窝"两个指标所决定。

一、影响 SPY 的因素

1. 遗传因素

不同品种的排卵数不同，因此不同品种的产仔数不同。如中国太湖猪，其产仔数就高于其他品种，一胎产仔 42 头的世界纪录就是太湖猪。由于对影响多产性能的基因的研究越来越深入，多产性能方面的不断选育，以及中国多产品种血统的引进，养猪业的平均窝产仔数还会不断增加。不同品种、基因型的猪群之间在产仔数方面差异很大。

2. 母猪的排卵数和胚胎死亡率

排卵数决定了窝产仔数的上限。然而对排卵率进行的选育并没有能够增加窝产仔数，原因是随着排卵率的增加，胚胎死亡率也会增加，二者的作用抵消了。胚胎死亡率的这种增加可能是因为子宫空间的限制，或每个胚胎供血量的限制而造成的。

3. 营养因素

妊娠期母猪会优先将能量和营养供给胚胎发育，不过这部分养分的需要量很少。因此，在正常条件下，妊娠期的营养水平不会影响到窝产仔数。在采用正常日粮的母猪群中即使将维生素的供应提到很高的水平也不会增加窝产仔数。但在泌乳期当中任何 1 周，如果对母猪强烈限饲,将会影响到下一胎的排卵数和胚胎死亡率。

4.配种管理

配种选择在母猪排卵前 0～24 h(最佳为 12 h)可得到最多的窝产仔数。为了根据排卵来确定配种时间,应搞清母猪和青年母猪的发情持续时间,应在 70% 发情期进行配种。

5.公猪效应

配种时,公猪精液质量的优劣是影响产仔数的一个关键因素。此外,对母猪进行配种时,如果有公猪在场,能明显引起母猪性兴奋,提高配种效果。

6.管理因素

无论是自然交配还是人工授精,都要保证配种的品质。成群饲养的情况下,当组群的数量过大(多于 20 头)时,会降低窝产仔数,尤其是青年母猪。胚胎在着床前转移母猪(配种后的前 28 d 之内)也会降低产仔数。

7.泌乳期长短

如果将泌乳期由 18 d 缩短为 12 d,会对窝产仔数产生轻微的影响(0.06 头/d),泌乳期由 18 d 增加到 28 d 对窝产仔数没有影响。

8.繁殖疾病

繁殖疾病会影响母猪的繁殖能力和窝产仔数。特别是细小病毒病和猪繁殖呼吸综合征 (PRRS)。这些疾病的病原可穿过胎盘感染胚胎,造成胚胎死亡。这种情况下木乃伊胎比例会升高,窝产仔数会减少。

二、提高 SPY 的技术措施

1.选择优良的品种

母猪每窝的产仔数和品种关系很大,遗传使母代母猪有高的产仔数潜力。优良的品种是提高 PSY 的关键因素。由于不同品种的产仔数不同。因此,品种的选择就显得尤其重要。就外来品种而言,长白猪的产仔数高于大白的产仔数,大白的产仔数高于杜洛克的产仔数。

2.采取早期断奶

为了达到缩短繁殖周期的目标,要在 21～28 d 给乳猪断奶,这就要求质量极高的乳猪饲料来补充和满足断奶后仔猪强烈的营养需要。优质的乳猪料表现为高适口性,高消化率,全面的营养含量,因为乳仔猪生长潜力能够达到 400 g/d 以上,而实际生产中只能够达到 200 g/d 左右。所以乳猪料的营养标准,为了达到最佳生产潜力,可以做得尽量的高。一些优良品种乳猪料的设计,已经远远超出了平常乳猪料的设计标准,而且对肠道保护等的要求也比平常乳猪料高。

3.合理组织猪群

由于母猪第一胎窝产仔数通常最少,之后逐渐增多,在第 3～5 胎时达到最多,此后保持稳定,或缓慢减少。因此应将猪群中 3～6 胎的比例维持在 45% 以上的水平,平均胎次保持在 2.5～3.0,这样可以达到最佳繁殖性能,但具体的最佳胎次分布还和品种、管理和设施有关。

4.合理饲养母猪,特别是初产母猪

青年母猪应在配种前至少 10 d 开始饲喂高质量日粮,自由采食,这样可最大限度地增加排卵率和窝产仔数。但如果在配种后 2～3 d 内给青年母猪喂得太多(超过 2.5 kg/d),又会降低胚胎存活率。

保证母猪泌乳期结束后的膘情,对母猪整个繁殖周期的饲喂量有个整体控制,必须保证母猪泌乳期高的采食量,除了泌乳期饲料质量的保证外,要在妊娠期控制母猪的采食量,因为妊娠期高的采食量,会导致泌乳期采食量降低。尤其母猪分娩前 3 d,要限制母猪采食量直到最后 1 d 基本不吃,这样分娩后母猪采食量会迅速上升,从而保证良好的乳汁质量和充足的泌乳能力。同时保证断奶后母猪的膘情。另外,妊娠期饲料控制的原则是妊娠前期严格控制采食量,后期(84～114 d)适当增加采食量,目的是为了保证胎儿的出生重和较高的泌乳能力。母猪在断奶后要给以高能量饲料和充足的采食量,来刺激母猪早发情和多排卵。

母猪泌乳期采取自由采食的方式,由于采食量大,母猪体质好、乳腺发育良好。母猪泌乳期产奶量的最大化不仅和泌乳期息息相关,而且还和妊娠期间的饲养密切相关,因为妊娠期间的饲养直接影响母猪乳腺的发育和母猪的体质。妊娠和哺乳期间应选择相应的母猪料,可有效调节母猪体内的激素分泌,使母猪各项生理机能处于最佳状态。可以有最佳的体质,最佳的乳腺发育,最佳的采食量,加上优质饲料中各营养的平衡及特殊营养素的加强,可以使奶水量最大化,同时提高奶水中脂质、蛋白等的含量。

除了控制饲喂量外,饲料中某些营养素如维生素 A、维生素 E、Ca、Se、Zn、泛酸、生物素等与母猪繁殖性能密切相关,因此应该选择正规厂家来源的饲料,保证与繁殖相关的营养素充分供应。

5.合理配种

在配种的时候,对于青年母猪来说,性成熟(经历的发情周期数)对窝产仔数的影响比日龄和体重更重要。与首次发情配种相比,在第二个发情期给青年母猪配种可增加 0.7 个窝产仔数。如果在首次发情时先用结扎输精管的公猪给青年母猪交配,第二次发情再用正常公猪配种,这样得到的窝产仔数比第一次不交配的情况高 0.7。对青年母猪来说,自然交配和人工授精相结合比仅做人工授精获得的窝产仔数更高。

对成年母猪来说,如果人工授精和自然交配都做得很好的话,二者所得的窝产仔数没有差别。母猪断奶后第六七天返情比例的增加会导致分娩率和窝产仔数降低。至少 85% 的母猪应在断奶后第 3～5 天返情。

此外,应选用多产的公猪,还要注意不能过度使用公猪。公猪的配种强度取决于生产需求和公猪的日龄。8～12 月龄的年轻公猪每周可连续配种 2～3 次。成熟公猪每周可用到 6 次。环境温度过高(高于 30℃)会降低公猪受精率,紧接着影响窝产仔数。

缩短母猪非生产天数(NPD)

一、母猪非生产天数的概念

一头生产母猪一年内既没有妊娠也没有哺乳的天数,称为非生产天数(non-productive days,简称 NPD)。

二、NPD 的主要来源

超过 240 日龄仍未配种的后备母猪；断奶后不发情的超期母猪；配种后出现问题的母猪。

NPD 是成年生产母猪和超过适配年龄的后备母猪应正常妊娠或哺乳，而未能正常妊娠或哺乳的天数。母猪断奶后 3～7 d 的发情配种间隔是必需的，称为必需非生产天数。对生产而言有生产过程而无生产效果的天数都应归于 NPD，即广义非生产天数。NPD 的计算公式：NPD(d)＝365－(妊娠期＋哺乳期)×每年每头母猪产仔胎数。如执行 28 d 断奶的猪场，NPD＝365－(114＋28)×2.2＝52.6(d)，管理 NPD 如果超过 52.6 d，年产胎数期望值就肯定会低于 2.2 胎。

三、NPD 的危害

(1)成本损失＝每头断奶仔猪的成本×PSY÷365

(2)NPD 对母猪生产力的影响：每增加 1 个 NPD，母猪年产窝数降低 0.007 4 窝；

(3)NPD 的机会损失＝0.007 4×窝均断奶仔猪数×断奶仔猪价格

(4)中国平均水平为每头母猪每年 80 个 NPD。

NPD 的增加对生产更直接的影响在于大幅度增加了物质与时间成本，并且 NPD 的边际成本所产生的经济效益为负值，即隐形亏损。为简化成本计算，依据 Morgan Morrow 机会成本算法，将母猪 NPD 增加的天数换算为产仔的机会成本。如以每头母猪生产 23 头肥猪/年计，相当于 0.063 头/d，即母猪 NPD 每增加 1 d，直接损失 0.063 头肥猪。根据每头肥猪出栏的边际成本，就可以计算出 NPD 每增加 1 d 损失的机会成本。NPD 机会成本约 30 元/d，因此 1 头母猪每返情复配 1 次新增加的损失在 600 元以上。

另外，NPD 对生产最严重的影响还有，当母猪分娩时不能提供健活仔，或者临近断奶时仔猪全部夭亡。这样的极端状况除猪场管理上存在不足外，还可能是受烈性传染病的干扰，NPD 呈现异常增高，相应也会造成生产成本的激增，负效益更显著。

四、降低 NPD 的措施

NPD 的滞后统计计算是次要的，关键是建立削减 NPD 的机制和策略。综合国内外的研究报道，可以归纳为以下几种策略。

1. 保证猪群种质优良遗传性能稳定

繁殖性状基础在遗传，遗传因素和改良措施的运用对提高母猪年生产力必不可少。但有的猪场忽视种猪质量，不问来源，甚至直接从商品猪中建立繁殖群，使商品后代整齐度变差，群体繁殖问题增多，繁殖力降低，群体 NPD 提高。

2. 控制好母猪膘情

研究揭示，监测背膘厚和背膘损失是一个有效的手段，可以降低 NPD 和提高生产效率。初产母猪妊娠后期膘情较薄产活仔数会显著降低，哺乳期进一步降低背膘厚，断奶发情间隔则显著增加，受胎率下降，淘汰率上升，较厚背膘的母猪则相反。因此须严格按阶段饲养，合理定质、定量饲喂，以保持母猪适宜的膘情。但不能简单按技术参数指标定量，须参照饲料营养水平、膘情状态灵活控制。

3. 适当早期断奶

隔离早期断奶(SEW)是为控制或消灭猪特定的传染病而设计的生产管理技术，以实现猪最好的生物学性能和经济性能。因哺乳时间缩短,母猪产仔胎数有望提高,NPD 间接缩短。其中关键要把握断奶仔猪体重,达到 6 kg 以上才比较适宜执行 SEW。

4.积极刺激母猪发情

母猪断奶发情间隔达 7～12 d 即使无发情记录,分娩率也会低。采取短期优饲、混栏和公猪诱情等常规方法,不能绝对避免发情延迟。更积极的研究措施是,在分娩后第 8 天开始采用公猪诱情加中途短暂隔离仔猪诱情,能够达到 100% 激发发情效果,80% 可以在哺乳期受孕。这样发情配种在断奶前,NPD 为 0,且产仔数不受影响,还可降低早期断奶哺乳时间短的负面效应。后备母猪的诱情是难点,配种日龄不能正常发情的,必要时采用激素催情。

5.准确妊娠诊断

对母猪早期妊娠核查是控制猪群 NPD 非常重要的途径。超声仪器在母猪配种 24～28 d 后能迅速可靠检测受孕状况进行,减少 NPD。

6.抓好公猪环节

NPD 中公猪因素往往容易被忽略,重要的是公猪的影响面更广。公猪精液质量、数量必须在配种前进行检查,尽量减少因弱精、畸精、死精造成的返情、流产,以有效降低 NPD。

7.提高配种员的技术水平

配种员的催情诱情技巧、发情鉴定水平、配种时机把握、妊娠准确诊断、返情及时检查等,须经系统培训,形成规范的操作程序。

8.合理的母猪胎次结构和淘汰制度

母猪群结构不合理导致繁殖力下降,也会使猪群免疫状态变差,成为 NPD 增加的重要因素。解决办法在于建立理想的母猪胎次分布,使 66%～87% 的母猪(<3～8 胎次)具有最佳的繁殖力,每年更新、补充后备种猪。据统计,每年淘汰母猪的主要问题及比例为:繁殖障碍(26.9%),高龄(18.7%),乳头问题(18.1%),低产(9.5%),肢蹄损伤(8.6%),伤残(<7.1%)。及时剔除问题母猪,有利于改善繁殖力与 NPD。

9.健全疫病防疫体制

重大传染性疫病会导致母猪返情、流产、死胎和木乃伊数量增加,以及断奶育成率降低,造成 NPD 最大化。疫病防疫须把握的基本原则:免疫规范、有针对性;注重群体免疫效果;走出免疫误区,并非什么苗都注射就算免疫到位;同场内不使用不同来源的基因缺失苗;免疫程序稳定。鉴于疫病传播、流行的复杂性,须根据本场实际,把握引种、自繁自养环节;注重节制用药、规范饲养、合理免疫、做好环境卫生等方面的工作,以健康稳定生产,降低 NPD。

工作任务 3-5　公猪的饲养管理

饲养公猪的目的是使公猪能生产量多质好的精液和具有较强的配种能力,完成配种任务。用本交方式配种时,每头公猪每年可承担配种 20～30 头母猪,一年繁殖仔猪 400～600 头。采用人工授精方式配种每头公猪一年最高可配 500～600 头母猪,一年繁殖仔猪万头以上。公猪对猪群质量影响很大,素有"母猪好,好一窝;公猪好,好一坡"的说法。把公猪养好,猪群的质量和数量就有了保证。生产瘦肉型商品猪,一般选用长白猪、大白猪和杜洛克猪等瘦肉型猪作父本。这些品种的公猪要求严格的饲养管理,必须有专人负责精心饲养。在实际生产上,养好公猪的要领是:配种是目的,营养是基础,运动是调节,精液检查是监督。

一、公猪的生理特点

(1)交配时间比其他家畜长,体力消耗大。

(2)每次交配多次射精,射精量大。一般一次的射精量为 200～300 mL,高者达 500 mL 以上,其中有数百亿个精子,精液中干物质占 2%～10%,干物质中有 60% 左右为蛋白质。

(3)种公猪配种使用集中,负担量大。

二、种公猪的饲养管理

(一)种公猪饲养

1.满足营养需要

要使公猪体质健壮,性欲旺盛,精液品质好,就要从各方面保证公猪的营养需要。公猪每次射精量很大。由于饲料中的蛋白质的质和量对精液品质有着直接影响,含量不足或过多都会影响公猪的射精量、精子密度、活力、精子的存活时间。故有的猪场在配种季节对公猪每天供给 2～4 个鸡蛋。此外保证维生素的足量供给,再者矿物质对公猪也有很大影响,特别钙和磷不足使精子发育不全,降低精子活力,死精增加。微量元素必须添加铁、铜、锌、锰、碘和硒,尤其是硒缺乏时可引起睾丸退化,精液品质下降。

除以上所需各种营养必须满足外,还要有正确的饲养,做到配种季节和非配种季节在饲养上有所区别,根据公猪的体况及时调整饲料的供应量,饲料的类型也应与母猪有所不同,以免造成草腹大肚,影响配种。

2.饲料配合和饲喂技术

应当根据猪体质状态、体重、年龄和配种任务,按照营养需要调节公猪的饲粮。公猪的饲料应以精料为主,最好是全价配合饲料。有条件地区可适当喂些胡萝卜或优质青饲料,但不宜过多,以免造成腹大下垂,影响配种。季节配种的猪场,在配种前 1 个月就要提高营养水平,比非配种期的营养增加 20%～25%。一些猪场在配种期给公猪每天增加 2～4 个鸡蛋。鸡蛋清中有营养抑制因子,影响生物素的吸收,为了破坏抑制因子,最好应将鸡蛋煮熟后饲喂。冬季气候寒冷,饲粮的营养水平应提高 10%～20%。猪场中公猪数量较少,单独给公猪配料比较麻烦,为了简便,公猪可以饲喂母猪饲料。在季节配种的猪场非配种期可喂妊娠母猪饲料,配种期饲喂泌乳母猪饲料。常年均衡配种的猪场公猪饲喂泌乳母猪饲料。饲喂公猪应定时定量,冬季喂 2 次,夏季喂 3 次。每次不要喂过饱,一般日喂 1.5～2.5 kg,适当搭配青饲料。还应供给公猪充足、清洁的饮水。

(二)种公猪管理

种公猪多好斗,所以应单圈饲养,如果猪舍紧张,需要合群饲养时应从小开始(断奶),以便从小共同生活到大了也能和睦相处,如江苏海安县种猪场有 80 头青年公猪合群饲养的成功经验,既节省了大量圈舍,又增加了公猪的选择强度,提高了选种的准确性,加快了育种进展。公猪应饲养在阳光充足、通风干燥的圈舍里。每头公猪占地 8～10 m²,圈舍牢固;圈墙高 1.5 m。

1. 运动

运动虽然不能直接影响公猪的精液品质,但运动能使公猪的四肢和全身肌肉受到锻炼,可以促进新陈代谢,增强公猪的体质,提高精子活力,防止公猪草腹。若运动不足,则种公猪四肢无力,贪睡,肥胖,性欲降低,精子活力不强,配种困难,影响母猪受胎率。但过度运动也不利,易使公猪过度疲劳。

坚持常年运动,每天上下午各 1 次,每次 1 h 左右,行程 2 km 左右。若遇到风雪等恶劣天气,应停止运动,若有放牧条件的猪场最好以放牧代替运动。在配种季节,应加强营养,适当减轻运动量,配种前后 1 h 内不宜运动。在非配种季节,可适当降低营养,增加运动量,运动的方式有放牧、驱赶、自由等几种。公猪过肥应增加运动(图 3-5-1)。

图 3-5-1　公猪运动

2. 刷拭和修蹄

每天用刷子给公猪全身刷拭 1～2 次,可促进血液循环,增加食欲,减少皮肤病和外寄生虫病。夏季每天给公猪洗澡 1～2 次。经常给公猪刷拭和洗澡,可使公猪性情温顺,活泼健壮,性欲旺盛。还要注意护蹄和修蹄。肢蹄不正常将严重影响公猪配种。

3. 防止自淫

公猪自淫是受到不正常的性刺激,引起性冲动而爬跨其他公猪、饲槽或圈墙而自动射精,容易造成阴茎损伤。公猪形成自淫后体质瘦弱、性欲减退,严重时不能配种。防止公猪自淫的措施是将公猪舍建在远离母猪舍的上风向,不让公猪见母猪,闻不到母猪气味,听不到母猪声音;公猪配种后休息 1～2 h 后再回圈;配种场地应与公猪舍有一定距离,防止发情母猪到公猪舍逗引公猪。后备公猪和非配种期公猪应加大运动量或放牧时间。

4. 定期进行精液品质检查

在配种季节到来前 20 d,就应对精液品质进行检查。检查精子的数量、密度、活力、颜色和气味等。在配种季节即使不采用人工授精,也应每隔 10 d 检查一次精液。根据检查结果,分析公猪承担的配种量是否合理,以便调整配种次数、营养和运动量,保证配种期的高受胎率。

5.建立科学的管理制度,合理调教公猪

建立科学的管理制度、合理安排配种,使公猪建立条件反射,养成良好的生活习惯,可以增强体质,提高配种能力。从公猪断奶起就要结合每天的刷拭对公猪进行合理调教,建立感情便于管理。

6.做好防暑降温

高温则会使公猪精子的活力降低,精子密度下降,配种时母猪受胎率下降,胚胎存活数减少。因此,做好防暑降温工作,避免热应激对精液的影响是十分重要和必要的。降温措施有:在猪舍小运动场外面上方种植藤蔓植物;给公猪身体淋水的方法散热,或用喷洒水雾降低舍内气温;建游泳池,让猪自由游泳等。公猪降温措施效果见表3-5-1。

表 3-5-1　公猪降温措施及效果

指标	水帘	喷雾	遮阴	淋水	风扇	降低密度	冷风机	空调
建设难易	难	易	难	易	易	难	易	易
效果	好	好	一般	好	一般	一般	好	好
成本	高	低	低	低	低	低	高	高
使用	方便	不便	不便	不便	方便	不便	方便	方便

三、种公猪的利用

给种公猪提供适宜的环境,公猪栏应为单栏,面积在 10 m² 左右,最好有运动场,光照适度,通风良好,附近无噪声。公猪舍的适宜温度为 18～25℃,湿度 70%～85%,夏季高温期间注意防暑降温,环境温度超过 27℃时必须采取降温措施,并在饲料中加抗热应激的药物如维生素 C、小苏打等。

1.固定配种场所

对猪场来说设一个固定的配种场地非常必要,由于使用一个场地,公猪容易建立条件反射,使配种非常顺利。一般场地宜靠近母猪舍而不宜靠近公猪舍,因为配种时所产生的气味有利于促进母猪发情,但会引起不配公猪的不安。场地应平坦不滑,无杂物,以免伤害肢蹄。如是人工授精的猪场,一般建有专门的采精室与精液检查室相连,以便采精、检查、输精流水作业。

2.利用年限和合理更换

公猪利用年限最好 2～2.5 年,育种场 1～1.5 年。对特别优秀的种公猪可多使用几年,延长至 4～5 岁。种公猪淘汰原则:精液品质差;性欲低,配种能力差;与配母猪分娩率及产仔数低;患肢蹄病;对人有攻击行为。

3.利用强度

猪的一次射精量和精子数都较多,通常每次射出精子数在 300 亿～500 亿个,配种或采精过多,虽不影响精子活力,但能降低精子的密度,从而影响受精率。刚开始使用的后备公猪,每周使用 1 次;1～2 岁的小公猪每天配种不应超过 1 次,连续 2～3 d 后应休息 2 d;2 岁以上的成年公猪,每天不应超过 2 次,2 次间隔时间不应少于 6 h,每周最少休息 2 d,否则会缩短公猪的使用年限。公猪每次射精时间较长,一般 5～15 min,采精时应保持周围环境清静,不受任何干扰,使公猪射精完全。公猪长期不采精会造成精液品质下降,性欲减退,因而对长时间不需使用的公猪也应定期进行采精,以保持其性欲和精液品质。

【实训操作】

公猪的饲养管理

一、实训目的

1.通过观看录像带或在实训猪场观察公猪饲养管理,掌握公猪的日常饲养管理措施;

2.熟悉种公猪管理流程;

3.熟悉种公猪淘汰原则。

二、实训材料与工具

公猪饲养管理教学录像、放映设备。

三、实训步骤

1.反复放映录像带或观察猪场公猪的饲养管理;

2.教师指出关键操作动作;

3.学生归纳出操作要领。

四、实训作业

组织学生到养殖场了解公猪的生产工艺流程及操作方法,根据所学知识检查其科学性,并提出改进办法。理论联系实践生产,掌握种公猪的饲养管理要点。分析总结种公猪饲养管理的重点和难点,完成实训报告。

五、技能考核

公猪的饲养管理

序号	考核项目	考核内容	考核标准	评分
1	公猪的饲养管理	公猪的饲养	能正确饲养公猪	15
2		公猪的管理	能做好公猪的日常管理工作	15
3		公猪的利用	能正确使用公猪	20
4	综合考核	公猪品种识别和使用	能准确回答老师提出的问题	20
5		公猪的调教	能正确调教公猪	20
6		实训报告	能将整个实训过程完整、准确地表达	10
合计				100

【小结】

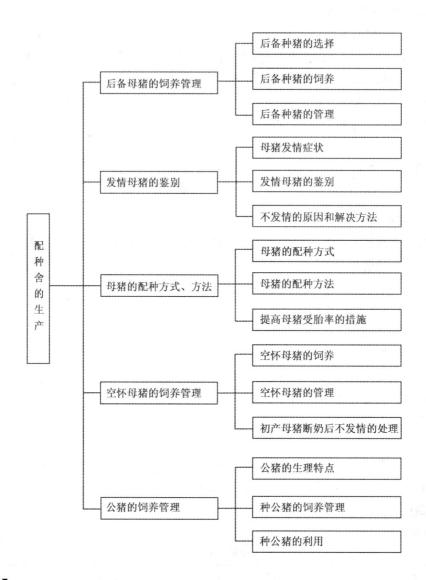

【自测训练】

一、填空题

1.后备种猪选择的四个阶段分别是指_____、_____、_____和_____阶段。

2.外来品种母猪初配最佳体重为_____ kg,而公猪为_____ kg。

3.外来品种公猪调教的方法主要有_____、_____和_____三种。

4.母猪发情周期一般为_____ d,平均为_____ d,而发情期为_____ d。

5._____是目前养猪生产中精液最常用的保存方法。

6.母猪发情的鉴定方法主要有_____、_____和_____三种。

7.根据母猪在一个发情期内的配种次数,可分为_____、_____、_____和_____。

二、名词解释

1. 发情周期

2. 发情期

3. 单次配种

4. 重复配种

三、问答题

1. 母猪发情鉴别要点有哪些？

2. 如何促进母猪发情？

3. 配种母猪的饲养管理要点有哪些？

4. 配种母猪的饲养方式有哪些？为什么？

5. 猪人工授精的优点有哪些？

6. 公猪如何采精？

7. 如何提高公猪年生产力？

8. 夏季公猪防暑工作要点有哪些？

学习情境 4　妊娠舍的生产

【知识目标】

1. 熟悉妊娠母猪诊断方法；
2. 了解妊娠母猪饲养管理技术；
3. 掌握妊娠母猪的保健措施。

【能力目标】

1. 能对母猪是否妊娠做出正确判断；
2. 会饲养管理妊娠母猪；
3. 会对妊娠母猪进行科学合理的保健。

工作任务 4-1　妊娠母猪的鉴别

一、妊娠母猪的行为特点

配种母猪受孕后，往往会出现食欲旺盛，容易上膘，毛色光亮，性情温顺，行动谨慎稳重，贪睡，阴户下联合的裂缝向上收缩形成一条线，尾巴自然下垂。同时妊娠母猪的新陈代谢旺盛，饲料利用率高，蛋白质合成增强，食欲旺盛，加上管理到位，对提高受胎率、产仔数、产活仔数、仔猪初生重及产后母猪泌乳性能等有重要作用。

二、母猪的妊娠诊断

早期妊娠诊断可以缩短母猪空怀时间，缩短母猪的繁殖周期，提高年产仔窝数，有利于保胎，提高分娩率等诸多优点。因此，在生产实际上对母猪进行早期妊娠诊断，其意义非常大。

早期妊娠诊断方法很多，目前通用的诊断方法主要有以下几种。

1. 外部观察法

母猪配种后 21 d 左右，如不再发情，贪睡眠、食欲旺、易上膘、皮毛光、性温顺、行动稳、夹尾走、阴门缩，则表明已妊娠。相反，若精神不安，阴户微肿，来回走动则往往是没有受胎的表现，应及时补配。

2. 返情检查法

根据母猪配种后 18～24 d 是否再次发情来判断是否妊娠。生产中，一般配种后母猪和空怀母猪都养在配种猪舍，在对空怀母猪查情时，用试情公猪对配种后 18～24 d 进行返情检查。若母猪出现发情表现，说明没有妊娠；若没有发情表现说明已经妊娠。

3. 激素注射诊断法

母猪配种后的 16～18 d，肌肉注射雌激素，没有妊娠的母猪一般在 2～3 d 出现发情症状，而已经妊娠的母猪不会出现发情症状。

4.尿液检查法

在母猪配种 10 d 以后,采集被检母猪清晨尿液 10 mL 置于烧瓶中,加入 5% 碘酊 1 mL,煮沸后观察烧瓶中尿液颜色。如尿液呈现淡红色,说明已妊娠;如尿液呈现淡黄色,且冷却后颜色很快消失,说明未妊娠。

5.超声波早期诊断法

目前在养猪生产中应用的主要有 A 型和 B 型超声波妊娠诊断仪。

(1)A 型超声波诊断法　A 型超声波诊断仪体积小、携带方便、操作简单、价格便宜,其发射的超声波遇到充满羊水而增大的子宫就会发出声音以提示妊娠。一般在母猪配种后 30 d 和 45 d 进行 2 次妊娠诊断,探测部位在母猪两侧后肋腹下部、倒数第 1 对乳头的上方 2.5 cm 处,在探头上涂抹植物油,然后将妊娠诊断仪探头紧贴在测定部位,拇指按压电源开关,对子宫进行扫描。如果仪器发出连续的"嘟嘟"声即判定为阳性,说明母猪已妊娠;若发出断续的"嘟嘟"声则判定为阴性,说明母猪没有妊娠。

(2)B 型超声波诊断法　B 型超声波诊断仪可通过探查胎体、胎水、胎心搏动及胎盘等来判断妊娠阶段、胎儿数及胎儿状态等。具有时间早、速度快、准确率高等优点。一般在配种后 22～40 d 进行妊娠诊断。母猪不需保定,只要保持安静即可。母猪体外探查在下腹部、后腿部前乳房上部。猪被毛稀少,探查时不必剪毛,但要保持探查部位的清洁,探查时涂抹专用药剂即可。22～24 d 其声像图能显示完整孕囊的液性暗区,超过 25 d,在完整孕囊中出现胎体反射的较强回声,超过 50 d 能见到部分孕囊和胎儿骨骼回声,均可确认为妊娠(图 4-1-1 至图 4-1-4)。

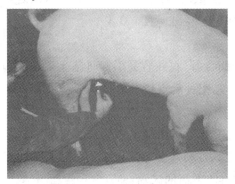

图 4-1-1　配种后 B 超检查位置

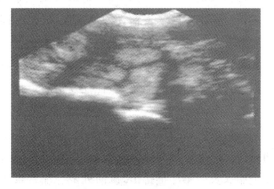

图 4-1-2　配种 21 d 后 B 超检查显示怀孕图

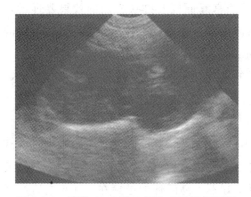

图 4-1-3　配种 22 d 后 B 超检查显示怀孕图

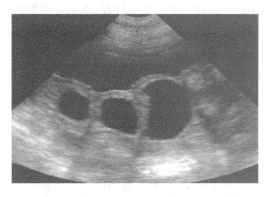

图 4-1-4　配种 23 d 后 B 超检查显示空怀图

三、母猪假孕的原因和解决方法

母猪假孕症是指母猪在发情配种后,没有出现明显返情症状,呈现受孕状态。随着时间的推移,母猪出现一系列类似正常妊娠的症状。妊娠期满,临产时虽有分娩的症状出现,结果却没有产出仔猪的一种综合病症。母猪假孕后长期消耗饲料,也使繁殖计划落空,给养殖者造成损失。

(一)母猪假孕的原因

不同品种、不同年龄胎次的母猪一年四季都可能发生假孕。母猪假孕症的病因很多。母猪发情后,虽经人工授精或自然交配,但未受孕,然而卵巢上形成的黄体,不但未发生退化,相反却持续分泌孕酮,从而出现一系列类似妊娠的表现,造成母猪假孕的原因主要包括:

1. 母猪消瘦

由于母猪哺乳带仔时间长、仔猪较多,加上饲养管理不当,造成母猪体况瘦弱,掉膘严重,机体营养贮备大量消耗,甚至出现哺乳瘫痪,导致机体激素分泌调节机能紊乱,断奶后发情时间延长。此时母猪即使出现发情症状,配种后也容易出现假孕现象。

2. 母猪饲料营养不平衡

母猪长期饲喂单一饲料,容易造成维生素、微量元素缺乏,特别是维生素 E 严重缺乏,母猪发情时间推迟或不发情。即使采取措施促进其发情也容易出现假孕现象。

3. 母猪生殖道疾病,导致卵巢功能紊乱

母猪感染细小病毒、乙脑病毒、伪狂犬病毒、猪瘟病毒等,往往容易引起母猪生殖道疾病,从而导致母猪卵巢功能紊乱,往往发情后母猪并不排卵,配种后容易出现假孕现象。

4. 误用、滥用激素类药物催情

在生产上适当使用某些激素类药物是有益,但误用或过度依赖激素则有百害而无一利。如在产后注射适量的氯前列醇,可以促进母猪泌乳,尤其在初产和胎龄较大的母猪更为明显;促进胎衣及恶露尽早排出,氯前列醇与缩宫素在促进排衣方面的区别:缩宫素药性猛、药效快,但在体内维持半衰期时间较短;氯前列醇则相反,其药性缓,在体内维持半衰期时间较长。因为子宫复原是一个缓慢的过程,所以氯前列醇在促进子宫复原以及排衣方面的效果要远远好于缩宫素。此外还可促进子宫复原及调节产后母猪体内激素平衡,对仔猪早期断奶后母猪的内分泌系统和子宫的尽早恢复,为下一个情期做好准备。

但正常繁殖母猪一定不要使用任何含有雌激素的药物,否则必然导致母猪假孕和产仔数下降。根据有关研究,雌二醇之类的雌激素与其他类似物(如玉米赤霉烯酮)将导致母猪假孕比率上升和产仔数显著下降。

后备或者经产母猪生殖器红肿类似发情,但又不是真正发情,其原因就是母猪服用过含有雌激素药物、添加剂,或者食用霉变饲料所致。注射激素催情之后,母猪发情的状况并不好,最严重的是发情了,但是不排卵或者排卵数目少,以至于好不容易配怀的母猪在 114 d 之后产仔数特别不尽人意。此外,多次注射过激素的母猪对于激素有了依赖性,产生负反馈调节,而其自身的内分泌系统紊乱了。这样的直接结果就是缩短了母猪的使用年限,而且终其一生的产仔数都不好。

5.体内寄生虫侵袭生殖系统

体内寄生虫一旦侵袭生殖系统,往往造成母猪激素分泌紊乱,从而导致假孕发生。

(二)母猪假孕症的防治要点

(1)做好分阶段饲喂工作,防止母猪膘情过肥或过瘦。要尽可能供给青绿饲料,注意维生素 E 的补充,添加亚硒酸钠维生素 E 粉,或将大麦浸捂发芽后,补饲母猪。

(2)异常发情不配种。如果母猪是异常发情,不要急于配种,应采取针对性治疗措施。在自然状态下正常发情后,再进行配种。

(3)做好断奶母猪的"短期优饲"。刚断奶隔离的母猪,应强化断奶后的饲养管理,适量补充蛋白质饲料。每次断奶隔离后,都要进行一次驱虫、防疫。对于膘情特差的母猪,要在膘情得到有效恢复后,再进行配种。

(4)仔细观察母猪配种后的行为,发现假孕母猪及早采取措施,终止伪妊娠。

(5)预防生殖道疾病对卵巢功能造成影响,在母猪分娩后肌肉注射青霉素,每天 2 次,连续 3 d。

(6)有针对性地选择使用激素类药物催情,最好在自然发情状态下进行配种。

(7)配合应用药物治疗,如肌肉注射前列腺素 1～2 mg。

【实训操作】

母猪妊娠诊断

一、实训目的

1.熟练掌握母猪妊娠鉴定的方法;

2.熟悉妊娠诊断的各种器械的操作;

3.能根据生产实际,准确分析母猪假孕的原因并提出具体解决措施。

二、实训材料与工具

早期妊娠母猪、B 超仪。

三、实训步骤

1.教师讲解妊娠诊断的方法;

2.教师指出 B 超仪操作要点;

3.每 4～6 个学生一组,轮流用外观检查和 B 超仪对配种母猪进行检查和判断;

4.找出假孕母猪,分析造成的原因,提出解决方案。

四、实训作业

组织学生到养殖场了解母猪妊娠诊断的方法以及 B 超仪的操作方法,根据所学知识检讨其科学性,并提出改进办法,完成实训报告。

五、技能考核

母猪妊娠诊断

序号	考核项目	考核内容	考核标准	评分
1	妊娠诊断	诊断的方法	能正确掌握各种诊断方法	15
2		B超仪的使用	能正确使用B超仪	15
3		准确识别妊娠母猪	能正确识别妊娠母猪	20
4	综合考核	妊娠诊断方法	能准确回答老师提出的问题	20
5		B超图形的识别	能根据不同母猪的B超显示图形,准确判断妊娠母猪	20
6		实训报告	能将整个实训过程完整、准确地表达	10
合计				100

工作任务 4-2   妊娠母猪的饲养管理

饲养妊娠母猪的目的在于保证胎儿在母体内得到充分的发育,防止化胎、死胎和流产,生产出数量多、体质强、初生重的仔猪。同时,还要保持母猪中等以上的膘情,为泌乳期多产乳储备足够的营养物质。

随着妊娠期的延长,母猪的体重增加,机体代谢活动增强。母猪妊娠后代谢活动增强,对饲料的利用率提高,蛋白质合成增强。在饲养水平相同条件下,妊娠母猪体内的营养蓄积比妊娠前多,表现为妊娠母猪的体重会迅速增加。增重是动物的一种适应性反应。因为母猪妊娠后由于内分泌活动增加,使机体的代谢活动增高,在整个妊娠期代谢率增加10%～15%,后期更是高达30%～40%。

母猪妊娠期间所增加的体重由体组织、胎儿、子宫及其内容物等三部分所构成。妊娠母猪能够在体内沉积较多的营养物质,以补充产后泌乳的需要。初产母猪妊娠全程增重为36～50 kg,而经产母猪只需增重27～39 kg。一般体重150 kg的母猪妊娠期间可增体重为30～40 kg。胎儿的生长发育是不均衡的,一般妊娠开始至60～70 d主要形成胚胎的组织器官,胎儿本身绝对增重不大,而母猪自身增加体重较多;到母猪妊娠70 d后至妊娠结束胎儿增重加快,初生仔猪重量的70%～80%是在妊娠后期完成的,并且胎盘、子宫及其内容物也在不断增长。

一、妊娠母猪的饲养

(一)满足营养需要

妊娠母猪的营养需要,应该首先满足胎儿的生长发育需要,其次是满足母猪本身体组织增重的需要,以便为哺乳期的泌乳贮备部分营养物质。

妊娠前期胎儿发育缓慢,主要是机体各种组织器官的分化形成阶段,所以需要营养物质不多,一般采用低标准饲养,但必须注意日粮配合的全价性。尤其在配种后9～21 d内。

妊娠后期,尤其是妊娠后的最后1个月,胎儿发育相当迅速,母猪所需营养物质也大量增加。因此,此阶段应喂给母猪充足的饲料,充分满足母猪采食和消化的能力,让母体积蓄一定的养分,以供产后泌乳的需要。同时也可以保证胎儿的营养需要,防止因营养不良而影响胎儿发育。因此,加强母猪妊娠后期的饲养,是保证胎儿正常发育的第二个关键性时期。

(二)饲养方式

根据妊娠母猪的营养需要、胎儿发育规律以及母猪的不同体况,应分别采取不同的饲养方式。

1.抓两头带中间

这种饲养方式适用于断奶后膘情较差的经产母猪。母猪经过上一次产仔和哺乳,体况消耗很大,往往比较瘦弱。为了使其迅速恢复繁殖体况,必须在配种前约 10 d 和妊娠初期加强营养,前后约 1 个月。这个阶段除喂给一定量的优质青粗饲料外,应加喂适量全价、优质的精饲料,特别是要富含蛋白质,待体况恢复后再转到按饲养标准喂养。到妊娠 80 d 后,再次提高营养水平,增加精料喂量,保证胎儿的营养需求和母猪产后的泌乳贮备,形成"高-低-高"的营养水平,且后期的营养水平应高于妊娠前期。

2.前粗后精

这种饲养方式适用于配种前膘情好的经产母猪。妊娠前期胎儿发育比较缓慢,如果母猪膘情比较好就不需要另外增加较多营养,应适当降低营养水平,日粮组成以青粗饲料为主。而到了妊娠后期胎儿生长发育加快,营养需要增多,再适当增加精饲料的喂量,以提供母猪充足的营养,满足胎儿迅速生长的需要。

3.步步高

这种饲养方式适用于处于生长发育阶段的初产母猪和哺乳期配种的母猪。前者本身还处在生长发育阶段,后者生产任务繁重,营养需求量很大。因此,整个妊娠期的营养水平应根据胎儿体重的增长情况而逐步提高,到分娩前 1 个月达到最高峰。这样既可以满足母猪的营养需求,也可保证胎儿的正常发育。产前 3~5 d 妊娠母猪应减少 10%~20% 的日粮。

由于妊娠母猪在整个 114 d 的妊娠期胚胎有三个死亡高峰,分别是:

第一个高峰期,在配种后 1 个月内,死亡数占胚胎数的 30%。时间主要是在受精后 9~13 d(合子附植期)和 21 d 左右(器官形成期)。其具体原因包括:受精卵先天缺陷(如近交、多精入卵、染色体缺陷等);饲料营养素不足或不平衡;饲料变质、发霉、有毒等;怀孕初期采食能量过高;高温影响;母猪有疾病;咬架、剧烈运动或其他应激因素(如滑倒、疫苗注射等)。

第二个高峰期,在配种后 60~70 d,死亡数占胚胎数的 15% 左右。主要原因有:胎盘停止生长,而胎儿到了快速生长时间,供需出现矛盾;打架、剧烈运动、应激因素。由于宫内血液循环下降,胎儿养分供应不足。

第三个高峰期,怀孕后期至产前,死亡数占胚胎数的 10% 左右。主要原因是由于中期营养不足而发育不良或临产前剧烈运动,造成胚胎的脐带断裂,胎儿死亡。由于 2/3 的胎儿体重是在怀孕后期的 1/3 时间内生长的,即 80 d 后是胎儿生长发育的高峰期,故应增加母猪的营养摄入,但在产前 1 周应减料。

因此,日常的饲养管理工作就显得特别重要。

(三)饲养技术

妊娠母猪的饲养模式有限位饲养、单栏饲养、小群饲养和大栏饲养等(图 4-2-1 至图 4-2-4)。限位饲养能准确控制每头母猪的饲料采食量,有利于控制母猪膘情,但母猪缺乏运动,因肢蹄问题淘汰率高;单栏饲养的母猪易于控制膘情,肢蹄问题少,但猪场占地面积大,投资高;小群饲养有效提高了栏舍的利用率,但往往出现强夺弱食现象,造成母猪肥瘦不匀;大栏饲养目前国外用得比较多。

在日常饲养过程中,为提高母猪的产仔数,妊娠母猪的饲粮可以由精料型和一部分青粗料组成,饲喂时为防止母猪挑食,可将精料与青粗料加水搅拌成湿拌料进行饲喂。严格防止饲喂发霉变质或有毒物质的饲料,冬季也不应饲喂冰冻的饲料,以防止胚胎中毒造成死亡或流产。

图 4-2-1　妊娠母猪限位饲养

图 4-2-2　妊娠母猪小群饲养

图 4-2-3　妊娠母猪单栏饲养

图 4-2-4　妊娠母猪大栏饲养

母猪产前 30 d 左右,日粮应逐渐过渡使用哺乳期的日粮,严禁骤然更换饲粮,以免引起母猪不适应而造成便秘或腹泻,甚至流产。产前 3 d 左右,应逐渐减少饲料喂量,至临产前可降低到原饲喂量的 70%,甚至不喂。日常饲养上,不应饲喂难以消化和易引起便秘的饲料,以防消化不良和造成流产。

近年来国内外普遍采取"低妊娠,高泌乳"的饲养技术,即对妊娠母猪采取限量饲养,哺乳母猪则实行充分饲养的方法。因为妊娠期在体内贮备营养供给产后泌乳,造成营养的二次转化,要多消耗能量。同时,妊娠期增重较少的母猪在哺乳期的饲料利用率较高。如果妊娠期营养过于丰富,体脂贮备过多,则会使哺乳期母猪食欲不良,影响泌乳量,减重多,影响断奶后的发情配种。

二、妊娠母猪的管理

妊娠母猪管理的中心任务是做好保胎工作,促进胎儿的正常生长发育,防止流产、化胎和死胎。因此,在生产中应注意以下几方面的管理工作:

1.注意环境卫生,预防疾病

母猪子宫炎、乳房炎、乙型脑炎、流行性感冒等都会引起母猪体温升高,造成母猪食欲减退和胎儿死亡。因此,做好圈舍的清洁卫生,保持圈舍空气新鲜,认真进行消毒和疾病预防工作,防止乳房发炎、生殖道感染和其他疾病的传播,是减少胚胎死亡的重要措施。

2.防暑降温、防寒保暖

环境温度影响胚胎的发育,特别是高温季节,胚胎死亡会增加。因此要注意保持圈舍适宜的环境温度,不过热过冷,做好夏季防暑降温、冬季防寒保暖工作。夏季降温措施一般有洒水、洗浴、搭凉棚、通风等。冬季可用增加垫草、地炕、挡风等做好防寒保温工作,防止母猪感冒发烧造成胚胎死亡或流产。

3.做好驱虫、灭虱工作

猪的蛔虫、猪虱等内外寄生虫会严重影响猪只健康状况,影响猪对营养物质的消化吸收,可以传播疾病,并容易传染给仔猪。因此,在母猪配种前或妊娠中期,最好进行一次药物驱虫,并经常做好灭虱工作。

4.避免机械损伤

妊娠母猪应防止相互咬架、挤压、滑倒、惊吓和追赶等一切可能造成机械性损伤和流产的现象发生。因此,妊娠母猪应尽量减少合群和转圈,调群时不要赶得太急;妊娠后期应单圈饲养,防止拥挤和咬斗;不能鞭打、惊吓猪,防止造成流产。

5.适当运动

妊娠母猪要给予适当的运动。妊娠的第一个月以恢复母猪体力为主,要使母猪吃好、睡好、少运动。此后,应让母猪有充分的运动,一般每天运动 1～2 h。妊娠中、后期应减少运动量,或让母猪自由活动,临产前 5～7 d 应停止运动(图 4-2-5)。

图 4-2-5　妊娠母猪运动

三、妊娠母猪的护理

(一)妊娠母猪护理的作用

为了提高养猪经济效益,充分发挥母猪的生产性能、保障母猪健康状况、最大限度地提高繁殖母猪生产性能,提高母猪的免疫机能,降低产后感染产道炎、乳房炎、缺奶综合征,加强保健与护理极为重要。妊娠期内,母猪的合成代谢高于空怀母猪,饲料利用效率提高。而且妊娠期母猪在整个妊娠期中增重约 40 kg,自身增重和子宫内容物大致各半,体重增重是前期高于后期,子宫内容物增重是后期高于前期(图 4-2-6)。因此,对妊娠母猪的饲养管理就是要保证胎儿正常发育,为产后泌乳贮备营养,防止化胎、木乃伊、死胎和流产,提高产活仔数和初生重,因此,一定要做好妊娠期母猪的保健工作。

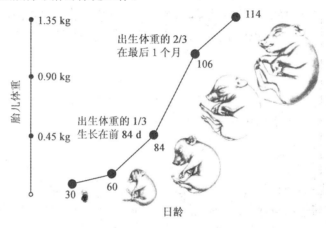

图 4-2-6　仔猪胎儿的生长发育

(二)妊娠母猪护理要点

1.防止流产

防止流产、增加产仔数和仔猪出生重量,并为分娩、泌乳做好准备。减少猪只间的争斗,保持圈舍清洁,地面要平整防滑,防止流产(图 4-2-7)。母猪妊娠后 1 个月内禁止注射疫苗或使用药物,否则不利于受精卵着床,对胎儿初期发育不利。

图 4-2-7　流产的胎儿

140

2. 正确饲养

应根据母猪体况进行饲喂,防止过瘦及过肥。根据自己的条件可选用全价妊娠母猪料。一般来说,可分 3 个阶段饲养。

(1)妊娠早期　即配种后的 1 个月以内,这个时期饲料量不要求很多,但只要求好。一般在母猪的日粮中,精料的比例较大,但切忌喂发霉变质和有毒的饲料。

(2)妊娠中期　即妊娠的第 2～3 个月之内,这个时期饲料可以差一些,即可以喂食青绿多汁饲料或青贮料,少量加喂精料,但一定要给母猪吃饱。在这期间要开始加喂增强母猪机体免疫力的药物,如植物多糖等。

(3)妊娠后期　即临产前 1 个月内,这个时期,日粮中的精料可以大量增加,相对减少青绿多汁饲料或青贮料,每次给量不宜过多,避免胃肠内容物过多而压挤胎儿。在妊娠母猪的饲料中,必须保证蛋白质、矿物质和维生素营养物质的平衡,蛋白质是组成胎儿的主要成分,越到妊娠后期需要量越大。在饲料中,每天供应量不少于 120 g 全价蛋白质。钙磷是胎儿骨骼的主要成分,在母猪日粮中,每天供给 5～8 g 钙,4～5 g 磷,才能满足需要。产前应给母猪减料。分娩前 1 周喂以轻泻性饲料。将母猪迁入产房以前,用消毒去污剂洗刷母猪全身,然后转入产房适应环境。

3. 防疫和驱虫

母猪妊娠后期搞好防疫注射和驱虫,需考虑进行伪狂犬病、蓝耳病、口蹄疫、猪肺疫、链球菌病及大肠杆菌基因工程苗、萎缩性鼻炎苗等的预防接种,成为仔猪提供必要的母源抗体。饲料中添加伊维菌素等驱除体外寄生虫,妊娠母猪应于妊娠后期进入产房前 10 d 左右进行一次驱虫。天气炎热时,禁止使用容易引起流产的药物(如地塞米松)。应用猪大肠杆菌 K 88、K 99、9878、F41 四联苗 2 mL 或大肠杆菌 K88、K99 工程苗 1 头份,用生理盐水 2 mL 稀释后,给分娩前 21 d 左右的怀孕母猪肌注,能有效地防止新生仔猪黄痢的发生。

4. 精心管理

避免各种应激,如踢、打、热应激等,以免造成死胎。应特别做好夏季降温和冬季保暖工作,降温方法有增加通风量、隔热屋顶、淋浴水帘降温、喷雾降温等。猪舍温度保持在 20℃左右。

禁止饲喂发霉、腐败、变质、冰冻的饲料。怀孕母猪对维生素的需求量比较大,因此在妊娠期每个月使用电解多维饮水 1 周,除了能补充维生素的需要外,还能减少应激,增强母猪的抗病能力。同时在妊娠母猪的饲料中添加一些防止母猪发生便秘的营养物也是非常重要的。

5. 临产前保健

母猪进入分娩舍前,应做好妊娠母猪、产房的消毒工作,减少母猪乳房炎、产道炎、仔猪早期下痢等疾病发生。妊娠母猪产前应对阴门和乳房进行消毒,用浸泡消毒水的毛巾擦拭阴门和乳房,注意选用温和型消毒液。产房环境消毒包括产房地面、圈栏、饲喂用具等用 2% 火碱溶液刷洗消毒后用清水冲洗、晾干,墙壁、天棚等用石灰粉刷消毒,发生过仔猪下痢的猪栏要彻底消毒产房要提前进行甲醛熏蒸消毒。妊娠母猪在妊娠后期,注射氯前列烯醇能诱导母猪白天分娩,生产实际中,可将预产期在 112 d 或 113 d 的母猪,在上午 10～12 时,在母猪的后海穴或肌肉注射氯前列烯醇 0.07～0.20 mg,能诱使母猪可在第 2 天的上午 8～12 时分娩,并且具有促进母猪泌乳、排出胎衣、净化子宫,调整卵巢的功能。

【实训操作】

妊娠母猪的饲养管理

一、实训目的

1.通过观看妊娠母猪饲养管理操作的录像或实训猪场参观,掌握妊娠母猪的饲养方法;

2.掌握妊娠母猪日常管理要点;

3.掌握妊娠母猪护理要点和难点。

二、实训材料与工具

妊娠母猪饲养管理教学录像、放映设备。

三、实训步骤

1.反复放映录像带或参加妊娠母猪舍的日常饲养管理;

2.教师指出日常饲养管理的关键操作动作;

3.学生归纳出妊娠母猪饲养管理操作要领。

四、实训作业

组织学生到养殖场了解妊娠母猪的生产工艺流程及操作方法,根据所学知识检讨其科学性,并提出改进办法,完成实训报告。

五、技能考核

妊娠母猪的饲养管理

序号	考核项目	考核内容	考核标准	评分
1	妊娠母猪的饲养管理	妊娠母猪的饲养	能正确饲养母猪	15
2		妊娠母猪的管理	能做好妊娠母猪的日常管理工作	15
3		妊娠母猪的保健	能制订正确的保健计划	20
4	综合考核	妊娠母猪的饲养方法	能准确回答老师提出的问题	20
5		妊娠母猪日常管理要点	能对妊娠母猪饲养管理提出合理化建议	20
6		实训报告	能将整个实训过程完整、准确地表达	10
合计				100

【小结】

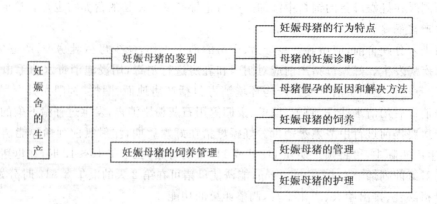

【自测训练】

一、填空题

1.目前生产上常用的妊娠检测方法主要有 _____、_____、_____、_____、_____等几种方法。

2."假孕"是指_____。

3.妊娠母猪增加的体重主要是 _____、_____和_____组成。

4.妊娠母猪胎儿体重增加主要在怀孕的_____月。

5.妊娠母猪的饲养方式有 _____、_____和_____。

二、问答题

1.使用 B 超仪检测时应注意什么?

2.生产实际中,如何避免假孕现象的发生?

3.对妊娠母猪进行护理的意义有哪些?

4.提高仔猪初生重的技术措施有哪些?

学习情境 5　分娩舍的生产

【知识目标】

1. 掌握哺乳母猪和哺乳仔猪的饲养管理技术和要点；

2. 掌握接产和助产技术；

3. 了解哺乳仔猪的生理特点、哺乳仔猪死亡的原因。

【能力目标】

1. 能科学地对分娩母猪进行饲养管理；

2. 能准确推算母猪预产期，准备产房；

3. 能对母猪进行正常接产，能护理初生仔猪；

4. 能对难产母猪进行预防和处理；

5. 能科学地进行哺乳母猪和哺乳仔猪的饲养管理。

工作任务 5-1　分娩母猪的鉴别

一、母猪临产症状

母猪临产前的征兆有很多，随着胎儿的发育成熟，妊娠母猪在生理上会发生一系列的变化，如乳房膨大，产道松弛，阴户红肿，行动异常这都是准备分娩的表现。掌握这些变化既可以合理安排接产，又可以防止流产。

1. 行为上的变化

母猪临产前 6~12 h，常出现衔草做窝，无草可做窝时，也会用嘴拱地，前蹄扒地呈作窝状；母猪紧张不安，时起时卧，突然停食，频频排粪尿，且短软量少；当阴部流出稀薄的带血黏液时，说明母猪已"破水"，即将在 30 min 内产仔。"母猪频频尿，产仔就来到"，也就是母猪不仅排尿次数增多，排便次数也增多，母猪安稳躺下，不吃不饮，为临产征兆。

2. 乳房变化

母猪在分娩前 3 周左右，腹部急剧膨大下垂，乳房从后到前依次逐渐膨胀，乳头呈"八"字形分开，至产前 2~3 d，更为潮红，乳头可以挤出乳汁。产前 24 h 可挤出浓稠的初乳（只针对营养好的母猪，营养差的母猪这个特征不明显）。一般来说，前面乳头能挤出乳汁时，约 24 h 产仔；中间乳头挤出乳汁时约 12 h 产仔；最后一对挤出乳汁时，约 5 h 产仔（图 5-1-1）。

3. 体态变化

临产前母猪腹大而下垂，躺下时能看到胎儿在腹内跳动。母猪产前 3~5 d 外阴部红肿异常，尾根两侧下陷，骨盆开张，为产仔做好准备。产前 6~8 h，母猪起卧不安，行动缓慢慎重，经常衔草做窝，食欲减退。当母猪表现为时起时卧、频频排尿、阴户有羊水流出时，表示仔猪即将产出(图 5-1-2)。

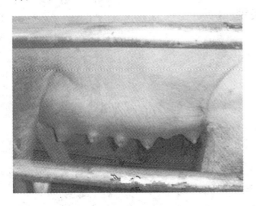

图 5-1-1　临产母猪乳头膨大

图 5-1-2　临产母猪阴部红肿

二、分娩母猪的鉴别

一般情况下,母猪的妊娠期为 109～117 d,平均是 3 个月 3 周零 3 d,即 114 d。但是在实际生产中,母猪具体在哪一天生产,是比较难以预测的。因为不同母猪的妊娠期有长有短,即使同一头母猪在不同的营养水平、不同的胎次时、不同的季节产仔时,其妊娠期会有所差异。如母猪在营养好、胎儿较多的情况下,母猪的妊娠期就会缩短,就会早生产,相反,如果母猪的营养差,胎儿数量又少,母猪的妊娠期就会延长,预产期也会延后。所以,在对妊娠母猪的实际管理中,除了要计算母猪较为准确的预产期外,还要注意观察母猪生产前的变化,以便准确的做出判断,做好接产准备,保证子母猪的安全。

(一)预产期的推算

按"月上加 4 或减 8,日上减 7"的方法,可以较为准确的推算母猪预产期。"月上加 4 或减 8,日上减 7"就是在配种月数上加上 4 或减 8,再从配种日数上减去 7,得到的日期就是母猪的预产期。如某母猪在 5 月 10 日配种,5 月加上 4,即向后倒数 4 个月即为 9 月,而 10 日减去 7,就是向前数 7 日,应为 3 日,这头母猪的预产期应该是本年的 9 月 3 日。

(二)母猪分娩前的征兆

母猪分娩前体态变化的鉴别程序一般是:一是分娩前 2 周,乳房从后面向前逐渐膨大,乳房基部与腹部之间出现明显的界限;二是分娩前一周乳头呈"八"形向两侧分开;三是分娩前 4～5 d 乳房显著膨大,呈潮红色发亮,后一对乳房用手挤压有少量清亮乳汁流出;四是分娩前 3 d,母猪起卧行动稳重谨慎,乳头可分泌乳汁,手摸乳头有热感;五是分娩前 1 d,挤出的乳汁较浓稠,呈黄色,母猪阴门肿大、松弛、呈红紫色,并有黏液从阴门流出;六是分娩前 5～10 h,母猪卧立不安、外阴肿胀变红、衔草做窝;七是分娩前 1～2 h,母猪极度不安、呼吸急促、来回走动、频繁排尿、阴门中有浅黄色黏液流出,当母猪躺卧、四肢伸直、阵缩时间越来越短、羊水流出,第一头小猪即可产出。

因此,在实际生产中具有上述特征的母猪,应该多给予关注,及时检查,以便做好接产准备。

【实训操作】

分娩母猪的鉴别

一、实训目的

1.了解分娩母猪的生理和行为特点;

2.掌握母猪分娩诊断方法;

3.准确推算母猪预产期。

二、实训材料与工具

分娩母猪、相关教学多媒体及视频材料。

三、实训步骤

1.反复放映录像带或在实训猪场由指导老师带领参观进入预产期的母猪;

2.根据母猪临产症状,正确识别即将分娩母猪;

3.根据配种记录,准确推算母猪预产期;

4.对分娩前母猪进行检测并做出评估。

四、实训作业

学生反复学习,形成报告。

五、技能考核

分娩母猪的鉴别

序号	考核项目	考核内容	考核标准	评分
1	母猪分娩鉴定	预产期的推算	能正确推算预产期	15
2		分娩的症状	能准确鉴定分娩母猪	25
3	综合考核	分娩母猪的鉴定	能准确回答老师提出的问题	20
4		分娩的症状	能准确把握分娩的症状	25
5		实训报告	能将整个实训过程完整、准确地表达	15
合计				100

工作任务 5-2　母猪的分娩

一、产前准备

母猪在分娩前要做许多产前准备工作。根据预产期,在母猪临产前5～7 d准备好产房,产房内要求温暖干燥,清洁卫生,舒适安静,阳光充足,空气新鲜。温度为23～25℃,相对湿度为65%～75%。

产房在母猪调入前必须进行彻底冲洗和消毒。彻底清除产房墙角和产床缝隙等处所残留的粪便后,可用2%～5%的来苏儿或2%～3%的烧碱水进行消毒,围墙可用20%的生石灰溶液粉刷消毒。空栏晾晒3～5 d后方可调入母猪,并铺上柔软清洁的垫草。

产前1周将母猪赶入产房,让母猪适应新的环境。母猪进入产房前要用温和的肥皂水清洗,清除脏物和病原体。若发现母猪身上有寄生虫,可用2%的敌百虫溶液喷雾,以免母猪将寄生虫传染给仔猪。产前清洗母猪乳房、阴部,再用 0.1% 高锰酸钾水溶液擦洗消毒。临产前应在圈内铺上清洁干燥的垫草,母猪产仔后立即更换垫草,清除污物,保持垫草和圈舍的干燥清洁。冬季要做好保温,避免母猪感冒。保持母猪乳房和乳头的清洁卫生,减少仔猪吃奶时的污染。保持产房安静,让母猪充分休息,尽快恢复体力,有利于母猪哺乳。要注意对产后母猪的观察,如有异常及时请技术人员诊治。

如果怀孕母猪膘情好、乳房膨大明显,应从产前 1 周开始逐渐减少每日的喂料量,产前 1~2 d 减至正常喂料量的 1/2,尤其应减粗饲料、糟渣类饲料等大容积饲料的喂量,以免压迫胎儿或使母猪发生便秘,从而影响分娩。发现母猪有临产症状要停止喂料,只喂豆饼麸皮汤。如果母猪膘情较差、乳房干瘪,则应增加喂料量,尤其应加喂豆饼等蛋白质饲料进行催乳,以防母猪产后无乳。

母猪产前 1 周应停止远距离运动,可让其在猪舍附近或运动场上自由活动,避免因剧烈运动引起流产或死胎。

此外,还应准备好接产用具,如消毒药品、照明灯具、剪刀、碘酒、仔猪保温箱、母猪产仔记录卡、耳号钳等。

二、母猪的分娩

分娩是由子宫和腹部收缩,把胎儿及其附属膜排出产道的过程。分娩过程可分为开口期、胎儿产出期、胎衣排出期。

1. 开口期

子宫颈口开张,流出羊水,只有阵缩而不出现努责。由于子宫颈的扩张和子宫肌的收缩,迫使胎儿和胎膜推向已松弛的子宫颈,开始时每 5 min 左右收缩一次,持续 20 s。随着时间推进,收缩频率、强度和持续时间增加。

2. 胎儿产出期

努责是排出胎儿的主要力量,它比阵缩出现晚,停止早。阵缩和努责的共同作用完成胎儿的产出。猪属于弥散型胎盘,胎儿与母体的联系在开口期不久就被破坏,随之中断胎盘供氧,胎儿应尽快排出,以免窒息(图 5-2-1)。

3. 胎衣排出期

当胎儿排出后,母猪即安静下来,经过几分钟后,子宫主动收缩,有时还配合轻度努责,迫使胎衣排出(图 5-2-2)。

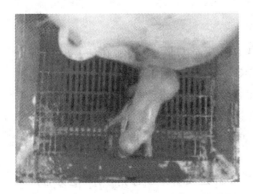

图 5-2-1　母猪分娩

图 5-2-2　母猪胎衣

母猪分娩一般取侧卧，胎膜不露于阴门之外，羊水也少，当猪努责 1～4 次，即可产出 1 仔，2 个胎儿娩出间隔 5～20 min，产程一般 2～6 h，正常情况下，一般产后 10～60 min 从 2 个子宫角排出 2 堆胎衣。

三、母猪接产技术

(一)接产操作

母猪一般在夜深人静的时候开始产仔，整个接产过程要求保持环境安静，动作迅速准确。仔猪产出后，立即用清洁的毛巾擦净仔猪口腔和鼻腔周围的黏液，以防仔猪窒息，然后用毛巾或干草擦净仔猪体表的黏液，以免仔猪受冻。

仔猪产出后一般脐带会自行扯断，但仍拖着 20～40 cm 长的脐带，此时应及时人工断脐带。断脐时先将脐带内的血液挤向仔猪腹部，在距腹部 3～5 cm，即三指宽处用手钝性扯断脐带。断脐前后应以 5％的碘酒消毒脐部，如脐带断后仍然流血，可用手指捏住断端 3～5 min，即可压迫止血。

仔猪断脐后应立即进行编号、称重，并登记母猪产仔记录卡。一般公猪编单号，母猪编双号。编号的方法很多，目前常用剪耳法，即利用耳号钳在猪耳朵上打缺口，编号原则为："左大右小，上一下三。"

胎儿分娩结束后，应立即将仔猪送到母猪身边并固定奶头吃奶，个别仔猪生后不会吃奶，需要进行人工辅助固定。寒冷冬季，无供暖设备的圈舍要生火保温，或用红外线灯泡提高局部温度。

产完后 0.5～2 h，母猪排出胎衣。这时要认真仔细检查胎衣数量，只有两侧子宫角的胎衣都排出来时，才能说明母猪产仔结束。此时，应及时将产房打扫干净，清除胎衣与污染的垫草，以防母猪因吃掉胎衣而造成消化不良、无奶及养成吃仔猪的恶癖。

(二)认真做好分娩护理

临产前，用 0.1％高锰酸钾水溶液清洗母猪体表，尤其是乳房、外阴及臀部，检查乳头是否被"乳塞"堵住，并清除之。同时将所有乳头头几滴奶挤掉。

仔猪出生后应立即将其口、鼻黏液擦净。当仔猪裹在胎衣里产出时，就要尽快撕破胎衣，把仔猪从胎衣中取出来；当胎膜盖住鼻子和嘴时，要及时从仔猪鼻子和嘴上掀开，并用抹布将猪体上的羊水擦干，或在猪体上涂干粉，以利于吸收水分、保持体温。

(三)人工助产及难产准备工作

1. 注意做好人工助产

母猪分娩正常时一般不需要助产，如果分娩过程不顺利而发生难产，则必须及时进行助产。分娩过程中是否需要助产必须进行准确的判断，不要急于助产，因为助产会增加产道感染的危险性。另一方面，如果分娩过程不顺利，又没有及时进行助产，常常会增加死胎，并且降低仔猪存活力。实际上，确定一个母猪是否难产，首先通过看它的腹部饱满程度(是否还有仔猪)和它所生产仔猪的数量来确定母猪分娩有没有结束，如果出现以下三个方面的迹象可表明为难产：

(1)当母猪羊水已经流出并不断努责，但已超过 45 min 还没有产出仔猪，可判定为难产。

(2)母猪已经顺利产出一头或几头仔猪，但它仍十分烦躁、极度紧张、剧烈努责、超过

45 min 仍不能继续产出仔猪,亦可判定为难产,须及时助产。

(3)所有出生仔猪皮肤上的黏液都已经干了,但饲养员仍能确定母猪体内有仔猪没有生完。

前两个现象表明,两头相邻仔猪出生间隔要有一个准确的时间记录。

2.助产操作步骤

(1)助产者应用温水加消毒剂(新洁尔灭、洗必泰等)或温肥皂水彻底清洗母猪阴户及臀部。

(2)术者手和胳膊要戴经过消毒的长臂手套并涂上润滑剂(如液体石蜡),将手卷成锥形,趁母猪努责间歇产道扩张时伸入手臂。如果母猪右侧卧,就用右手,反之用左手。

(3)将手用力压,慢慢穿过阴道,进入子宫颈,子宫在骨盆边缘的正下方。手一进入子宫常可摸到仔猪的头或后腿,要根据胎位抓住仔猪的后腿或头或下巴慢慢把仔猪拉出(图 5-2-3)。注意,不要将胎衣和仔猪一起拉出。

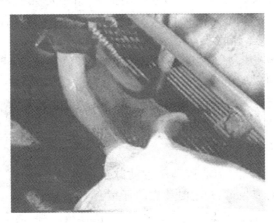

图 5-2-3　母猪助产

如果两头仔猪在交叉点堵住,先将一头推回,抓住另一头拖出。在进行助产时动作要轻,避免碰伤阴道和子宫颈。如果胎儿头部过大,母猪骨盆相对狭窄,用手不易拉出,可将打结的绳子伸进仔猪口中套住下巴慢慢拉出。如果通过检查发现子宫颈口内无仔猪,可能是子宫阵缩无力,胎儿仍在子宫角未下来,这时可使用催产素进行催产,通过促使子宫肌肉收缩,帮助胎儿尽快出生。在使用催产素时,一定要严格掌握催产素注射剂量,一次注射后,如果 60 min 仍未见效,可进行第 2 次注射,若仍然没有仔猪出生,则应驱赶母猪在分娩舍附近平坦地面走动一段时间,可使胎儿复位以消除分娩障碍,使分娩过程得以顺利进行。

助产后必须给母猪注射抗菌药物,防止泌尿生殖道感染而引起泌乳障碍综合征。

(四)防止难产

母猪难产发生率较低,一般仅占分娩的 0.2%～0.25%。如果出现下列症状,可以断定是难产。妊娠期推迟;阴道流出污血和胎粪,但是没有分娩阵痛的现象;持续阵痛但没有生下仔猪;产下部分仔猪后,阵痛消失,母猪显现衰弱;阴户有棕褐色及有恶臭的排泄物黏附;经过持续的阵痛后,母猪显现衰弱和体力耗尽等。

当确认母猪难产时,可进行产道检查,必要时采取人工助产。助产前必须用肥皂水及消毒液彻底清洗母猪外阴和助产者的手臂,防止感染。并在手臂上涂抹润滑剂,把手伸进阴道拉出一头或多头仔猪。人工助产后,应给母猪使用抗菌类药物。若子宫收缩无力,可使用 20～40 IU 的催产素,每隔 15～20 min 作肌肉注射。若母猪阵痛超过 24 h,助产失败时可进行剖腹产。

(五)避免滥用催产素

通常,当母猪分娩过程较慢时,有的饲养员或初学兽医人员为求快速分娩,喜欢用"催产素"(缩宫素)来催产。由于催产素的使用是有一定适应症的,因此不可滥用。如果出现仔猪产出较慢的问题,不去认真分析和检查产道,就不分青红皂白地注射催产素,弊多利少。轻者,造成胎儿与胎盘过早分离,或在分娩前脐带断裂,使胎儿失去氧气供应而致胎儿窒息死亡。重者,如果母猪骨盆狭窄,胎儿过大,胎位不正,会造成子宫破裂。因此,在实际生产上,出现以下情况才可使用催产素。

(1)在仔猪出生 1～2 头后,估计母猪骨盆大小正常,胎儿大小适度,胎位正常,从产道娩出是没问题的,但子宫收缩无力,母猪长时间有努责而不能产出仔猪时(间隔时间超过 45 min)可考虑使用催产素,使子宫增强收缩力促使胎儿娩出。

(2)在人工助产的情况下,进入产道的仔猪已被掏出,估计还有仔猪在子宫角未下来时可使用。

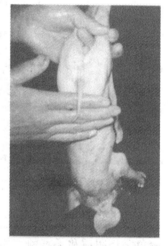

(3)胎衣不下,产仔后 1～3 h 即可排出胎衣,若 3 h 以后仍没有胎衣排出则为胎衣不下,可注射催产素。

(六)假死仔猪的急救

有的仔猪产出后呼吸停止,但心脏和脐带动脉还在跳动,这种现象称为"假死"。据研究报道,初生时死亡的仔猪有 70% 是假死。如果立即对假死仔猪进行救护,一般都能救活,使仔猪迅速恢复呼吸。判断为假死的仔猪,应立即清除口腔、鼻内和体表的黏液,立即进行急救,常见的急救办法有:

(1)倒提仔猪,轻轻拍打胸部,直到仔猪发出叫声为止(图 5-2-4)。

(2)左右手分别握住仔猪肩部与臀部,腹部朝上,而后双手向

图 5-2-4 假死仔猪的抢救(1)

腹中心回折,并迅速复位,双手一屈一伸反复进行,一般经过几次来回,就可以听到仔猪猛然发出声音,如法徐徐重做,直到呼吸正常为止(图 5-2-5)。

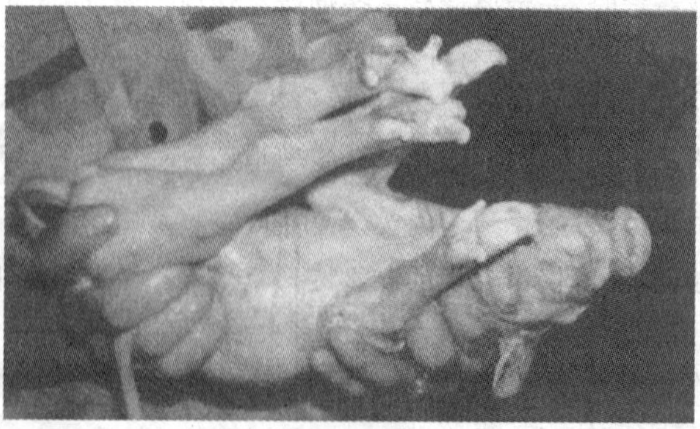

图 5-2-5 假死仔猪的抢救(2)

（3）让仔猪躺在地面上，腹部向上，分别握住仔猪的两个前脚，一张一合，直到仔猪发出叫声为止。

（4）两手轻握仔猪的胸部，迅速将仔猪浸入 38℃温水中，把头鼻部露出水面，轻轻按压仔猪的胸部，直到仔猪发出叫声为止。

有时假死仔猪的急救也采用药物刺激法，即用酒精、氨水等刺激性强的药液涂擦于仔猪鼻端，刺激鼻腔黏膜恢复呼吸。

四、母猪的产后护理

母猪分娩时，生殖器官发生了急剧的变化，机体的抵抗力明显下降。因此，母猪产后要进行妥善的护理，让其尽早恢复健康，投入正常的生产。母猪产后要随时观察采食、体温变化，注意有无大出血、产后乳房炎、瘫痪、产后无乳等情况。对人工助产母猪要清洗产道，并且药物消炎。产后 2~5 d 逐渐增加喂料，1 周后达最高用量，能吃多少给多少。断奶前 2~3 d，视母猪膘情适当减料，控制饮水。

（一）检查胎衣

检查胎衣是否完全排出，胎衣数或脐带数是否与产仔数一致。胎衣不下的，肌注己烯雌酚 10 mg，等子宫颈扩张后，可每隔 30 min 肌肉注射催产素 30 IU，连续 2~3 次。确定胎衣完全排出后，向产道深部投放青霉素 80 万~160 万 IU。

（二）采取适宜的消炎方法

母猪分娩后应立即用温水与消毒液清洗消毒母猪乳房、阴部与后躯血污，并更换垫草，清除污物，保持垫草和圈舍的清洁干燥。经常保持产房安静，让母猪充分休息。产后 2~3 d 减少母猪户外活动时间，让母猪尽快恢复正常。保持母猪乳房和乳头的清洁卫生，减少仔猪吃奶时的污染。

初产母猪或胎儿过大或过多，难产的母猪，子宫易受损伤，消炎一般以 7 d 为一疗程，每次药量按每千克体重肌注青霉素 3 万 IU，每天 2 次。同时可向产道深部灌注温的 0.1% 高锰酸钾溶液，直至恢复正常为止。对曾有产后患病史的经产母猪，也按上述方法用药。对正常顺产的经产母猪，每次药量按每千克体重青霉素 2 万 IU，每天 2 次，连用 20 d。

（三）分娩母猪的饲养

母猪分娩后，身体极度疲劳虚弱，消化能力差，不愿吃食和活动，此时不要急于喂料，只喂给热麸皮盐水即可，也可以喂给益母草水，以便解渴通便、去恶露。母猪分娩后 8 h 内不宜喂料，保证供应温水，第 2 天早上再给流食，因为产后的母猪消化机能很弱，应逐步恢复饲喂量。如果母猪消化能力恢复得好，仔猪又多，2 d 后可以恢复到分娩前的饲喂量。如果母猪少乳或没乳，必须马上采取措施挽救仔猪，可先调制些催乳的粥饲料类，如小米粥、用小鱼和小虾煮的汤、豆浆、牛奶等，每天喂饲 3 次，泌乳量上来后再逐渐减少直至停喂。如果仍不见效，可使用中草药进行药物催乳。催乳剂：王不留行 40 g、木通 30 g、益母草 50 g、六神曲 40 g、荆三棱 30 g、赤芍药 20 g、炒麦芽 50 g、杜红花 30 g，8 味药混合后加水煮汁，每天 1 剂，分 2 次投给，连服 2~3 d。当前有些猪场在母猪分娩前 7~10 d 内饲喂一定剂量抗生素，认为既可防病（包括仔猪疾病），又可防止分娩期间以及以后出现疾病。

妊娠后期母猪如果饲养不良，则产后 2~5 d 由于血糖、血钙突然减少等原因，常易发生产后瘫痪,食欲减退或废绝,乳汁分泌减少甚至无奶,这时除进行药物治疗外,应检查日粮营养水平,喂给易消化的全价日粮,刷拭皮肤,促进血液循环,增加垫草,经常翻转病猪,防止发生褥疮。

(四)分娩母猪的管理

母猪分娩结束后,要及时清除污染物,墙面、地面、栏杆擦干净后,喷洒2%来苏儿进行消毒,给母猪创造一个卫生、安静、空气新鲜的环境。细心观察分娩后的母猪和仔猪的动态。母猪产后其子宫和产道都有不同程度的损伤,病原微生物容易入侵和繁殖,给机体带来危害。对常发病如子宫炎、产后热、乳房炎、仔猪下痢等病症应早发现早治疗,以免全窝仔猪被传染。例如,发现有一头母猪精神不振、食欲减退、有剩料等现象,要及时查明原因,如果是因子宫发炎所致,连续注射青霉素2 d后可痊愈,一般不会影响仔猪哺乳。如发现有仔猪下痢,应立刻清除传染源,并及时治疗。母猪分娩3 d后,有条件时可将母猪放进运动场自由活动,使其接触阳光,恢复体力,促进消化,对提高泌乳量十分有益。但是活动时间不能太长,防止受凉和惊吓。在饲养人员劳动技能较差、卫生条件较差的猪场和农村广大饲养母猪专业户,由于对产后母猪均不注意卫生措施,极易引起母猪产后子宫炎、乳房炎、无乳综合征、产后热、破伤风、产后不食等诸多常见产科病,以致影响繁殖机能,甚至淘汰。因此注意母猪产后卫生,可以大大减少产后诸多病症的发生。

五、提高母猪哺乳量的措施

母乳是仔猪出生后20 d内的主要营养来源,因此,哺乳母猪饲养管理的主要目标就是提高母猪泌乳力,保证仔猪的成活和快速生长。同时,保证母猪在断奶时拥有良好的体况,使其能在断奶后短时间内发情,并保证排卵数量和质量,顺利进入下一个繁殖周期(图5-2-6)。

1.选择适宜的品种(系)

品种(系)不同,泌乳力也不同。一般大型高产的瘦肉型和兼用型品种猪的泌乳力较高,而小型、脂肪型品种猪的泌乳力较低。杂种母猪泌乳力也表现一定的杂种优势。

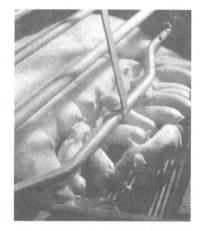

图 5-2-6 哺乳母猪

2.合理组织母猪

在一般情况下,初产母猪的泌乳量低于经产母猪,原因是初产母猪乳腺发育不完全,又缺乏哺育仔猪的经验,对于仔猪吮乳的刺激,经常处于兴奋或紧张状态,加之自身的发育还未完善,泌乳量必然受到影响,排乳速度慢。同时母猪的泌乳从第二胎开始上升,以后保持一定水平,6~7胎后有下降趋势。中国繁殖力高的地方猪种,泌乳量下降较晚。

3.适宜的带仔数

母猪一窝带仔数多少与其泌乳量关系密切,窝带仔数多的母猪,泌乳量也大,但每头仔猪每日吃到的乳量相对较少。带仔数每增加1头,母猪60 d的泌乳量可大约增加25 kg。母猪的放乳必须经过仔猪的拱乳刺激脑垂体后叶分泌催产素,然后才放乳,而未被吃乳的乳头分娩后不久即萎缩,因而带仔数多,泌乳量也多。因此,调整母猪产后的带仔数(串窝、并窝),使其带满全部有效乳头的做法,有利于发挥母猪的泌乳潜力。产仔少的母猪,仔猪被寄养出去后,可以促使其尽快发情配种,从而提高母猪的利用率。

4.妥善安排分娩季节

春、秋两季,天气温和凉爽,青绿饲料多,母猪食欲旺盛,所以在这两季分娩的母猪,其泌乳量一般较多。夏季虽青绿饲料丰富,但天气炎热,影响母猪的体热平衡,冬季严寒,母猪体热消耗过多。因此,冬夏分娩的母猪泌乳受到一定程度的影响。为了避免夏季炎热和冬季严寒对母猪泌乳量的影响,有些猪场采取春秋两季季节性分娩。

5.提供适宜的营养水平

母乳中的营养物质来源于饲料,若不能满足母猪需要的营养物质,母猪的泌乳潜力就无从发挥。因此,饲粮中的营养水平是决定泌乳量的主要因素。在进行哺乳母猪饲粮配合时,必须按饲养标准进行,要保证适宜的能量和蛋白质水平,同时要保证矿物质和维生素含量。否则不但影响母猪泌乳量,还易造成母猪瘫痪。泌乳期饲养水平过低,除影响母猪的泌乳力和仔猪发育,还会造成母猪泌乳期失重过多,影响断乳后的正常发情配种。

6.科学的管理措施

干燥、舒适而安静的环境对泌乳有利。因此,哺乳舍内应保持清洁、干燥、安静,禁止喧哗和粗暴地对待母猪,不得随意更改工作日程,以免干扰母猪的正常泌乳。若哺乳期管理不善,不但降低母猪的泌乳量,还可能导致母猪发病,大幅度降低泌乳量,甚至无乳。

7.提供适宜的环境条件

安静的环境有利于泌乳,适宜的环境温度也有利于泌乳。气候寒冷时母猪采食的营养有一部分用于产热御寒;天气炎热母猪食欲减退,采食量减少而营养不足。温度过高过低都会导致母猪泌乳量降低。

8.防控各种疾病

母猪因分娩护理不当而发生疾病时,也会使母猪采食、消化吸收及体内代谢受到影响,从而影响母猪泌乳力。如乳房炎、产后瘫痪、阴道炎等。

9.做好母猪无乳症的预防

如何提高母猪的泌乳量,在集约化猪场中,母猪无乳症的问题却日益突出,母猪无乳症一般可采取如下防治措施:

(1)满足母猪的营养需要。提供能满足母猪营养需要的日粮,绝不能饲喂发霉变质的饲料。怀孕 80 d 后,须提高母猪营养物质的日摄入量,满足母猪的营养需要,使母猪有良好的体况,能有效地促进母猪泌乳,提高断奶窝重。

(2)注射亚硒酸钠。在母猪分娩前 3 周左右肌注含亚硒酸钠 40 mg 的注射液,对降低仔猪死亡率,提高断奶重有较好效果。

(3)日粮中添加抗生素。母猪分娩前 5～7 d 至产后 7～21 d,在饲料中添加适量抗生素,对防止乳房炎和子宫炎有一定效果。

(4)适当注射缩宫素和氯前列烯醇。产后母猪可注射抗生素加缩宫素,也可注射长效土霉素 10 mL/头,对预防产后感染有较好的效果。在分娩后的 2 d 内肌注氯前列烯醇 2 mL,能有效促进母猪泌乳,并可缩短断奶至发情间隔。

(5)防止母猪便秘。母猪便秘是引起无乳的重要原因,可在分娩期的饲料中增加麦麸的饲喂量或在饲料中添加 0.5% 的氯化钾或 1% 的硫酸镁。

(6)及时治疗无乳症。发现泌乳不足可注射 20～80 IU 的催产素进行催乳,每天 3～4 次,连用 2 d;也可皮下注射初乳 5～8 mL。当母猪出现无乳时,可用己烯雌酚联合催产素或前列腺素 5 mL 肌注,每天 2～3 次,连用 3～5 d。

六、泌乳母猪的饲养管理

(一)泌乳母猪的饲养

1.满足营养需要

泌乳母猪要分泌大量的乳汁,一般在 60 d 内能分泌 200～300 kg,有的甚至可以高达 450 kg。母猪产仔后 40 d 内的泌乳量占全期的 70%～80%。因此,母猪在泌乳期间的物质代谢较高,为提高母猪的泌乳量,泌乳期应给予丰富营养,增加精料供给量,以满足母猪的营养需要。一般来说,体重 180～220 kg 的泌乳母猪,泌乳高峰期每头每天应给予 5.5～6 kg 精饲料较为合适。

2.饲喂技术

泌乳母猪的营养负担很重,在泌乳期内往往因采食不足而体重有所下降,尤其是泌乳量高的母猪,产后体重持续减轻,一直到泌乳后期体重才逐渐停止下降。据报道,母猪在 2 个月泌乳期内体重可减轻 30～50 kg,平均每天减重 0.5～0.8 kg。因此,泌乳母猪应全期实行强化饲养,以防营养不足而影响泌乳和母猪失重过多而影响繁殖。

泌乳母猪饲粮应以能量-蛋白质为主,饲粮结构要相对稳定,禁止骤变,不喂发霉变质和有毒饲料,以免造成母猪乳质变质而引起仔猪腹泻。泌乳母猪最好喂生湿料(料水比为 1：(0.5～0.7)),有条件可以喂豆饼浆汁,或给饲料中添加经打浆的胡萝卜、南瓜等催乳饲料。母猪饲喂量见图 5-2-7。

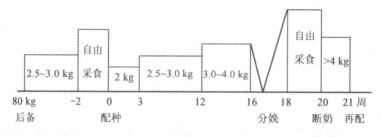

图 5-2-7　母猪各阶段日饲喂料量

母猪泌乳期每日饲喂 4 次为好,每次饲喂的时间要相对固定,时间为每天的 6 时、10 时、14 时和 22 时为宜。最后一次不可再提前,否则母猪无饱腹感,夜间常起来拱草觅食,母仔不安,从而增加压死、踩死仔猪的机会,不利于母猪泌乳和母仔安静休息。

母猪泌乳阶段需水量大,猪乳中的水分含量多达 80%,只有保证充足清洁的饮水,才能有正常的泌乳量,猪舍内最好设置自动饮水器和储水设备,使母猪随时都能饮水。

仔猪断乳前 3～5 d,应逐渐减少母猪的采食量,以促使母猪回奶,膘况差的母猪也可以不减料。母猪在仔猪断奶后的 2～3 d 内,应不急于增加饲料,等母猪乳房的皮肤出现皱褶,说明已经回奶,此时再适当加料,以促使母猪早发情和多排卵。

(二)泌乳母猪的管理

泌乳母猪需要安静的环境,尽量减少噪声、大声吆喝或粗暴地对待母猪等各种应激因素。

猪舍要保持温暖、干燥、卫生、空气新鲜,要随时清扫粪便。冬季应注意保温,并防止贼风侵袭,夏季应注意防暑,增设防暑降温措施,防止母猪中暑。圈舍、通道、用具等要定期消毒。

泌乳母猪每天最好进行适当运动。有条件的地方,一般在分娩 3～5 d 后,让母猪带领仔猪一起到舍外运动场自由活动,以提高母猪泌乳量,促进仔猪发育。但最初运动距离要短,以防母猪过于疲劳。

母猪乳腺的发育与仔猪的吮吸有密切关系,一定要使所有的乳头特别是青年母猪的所有乳头都能均匀地利用,以促进乳腺发育,提高泌乳量。试验证明,按摩母猪的乳房可提高母猪的泌乳量。用手掌前后按摩乳房,一侧按摩完了再按摩另一侧,用湿热毛巾对母猪乳房进行热敷按摩,可以促进乳腺发育,增加泌乳量,同时还可以起到清洗乳房、乳头的作用。

管理人员应经常观察泌乳母猪采食、排粪情况、精神状态,以便判断母猪的健康状况,发现异常应及时查清原因,采取相应的措施。母猪分娩结束后,很容易患病,如阴道炎、乳房炎、消化不良等疾病。这些疾病都会影响母猪健康和正常泌乳,应及时治疗。

(三)母猪产后不吃料的原因和防治措施

分娩母猪发生产后不吃料的现象是由于猪产后的消化系统紊乱、食欲减退引起,它不是一种独立的疾病,而是由多种因素引起的一种症状表现。它是生产母猪常见的现象,一旦发生,如果不及时治愈,往往会影响仔猪正常生长(如发生黄白痢),甚至导致母猪死亡或被迫淘汰,从而影响猪场的正常生产。母猪产后不食症是规模化猪场最常见的症状表现,特别在夏季高温时尤为明显。因此,加强妊娠母猪和哺乳母猪日粮营养供给,多喂青绿多汁饲料,高温季节酌情投喂一些轻泻药,搞好清洁卫生,创造适宜的环境,并注意防暑降温,可以在母猪产前产后用小苏打+电解多维进行拌料,可大大减少母猪产后不食症的发生。同时应做到早发现、早治疗,才能取得较满意的效果。

1. 发生原因

(1)产前喂食过多的精料,尤其是豆饼含量过多,饲料缺少矿物质和维生素,微量元素加重胃肠负担,引起消化不良。

(2)由于产后大量泌乳,血液中葡萄糖、钙的浓度降低,中枢神经系统受到损害,分泌机能发生紊乱,造成泌乳量减少,仔猪吃奶不足而骚动不安,干扰母猪休息导致母猪消化系统发生紊乱。

(3)母猪产后患有阴道炎、子宫炎、尿道炎引起不食以及现在的隐性蓝耳病。

(4)因分娩困难、产程过长,致使母猪过度劳累引起感冒、高烧致使母猪产后不食。

2. 预防措施

应加强饲养管理,合理搭配饲料,供给母猪易消化、多营养及青绿多汁饲料。加强怀孕母猪饲养管理,如果条件允许应给予适当的运动。及时治疗母猪各种原发疾病,如阴道炎、子宫炎、尿道炎等。细心观察母猪精神状态,勤测体温,保持清洁卫生。母猪产前产后饲料添加小苏打(每吨料 3 kg)。

3. 防治方法

母猪产后一旦表现食欲减退或废绝,应立即查明原因,做到对症治疗。

(1)因产后母猪衰竭引起不食,体温一般正常或偏低,四肢末梢发凉,可视黏膜苍白,卧多立少。不愿走动,精神状况差,如果不及时治疗有可能导致死亡。治疗方法:氢化可的松 7～10 mL、50%葡萄糖 100 mL、维生素 C 20 mL、一支新必妥一次静脉注射或静滴。

（2）产后母猪大量泌乳,血液中葡萄糖、钙的浓度降低导致母猪产后不食。治疗方法:10%葡萄糖酸钙 100～150 mL、10%～35%葡萄糖 500 mL、维生素 C 20 mL、一支新必妥,静脉注射,连注 2～3 d。

（3）因母猪分娩时栏舍消毒不严格,助产消毒不严格,病原菌乘虚而入引起泌尿系统疾病,导致猪产后不食。治疗方法:青霉素 480 万 IU、10%安钠咖 10～20 mL、维生素 C 20 mL、一支新必妥,5%的葡萄糖生理盐水 500 mL,每日 2 次,静脉注射 2～3 d,如果病原体侵入子宫,用消毒剂冲洗母猪子宫。

（4）母猪因感冒、高烧引起产后不食,在临床症状比较明显,常常表现为体温高、呼吸心跳加快,四肢、耳尖发冷,乳房收缩泌乳减少。治疗方法:庆大霉素 5 mL×5 支、安乃近 20 mL、维生素 C 20 mL、一支新必妥、安钠咖 10 mL、5%葡萄糖生理盐水 500 mL 静脉注射,每日 2 次。

七、增加母猪年产仔窝数的措施

生产周期指某一生产环节(如配种、妊娠等)在养猪生产中重复出现的时间间隔,母猪的每个生产周期是由空怀期、妊娠期、哺乳期三个阶段组成。配种到分娩这段叫妊娠期,其时间固定不变,在 108～123 d,平均 114 d。分娩到断奶这段时间为哺乳期,这段时间根据生产技术水平和饲养管理条件而变化。生产中哺乳期下限应选在母猪泌乳高峰(20～30 d)以后,最多不超过 60 d。从断奶到再发情配种这段时间叫空怀期,其时间也是固定的,通常母猪断奶后 3～7 d 后即发情再配种。例如,将哺乳期选定为 56 d,空怀期定为 7 d,则一个生产周期为:114＋56＋7＝177 d,即母猪产一窝仔猪需 177 d。

一年 365 d,则一年产仔窝数为 365÷177＝2.05(窝)。

若想达成年产 2.3 窝的指标,则应先算出一个生产周期的允许天数:365÷2.3＝159 (d),然后从 159 d 中减去妊娠期 114 d、空怀期 7 d,则还剩 37 d,即在 37 日龄断奶方可达到年产 2.3 窝的指标。在实际生产中,由于母猪的配种受胎率只有 90%、分娩率只有 97%左右。因此,要达到年产 2.3 窝的指标,母猪的哺乳天数一般应控制在 21～28 d。为此,要提高母猪年产仔窝数,其技术措施主要有:

1. 早期断乳

早期断乳也就是通过缩短哺乳期来达到缩短生产周期增加母猪年产仔窝数的目的。从仔猪生理角度看,仔猪在 3～5 周龄时断乳比较适宜。因为,此时仔猪已经利用了母猪泌乳量的 60%左右,体质比较健壮;另外,仔猪已经能够从饲料中获取自身需要的营养。但仔猪早期断乳必须采取相应的措施,如创造适宜的环境条件,有良好的育仔设备,如采用保育箱、红外线灯等;配制全价的仔猪料和人工乳,做到早开食、适时补料等。

2. 提高情期受胎率

如果母猪发情后没有配准,则就得等 21 d 再次发情后才能参加配种,这不仅加大了饲养成本,而且也拉长了生产周期,势必减少了母猪年产仔窝数。情期受胎率越高,对增加母猪年产仔窝数越有利。生产中通常采取提高公猪精液品质、使用混合精液、采取多重配种方式、母猪适时配种和应用激素(如公猪精液中添加催产素等)等措施,来提高母猪情期受胎率。

3.哺乳期配种

母猪产后有 3 次发情,第一次是产后 3~5 d,但由于内分泌和泌乳的原因,此次母猪发情不明显、卵子发育不成熟、子宫因分娩受到损伤不利于胚胎着床等原因,故而不能利用。第二次是在产后 27~32 d,是一次能正常发情、排卵的发情期,母猪可以配种利用。第三次是断奶后 3~7 d。哺乳期配种虽然可以缩短生产周期,增加母猪年产仔窝数,但此时母猪尚未断奶,兼有泌乳育仔和妊娠怀仔的双重任务,所以必须保证泌乳母猪的全价饲养。另外,哺乳期配种对发情鉴定、配种实施等技术要求相对也较高。

【实训操作】

母猪的分娩与接产技术

一、实训目的

1.熟悉母猪分娩过程;

2.掌握分娩母猪接产过程;

3.掌握假死仔猪的正确处理方法;

4.掌握母猪产后不吃料和无乳的原因和预防措施。

二、实训材料与工具

临产母猪、教学录像、碘酒、水桶、毛巾、消毒剂、剪牙钳、手术剪、耳号钳等。

三、实训步骤

1.在老师指导下准确识别预产母猪,做好接产准备工作;

2.正确进行接产操作;

3.正确处理难产母猪和假死仔猪;

4.做好初生仔猪的护理;

5.对出现无乳和不吃料母猪进行处理。

四、实训作业

根据实训基地现有临产母猪头数,准备相关材料和工具进行接产,完成实训报告。

五、技能考核

母猪的分娩

序号	考核项目	考核内容	考核标准	评分
1	母猪的分娩	分娩过程	能正确把握分娩过程	15
2		新生仔猪处理	能正确处理新生仔猪	15
3		难产处理	能正确处理难产母猪	20
4	综合考核	分娩母猪饲养管理	能准确回答老师提出的问题	20
5		母猪产仔窝数	能根据生产实际,提出增加母猪产仔窝数的技术措施	20
6		实训报告	能将整个实训过程完整、准确地表达	10
合计				100

工作任务 5-3　哺乳仔猪的饲养管理

哺乳仔猪是指从出生到断奶前的仔猪。仔猪的断奶日龄,目前一般农户为 45～60 日龄,规模化猪场为 35～42 日龄,集约化猪场为 21～35 日龄。哺乳仔猪饲养管理的目的,是根据仔猪的生长发育和生理特点,采取相应的饲养管理措施,提高仔猪成活率和断奶窝重。

一、哺乳仔猪的生理特点

(一)生长发育快,物质代谢旺盛

仔猪出生时体重小,不到成年体重的 1%(羊为 3.6%,牛为 6%,马为 9%～10%),但出生后生长发育很快。一般情况下,仔猪出生时体重为 1 kg 左右,10 日龄时体重可达初生重的 2 倍,30 日龄达初生重的 5～6 倍,60 日龄达 10～13 倍。哺乳仔猪生长快,是因为物质代谢旺盛,特别是蛋白质代谢和钙、磷代谢要比成年猪高得多。因此,对仔猪必须保证各种营养物质的供应。

猪体内水分、蛋白质和矿物质的含量是随年龄的增长而降低,而沉积脂肪的能力则随年龄的增长而提高。形成蛋白质所需要的能量比形成脂肪所需要的能量约少 40%(形成 1 kg 蛋白质只需要 23.63 MJ,而形成 1 kg 脂肪则需要 39.33 MJ)。所以,小猪要比大猪长得快,能更经济有效地利用饲料,这是其他家畜不可比拟的。

(二)消化器官不发达,消化机能不完善

1.仔猪的消化道不发达

仔猪胃、肠的容积小,排空快。仔猪出生后,其胃重仅 4～8 g,仅为成年猪胃重的 1% 左右,能容纳乳汁 25～50 mL,20 日龄时可达 30 g,容积也扩大了 3～4 倍,60 日龄时可达 150 g,容积扩大了 60～70 倍,成年猪的胃重 860 g,容积达 4.5～6 L,是初生仔猪胃容积的 200 倍。肠道的变化规律类似,初生时小肠重仅 20 g 左右,约为成年猪小肠重的 1.5%。大肠在哺乳期容积只有 30～40 mL/kg 体重,断奶后迅速增加到 90～100 mL。

2.食物通过消化道速度快

由于仔猪胃肠容积小,能容纳的食物少,所以排空速度快。初生仔猪胃运动微弱且无静止期,随日龄增加,胃运动逐渐呈运动与静止的节律性变化,到 2～3 月龄时接近成年猪。食物进入胃后完全排空的时间在 3～15 日龄时为 1.5 h,1 月龄时为 3～5 h,2 月龄为 16～19 h。可见,仔猪有易饥易饱的特点,生产上对哺乳仔猪的饲喂采用少喂勤添的方式。

3.消化机能不完善

初生仔猪体内乳糖酶活性很高,分泌量在 2～3 周龄达到高峰,以后渐降,4～5 周龄降到低限。初生时其他碳水化合物分解酶活性很低。蔗糖酶、果糖酶和麦芽糖酶的活性到 1～2 周龄后开始增强,而淀粉酶活性在 3～4 周龄时才达高峰。因此,仔猪特别是早期断奶仔猪对非乳饲料的碳水化合物的利用率很差。蛋白分解酶中,凝乳酶在初生时活性较高,1～2 周龄达到高峰,以后随日龄增加而下降。蛋白分解酶的这一状况决定了早期断奶仔猪对植物饲料蛋白不能很好消化,日粮蛋白质只能以乳蛋白等动物蛋白为主。至于脂肪分解酶,其活性在初生时就比较高,同时胆汁分泌也较旺盛。在 3～4 周龄时脂肪酶和胆汁分泌迅速增高,一直保持

到 6～7 周龄。因此仔猪对以乳化状态存在的母乳中的脂肪消化吸收率高,而对日粮中添加的长链脂肪利用较差。

胃肠酸性低。初生仔猪胃酸分泌量低,且缺乏游离盐酸,一般从 20 d 开始才有少量游离盐酸出现,以后随年龄增加。整个哺乳期胃液酸度变动于 0.05%～0.15%,且总酸度中近一半为结合酸,而成年猪结合酸的比例仅占 1/10。仔猪至少在 2～3 月龄时盐酸分泌才接近成年猪水平。胃酸低,不但削弱了胃液的杀菌抑菌作用,而且限制了胃肠消化酶的活性和消化道的运动机能,继而限制了对养分的消化吸收(图 5-3-1)。

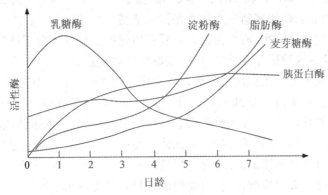

图 5-3-1 不同日龄仔猪酶的分泌

(三)体温调节机能不健全,抗寒能力差

初生仔猪皮薄毛稀,皮下脂肪少,散热快;仔猪大脑皮层调温中枢发育不完善,通过神经系统调节体温的能力差,不能利用自身体内的能量转变成热量来维持体温,因此,体温会随着环境温度的下降而降低。仔猪体内能源的贮存较少,遇到寒冷血糖很快降低,如不及时吃到初乳很难成活。

初生仔猪的仔猪正常体温约 39℃,比成年猪高 1～2℃,其临界温度为 35℃,刚出生时所需要的环境温度为 30～32℃。当环境温度偏低时仔猪体温开始下降,下降到一定范围开始回升。仔猪出生后体温下降的幅度及恢复所用时间视环境温度而变化,环境温度越低则体温下降的幅度越大,恢复所用的时间越长。当环境温度低到一定范围时,仔猪则会冻僵、冻死(图 5-3-2)。

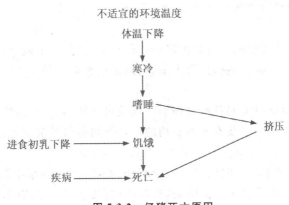

图 5-3-2 仔猪死亡原因

(四)缺乏先天性的免疫力,容易得病

仔猪出生时没有先天免疫力,故容易得病。由于免疫抗体是一种大分子即 γ-球蛋白,胚胎期由于母体血管与胎儿脐带血管之间被 6～7 层组织隔开,限制了母体抗体通过血液向胎儿转移。因而仔猪出生时没有先天免疫力,自身也不能产生抗体。只有吃到初乳以后,靠初乳把母体的抗体传递给仔猪,以后过渡到自体产生抗体而获得免疫力。

初乳中免疫抗体的变化:母猪分娩时初乳中免疫抗体含量最高,以后随时间的延长而逐渐降低,分娩开始时每 100 mL 初乳中含有免疫球蛋白 20 g,分娩后 4 h 下降到 10 g,以后还要逐渐减少。所以,分娩后立即使仔猪吃到初乳是提高成活率的关键。

初乳中含有抗蛋白分解酶,而抗蛋白分解酶可以保护免疫球蛋白不被分解,这种酶存在的时间比较短,如果没有这种酶存在,仔猪就不能原样吸收免疫抗体。

仔猪小肠有吸收大分子蛋白质的能力。仔猪出生后 24～36 h,小肠有吸收大分子蛋白质的能力。不论是免疫球蛋白还是细菌等大分子蛋白质,都能吸收(可以说是无保留地吸收)。当小肠内通过一定的乳汁后,这种吸收能力就会减弱消失,母乳中的抗体就不会被原样吸收。

仔猪出生 10 日龄以后才开始自身产生抗体,直到 30～35 日龄前数量还很少。因此,3 周龄以内是免疫球蛋白青黄不接的阶段,此时胃液内又缺乏游离盐酸,对随饲料、饮水等进入胃内的病原微生物没有消灭和抑制作用,因而造成仔猪容易患消化道疾病。

二、哺乳仔猪死亡规律

仔猪哺乳期死亡是养猪生产中的常见现象,也是导致养猪效益低下的重要原因,分析哺乳仔猪死亡的原因,并采取相应对策,减少哺乳期死亡,对提高养猪经济效益具有重要意义。仔猪死亡的原因很多,主要有以下几种:

1. 冻死

初生仔猪对寒冷的环境非常敏感,尽管仔猪有利用糖原储备应付寒冷的能力,但由于其体内能源储备有限,调节体温的生理机能不完善,加上被毛稀少和皮下脂肪少等因素,在保温条件差的猪场,寒冷可冻死仔猪,同时,寒冷又是仔猪被压死、饿死和下痢的诱因。

2. 压死、踩死

母猪母性较差或产后患病、环境不安静,导致母猪脾气暴躁,加上弱小仔猪不能及时躲开而被母猪压死或踩死。有时猪舍环境温度低,垫草太厚,仔猪躲在草堆里,或是仔猪在母猪腿下、肚下躺卧,也容易被母猪压死或踩死。

3. 病死

疾病是引起哺乳仔猪死亡的重要原因之一。常见病有肺炎、下痢、低血糖病、溶血病、先天性震颤综合征、仔猪流行性感冒、贫血、寄生虫病、白肌病和脑炎等。

4. 饿死

母猪母性差;产后少奶或无奶且通过催奶措施效果不佳、乳头有损伤、产后食欲不振;所产仔猪数大于母猪有效乳头数,以及寄养不成功的仔猪等均可因饥饿而死亡。

5. 咬死

仔猪在某些应激条件下(如拥挤、空气质量不佳、光线过强、饲粮中缺乏某些营养物质)会出现咬尾或咬耳恶癖,咬伤后发生细菌感染,重者死亡;某些母性差(有恶癖),产前严重营养不良,产后口渴烦躁的母猪有咬吃仔猪的现象;仔猪寄养时,保姆母猪认出寄养仔猪不是自己亲

生仔而咬伤、咬死寄养的仔猪。

6.初生重小

初生重对仔猪死亡率也有重要影响,初生重不足 1 kg 的仔猪,死亡率在 44%～100%,随仔猪初生重的增加,死亡率下降。

三、哺乳仔猪的饲养管理

(一)养好哺乳仔猪的关键性时期

第一个关键性时期是 3 日龄内。仔猪出生后,生活环境发生了剧烈变化,由原来在母体内靠胎盘进行气体交换、摄取营养和排出废物,转变为自行呼吸和排泄;在母体子宫内所处的环境相当稳定,出生后直接与复杂的外界环境相接触,由于体温的调节机能不健全,机体内能量的贮备有限,若不采取保温措施,常会被冻僵冻死;在母体子宫内处于无菌的环境,出生后不仅处于有菌的环境,而且出生时不携带抗体,如果不能及时吃足初乳,也容易得病而死亡。可见,此时期仔猪的死亡率较高,占哺期死亡数的 60%～70%。因此,应加强此时期的护理。

第二个关键性时期是 4～20 日龄。母猪的泌乳量一般在分娩后 21 d 达到高峰,而后逐渐下降,仔猪的生长发育却随日龄的增长而迅速上升,仔猪对营养物质的需求迅速增加,如不及时补料,容易造成仔猪增重缓慢、患病或死亡。因此,5 日龄开始训练仔猪认料,加强早期补料是养好仔猪的关键性时期(图 5-3-3)。

图 5-3-3　仔猪补料

第三个关键性时期是 21 日龄至断奶。此时仔猪采食量增加,是仔猪从哺乳期逐渐过渡到全部采食饲料而独立生活的重要准备时期,因此,此时应加强补料,为安全断奶做好准备。同时,此时仔猪生长迅速,是提高断奶窝重的重要时期。

(二)加强分娩看护,减少分娩死亡

分娩死亡的比例占总死亡率的 16%～20%。出生时损失 1 头仔猪,相当于损失 63 kg 饲料。因此,应尽量减少分娩时的损失。母猪分娩一般在 3 h 内完成,若分娩时间越长,仔猪发生死亡的比率越高。母猪分娩时应尽量避免惊扰,仔猪的分娩间隔如果超过 30 min,就应准备实施助产。

(三)断脐

不要将新生仔猪脐带用剪刀剪断,而是先将脐带内的血液挤回仔猪体腔而后再用手指掐

断,通常断端距脐部 4～5 cm。而且为了防止病原体入侵体内,脐带残端也应该用 5％碘酒消毒。而且在仔猪脐带流血的情况下,在距身体的 2.5 cm 处给脐带打个结来止血,然后再掐断。

（四）抓三食、过三关

饲养哺乳仔猪的关键技术是让仔猪吃足初乳,及时补充全价优质的饲料,减少或避免仔猪腹泻等。

1. 抓乳食,过好初生关

此阶段仔猪的死亡率较高,而仔猪死亡的原因主要是冻死、压死或下痢死亡,因此,应做好保温、防压、及早吃初乳等工作。

（1）及时吃足初乳,增强免疫力。母猪乳汁是初生 1 周左右仔猪的唯一饲料,也是出生后至断奶前营养物质的主要来源。猪乳也和其他家畜的乳汁一样,都含有乳脂肪、乳蛋白质、乳糖、矿物质和维生素。只是猪乳中所含的脂肪和蛋白质要比牛乳、山羊乳高。但是乳的化学成分不是一成不变的,它常常随着气候变化、饲料条件、猪的品种、泌乳阶段等原因而有不同。例如,蛋白质丰富的饲料,乳中蛋白质的含量就会相应地提高;在寒冷的气候条件下,脂肪的含量就比较高;母猪泌乳初期,干物质含量最多,中期下降,到末期稍有增加。

母猪的乳汁分为初乳和常乳。初乳主要是产仔 7 d 之内分泌的乳汁。也有据报道认为头 3 d 的乳为初乳。初乳比常乳浓,含有较高的抗体和蛋白质。可见,初乳的特点是蛋白质含量高,并含有大量免疫球蛋白。免疫球蛋白的种类包括免疫球蛋白 G、免疫球蛋白 M、免疫球蛋白 A、免疫球蛋白 D 和免疫球蛋白 E。免疫球蛋白可以提高仔猪抗病力,是哺乳仔猪不可缺少的营养物质。仔猪出生时,体内没有免疫抗体,缺乏先天免疫能力,抗病力低。这是因为免疫抗体是一种大分子,猪的胎盘构造较复杂,母猪血管和胎儿血管由 6～7 层组织隔开,所以限制了母体抗体进入胎儿体内,无法得到自身免疫。仔猪在初生的 24 h 内,肠道黏膜组织绒毛上皮细胞处于原始状态,初乳中的免疫球蛋白可以经肠壁吸收进入血液,使体内免疫力迅速增加。而仔猪在出生后的 36～72 h,肠渗透性发生改变,吸收能力降低。免疫球蛋白在初乳中维持的时间也很短,3 d 后就降至最低水平。可见让初生仔猪吃足初乳,是增强仔猪抗病力的最好措施。

此外,初乳含镁盐较多,具有轻泻作用,能促进胎粪的排出;铁和维生素 A、维生素 D 的含量也比常乳高 5 倍以上。所有这一切,都使初乳成为初生仔猪不可替代的食物。如果仔猪由于某些原因需要人工哺乳或寄养给其他母猪的时候,也应尽量设法让它能吃到 2～3 d 的初乳,这样对于增强仔猪抗病力和促进生长发育都有好处。吃不到初乳的仔猪常难养活。

如果母猪所有的乳腺都发育良好,呈杯状,并且通过产前或分娩中人工收集初乳的情况,判断所有乳腺泌乳功能良好,那么可以将接产完毕,稍事休息(不超过 30 min,执行猪瘟疫苗超免的例外)的新生仔猪放到母猪身边拱奶。产一头放一头,全部产完后再全部放回拱奶。此后数小时为争夺乳头的序位打斗很强烈,一般不要人为干预,但对长时打斗影响整窝拱奶或者过度打斗引发伤亡要人工干预。对于弱小仔猪需人工补偿所贮备的初乳。每头 15～20 mL。只要保证仔猪可以有 5 次完整的拱乳过程,就能吃到产后 6 h 内的 60 mL 优质初乳,能为仔猪提供足量的免疫球蛋白。

如果母猪的乳腺并非都发育良好,或者母猪没有学会完全暴露下一排乳头。那么将仔猪分成两组轮流拱奶吃初乳。同组的仔猪用同一标识物来标识,以免混淆,如此持续 6 h 可以保证所有仔猪吃好、吃足初乳。其后,便可将两组合并拱奶、吃乳。

（2）固定乳头。仔猪生下来头几天，就有固定乳头吃奶的习性。乳头一旦固定下来以后，一直到断奶很少更换。这是因为母猪的乳房构造与其他家畜不同，它没有乳池，所以只有在母猪放乳时仔猪才能吸到乳汁。而母猪放乳的时间很短，一般只有 20 s 左右。如果有个别仔猪在放乳前未能衔上乳头，等母猪放完乳，这头仔猪就只能饿着等待下次放乳。由于母猪哺乳的这种特殊性，就决定了一窝仔猪必须每头都有一个固定的乳头，好让母猪放乳时能马上吃到奶，才不至于挨饿。但是，母猪乳头的位置不同，泌乳量也不一样。据测定，一般都是前边的乳头泌乳量高于后边的乳头。如果任凭一窝仔猪自由固定，往往都是初生体重大的强壮仔猪抢占前边出奶多的乳头，弱小仔猪只能吃后边出奶少的乳头，最后形成一窝仔猪强的愈强，弱的更弱，到断奶时体重相差悬殊，有时甚至造成弱小仔猪形成僵猪或死亡，或者由于争夺出奶多的乳头互相咬架，影响母猪正常放奶，甚至咬伤母猪乳头，引起母猪拒绝哺乳（图 5-3-4）。

因此，在固定乳头时，必须遵守以下原则：①越早越好。在仔猪出生、断脐、测出生重，剪獠牙后马上固定乳头，喂足初乳。固定乳头越早，一些人为地调节措施越易做到。②抓好"两头"带"中间"。在给仔猪具体分配乳头时，将全窝中最小的或较小的仔猪安排在靠前的乳头，最大的仔猪安排在靠后的乳头，其余的以自选为主。一窝中只要固定了最大、最小的几只，全窝其他仔猪就很容易固定了。③对个别现象的处理。有个别能抢乳的仔猪，专门抢食其他仔猪乳头的乳汁，有这样的仔猪时，要适度延长看守固定乳头的时间。④固定乳头后，要随时观察食乳、排便，出现异常情况时，及时解决。

固定乳头方法：自己定奶为主，人工辅助为辅。当窝内仔猪差异不大，有效乳头足够时，生后 2～3 d 大多数能自行固定乳头，不必干涉，只是控制个别好抢乳头的强壮仔猪，可先把它放在一边，待其他仔猪都已找好乳头，母猪接近放乳时，再把它放在指定的乳头上吃奶。如果仔猪差别较大时，则重点控制体大和体小的仔猪，中等的让其自由选择。这样经过 2～3 d 就可建立起吃奶位次。

（3）防止挤压。初生仔猪被挤压致死的比例相当大，所以必须采取措施防压。设置母猪限位架与倒卧板，从而限制母猪大范围的运动和躺卧方式，使母猪躺卧时不"放偏"倒下，而只能慢慢地腹卧，然后伸出四肢侧卧，这样使仔猪有个躲避的机会，以免被母猪压死。另外，要保持环境安静，避免惊动母猪。产房要有专人看管，夜间要值班，一旦发现仔猪被压，立即哄起母猪救出仔猪（图 5-3-5）。

图 5-3-4　仔猪固定奶头

图 5-3-5　仔猪防压措施

2. 抓开食,过好补料关

早补料可以使饲料及早刺激胃壁,促使胃壁发育,能多分泌盐酸,激活胃蛋白酶原,早消化饲料,尽早锻炼仔猪的消化机能。实验证明:不早补料的仔猪,35日龄才能消化植物蛋白,而早补料的仔猪21日龄即可消化植物蛋白。

早期断奶应做好的准备工作。仔猪断奶后对饲料蛋白(特别是大豆蛋白)有过敏反应而拉稀,但在断奶前如果能采食到600 g以上的饲料,就能建立起免疫耐受力,对饲料不再过敏。

(1)补料方法。给仔猪补料可分为调教期和适应期两个阶段。

调教期:从开始训练到仔猪认料,约需1周时间,仔猪5~12日龄。这时虽然母猪基本上能满足仔猪的营养需要,但此时仔猪开始长牙,牙床发痒,喜欢四处活动,啃食异物,此时调教容易成功。由于仔猪喜欢吃香、甜、脆的饲料,可以用炒熟的黄豆、玉米、黄芪多糖或糖精。目前,仔猪颗粒料中也加有葡萄糖、乳清粉或糖精。如果仔猪迟迟不肯吃料,则要采取强制的方法进行补料,具体措施为每天将仔猪关入补料间内数小时,限制其吃乳,饿了自然吃料,注意补料间内要有自动饮水器。

适应期:从仔猪认料到正式吃料的过程一般需10 d左右,仔猪13~21日龄。仔猪采食饲料的量逐渐增多,此时应设自动饲槽,让仔猪能随时吃到料,保证仔猪的快速生长。

仔猪开食料的组成与饲喂量不仅关系着哺乳期仔猪的发育,而且还会影响断奶后仔猪的生长,因此,应选择和配制好的仔猪料。

每天饲喂的次数,初次补料每天3次,每次30~50粒,让仔猪适应饲料,然后慢慢增加给料量,每次补料前应清理仔猪料盘,保持料盘干净卫生,饲料新鲜。

哺养仔猪的饲料要求营养丰富、容易消化、适口性强、粒度适当、搅拌均匀。原料组分选择既要与仔猪消化能力相适应,也要为断奶后仔猪的饲养做准备。初期尽量选用消化率高、适口性好的动物性饲料,如乳清粉、鱼粉等,以后逐渐增加植物饲料的比例,以利于仔猪断奶后的平稳过渡。

(2)微量元素的补充。与仔猪生长关系较密切的微量元素有铁、铜和硒(图5-3-6)。

图5-3-6　仔猪注射补铁

初生仔猪普遍存在缺铁性贫血的问题。其原因有以下几点:①仔猪在胎儿期铁的储备少。母猪铁质转移给胎儿是从血浆中,但由于胎盘屏障作用,母猪血浆中的铁质转移能力较差,因此仔猪出生时仅在肝脏中储备40~50 mg铁。②仔猪生长需铁量高。仔猪出生后生长速度较快,每天需铁7~16 mg(每增重1 kg体重需铁21 mg),才能维持适宜的血红蛋白浓度。③母乳中铁的含量较低。每升猪乳平均含铁1 mg左右,仅食母乳的仔猪只能获得所需铁时的1/7。因此,出生后如果不及时进行铁的补充,仔猪就会在产后6~7 d将体内贮备的铁耗尽,10 d左右出现贫血。猪贫血时表现食欲减退,被毛粗乱无光泽,生长停滞,而且出现顽固性下痢。补铁的方法主要是口服和肌注。给仔猪补铁的同时也给母猪的饲料里添加铁,通常仔猪第一次补铁与剪牙、断尾同时进行。出生后4~5 d,在诱导其补料的同时,若有些仔猪的体表苍白时给予个体仔猪第二次补铁,第二次补铁一般一次注射2~4 mL右旋糖酐铁注射液。

铁铜合剂补饲法:仔猪生后3日龄起补饲铁铜合剂。把2.5 g硫酸亚铁和1 g硫酸铜溶于

1 000 mL 水中配成溶液,装于奶瓶中,每日 1～2 次,每头每日 10 mL。

根据实验表明,仔猪 3 日龄注射 1 mL,10 日龄再注射 2 mL。仔猪的成活率可提高 8%,增重可提高 37%,发病率和死亡率明显减少。

补铜:铜有维持红细胞生成的作用,如果血液中铜的含量低于 0.2 μg/mL,会导致贫血。铜的缺乏不像铁那么严重,而且补料后,仔猪能从饲料中摄取铜,需要量一般为 6 mg/kg 日粮。

补硒:仔猪出生后 3～5 d 肌注 0.5 mL 的 0.1% 亚硒酸钠和维生素 E 合剂,断奶后再注射 1 mL。对已吃料的仔猪,可在每 kg 饲料中添加 0.15 mg 的硒;另外,在母猪分娩前 20～25 d 肌注 0.1% 亚硒酸钠和维生素 E 合剂,按 0.1 mL/kg 体重,也可以防止仔猪缺硒。

(3)水的补充。由于仔猪生长迅速,代谢旺盛,母乳中含脂肪量高,需水量较多。仔猪常感口渴,如不及时给仔猪补水,仔猪会因喝脏水或尿液而引起下痢。目前一些工厂化的猪场都给产房或产床安装仔猪饮水的自动饮水器,保证哺乳仔猪随时饮水。

3.抓旺食,过好断奶关

仔猪随着消化机能逐渐完善和体重的迅速增长,食量增加,进入旺食阶段。为了提高仔猪的断乳重,应加强这一时期的补料。补饲次数要多,适应肠胃的消化能力。哺乳仔猪每天补饲 5～6 次。其中夜间 1 次,每次食量不宜过多,以不超过胃肠容积的 2/3 为宜。

(五)加强保温

新生仔猪特别怕冷。因为新生仔猪皮下脂肪层薄,被毛稀疏,保温能力低;大脑皮层发育不全,体温调节机能不健全,在生后 3～4 d 内都不能调节自己的体温,在寒冷的环境下,生后几小时的仔猪,其体温平均下降 2.2℃,甚至可达 6～7℃;由于仔猪正常体温较成年猪高 1℃ 以上,体温较高和单位体重的体表面积较大,使得单位代谢体重维持体温所需的能量是成年猪的 3 倍,因此更需要保温;仔猪出生后 24 h 内基本不能利用乳脂肪和乳蛋白氧化供能,主要热源是分解体内的储备糖原和母乳的乳糖,24～60 h 后氧化乳脂肪的能力才开始增强。总之,仔猪产热少,放热多,保温差,由于寒冷引起的死亡损失较多,特别在每年 12 月至翌年的 3 月间仔猪的死亡率较高(在中国的北方死亡率较高的时间为每年 11 月至翌年的 4 月间),而且主要发生在出生后的头几天内。因此给初生仔猪保温成了提高成活率的关键措施。

另外,仔猪初生重的大小和耐寒能力有很密切的关系。初生重大的耐寒力稍强些,较能抵御气候的变化和寒冷的影响,亦能免于被压死;而初生重较小的仔猪,御寒能力要弱得多,在 5～10℃ 环境下就表现为蜷缩,肌肉颤抖,不愿活动,甚至因咬肌痉挛而不会张口吸乳,发生所谓的"僵口"现象。

仔猪刚出生时适宜的温度是 35℃,1～3 日龄为 30～32℃,4～7 日龄为 28～30℃,7～14 日龄为 25～28℃,15～30 日龄为 22～25℃,2～3 月龄为 20～22℃。如果不能满足上述要求,仔猪就不能很好地发育,因此保温工作非常重要。但同时母猪怕热(对于母猪的适宜温度是 15～18℃),产房的高温会引起母猪的不适应和浪费能源。常见的保温措施有:

仔猪保温箱:有木制、水泥制或玻璃钢制等多种,一般箱内安装红外线灯取暖,使用方便,目前养猪业中使用最为普遍。红外线灯本身的发热量和温度不能调节,但可以调整灯的吊挂高度来调节小猪群的受热量。红外线灯的使用寿命不长,常常因圈舍内潮湿而容易损坏。

吊挂式红外线加热器:也是供热设备的一种,其使用方法与红外线灯相似,寿命较长,安全可靠,但价格较高。

电热保温板:其外壳采用机械强度高、耐酸碱、耐老化、不变形的工程塑料制成。保温板可放在地面的适当位置,也可放在保温箱的地板上,而且温度可调,使用也非常方便。

(六)防压

仔猪产后 1 周内,体质较弱,行动不灵活,对复杂的外界环境不适应,加之母猪产后疲乏、行动迟缓或母性不强,容易被压死。压死的一般要占总死亡数的大部分。仔猪产后防压的措施有以下几点:

1.设母猪限位架

母猪产房内设有排列整齐的分娩栏,在栏内的中间部分是母猪限位架,供母猪分娩和哺育仔猪,两侧是仔猪哺乳和自由活动的地方。母猪限位架的两侧是用钢管制成的栏杆用于拦隔仔猪。栏杆长 2.0~2.2 m,宽为 60~65 cm,高为 90~100 cm。由于限位架限制了母猪大范围的运动和躺卧方式,使母猪不能"放偏"倒下,而只能先腹卧,然后伸展四肢侧卧,这样使仔猪有躲避机会,以免被母猪压死。

2.设置护仔栏

以前敞开式圈舍多设护仔栏,即在母猪产床附近,离墙和地面各 25 cm 处理上直径 40 mm 的铁管或木棍,这样可以防止母猪沿墙躺卧时,将身后的仔猪压死。

3.保持环境安静

产房内防止突然的声响,防止闲杂人员进入。去掉仔猪的獠牙,固定好乳头,防止因仔猪乱抢乳头造成母猪烦躁不安,起卧不定,可减少压、踩仔猪的机会。

4.加强护理

产后 1~2 d 可将仔猪关入保温箱中,定时放出吃奶,可减少仔猪与母猪接触机会,减少压死仔猪。2 日龄后仔猪吃完奶自动到保温箱中休息。另外产房要日夜有人值班,一旦发现仔猪被压,立即哄起母猪,救出仔猪。

(七)仔猪寄养

母猪所生的仔猪由于种种原因,需要别的母猪代养,称为寄养。寄养的原因有:产仔过多,限于母猪的体质、泌乳力和乳头数不能哺育过多的仔猪;产仔过少,若让其继续哺育较少的仔猪不划算;母猪产后泌乳不足;母猪死亡。

1.寄养的方法

个别寄养:母猪泌乳量不足,产仔数过多,仔猪大小不均,可挑选体强的寄养于代养母猪。

全窝寄养:母猪产后无乳、体弱有病、产后死亡、有咬仔恶癖等,或母猪需频密繁殖,老龄母猪产仔数少而提前淘汰时,需要将整窝仔猪寄养。

并窝寄养:当两窝母猪产期相近且仔猪大小不均时,将仔猪按体质强弱和大小分为两组,由乳汁多而质量高、母性好的母猪哺育体质较弱的一组仔猪,另一头母猪哺育体质较强一组。

两次寄养:将泌乳力高、母性好窝的仔猪提前断奶或选择断奶母猪代养,来选择哺乳其他体质弱的仔猪或其他多余的吃过初乳的初生仔猪。

跨栋寄养:待本栋舍所有的母猪都产完的时候,观察本栋舍仔猪均匀度,如果发现有几头仔猪较小或者没有办法寄养。可以与下一栋舍的饲养员协商,将这些仔猪寄到其他栋刚产的母猪那个带养,但必须做好记录。

三级跳式寄养:如果仔猪等到 10 日龄以后,有些仔猪又重新分化,出现部分弱小仔猪,可以来用三级跳式的寄养方法。具体做法是从要断奶的母猪中,挑选一头奶水充足、母性好的母猪来替换本栋舍内一窝 10～15 日龄、带仔在 8～9 头且奶水充分的母猪带仔,这头母猪空出来,放在一个单独的栏中,从本栋挑选那些弱小的仔猪,进行寄养。这样,本栋舍所有的仔猪达到合理照顾。

断奶时寄养:仔猪在断奶时,如果还有几头不到断奶体重,可以从断奶母猪中挑选出一头奶水旺盛的母猪来带养这些发育不好的仔猪。保证整批猪的均匀度,转群时可以全群转出。

2.寄养的原则

寄养仔猪时,一般要遵循以下原则:

(1)寄养仔猪需尽快吃到足够的初乳。母猪生产后前几天的初乳中含有大量的母源抗体,然后母源抗体的数量会很快下降,仔猪出生时,肠道上皮处于原始状态,具有吸收大分子免疫球蛋白,即母源抗体的功能,6 h 后吸收母源抗体的能力开始下降。由于仔猪出生时没有先天免疫力,母源抗体对仔猪前期的抗病力十分关键,对提高仔猪成活率具有重要意义。仔猪只有及时吃到足够的初乳,才能获得坚强的免疫力。寄养一般在出生 96 h 之内进行,寄养的母猪产仔日期越接近越好,通常母猪生产日期相差最好不超过 1 d。

(2)后产的仔猪向先产的窝里寄养时,要挑选猪群里体大的寄养;先产的仔猪向后产的窝里寄养时,则要挑体重小的寄养;同期产的仔猪寄养时,则要挑体形大和体质强的寄养,以避免仔猪体重相差较大,影响体重小的仔猪生长发育。

(3)一般寄养窝中最强壮的仔猪,但当代养母猪有较小或细长奶头,泌乳力高,且其仔猪较小,可以寄养弱小的仔猪。

(4)寄养时需要估计母猪的哺育能力,也就是考虑母猪是否有足够的有效乳头数,估计其母性行为,泌乳能力等。

(5)利用仔猪的吮乳行为来指导寄养。出生超过 8 h,还没建立固定奶头次序的仔猪,是寄养的首选对象。在一个大的窝内如果一头弱小的仔猪已经有一个固定的乳头位置,此时最好是把其留在原母猪身边。

(6)寄养早期产仔窝内弱小仔猪。先产仔母猪窝内会有个别仔猪比较弱小,可以把这些个别的仔猪寄养到新生母猪窝内。但要确保这些寄养的仔猪和收养栏内仔猪在体重、活力上相匹配。

(7)寄养最好选择同胎次的母猪代养。或者青年母猪的后代选择青年母猪代养,老母猪的后代,选择老母猪代养。

(8)仔猪应尽量减少寄养,防止疫病交叉感染。一般禁止寄养患病仔猪,以免传播疾病。

(9)在寄养的仔猪身上涂抹代养母猪的尿液,或在全群仔猪身上洒上气味相同的液体(如来苏儿等)以掩盖仔猪的异味,减少母猪对寄养仔猪的排斥。

(10)在种猪场,仔猪寄养前,需要做好耳号等标记与记录,以免发生系谱混乱。

(八)编号

常用的耳号编制方式有剪耳法、墨刺法、耳标法。其中剪耳法目前最常用。剪耳法是用耳缺钳,在耳朵的不同部位打上缺口,每一个缺口代表着一个数据。猪耳号编制的原则是左大右小,上一下三。编号时一般是公单母双连续编号。不同猪场具体打耳号的方法也有不同(图 5-3-7、图 5-3-8)。

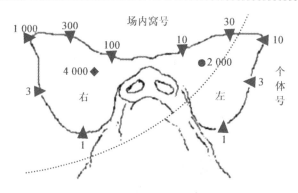

图 5-3-7 仔猪的编号方法（1）

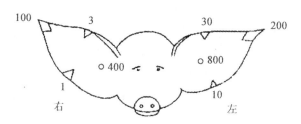

图 5-3-8 仔猪的编号方法（2）

（九）剪牙

小猪出生后往往会为夺得乳头而相互争斗，常用犬齿互相殴斗而咬伤面颊，咬伤母猪乳头或乳房，造成母猪拒绝哺乳，经常起卧，踩压小猪。因此，在小猪出生时，最好剪去犬牙，以保证母猪的正常哺乳和小猪的健康生长发育。

剪牙的方法：用一只手的拇指和食指捏住小猪上下颌之间（即两侧口角），迫使小猪张开嘴露出犬牙，然后用剪牙剪或电工用的斜口钳分别剪去左右两对犬牙。剪牙时要注意不要伤及齿龈和舌。剪下的牙粒注意不能让小猪吞下（图 5-3-9）。

（十）断尾

断尾主要是为了避免饲养密度高的情况下相互咬尾。但是考虑到动物福利、应激也可不断尾。目前断尾主要采用烧烙仔猪剪掉尾巴法。将仔猪横抱，腹部向下，侧身站立，将仔猪臀部紧贴栏墙，术者站在通道上，左手将仔猪尾根拉直，右手持已充分预热的 250 W 弯头电烙铁在距尾根 2.5 cm 处，稍用力压下，随烧烙尾巴被瞬间切断（图 5-3-10）。

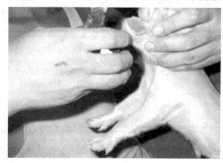

图 5-3-9 仔猪剪牙

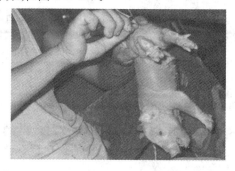

图 5-3-10 仔猪断尾

（十一）预防疾病

哺乳仔猪抗病能力差,消化机能不完善,容易患病死亡。在哺乳期间对仔猪危害最大的是腹泻病。仔猪腹泻病是一种总称,它包括多种肠道传染病,常见的有仔猪红痢、仔猪白痢、仔猪黄痢、传染性胃肠炎等。预防仔猪腹泻病的发生,是减少仔猪死亡,提高猪场经济效益的关键措施,预防措施如下:

1. 养好母猪

加强妊娠母猪的管理,保证胎儿的正常生长发育,产出体重大、健壮的仔猪;同时,母猪产后要有良好的泌乳性能。

2. 保持猪舍清洁卫生

产房最好采用全进全出制度,前批母猪、仔猪转出后,地面、栏杆、网床、空间要进行彻底清扫,严格消毒,消灭引起仔猪腹泻的病毒、细菌。妊娠母猪进产房时对体表要进行喷淋刷洗、消毒,临产前用 0.1% 高锰酸钾溶液擦洗乳房和外阴部,减少母猪对仔猪的污染。产房的地面和网床上不能有粪便存留,随时清扫。

3. 保持良好的环境

产房应保持温暖干燥,控制有害气体含量,使仔猪生活舒服,体质健康,有较强的抗病能力,可防止或减少仔猪腹泻病的发生。

4. 药物预防

母猪产前 40 d 和 20 d 各注射一次黄白痢疫苗(K88、K99、987P、F41)2 mL。产前 30 d 和 15 d 各注射一次仔猪红痢灭活苗(5 mL)。对冬季(10 月至翌年 3 月)产仔的母猪,在产前 20～30 d 注射传染性胃肠炎和流行性腹泻二联苗。

仔猪出生后吃乳前口服增效磺胺 0.5 mL 或庆大霉素 8 万 IU 或卡那霉素 0.5 mL,1 日 2 次,连用 3 d。

四、提高仔猪断乳窝重的技术措施

（一）引入优良繁育体系,科学配种

作为商品猪场选用引入品种和体格大的种母猪繁殖可提高仔猪初生重,在选配过程中要进行合理交配,充分利用杂交优势,防止体形较小的公、母猪相互交配产出较多弱仔,使其抵抗力、免疫力低下,增大死亡率。

（二）提高初生重,增强抵抗力

仔猪的初生重与成活率密切相关。在正常护理的情况下,初生重小于 1.0 kg 的仔猪在哺乳期的死亡率达到 40%,体重在 1.3～1.5 kg 死亡率仅为 5%～8%。因此加强母猪的饲养管理使其产出健康的仔猪,是提高仔猪断奶窝重的重要环节。

（三）加强产后母猪的管理

产后母猪的饲养管理相当重要,是养好仔猪的保障,可通过人为控制采食量使其提供相应泌乳量来满足仔猪的需要。

母猪泌乳期间的饲粮需要量包括母猪的维持需要量和泌乳需要量,因此泌乳母猪的饲喂量取决于母猪的体重、体况、所哺育的仔猪数以及哺乳期间可以接受的体重大小。为了提高仔猪的生长速度和断奶体重而又不使母猪体重减重过大,可在泌乳饲料中添加高能脂肪来提高饲料的能量水平,以弥补标准采食量的不足。

实际生产中,刚分娩母猪的采食量较少,两三天以后逐渐增加,一般产后 2～3 周才会达到最高采食量。而母猪越早达到最高采食量,泌乳期的采食量越高,泌乳量也就越多,仔猪生长速度也就越快。因此在喂食过程中应注意人为促使其饮水、进食,每日可饲喂 2～3 次,直到泌乳第 7 天母猪体况恢复后让其自由采食。

(四)加强仔猪的管理

1.正确接产

在接产前应用热毛巾将母猪乳房、外阴部、臀部洗净,然后用消毒药水清洗,同时及时进行卫生处理,保证铺位没有污物。让仔猪生长在清洁、卫生、干燥、温暖的环境中,是防止仔猪发生腹泻病的前提。

2.饲喂初乳及固定奶头

超前免疫最好使仔猪在生后 1 h 内吃到初乳,同时仔猪吮乳的刺激有利于母猪子宫收缩,加快分娩过程。但最初的几滴乳汁应弃掉,该部分乳汁因存储时间相对较长,易受细菌污染,小猪进食后最易引起拉稀。前 3 d 的仔猪饲养在保温箱内,间隔 1.5～2 h 进行饲喂。人工为个别仔猪固定奶头,通常采用"抓两头,顾中间"的办法,即把体质较弱的仔猪放在前边的乳头,体质较强的固定在后面的乳头,其他仔猪让其自己固定。人工固定奶头是使仔猪生长整齐,防止弱仔产生的有效办法。

3.做好防寒保暖工作,减少仔猪应激

哺乳仔猪最佳的温度:1～3 d 为 30～34℃,4～7 d 为 28～30℃,以后每周下降 2℃,直至 20℃左右。

4.早期断奶

实施早期断奶可提高母猪的繁殖率和年产仔数,降低仔猪的生产成本,提高分娩舍的利用率,还能有效地控制疾病。早期断奶一般指 21 日龄或 28 日龄断奶。

5.提早开饲,科学补料

精心管理断奶后第 1 周的仔猪,让其处在干燥、温暖、洁净的环境中,尽量减少应激。仔猪应在 7 日龄开始训练补料,少喂勤添,2 周后仔猪即能采食饲料。

(五)加强卫生防疫

1.产前母猪的免疫

初生仔猪抗病能力差,很容易患病死亡,因此应根据当地疫情和本场具体情况实施有效的免疫措施来对仔猪产生保护作用。一般可在产前 5 周和产前 2 周给母猪选择性接种大肠杆菌苗、支原体、传染性胃肠炎、巴氏杆菌、猪丹毒、猪链球菌、轮状病毒等疫苗。产前 7～10 d 驱虫。

2.仔猪腹泻病

对仔猪危害最大的是腹泻病,各个年龄的猪都可能发生,但是主要发生在以下三个年龄群:产后 1～3 d 的仔猪,7～14 日龄的仔猪以及刚断奶的仔猪。仔猪腹泻最常见的传染性病原是大肠杆菌、轮状病毒、传染性胃肠炎和球虫等寄生虫。非传染性因素主要包括仔猪消化机能不全、日粮抗原过敏、营养因子缺乏,应激因素等。要采取有针对性的措施加强预防。

五、仔猪断奶

断奶日龄是影响仔猪和母猪生产性能的重要因素之一,选择合适的断奶时机对养猪生产意义重大。断奶仔猪的生产性能很大程度上取决于断奶日龄和环境条件,过分追求早期甚至超早期断奶带给仔猪的挑战是巨大的,不仅增加了断奶仔猪饲料成本,更重要的是母猪自身繁殖性能下降,最终抵消了缩短繁殖周期带来的利益。

理论上母猪的年产胎数为:

$$365÷[114(妊娠时间)+21(断奶日龄)+7(断奶至发情时间)]=2.6(胎/年)$$

因此,仔猪断奶日龄与母猪年产胎数的相关系数为0.1/周,即仔猪断奶日龄每延长1周,母猪年产胎数降低0.1。蒲红州等(2013)通过对不同猪场内的225头杜洛克、441头长白、489头大白母猪进行每个生产周期内断奶至发情间隔天数、胎次、产仔数、活仔数等性状的收集和追踪,报道了仔猪不同时间断奶,母猪的年产仔胎数与提供断奶仔猪数的效应,详见表5-3-1。

表 5-3-1 早期断奶对母猪产仔力的影响

断奶周龄	从断奶到发情/d	受胎率/%	年产胎数	胎产活仔数	断奶头数	母猪年产仔数
1	9	80	2.70	9.4	8.93	24.1
2	8	90	2.62	10.0	9.5	24.9
3	6	95	2.50	10.5	9.98	25.4
4	6	96	2.44	10.8	10.26	25.0
5	5	97	2.35	11.0	10.45	24.6
6	5	97	2.22	11.0	10.45	22.5
7	5	97	2.17	11.0	10.45	22.5
8	4	97	2.15	11.0	10.45	21.6

断奶至发情间隔天数也是影响母猪生产周期的一个重要组成部分,其长短不但影响母猪的年产胎数,同时也会影响其产仔数、活仔数,从而影响母猪的年生产力。研究表明,过早断奶(<16 d)可致母猪WEI紊乱或延长,增加乏情母猪比例。当断奶日龄早于17 d时,有明显发情征兆的母猪比例下降60%;且即使有发情征兆的母猪,其排卵也受到抑制。与18~21 d断奶相比,早期(8~12 d)断奶(early weaned,EW)母猪在下一个繁殖周期内,WEI(断奶到下次发情的时间)显著延长。适当延长断奶日龄有助于缩短WEI。对母猪断奶至发情间隔天数、胎次进行分组处理,同时进行统计分析及相关显著性检验。结果表明,断奶至发情间隔天数对母猪年生产力的影响显著,通常间隔天数在3~6 d,胎次在3~7胎时母猪年生产力较高(表5-3-2)。

表 5-3-2 不同断奶至发情间隔天数与产仔数指标

间隔天数/d	窝数	窝均总产仔数	窝均产活仔数
≤2	47	9.79±3.13	9.33±3.18
3	40	10.45±2.88	10.02±2.80
4	262	10.30±2.97	9.65±2.95
5	445	10.33±2.99	9.84±3.01
6	247	10.15±3.02	9.43±2.92
7	20	8.63±4.13	8.26±3.67
8～9	18	8.77±2.10	7.91±2.31
≥10	76	10.73±3.17	10.10±3.15

断奶日龄对母猪受胎率的影响。断奶日龄过早会降低母猪受胎率。EW 母猪与传统方式断奶母猪相比,受胎率从 87％下降至 68％,差异极显著($P<0.001$)。过早断奶的母猪 LH 和 FSH 分泌不足,这可能跟受胎率降低有关。过早断奶(<13 d)会导致大约 20％母猪卵巢囊肿,并引起排卵失败,但也有报道称断奶日龄不影响排卵数和卵泡成熟。

断奶日龄对胚胎成活率的影响。过早断奶降低胚胎成活率。断奶时间为 21 d 以上的母猪配种后,胚胎成活率 70％～80％,而断奶时间为 14 d 以前的母猪配种后,胚胎成活率只有50％～60％。与 CW(正常断奶母猪)母猪相比,EW 母猪胚胎成活率从 67％下降至 53％,差异显著,且胚胎重量显著下降,子宫长度缩短。延长断奶日龄(从 13 d 延长至 32 d)可显著提高胚胎成活率。

断奶日龄对母猪窝产仔数的影响。适当延长断奶日龄,有助于提高母猪窝产仔数,在26～30 d 断奶的母猪产仔数最高($P<0.05$)。适当延长母猪哺乳时间,有助于提高产仔数。某些极端环境下,断奶日龄对产仔数影响不显著。在高温高湿条件下,断奶日龄从 17 d 延长至 35 d,母猪下一胎产仔数变化不显著。

断奶日龄决定了断奶后的仔猪采食量和生长速度。仔猪断奶日龄越晚,平均日增重越高。许多研究表明,28 日龄断奶后的仔猪生长速度最佳;但随着生产设备的改进、饲养管理水平的提高以及对仔猪消化生理、免疫机能和应激能力等的深入了解,仔猪断奶日龄逐步提前 21 日龄也不会影响仔猪的生长速度和日增重。

顾先红等(2004)研究断奶日龄对仔猪生产性能表明断奶日龄和日龄对仔猪体重、日增重、相对生长速率和日采食量均有显著影响($P<0.05$),且断奶越早,这些指标于断奶后下降的幅度越大。断奶可显著促进仔猪采食($P<0.05$)。至 42 日龄,各处理组仔猪体重、日增重、相对生长速率及日采食量已无显著差异($P>0.05$)。断奶可促进胃和胰脏的发育,但对肝脏的发育影响不大。

(一)仔猪断奶时间的确定

仔猪的断奶时间不同类型的猪场,断奶时间很不一致。规模化猪场早期断奶在 21～28 d断奶,此时仔猪与母猪分离而完全独立生活,营养的摄取从液体的母乳转变成固体的仔猪饲料,营养的摄取方式发生了重大的改变,使仔猪在断乳 1 周后易造成应激。

早期断奶是提高养猪生产水平的重要途径,因为早期断奶有以下几个方面的意义:

1. 提高母猪的繁殖力

由于母猪的年产胎次＝365/(妊娠期＋哺乳期＋空怀期),因此仔猪早期断奶可以缩短母猪的产仔间隔,从而增加母猪的年产胎次和年产仔数(表5-3-3)。

表 5-3-3　不同断奶日龄时对母猪年生产力的影响(理论值)

断奶日龄	母猪年分娩窝数	95%受胎率时分娩窝数	母猪年出栏肉猪数		
			9头/窝	10头/窝	11头/窝
14	2.74	2.60	23.4	26.0	28.6
21	2.61	2.48	22.2	24.8	27.3
28	2.48	2.36	21.2	23.6	26.0
35	2.37	2.25	20.3	22.5	24.7
60	2.04	1.95	17.6	19.5	21.3

注:断奶至再配种的间隔为5 d。

2. 提高饲料利用率

仔猪断奶后直接利用饲料比通过母猪吃料仔猪再吃奶的效率提高1倍左右,据测定,饲料中能量每转化1次,就要损失20%。仔猪直接吃料的饲料转化率为50%～60%,而通过母乳的饲料利用率仅有20%左右。并且由于母猪每年提供的仔猪数多,减少了母猪的饲养数,这样又会节省大量饲料。

3. 有利于仔猪的生长发育

早期断奶的仔猪能自由采食营养水平较高的全价饲料,得到符合本身生长发育所需的各种营养物质。在人为控制的环境中养育,可促进断奶仔猪的生长。同时,仔猪早期断奶后,消除了由于母猪感染的疾病,特别是不再接触母猪的粪便,减少了大肠杆菌病的发生。

4. 提高母猪的年产窝数和仔猪头数

从理论上推算断奶时间每提前7 d,母猪年产断奶仔猪数会增加1头左右。但是仔猪哺乳期越短,仔猪越不成熟,免疫系统越不发达,对营养和环境条件要求越苛刻。早期断奶的仔猪需要高度专业化的饲料和培育设施,也需要高水平的管理和高素质的饲养人员。现阶段采用17～21日龄断奶是可行的,如再提早断奶,会降低母猪下一胎的繁殖成绩。21日龄早期断奶的方法在实际生产中可以应用,能提高整个保育期内的生长性能,可以更大地发挥仔猪的生长优势和潜在优势。但是采用21日龄早期断奶,仔猪的消化机能还不完善,因此,从补料到断奶后2周,选择高品质和高消化率的配合日粮是首选条件,补料从4～7日龄开始。

5. 提高母猪分娩舍及各种设备的利用率

仔猪早期断奶,母猪产床的利用率明显提高。在国外平均仔猪的断奶日龄不一。欧盟国家重视动物福利,已立法规定最低断奶日龄,其他各国尚无条令约束。欧盟1991年立法规定断奶日龄不得低于21日龄,随后2006年又颁布新法规,规定断奶日龄不得低于28日龄。从以往报道的文献看,美国养猪行业普遍断奶时间是18～23 d,巴西21 d,澳大利亚22 d,加拿大21 d。近几年来,断奶日龄有向后推迟的趋势。总而言之,世界各国乳猪断奶日龄均不低于18 d,这反映出生产者普遍认同母猪断奶时间不宜过早。

在中国,从以往报道来看,母猪最早断奶时间应不低于 16 d,也有少数报道认为是 19 d。断奶时间从 19 d 延长至 29 d,产仔数增加 0.62 头/胎,随着断奶时间延长,产仔数呈线性增加,故最佳断奶日龄是 21～28 d。以母猪每年提供的断奶仔猪头数评价最适断奶日龄是比较客观的。在 21 日龄和 28 日龄断奶方式下,母猪每年提供的断奶仔猪数分别是 23.6 头和 23.8 头。一方面,延长断奶日龄将导致母猪每年胎次减少;另一方面,延长仔猪的断奶日龄能明显提高母猪年产仔数,此消彼长,最终 21 日龄和 28 日龄断奶的母猪年提供断奶仔猪数相当。在不影响母猪繁殖性能前提下,适度延长仔猪断奶日龄,可提高仔猪断奶体重,有效提高断奶仔猪成活率,降低饲料成本。因此,根据目前中国养猪生产水平现状,在保证仔猪断奶体重不低于 7 kg 前提下,断奶日龄宜为 24～26 日龄。

（二）仔猪的断奶方法

仔猪断奶可采取一次断奶、分期断奶和逐渐断奶的方法。

1. 一次断奶法

就是当仔猪达到预定的断奶日龄时,直接将母猪与仔猪分开。由于断奶突然,仔猪易因食物及环境的突然改变而引进消化不良,影响仔猪的生长发育。同时又容易使泌乳较充足的母猪乳房胀痛,甚至引起乳房炎,因此,这种方法对母猪和仔猪都不利。但由于此法最简单,生产中普遍采用。为了防止母猪发生乳房炎,应于断奶前、后 3 d 减少母猪饲喂量,同时加强母猪与仔猪的护理。

2. 逐渐断奶法

在断奶日龄前 4～6 d,把母猪赶到另外的圈舍中与仔猪分开,然后,每天定时将母猪放回原圈喂奶,其喂奶次数逐渐减少,直至断奶。这种方法避免了仔猪和母猪遭受突然断奶的刺激,对母仔都有益,但实际生产上增加了劳动强度,比较麻烦。

3. 分批断奶法

根据仔猪的生长发育情况,先将发育好、食欲强的仔猪断奶,而发育差的、留着做种用的仔猪则延长哺乳期。这对发育差的仔猪有利,但对母猪特别不利,易得乳房炎。

（三）断奶后注意问题

1. 避免综合应激

断奶是对仔猪较大的刺激,此时应避免其他刺激,如疫苗的注射、去势等。

2. 母猪断奶前后减料,防止母猪得乳房炎

母猪断奶前 7 d 开始,应逐渐减少饲料的饲喂量,特别是要停止青绿多汁饲料和糟渣类饲料的供应,以逐渐减少母猪的泌乳量,为安全断奶奠定基础。

3. 仔猪适当控料,防止拉稀

仔猪断奶后的头 3 d,要严格控制饲料供应量,以防止断奶仔猪采食过多引起拉稀。

【实训操作】

初生仔猪的护理

一、实训目的

1. 了解初生仔猪护理的项目、操作要点;

2. 熟悉初生仔猪护理的流程;

3.掌握仔猪护理的要点。

二、实训材料与工具

临产母猪、擦布、消毒液、碘酒棉球、刚刚分娩母猪、仔猪保温箱、红外线灯、断尾钳、耳号钳、注射器、电子秤、补铁药品等。

三、实训步骤

1.在老师指导下,按标准要求对新生仔猪进行处置;

2.对出现的假死仔猪救助;

3.对冻僵仔猪的急救;

4.对出现的问题进行分析、总结。

四、实训作业

学生在实训基地进行上述操作,对各个项目反复练习,形成分析并完成实训报告。

五、技能考核

新生仔猪护理

序号	考核项目	考核内容	考核标准	评分
1	新生仔猪的护理	哺乳仔猪特点	能正确掌握哺乳仔猪的生理特点	15
2		新生仔猪死亡	能正确分析新生仔猪死亡原因	15
3		新生仔猪护理	能正确护理新生仔猪	20
4	综合考核	新生仔猪死亡原因	能准确回答老师提出的问题	20
5		提高新生仔猪成活率的措施	能根据生产实际,提出提高新生仔猪成活率的技术措施	20
6		实训报告	能将整个实训过程完整、准确地表达	10
合计				100

哺乳仔猪的饲养管理技术

一、实训目的

1.了解哺乳仔猪早期补料补水的方法及意义;

2.了解哺乳仔猪寄养的方法及操作要点;

3.了解仔猪早期断奶的方法及操作要点。

二、实训材料与工具

实训基地的哺乳仔猪、补料槽、常用药品或相关教学多媒体及视频材料。

三、实训步骤

1.反复放映录像带或在实训场参与哺乳仔猪的饲喂和管理工作;

2.根据生产要求,记录饲养管理要点;

3.采取适宜的补料补水的方法,及时对料槽进行清洗;

4.对几窝仔猪进行寄养,寄养后一窝仔猪大小要求均匀;

5.选择合适的断奶时间、方式,对仔猪进行早期断奶。

四、实训作业

学生在实训基地猪场反复观察,并进行练习,记录仔猪采食量,形成报告。

五、技能考核

哺乳仔猪饲养管理

序号	考核项目	考核内容	考核标准	评分
1	哺乳仔猪的饲养管理	哺乳仔猪饲养要点	能正确掌握哺乳仔猪的饲养方法	15
2		哺乳仔猪管理要点	能正确掌握哺乳仔猪的管理要点	15
3		仔猪寄养	能正确进行仔猪的寄养	20
4	综合考核	仔猪寄养的方法	能准确回答老师提出的问题	20
5		提高哺乳仔猪成活率的措施	能根据生产实际,提出提高哺乳仔猪成活率的技术措施	20
6		实训报告	能将整个实训过程完整、准确地表达	10
合计				100

【小结】

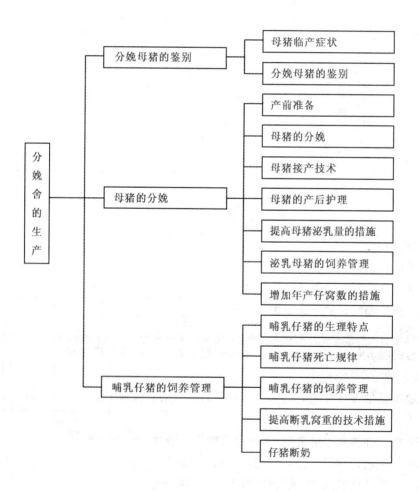

【自测训练】

一、填空题

1.母猪分娩过程可分为_____、_____、_____三个过程。

2.母猪分娩过程一般为_____h,产仔结束后_____h母猪排出胎盘。

3.哺乳仔猪的饲养管理上的"抓三食过三关"分别是指_____、_____和_____。

4.初生仔猪最佳的环境温度为_____。

5.新生仔猪的保温方式主要有_____、_____和_____三种。

6.仔猪编号常用的方式有_____、_____和_____三种。

7.哺乳仔猪断奶的方法有_____、_____和_____三种。

二、问答题

1.如何护理分娩母猪?

2.母猪泌乳有什么特点?

3.母猪分娩的症状有哪些?

4.如何促进母猪正常分娩?

5.哺乳仔猪的生理特点有哪些?

6.断奶仔猪在寄养时应注意什么?

7.如何提高哺乳仔猪的成活率?

8.如何对哺乳仔猪进行正确的断脐?

9.仔猪编号的目的有哪些?

10.针对哺乳仔猪一周内死亡率高的特点,结合实训过程,谈谈如何提高哺乳仔猪成活率。

【阅读材料】

仔猪的腹泻

仔猪腹泻,一直是阻碍大规模养猪业健康发展的重要原因。腹泻的仔猪,其生长发育和身体健康受到极大的损伤,轻则导致仔猪的饲料转化率下降,重则导致存活率明显下降。如何防控和降低仔猪腹泻的发病率,是提高猪场仔猪的成活率和经济效益的有效措施之一。

一、腹泻的概念及症状

仔猪腹泻是指仔猪排出的大便异常稀薄,粪便中含有大量没有消化的食物,同时排便的次数明显增多。

腹泻仔猪的粪便的颜色会根据病因的不同而有所差。由于排出的粪便呈现稀水样且伴有恶臭味,腹泻的仔猪迅速消瘦、脱水、眼球凹陷、浑身发抖怕冷、精神萎靡不振,如不及时进行治疗,腹泻仔猪往往迅速死亡。该病目前在中国规模化养猪场、个体养殖户一年四季都会发生且死亡率较高。

二、发病原因

1.传染性因素(病原性因素)

(1)病毒性腹泻　主要是由仔猪感染各种病毒而引起的腹泻。在生产实际中常见的腹泻病毒主要包括传染性胃肠炎病毒、猪流行性腹泻病毒和猪轮状病毒感染。猪传染性胃肠炎是一种急性传染病,是由传染性胃肠炎病毒引起的,是一种高度接触性传染病,其典型症状包括:仔猪出现呕吐、腹泻、脱水、发病仔猪大量死亡等,一般10日龄内仔猪的死亡率比较高,5周龄以上的仔猪死亡率相对较低。仔猪流行性腹泻病毒同传染性胃肠炎病毒一样,也是冠状病毒,所致仔猪流行性腹泻是一种高度接触性传染病,其症状主要表现为:腹泻、脱水,若不及时治疗,常引起仔猪大量死亡,其发病季节是主要集中在冬春季节。轮状病毒病是由轮状病毒引起的,其特点是:10～28日龄猪最易感染,有明显的腹泻症状,但死亡率较低。

(2)细菌性腹泻　仔猪感染黄白痢、红痢和仔猪副伤寒等,引发仔猪腹泻。黄痢,主要发生于出生几个小时到几天的仔猪身上,尤以1～3d的仔猪最多见,其症状主要是拉黄色稀粪,发病率高、传染快、死亡率高。而发生在10～30日龄的仔猪身上的主要是白痢,其死亡率一般较低,但仔猪的生长会受到很大的影响,发育也不会很好。1～3日龄的仔猪主要发生红痢,病理过程不长,其死亡率较高。引发仔猪腹泻的疾病还有仔猪副伤寒,一般以2～4个月大的仔猪常常发生。

(3)寄生虫引起的腹泻　仔猪感染了寄生虫中的球虫、线虫、蛔虫也会导致仔猪腹泻,寄生虫引起腹泻的主要特点是:多数会发生在1～3周龄的仔猪,仔猪的肠绒毛出现萎缩,空肠黏膜发生不同程度的糜烂,仔猪发生腹泻,随之日渐消瘦,生长速度明显降低,甚至出现死亡。

2.非病原性因素

(1)营养因素　泌乳母猪营养状况的好坏直接关系到哺乳仔猪的营养状况好坏。仔猪在缺乏某些营养物质时也会发生腹泻。

(2)日粮因素　由于仔猪的消化系统还不健全,所以在饲喂饲料的时候如果没有掌握饲料中蛋白质的量,也会导致仔猪腹泻(其主要原因是日粮中所含的抗原发生了过敏)。此外,仔猪的饲料发生了发霉、变质和被污染的话,也会引起仔猪腹泻。

(3)饲养管理性因素　饲养管理不当也会引发仔猪腹泻。常见的母猪营养缺乏,导致母猪的泌乳量下降,仔猪经常处于饥饿状态;仔猪出生时体重过小、消化功能较差而导致消化不良;饲料中缺乏维生素、矿物质等也会引起仔猪腹泻。断奶、转栏、并栏、换料时使仔猪产生应激反应,随之引发腹泻。此外,温度过低、湿度太大、栏舍空气污浊容易引起仔猪腹泻。

三、仔猪腹泻的综合防治

1.传染性腹泻的防治方法

(1)病毒性腹泻　饲养员每日应保证栏舍的清理卫生,保证猪舍和各项工具的卫生,另外还必须保持猪舍的适宜温度、湿度,加强仔猪的护理,增强仔猪对环境变化的抵抗力,降低仔猪的发病。一旦发现仔猪腹泻,必须立刻从健康猪只里隔离开来,发病猪所处的环境,必须消毒,防止给健康猪带来影响。对于病毒引起的仔猪腹泻要结合使用相应的抗病毒药物,最常使用的是病毒灵、病毒唑等,使用一些中药制剂也是有效的,同时结合使用止泻药如新霉素、庆大霉素、喹诺酮类等。此外维生素的添加必不可少,更有效的方法是给腹泻仔猪注射相应的干扰素。

(2)细菌性腹泻　要遵循自繁自养的原则,此外饲养员要时刻观察仔猪的环境和温度,保持环境和饲料、饮水的干净。及时的做好各种疫苗的免疫接种,提高仔猪的抵抗力,减低仔猪拉稀的发生率。

2.非传染性腹泻的防治方式

(1)提高饲料的营养成分。妊娠母猪必须饲喂营养成分全面的饲料,以保证胎儿正常发育,提高初生仔猪的抵抗力,防止仔猪出现腹泻。

(2)降低饲料带来的负面影响。仔猪生长到7d时可以开始进行补料,让仔猪的消化系统得到更加全面的发育。仔猪教槽料在保证健康生长的前提下,在满足其所需要的各种氨基酸的条件下,蛋白质的含量不宜太高,日粮中的粗蛋白含量控制在19%以内,通过减少肠道里的蛋白质从而抑制仔猪腹泻。

（3）降低仔猪应激。初生仔猪的消化系统、自身的体温调节能力还不成熟，易造成消化机能的紊乱而引起腹泻。因此，猪舍里的温度和湿度要保持适当，同时环境的卫生和消毒工作要做好；断奶前的一系列准备工作也要做好，避免断奶时引发应激反应。

（4）合理使用微生态制剂。微生态制剂是根据微生态原理生产的含有各种有益微生物的一种活性添加剂，它可以提高肠道环境的稳定性，可以明显预防细菌引起的腹泻。

（5）合理配制日粮。饲料对于小猪的影响很大，在选取饲料时一定要挑选营养价值高、容易消化吸收的饲料，这样配制的日粮有利于仔猪的吸收，增强抵抗力。夏日天气炎热，仔猪的日采食量可适当降低，但需要提高营养浓度。在进行饲料生产或喂食仔猪饲料前，一定要检查原料和饲料的生产日期，防止饲料发生霉变。通过饲料的检测，确认饲料质量，可以降低仔猪腹泻的发生，减少死亡率，降低饲养成本，提高经济效益。

（6）做好仔猪的保温工作，保持猪舍的干燥。温度过低或过高是引起仔猪拉稀的重要原因之一，因此要妥善控制温度。夏季温度太高、冬季温度过低，对仔猪的影响非常大。仔猪所适应的温度随日龄的增长而改变，刚出生时温度要控制在 30 ℃左右，以后随着生长每周将温度降低 2 ℃，直至降到 22 ℃左右的时候停止，然后保持温度，一直到仔猪转出产房。

（7）充分做好补料工作。仔猪在 7 日龄时要进行补料，如果小猪不吃，可以采取一些措施诱引它吃料。断奶前 4 d 要对母猪进行适当减料。此外断奶前 3 d 最好在仔猪饲料中添加抗生素，来增强仔猪的抵抗力。

导致仔猪腹泻的病因多种多样，且大多是多种因素共同作用的结果，是养猪生产上最常见的且难以解决的一种疾病，是引起仔猪死亡率高的重要原因之一，也是影响养猪经济效益的主要原因之一。仔猪腹泻严重阻碍和限制了养猪业的健康发展，给养殖企业带来了较大的经济损失。除此以外，饲料报酬的下降、仔猪死亡率增多、成活率降低、生长缓慢，给养猪人带来了严重的经济损失。因此，在生产实际中必须正确分析引起仔猪腹泻的原因，有针对性地采取措施。

培育隔离式早期断奶仔猪（SEW 技术）

仔猪早期断奶隔离喂养法，是一种先进的仔猪饲养管理技术模式，近几年在美国、西欧和加拿大较为流行，它对仔猪的饲养提出了一种较新的概念，对传统的饲养管理提出了挑战，是一种值得研究探索的养猪新技术。

一、隔离式早期断奶法的概念

隔离式早期断奶法英文的全名为（segregated early weaning，SEW），是美国养猪界在1993 年开始试行的一种新的养猪方法。其实质内容是，母猪在分娩前按常规程序进行有关疾病的免疫注射，仔猪出生后保证吃到初乳后，按常规免疫程序进行疫苗预防注射，在 10～21 d断乳，然后将仔猪在隔离条件下保育饲养。保育仔猪舍要与母猪舍及生产猪舍分离开，隔离距离 250 m 到 10 km，根据隔离条件不同而不同。这种方法称之为"隔离式早期断奶法"，简称为"SEW 法"。

二、SEW 法的主要特点

（1）母猪在妊娠期免疫后，对一些特定的疾病产生的抗体可以垂直传给胎儿，仔猪在胎儿期间就获得一定程度的免疫。

（2）初生仔猪必须吃到初乳，从初乳中获得必要的抗体。

(3)仔猪按常规免疫,产生并增强自身免疫能力。

(4)仔猪生后22日龄以前,即特定疾病的抗体在仔猪体内消失以前,就将断乳仔猪移到清净、具备良好隔离条件的保育舍养育。保育舍实行全进全出制度。

(5)配制好早期断乳仔猪配合料,要保证饲料有良好的适口性,易于消化吸收和营养全面。

(6)断乳后保证母猪及时配种及妊娠。

(7)由于仔猪本身健康无病,不受病原体的干扰,免疫系统没有激活,从而减少了抗病的消耗,加上科学配合的仔猪饲料,仔猪生长很快,到10周龄体重可达30～35 kg,比常规饲养的仔猪增重10 kg左右。

三、SEW 法机理

SEW法在美国获得成功,并取得了良好的效益,其主要原因是:

(1)随着猪营养学研究的进展,对于仔猪的消化生理及仔猪饲料有了比较清楚的了解,仔猪10日龄以后所需要的饲料已经得到了很好的解决,仔猪能很好地消化吸收饲料中的营养,保证了仔猪快速生长的需要。

(2)母猪产前进行了有效的免疫,其体内对一些疾病的免疫机能,通过初乳传递给仔猪,再加上仔猪本身的免疫机能,直到21日龄以前,仔猪从母体获得的免疫机能尚未完全消失,即将仔猪从母体处移出,进入隔离条件良好的保育仔猪舍内,使仔猪代谢旺盛。因此,生长十分迅速。

(3)SEW方法对仔猪断奶的应激比常规方法要小。仔猪在28日龄断奶后,大多会出现7～10 d的生长停滞期,尽管在以后生长中可能补偿,但终究有很大影响。SEW法基本上没有或很少引起断奶应激。另外,保育仔猪舍的隔离条件要求严格,减少了疾病对仔猪的干扰,从而保证了仔猪的快速生长(表5-3-4)。

表 5-3-4　常规饲养与 SEW 饲养生长、背膘厚及饲料报酬的比较

	阉猪		幼母猪	
	常规饲养	SEW	常规饲养	SEW
保育期				
出生重/kg	1.56	1.50	1.54	1.52
10日龄重/kg	3.19	2.89	3.17	3.10
4周龄重/kg	7.24	8.67	7.45	8.08
5周龄重/kg	8.88	10.73	8.89	10.90
6周龄重/kg	11.67	13.38	11.67	13.50
7周龄重/kg	14.69	17.60	14.76	17.79
平均日增重/g	277	331	272	336
育肥期				
达105 kg日龄	152.6	148.55	160.35	155.10
饲料报酬	2.96	2.92	2.87	2.96
背膘厚/mm	22.86	25.65	20.83	22.61

四、SEW 技术措施

(1)早期断奶(14～21 日龄)。尽量减少母猪与仔猪的接触时间,从而减少仔猪感染疾病的机会。断乳日龄主要是根据所需消灭的疾病及饲养单位的技术水平而定,一般 15～18 日龄断奶较好。

(2)实行"全进全出制"生产管理。以周为单位进行流水操作,饲养在同一间猪舍的一批猪,无论母猪、仔猪、生长育肥猪,同时转移至另一猪舍中,到了一定生长或生理阶段,需转入另一猪舍时,一只不留地同时转出,而后对该间猪舍进行彻底清洗、消毒和干燥,准备接受另一批新猪群。

(3)二点式饲养。繁殖猪饲养在一区,生长、育肥猪养在另外一区。这样既能避免疾病通过各种媒介的接触和传播,又能有效阻止各场之间的车辆、人员、工具与设备的交换,达到最大限度地避免交叉感染的效果。

(4)仔猪的饲养管理要求

饲料要求:采用 SEW 方法对断乳仔猪的饲料要求较高,因此,高品质的仔猪教槽料和断乳期过渡料,是改善仔猪消化机能的必要条件。这不仅包括饲料原料的高品质,如优质鱼粉、乳清粉、脱脂奶粉、短链饱和与长链不饱和脂肪酸等的添加。还包括饲料的良好形态与适口性,如粒度、硬度适合的颗粒饲料或膨化颗粒饲料。仔猪料要分成三个阶段,第一阶段为教槽料及断乳后 1 周,第二阶段为断乳后 2～3 周,第三阶段为 4～6 周。三个阶段饲粮的主要差异是蛋白质原料的不同,美国研究人员建议,第一阶段必须用血清粉、血浆粉和乳清粉。第二阶段不需血清粉,第三阶段只需乳清粉。

训料要求:仔猪训料已是共识。哺乳仔猪采食足够的(500 g 以上)开食料,能够很好地减少断乳后仔猪下痢的机会。但仔猪出生后 5～7 d 的补料工作,往往做的并不理想,因为母猪分娩的前 3～4 周中泌乳基本能满足仔猪的营养需要,之后泌乳量下降,仔猪才不得不进食开食料。对于早期断乳(21～28 d)的仔猪,补料的意义显得更为重要。生产中,可采取以的措施以达到及早训料的目的:①母猪分娩前少喂,分娩后 2 d 多喂或自由采食,这种做法可使哺乳仔猪增重加速,仔猪增重加速后泌乳量相对不足,使得仔猪早吃开食料。②增加开食料的适口性,良好的口感对仔猪开食尤为重要。③补料的同时要注意补水,因为补水也极为重要。④利用条件反射原理,少量多次地给仔猪添加开食料,可以刺激仔猪早吃料、多吃料。

限饲要求:新断乳仔猪的限饲和断乳前的充足训料同等重要。因为新断乳的仔猪消化机能尚未完善,限制饲喂量要比任意采食时下痢机会减少很多。断乳后的前几天,仔猪胃肠机能有个重新调整的过程,断乳的饥饿感可使仔猪大量采食饲料,堆积于肠道内的食物可以导致消化系统分泌失调甚至紊乱而产生下痢。生产中,限饲的方法是:28 日龄断奶的仔猪日给料量 80～100 g,时间持续 3～5 d,之后进入自由采食状态。但限饲时要保证每头仔猪有足够的采食槽位和面积。

(5)环境控制

①产房夏季使用湿帘风机降温,冬季使用热风炉供暖,以控制大环境变化;而仔猪所处的小环境则通过保温箱、电热板和保温灯来控制;同时产房还配有先进的自动化排气扇以控制室内的有害气体浓度。

②保育舍通过热风炉供暖控制室内温度,通过自动排气扇控制室内空气质量。

学习情境 6　保育舍的生产

【知识目标】

1. 了解保育猪生长发育规律和产生应激的原因；
2. 熟悉仔猪进舍前的栏舍准备；
3. 掌握保育猪的特点及饲养管理方法；
4. 了解保育猪的保健和 SPF 猪的培育。

【能力目标】

1. 能科学地对保育猪进行饲养管理，提高饲料转化率；
2. 能掌握保育舍内温湿度调节、通风、清除有害气体等环境控制技术；
3. 能检查保育猪的饲喂效果；
4. 能设计饲养试验方案；
5. 能制订保育猪的保健计划，了解 SPF 猪的培育方法。

工作任务 6-1　保育猪的生理特点

保育期内仔猪的增重和健康状况，对其后期的发育将会产生极其重要的影响。在选择饲料时应选用营养浓度、消化率高的原料，以适应其消化道的变化，促使仔猪快速生长。

一、保育猪生理特点

1.抗寒能力差

断奶仔猪被毛稀疏，皮下脂肪少，大脑皮层发育不健全，对各系统的调节能力差，导致仔猪体温调节机制不健全，易受冷的影响，若长期在 18℃ 以下，将影响保育猪的生长，并诱发多种疾病。因此减少疾病的关键因素是保证其合适的温度，保育舍温度要维持 24～26℃（图 6-1-1）。

图 6-1-1　保育仔猪对温度的要求

2.生长发育快

保育猪的食欲特别旺盛,常表现出抢食和贪食现象,称为猪的旺食时期。断奶仔猪生长发育迅速,增重可达 500 g 以上(图 6-1-2)。

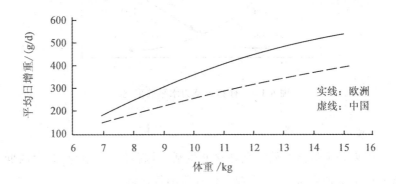

图 6-1-2　断奶仔猪的增重曲线

3.对疾病的易感性高

仔猪 10 日龄以前主要通过吮吸母乳获得被动免疫,10 日龄以后才开始自产免疫抗体,4～5 周后才成熟,在 21 日龄断奶会降低仔猪循环抗体水平,抑制细胞免疫力,显著降低了血液免疫球蛋白的数量。此时,仔猪失去母源抗体的保护,自身的主动免疫能力又未建立或不坚强,对病原的抵抗力最低,容易感染各种疾病,如传染性胃肠炎、萎缩性鼻炎、猪瘟、伪狂犬病、蓝耳病、圆环病毒感染等(图 6-1-3)。

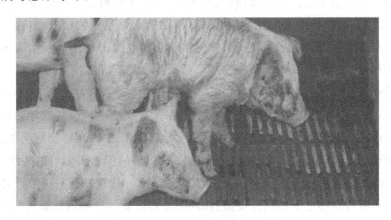

图 6-1-3　患病仔猪

4.仔猪自身的消化系统和免疫系统不发达

仔猪自身的消化系统和免疫系统的高速生长发育需要大量的营养物质,这产生两个主要的矛盾:一是有限的消化能力与大量采食消化固体饲料的矛盾;二是由被动免疫向主动免疫的艰难转变与高压力的病原侵袭和频繁疫苗注射刺激的矛盾(图 6-1-4)。

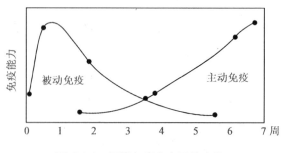

图 6-1-4　仔猪免疫力水平的变化

5.抗应激能力差

仔猪断奶后,因离开了母猪开始完全独立的生活,对新环境不适应,若舍温低、湿度大、消毒不彻底等,就会产生某种应激,均可引起条件性腹泻等疾病。

二、仔猪断奶应激

仔猪断奶后,其生活的内、外环境发生了很大变化,易发生断奶应激。断奶应激概括起来可分为 3 类。

(一)营养应激

仔猪由吃温热的液体母乳为主改成吃固体的乳猪饲料。母乳中含有丰富的乳脂和易于消化的乳蛋白,且其中碳水化合物是以乳糖为主,不含淀粉和纤维。而断奶后乳猪料的主要能量来源于谷物淀粉,蛋白质主要由植物蛋白(大豆蛋白)或少量鱼粉提供,并且饲料中还有仔猪几乎不能消化的纤维。乳猪料中的大豆蛋白可引起早期断奶仔猪短暂过敏反应,引起仔猪肠道绒毛变短,腺窝深度加深,肠绒毛大量脱落,降低了消化吸收面积,从而导致仔猪断奶后生长受阻甚至腹泻等现象。另外,断奶后仔猪持续摄入低能量也是造成黏膜损伤的主要因素,消化吸收受阻导致小肠下段养分过剩,并使栖居在肠道中的微生物种群发生显著变化,病原菌大量滋生繁殖为腹泻创造条件。消化道 pH 升高导致消化率下降,拉稀增加,成年猪的正常 pH 在 $2\sim3.15$,这是胃蛋白酶最佳范围,断奶前,仔猪主要通过母乳中的乳糖发酵来维持胃内酸度。断奶后,乳酸的产生下降使胃内的总酸度降低,这在断奶后的第 2 天表现尤为明显,当仔猪胃内 pH 上升后,将降低仔猪对蛋白质的消化率,造成蛋白质在肠内腐败,腐败产物对结肠产生损伤,结肠是仔猪吸收水和电解质的重要器官,同时蛋白质腐败产物对结肠黏膜的刺激可促进肠液分泌,粪中水分含量增加,出现腹泻。

(二)环境应激

仔猪从分娩舍转到保育舍,仔猪出现了生活环境发生了很大的变化。

1.温度、湿度

仔猪调节体温的能力非常差,同时由于皮下脂肪薄,保温能力也很差,断奶仔猪的适宜温度在 $24\sim26℃$。在寒冷季节,如果没有确实的保温措施,仔猪断奶后必会出现饲料利用率低的现象,甚至出现负增长。据统计低温季节,在用同一种饲料的情况下,温度升高仔猪拉稀的比例可下降50%。同样,水泥地面养猪,低温高湿和高温高湿对仔猪的生长均不利(图6-1-5)。

图6-1-5　环境应激引起仔猪拉稀、瘦弱

2.母源抗体

3周龄以后母源抗体几近消失,主动免疫要在4~5周才起作用,其间将出现免疫空白期,断奶引起免疫力下降,易被病菌感染。

（三）心理应激

仔猪断奶后离开了母猪,少了心理依赖,且原来的生活伙伴也因拆窝、并窝而不同了,仔猪间为了建立新的生活秩序而出现打斗现象。这些因素形成了心理应激。

三、保育猪咬耳、咬尾原因分析及防制措施

在集约化养猪生产中,影响猪正常生理活动的应激源日趋增多,动物受应激源作用后可导致机体免疫力下降,机体分解代谢增强而合成代谢降低,性机能紊乱,严重时可引起一系列应激综合征,出现猪咬尾、咬耳等症状。

（一）原因分析

1.品种和个体差异

一个猪圈内如果饲养不同品种或同一品种但体重差异大的猪,在占有睡觉面积和抢食中,常出现以大欺小现象。

2.环境

(1)舍内温度过高或过低。

(2)通风不良及有害气体的蓄积。

(3)天气突变。

(4)猪圈潮湿引起皮肤发痒等因素,使猪产生不适感或休息不好引发啃咬。

(5)光照过度,猪处于兴奋状态而烦躁不安。

(6)猪生活环境单调,特别是仔猪活泼好动,于是互相"玩弄"耳朵或尾巴等都会诱发咬尾症。

3.营养

当饲料营养水平低于饲养标准,满足不了猪生长发育营养需要,可造成猪咬尾,如缺乏蛋白质饲料和粗纤维过低均可导致咬尾症的发生。日粮中的各种营养成分不平衡,如一些矿物质、微量元素和各种维生素不足及比例不协调,均可出现咬尾症。

4.管理

在猪群中社会地位低下者不能得到槽位;猪群密度过高及同栏猪头数过多、秩序混乱;槽位及饮水器不足、地面喂食;猪活动频繁,无法充分休息而变得烦躁;猪因荷尔蒙的刺激导致情绪不稳定;卫生状况不良或并栏饲养,猪群整齐度不佳等,均可诱发咬尾症的发生。

5.疾病

狂犬病,严重腹泻,缺乏钙、磷、铁等引发的营养代谢紊乱;患有虱子、疥癣等体外寄生虫时,可引起猪体皮肤刺激而烦躁不安;体内寄生虫病,特别是猪蛔虫,刺激患猪攻击其他猪,发生咬尾现象。

(二)综合防制措施

1.培育抗应激猪品种

咬尾现象在长白猪、哈白猪猪群中发生较多,民猪少见。因此利用育种方法选育抗应激猪,淘汰应激敏感猪,可以逐步建立抗应激猪种群,从根本上解决猪的应激问题。

2.改善饲养管理

在集约化养猪业中,人们为追求最大的经济效益,往往在饲养管理中采取一系列措施,有些同时可能又是应激因素。因此,要想防止或减轻应激造成的影响,有效防止集约化生产中猪咬尾症发生,必须在猪的饲养、购销、运输和屠宰的全过程中改善饲养管理,为猪的生长发育创造良好的生存环境。主要需做好以下工作:

(1)满足猪的营养需要。饲粮营养水平要能满足猪不同生长阶段的营养需要,喂给全价配合饲料,定时定量饲喂,不喂发霉变质饲料,饮水要清洁,饲槽及水槽设施充足,注意卫生,避免抢食争斗及饮食不均。当发现咬尾现象时,应及时对饲料营养成分进行分析,针对营养不足的部分尤其是微量元素及维生素缺乏,要及时补饲,以消除营养应激诱发的咬尾症。

(2)给予良好的环境条件。猪舍建筑(场址选择、场区布局、猪舍类型)和环境工程设计(通风类型、粪污处理方式等)以及舍内设施选择(饲槽、饮水方式选择等)都要符合猪正常生理要求,尽量为猪的生长创造比较适宜的小气候环境,以避免酷暑严寒、贼风侵袭、粪便污染、空气浑浊、潮湿等因素造成的应激。

(3)合理组群。把来源、体重、体质、性格和吃食等方面相似的猪组群饲养。在自然温度、自然通风的饲养管理条件下,每群以 10～20 头为宜;同一群猪个体的体重相差不能过大,在小猪阶段群内体重不宜超过 4～5 kg,在架子猪阶段,不超过 7～10 kg 为宜。分群后要保持猪群的稳定,除因疾病或体重差别过大,体质过弱不宜在群内饲养而加以调整外,不应任意变动。

(4)适宜的饲养密度。一般猪场 1 头 3～4 月龄的肥育猪所需要圈栏面积以 0.6 m² 为宜,4～6 月龄为 0.8 m²,7～8 月龄和 9～10 月龄则分别为 1 m² 和 1.2 m²。

(5)仔猪断尾。在仔猪生下当天,在离尾根大约 1 cm 处,用钝口剪钳将尾巴剪掉并涂上碘酊或在仔猪生下 2 d 内结合打耳号时,用钢丝钳子在尾下 1/3 处连续钳 2 钳子,2 钳子距离 0.4 cm 左右,将尾骨和尾肌钳断,血管和神经压扁,皮肤压成沟。钳后 7～10 d,尾的下 1/3 即可脱掉。该法简便,不出血、不发炎,效果好。对仔猪断尾是控制咬尾症的一种有效措施。

3. 药物防治

为防止应激诱发猪咬尾症的发生,可通过饲粮和饮水或其他途径给予抗应激药物。这些药物一般分为 3 类,即应激预防剂、促适应剂、对症治疗药物或应激缓解剂。应激预防剂能减弱应激对机体的作用,通常有安定止痛剂和安定剂,现大多已禁用。促适应剂能提高机体的非特异性抵抗力,从而提高抗应激能力,有参与糖类代谢物质(柠檬酸、琥珀酸等),缓解酸中毒和维持酸碱平衡的物质,如碳酸氢钠、氯化铵、微量元素(锌、硒等)、微生态制剂、琼脂组织制剂、中草药制剂。维生素制剂(维生素 C 和维生素 E 效果最好)已广泛应用于养禽业,对猪的抗应激作用有待进一步研究。应激缓解剂有杆菌肽锌等。上述抗应激药物对于防治猪咬尾症的有效性尚应给予更多关注。

【实训操作】

保育猪的生理特点

一、实训目的

1. 了解保育猪的生理特点;

2. 掌握断奶对保育猪产生应激的原因;

3. 根据生产实际中出现的应激,提出解决方案。

二、实训材料与工具

录像资料或猪场保育猪。

三、实训步骤

1. 反复放映录像带或参加实训猪场保育猪的日常饲养管理工作;

2. 根据录像或生产实际中观察到的情况,了解并分析保育猪的生理特点;

3. 分析保育猪产生应激的原因;

4. 提出解决应激的措施。

四、实训作业

根据实训过程完成实训报告。

五、技能考核

保育猪饲养管理及僵猪处理方法

序号	考核项目	考核内容	考核标准	评分
1	过程考核	保育猪生理特点	熟悉保育猪的生理特点	20
2		保育猪的应激	熟悉保育猪应激的原因	20
3	综合考核	总体评价	能正确根据保育猪生理特点,熟练分析应激的原因	30
4		实训报告	根据实训内容写出实训报告	30
合计				100

工作任务 6-2　保育猪的饲养管理

养好保育猪,过好断奶关,必须做到"三维持、三过渡",即维持在原圈管理,维持原来的饲料组成和原来的饲养方式,维持原窝转群和分群;15 d 后再逐步做好饲喂饲料逐渐过渡、饲养制度逐渐过渡和环境控制逐渐过渡。

一、保育猪饲养

1.日粮的变换

保育猪饲养上要求换料要缓不能急,突然改变日粮往往会造成保育猪消化道的不适应,从而出现消化不良、拉稀的现象,严重影响保育猪的生长发育。因此,保育猪转入保育舍后,要保持原来的饲料 2 周内不变。2 周之后逐渐过渡到保育猪料,保育猪配合料要求含有优质蛋白、高能量和含有丰富的维生素、矿物质,且易于消化。特别是头两天注意限料,以防消化不良引起下痢。

2.饲喂次数

保育猪生长速度较快,所需营养物质较多,但其消化道容积有限,所以要求少喂勤喂,既保证生长发育所需营养物质,又不会因喂量过多胃肠排空加快而造成饲料浪费。保育猪断奶后 2 周内,饲喂次数不变(5~6 次/d),2 周后逐渐减少饲喂次数(4~5 次/d),日喂量占体重 6% 左右,如果环境温度低,可在原日粮基础上增加 10% 给量。1 周之内控制采食,坚持勤添少添的原则,每次饲喂量不应过多,以七八成饱为宜,以防止保育猪拉稀,1 周以后逐渐增加饲喂量。有条件的地方可以采用保育猪自动饲喂系统,以减少饲料过渡应激,即在 1 个保育栏内设置 2 个自动料槽,始终保持 2 个料槽的日粮为相邻 2 个阶段的日粮。如在进入保育舍第 1 周内,一个料槽投给哺乳仔猪料,另一个料槽投给保育猪料;在保育的后期,一个料槽投给保育猪料,另一个料槽投给育成前期料。此系统保证了保育猪能得到充足的适合其生理需要的饲料,猪的整齐度明显改善,也没有换料应激。

3.饲料的加工调制

饲料加工调制和类型对断奶仔猪采食量和消化吸收也有一定的影响,对仔猪来说饲料类型最好是颗粒饲料,其次是生湿料或干粉料,不要喂熟粥料。按顿饲喂的断奶仔猪应有足够的采食空间,每头仔猪所需饲槽位置宽度为 15 cm 左右,在采用自动食槽饲喂时,2~4 头仔猪可共用一个采食位置。为了减少断奶仔猪消化不良引起的腹泻,断奶后第 1 周可实行限量饲喂,特别是最初的 3~4 d 尤为重要,限量程度只给其日粮 60%~70%。

二、保育猪管理

(一)进猪前的准备工作

1.圈舍冲洗

保育舍采用全进全出制的生产方式。一栋保育舍的猪保育期满后全部转入育成猪舍,要彻底对保育圈舍进行打扫,之后进行全面消毒,对圈舍及舍内设施分别用烧碱、灭毒威(酚类消毒剂)等消毒药进行 3 次喷雾消毒,每次消毒间隔 12～24 h,最后对硬化地面、墙壁、金属网床等用火焰消毒;将损坏设备或工具修理好,空栏 3 d 以后即可等待迎接下一批保育猪进入保育舍。

2.预热猪舍准备进猪

如舍内温度仍然不能满足保育猪的要求,可采用火炉和红外线供热保暖。接猪前一天应将洗刷干净晾干的灯泡安装并调试好,升起火炉预热保育舍,使舍内温度达到 28℃ 左右,高于产房 3℃。

(二)日常管理

1.合理组群

分群、合群时,为了减少相互咬架而产生应激,应遵守"保持原圈同群"、"留弱不留强"、"拆多不拆少"、"夜并昼不并"的原则,并可对合群的保育猪喷洒药液(如来苏儿),清除气味差异。一般产房相邻两窝猪合群,每群 10～20 头,密度为 0.3～0.8 m²/头,同群猪的个体重相差不超过 0.5 kg(图 6-2-1),弱仔另组一群精心护理。及时调整猪群,强弱、大小分群,保持合理的密度,病猪、僵猪及时隔离饲养。并群后饲养人员应多加观察,发现问题,及时处理。同时,尽可能由原饲养员操作,减少因生人造成的影响,也会有效地降低应激。有条件的猪场,最好是将原窝断奶仔猪安排在同一保育栏内饲养,断奶后 2 周内不要轻易调群,防止增加应激反应。保育栏必须有一定的面积供仔猪趴卧和活动,其面积一般为每头 0.3 m² 左右,密度过大使猪接触机会增多,易发生争斗咬架;密度过小浪费空间。

2.实行网床培育

断奶仔猪实行网床培育,是养猪发达国家20世纪70年代发展起来的一项科学的仔猪培育技术,目前已推广应用。利用网床培育断奶仔猪的优点很多,首先是由于粪尿、污水能随时通过漏缝网格漏到网下,减少了仔猪接触污染的机会,床面清洁卫生、干燥,能有效地遏制仔猪腹泻病的发生和传播。其次是仔猪离开地面,减少冬季地面传导散热的损失,提高饲养温度(图 6-2-2)。

图 6-2-1　保育猪地面饲养　　　　　　　　　　　图 6-2-2　高床保育

断奶仔猪经过在产房内的过渡期管理后,转移到培养猪舍网上养育,可提高仔猪的生长速度、个体均匀度和饲料转化率,减少疾病的发生,为提高养猪生产水平奠定了良好的基础。中国农业科学院畜牧研究所对网上培育和地面饲养做的对比试验,结果见表6-2-1。

表 6-2-1　网床饲养对断奶仔猪增重的影响

项目	加温培育		不加温培育	
	网上	地面	网上	地面
开始体重/kg	7.15	7.24	7.05	7.24
结果体重/kg	17.47	16.29	17.27	15.73
平均日增重/g	346.5	301.7	340.6	282.6

3.注意看护

断奶初期仔猪性情烦躁不安,有时争斗咬架,要格外注意看护,防止咬伤。特别是断奶后第1周咬架的发生率较高,在以后的饲养阶段因各种原因,诸如营养不平衡、饲养密度过大、空气不新鲜、食量不足、寒冷等也会出现争斗咬架、咬尾现象。为了避免上述现象,除加强饲养管理外,可通过转移注意力的方法来减少争斗咬架和咬尾,可在圈栏内放置铁链或废弃轮胎供猪玩耍(图 6-2-3)。但主要还应该注意看护,防止意外咬伤。

图 6-2-3　保育猪的玩具

如果保育猪的采食量减少、体温升高,精神委顿,活动减少,眼无神,半睁半闭或稍睁后又闭上,无精打采,在不冷的时候扎堆、个别猪睡时独处等都是患病征兆,应引起注意。

4.加强环境控制

断奶仔猪在9周龄以前的舍内适宜温度为22~25℃,9周龄以后舍内温度控制在20℃左右。相对湿度为50%~70%。由于此阶段生长速度快,代谢旺盛,粪尿排出量较多,要及时清除,保持栏内卫生。仔猪断奶后转到保育栏内后,还应调教仔猪定点排泄粪尿,便于卫生和管理,有益猪群健康。断奶仔猪舍内应经常保持空气新鲜,否则会诱发呼吸道疾病,特别是接触性传染性胸膜肺炎和气喘病较为多见。应及时清除粪尿搞好舍内卫生,注意通风换气,防止有害气体影响猪群的健康和生长发育。通风换气时要控制好气流速度,漏缝地面系统的猪舍,当气流速度大于 0.2 m/s 时,会使断奶仔猪感到寒冷,相当于降温3℃。非漏缝地面猪舍气流速度为 0.5 m/s 时,相当于降温7℃,形成"贼风"。研究表明,有"贼风"的情况下,仔猪生长速度减慢 6%,饲料消耗增加 16%。

5.预防仔猪水肿

断奶仔猪由于断奶应激反应,消化道内环境发生改变,易引发水肿病,一般发病率为10%

左右。主要表现脸或眼睑水肿、运动障碍和神经症状,一旦出现运动障碍和神经症状,治愈率较低,应引起充分注意。主要预防措施是减少应激,特别是断奶后1周内尽量避免饲粮更换、去势、驱虫、免疫接种和调群;断奶前1周和断奶后1~2周,在其饲粮中加喂抗生素和各种维生素及微量元素进行预防均有一定效果。

6.减少断奶仔猪应激

仔猪在断奶后一段时间内(0.5~1.5周),会产生心理上和身体各系统不适反应——应激反应。应激大小和持续时间主要取决于仔猪断奶日龄和体重,断奶日龄大,体重大,体质好,应激就小,持续时间相对短;反之,断奶日龄较小,体重小,应激就大,持续时间也就长。仔猪断奶应激严重影响仔猪断奶后生长发育,主要表现为:仔猪情绪不稳定,急躁,整天鸣叫,争斗咬架。食欲下降,消化不良,腹泻或便秘。体质变弱,被毛蓬乱无光泽,皮肤黏膜颜色变浅。生长缓慢或停滞,有的减重,有时继发其他疾病,形成僵猪或死亡,给养猪生产带来严重的经济损失。因此,加强日常的饲养管理、为保育猪提供舒适的环境条件是减少断奶仔猪应激的有效措施。

7.供给充足清洁的饮水

保育猪生长发育快,需水量大。因此保证充足清洁的饮水是保证保育猪正常生长发育的前提条件。为此,调整饮水器高度,给予保育猪充足清洁的饮水,并在饮水中添加抗应激营养物质(如葡萄糖、电解多维、补液盐),以缓解断奶应激对保育猪的影响。这个时期严防保育猪脱水,最好给每栏都加一方形饮水槽并经常加水(至少对弱子栏应做到)。每栏至少有2个饮水点,保证10头保育猪1个饮水器,不够时用水槽代替。饮水器的高度见表6-2-2。

表 6-2-2　保育猪对饮水器的要求

保育猪体重/kg	饮水器离地面高度/mm	饮水器个数
≤5	100~130	1/10 头
5~15	130~300	1/10 头
15~35	300~460	1/10 头

8.及时对弱仔进行处理

及时隔离弱仔,在大群内发现弱仔应及时挑出放入弱仔栏内。提高弱仔栏局部的温度,弱仔栏应靠近火炉处并加红外线灯供温。在湿拌料中加入乳清粉、电解多维,在小料槽饮水中加入口服补液盐,对于腹泻仔猪还可以加入痢菌净、恩诺沙星等抗菌药物,以促进体质的恢复。

9.日常饲养管理要点

(1)栏舍准备　空栏后必须立即对保育舍进行彻底的冲洗和消毒,要达到物见本色(漏缝板、粪沟、栏片、窗台、墙壁和地板等),冲洗消毒程序:烧碱水喷洒—冲洗—干燥—药液消毒—干燥。

(2)保温物品准备　所有用品必须提前冲洗干净,消毒并保证干燥(保温板或灯、水暖锅炉启用)。

(3)保健药品准备　提前准备好保健药品,包括仔猪奶粉、电解多维、抗生素等帮助诱食、消化、减少仔猪断奶后的拉稀。

(4)各种设备的检修　检查饮水器、风机、照明和其他电路,保证设备正常使用。

(5)转入断奶仔猪注意事项

①抓捕　转群时抓猪不得揪住猪的耳朵乱抛乱扔,要小心抓住猪的后腿或抱起轻轻放落。

②保温　转群时尽量保证产保舍之间的舍温基本一致,冬季气温较低时保育舍内要启用所有保暖设施,设法将室温升至 25～28℃ 为宜。

③分群　转入后要及时按品种、公母、大小、强弱、病猪等原则合理分群,双列式猪舍尽量将公母分列饲养,转入时饲养密度以每头仔猪 0.3 m² 为标准。

④调教　转入后当天要勤守候,多调教,让仔猪迅速养成"三点"定位习惯。

⑤教槽　对刚转入的仔猪用教槽料细心教槽,按少量勤添的原则(每天 4～5 次),保持饲料干净新鲜。

(6)转出保育仔猪时的注意事项

①转前限料　转群前当次适当限料并保证料槽空槽。

②调整舍温　冬天转群时,转群前 3 d 可逐步把保育舍舍温调低几度,尽量保证与生长育肥舍舍温基本一致,以减少由温差突然变化过大引起仔猪不适,生长舍温度过低时要设法封闭所有风洞把室温提高至 18～20℃ 以上。

③分群　转出时同样按品种、大小、公母、强弱、病猪等原则分群分栏转出。

(7)保温管理

①冬季断奶仔猪转群前必须为小猪准备好保暖设备,如保温灯、保温板、启用地暖锅炉等。

②经常检查舍内温度,并根据小猪的反应进行适当调节,控制在适宜范围,适宜温度以小猪躺卧时不扎堆为标准。

(8)通风及湿度管理

①通风　开启风机或打开窗户,导入新鲜空气,使舍内有害气体浓度降低。冬季主要以开启地沟抽风机和打开窗户进行通风换气,在冬季注意保温的同时不能忽视通风换气工作,要根据舍内空气质量状况和猪只大小决定通风的时间长短和通风量的大小,一般要以人进入猪舍不能闻到氨气刺鼻的感觉为宜。

②湿度调控　湿度以 65%～75% 较适宜。湿度小,空气干燥、灰尘多,呼吸道病增加,宜增加冲水。湿度大,地面潮湿有利于病原微生物及寄生虫的繁殖,会使仔猪拉稀、皮肤病等增加。高湿会增加寒冷和炎热对猪的不利影响,使高温更热低温更冷,宜减少冲水或舍内投放干燥剂等。

(9)投料管理

①饲料保存处要干燥、干净、通风、不受污染,饲料始终要保持新鲜。

②饲料使用时必须遵循先进先出的原则,生产日期在前的饲料必须先投喂,确保饲料不变质。

③如果使用自动料槽,确保饲料能全天自由采食,但一天当中必须空槽一次(可安排在晚上),每次空槽时间 1～2 h,防止食槽底部的饲料结块发霉变质。

④换料:必须逐步过渡,对刚转进的保育猪,第 1 周仍喂原产房的饲料(教槽料),然后再用 4 d 的时间逐步过渡到保育料,每天增加 1/4,在更换新品种饲料之前应将新品种饲料和旧饲料混合使用至少 3 d。防止因换料过快造成猪只因饲料不适应使采食量下降影响生长或消化不良造成拉稀。

⑤对于在产房教槽不成功的仔猪,在保育舍必须细心教槽。可适当饥饿后再进行诱食,一

天多次训练(少量勤添),必要时采取强制灌食措施。另外,也可在刚转入的仔猪料中添加助消化药,如诱食奶、酵母、益生素等,避免猪只因转群造成的消化不良。

⑥喂料前先检查食槽内剩料情况并清理食槽内被粪尿污染或发霉变质的饲料;喂料时,要根据每栏猪只的大小和多少及食槽剩料情况决定投料的类别和数量,进行合理准确地投料,动作要轻、快、准,对偶尔掉落到食箱外面的饲料要及时捡入到食箱内。

(10)饮水管理　每栏至少2个饮水器,每天必须注意观察和检查饮水器出水情况,保证供给仔猪充足、新鲜、清洁的饮水,特殊情况可添加保健饮水。

(11)做好仔猪保健工作

①在仔猪转入的第1周,在饲料或饮水中最好添加电解多维和水溶性抗生素,连用5～7 d。

②给弱仔和病猪普注长效抗生素保健针,断奶当天注射1次,连续2～3 d。因为弱仔和病猪在转群过程中受到的应激是最大的,最容易诱发疾病和使病症加重。成活率的好坏主要在于弱仔和病猪的护理。

③其他时期根据病情规律在饲料中定期添加敏感药物,做好仔猪的预防保健。

(12)病猪检查及治疗　饲养员、技术员要经常巡栏,发现病猪及时分析原因并采取针对性的措施。

(13)卫生清扫及消毒管理

①要求每天分上、下午2次对走道及窗台、天花板、墙壁、风扇、栏杆上灰尘等蜘蛛网等进行清扫。

②每天清扫干净保育床地面。被粪尿弄脏的保温木板必须及时更换,保持栏床的清洁和干燥。

③猪只转出后的空栏,先冲洗保育床地面、栏杆及漏缝板,再翻板彻底清洗粪沟。

④卫生清扫必须坚持先从健康栏开始,最后才清扫发病栏的原则。用具使用后需及时清洗消毒,必要时病猪栏单独固定用具,严格执行隔离使用原则。

⑤冲洗猪栏时一定要选择气温高的时段进行(最好在中午进行),尽量缩短冲洗时间,且猪栏地面必须冲洗干净,室温低于适宜温度时严禁冲洗猪身。

⑥坚持常规消毒、特定消毒和随时消毒相结合的原则。消毒时应注意室温情况,如室温低于适宜温度时,带猪消毒不得将猪床地面和猪身弄得太湿,否则易引起猪只受寒感冒发病,消毒时必须在空中喷雾让消毒药液呈雾状缓慢落下,不得用高压枪直对猪冲,消毒时对过道地面、空栏、粪沟、环境等必须一起彻底消毒,不留死角,并注意有效药物浓度。

(14)应激管理。要求转群后1周内饲养规程及生活环境基本与产房不变或逐渐过渡;维持原饲料1周内不变,1周后再逐步过渡换料,饲喂次数1周内基本不变,每天要做到少量多次和定时定量;保育舍环境温度尽可能与产房小环境温度相对一致,不能骤变太大;组群密度不能太大,同栏猪只尽可能个体大小相等并投放玩具等,可减少位次争斗;转群后1周内尽量避免对保育猪疫苗的注射,以免增大猪只的应激;注意平时对猪友好,抓捕或驱赶猪时注意动作轻柔,不能粗暴,建立人猪感情。

(15)调教管理

①在刚转入的栏内投放玩具、悬挂铁环等,供猪玩耍,减少打斗和防止咬尾等恶癖。

②加强对刚转入猪只的卫生调教。调教猪只远离食箱和栏门处排粪,训练猪只吃食、休

息、排粪"三点"定位,转入前可在食箱内放入少量饲料,排粪尿处用水淋湿,栏门处保持干燥或悬挂饲料袋等,关键是抓得早和抓得勤。

③转群后第2、4周可进行小范围调栏,对出现的落脚猪及时调出并入到个体大小与之相似的栏内饲养,保持同栏猪的均匀度,对出现的病残猪及时挑出到隔离护理栏内饲养。

(16)提高保育猪成活率的关键技术措施

保育猪是猪一生中最脆弱的时期,此时母源抗体消失,新的免疫系统还没有建立,再加上生长速度快、应激因素多等,很容易发生各种疾病甚至出现大面积死亡。因此养好保育猪的关键总结为八个字:净、卡、突、差、散、气、药、挑。做好这八个方面,可明显提高保育猪的成活率。

①净 净是指干净的猪舍,要没有粪污、没有积尘,也就是尽可能创造一个无菌环境,病原也就不存在了,传播疾病的根源没有了,保育猪发病的概率明显下降。

②卡 卡是指卡住入舍猪质量。因为如果进入猪舍的猪本身有病,这头猪就可传染给其他猪,最后是大群发病。卡除了卡住病猪外,还要保持猪群的均匀度,否则大小强弱不均,弱猪往往会越来越弱,从而影响整体出栏,还容易引起发病死亡。

③突 突是在进入猪舍前将新环境的温度突然提高,高于原环境2℃左右。这是因为猪在转群时,往往会影响采食,而猪在饥饿时对温度的需要更高。

④差 这个差字有两个内容,一是温差,二是营养落差。温差包括转群前后的温差、昼夜温差、猪舍门口与中间的温差等,特别是如果转群前的温度高于转群后的温度,保育猪的应激明显增加。在实际生产上经常发生仔猪在产房时断奶后还点着保温灯,到保育舍后却什么也没有,保育猪拉稀明显增加。营养落差是指营养上的差别,保育猪是从断奶到70~80日龄的猪群,母乳和小猪饲料在营养上的差别非常大,直接换料会引起很大的应激。所以在保育阶段需要做到营养逐渐降低,许多猪场采用母乳—仔猪开口料—保育前期料—保育后期料的过渡,可大大减轻营养落差的影响。

⑤散 散是指分散应激。因为从断奶到转入保育舍会出现多种应激因素,如断奶、抓猪、换料、换环境、温差、人员、打疫苗等。如果这些应激因素同时出现,仔猪往往难以承受,最后引起发病;如果这些应激因素分开出现,那危害就小得多了。

⑥气 "冬产房、夏保育",是指夏季的保育猪最好养,冬季难养。除了温度因素外,另外一个重要的因素是空气质量差。由于为了保持温度而将猪舍封闭很严,空气流通不顺畅,猪舍内会严重缺氧,从而加重呼吸系统负担,使呼吸系统处于长期疲劳状态,抵抗力就降低了。所以冬季的保育猪最容易发生呼吸道疾病。如果注意通风换气,猪不缺氧,呼吸道病明显减少。

⑦药 是指药物预防。仔猪饲养过程中,应反对频繁用药,但在猪最脆弱的时期使用药物进行预防,可以有效防止各种疾病的发生,这在环境条件差的猪场更为重要。保育阶段的药物预防可用在两个阶段,一是刚转入的1周,二是最容易发病的50~60日龄。

⑧挑 挑是指从猪群中挑病弱猪。现在保育猪多采取自由采食的方式,病弱猪很难在喂料时发现,而平时如果不注意,很难将病弱猪挑出,一旦发现往往已到疾病晚期,使治疗难度加大。因此,要求装猪时留一两个空栏,然后每周对猪群进行仔细观察,从中挑出病弱猪,转入预留的空栏中,给予更好的环境条件和优质饲料,再加上必要的治疗,这些病弱猪就会转好。而如果病弱猪和强壮猪一起生存,往往是受欺凌的对象,会越来越弱,直至生病死亡。另外,挑出病弱猪,也更有利于治疗,而且效果也会更好。

三、僵猪的处理

所谓的僵猪,是指由某种原因造成仔猪生长发育严重受阻的猪。它影响同期饲养的猪整齐度,浪费人工和饲料,降低舍栏及设备利用率,增加了养猪生产成本(图 6-2-4)。

图 6-2-4　僵猪

在实际生产中,往往容易出现保育猪被毛粗乱长、体格瘦弱、肚子大、两头尖、弓背缩腰、吃料正常但生长速度缓慢的一类猪,俗称"小老头猪"。这类猪由于生长速度缓慢、光吃不长、极易发病、死亡率高,严重影响了养猪的经济效益。

(一)僵猪产生的原因

产生僵猪的原因很多,主要有胎僵、奶僵、病僵、料僵、遗传僵,概括起来主要发生在两个时期。

1. 出生前

一是主要由于妊娠母猪饲粮配合不合理或者日粮喂量不当造成,特别是母猪饲粮中能量浓度偏低或蛋白质水平过低,往往会造成胚胎生长受限,尤其是妊娠后期饲粮质量不好或喂量偏低是造成仔猪初生重过小的主要原因。二是母猪的健康状况不佳,患有某些疾病导致母猪采食量下降或体力消耗过多而引起仔猪出生重降低。三是初配母猪年龄或体重偏小或者是近亲交配的后代,也会导致初生重偏小。以上三种情况均会造成仔猪生活力差、生长速度缓慢。

2. 出生后

一是母猪泌乳性能降低或无乳,仔猪吃不饱,影响仔猪生长发育。二是仔猪开食晚影响仔猪采食消化固体饲料的能力,母猪产后 3 周左右泌乳高峰过后,母乳营养与仔猪生长发育所需营养出现相对短缺,从而使得仔猪表现皮肤被毛粗糙,生长速度变慢(图 6-2-5)。三是仔猪饲料质量不好,体现在营养含量低,消化吸收性差,适口性不好三个方面,这些因素均会影响仔猪生长期间所需营养的摄取,有时影响仔猪健康,引发腹泻等病。四是仔猪患病也会形成僵猪,有些急性传染病转归为慢性或者亚临床状态后会影响仔猪生长发育,有些寄生虫疾病一般情况下不危及生命,但它消耗体内营养,最终使仔猪生长受阻。消化系统患有疾病,影响仔猪采食和消化吸收,使仔猪生长缓慢或减重。仔猪用药不当,有些药物将疾病治好的同时,也带来了一些副作用,导致免疫系统免疫功能下降,骨骼生长缓慢(图 6-2-6)。有时仔猪受到强烈的惊吓,导致生长激素分泌减少或停滞从而影响生长。

图 6-2-5　没有吃到足够奶水的僵猪

图 6-2-6　因病导致的断奶僵猪

（二）防止僵猪产生的措施

1. 做好选种选配工作

交配的公、母猪必须无亲缘关系。纯种生产要认真查看系谱，防止近亲繁殖。商品生产充分利用杂种优势进行配种繁殖。

2. 科学饲养好妊娠母猪

保证母猪具有良好的产仔和泌乳体况，防止过肥过瘦影响将来泌乳，保证胎儿生长发育正常，特别妊娠后期应增加其营养供给，提高仔猪初生重。

3. 加强泌乳母猪饲养管理

应根据"低妊娠、高泌乳"原则，供给泌乳母猪充足的营养，发挥其泌乳潜力，哺乳好仔猪。

4. 对仔猪提早开食，及时补料

供给适口性好，容易消化，营养价值高的仔猪料，保证仔猪生长所需的各种营养。

5. 科学免疫接种和用药

根据传染病流行情况，做好传染病的预防工作，一旦仔猪发病应及时诊治，防止转归为慢性病。正确合理选择用药，防止仔猪产生用药副作用，影响生长。及时驱除体内外寄生虫，对已形成的僵猪要分析其产生的原因，然后采取一些补救措施进行精心饲养管理。生产实践中多通过增加可消化蛋白质、维生素的办法恢复其体质促进其生长，同时注意僵猪所居环境空气质量，有条件的厂家在非寒冷季节可将僵猪放养在舍外土地面栏内，效果较好。

（三）僵猪处理措施

1. 驱虫、洗胃、健胃

驱虫第5天开始健胃，驱虫药的选择可区别不同情况选择两类以上交替使用。健胃药多选择中成药剂，同时使用苏打片，每 10 kg 体重用 2 片，分 3 次拌入料中。

2. 调整日粮，保证营养

在日粮中合理地加入添加剂，如维生素、矿物质、赖氨酸等营养物质。

3. 科学治疗

对僵猪进行科学合理的治疗，能收到较为理想的效果。

（1）中药方剂　①枳实、厚朴、大黄、甘草、苍术各 50 g，硫酸锌、硫酸铜、硫酸铁各 5 g 共研细末，混合均匀，按每千克体重 0.3～0.5 g 喂服，每日 2 次，连用 3～5 d。②蛋壳粉 50 g、骨粉 100 g、苍术和松针各 20～30 g、磷酸氢钠 10～20 g、食盐 5 g 共研细末，分 3 次喂服。

（2）生物疗法　取健康猪血，现采现用，每头僵猪使用 5～10 mL，肌肉注射，每日 1 次，连用 3～5 d。

（3）药物疗法　每头肌注乳酸钙 1～3 mL，维生素 B_{12} 10～15 mL，氢化可的松 5～10 mL，每天 1 次，连用数日，即可收到良好效果。

四、SPF 猪的培育

（一）SPF 猪的概念及意义

20 世纪 50 年代，英国学者创造了一种 SPF（specific pathogen free）技术，提出建立无特定病原体（指病原微生物和寄生虫）的措施，SPF 猪是无特定病原猪的简称。SPF 猪群所控制疾病的种类，是根据养猪生产中危害严重、损失较大又无有效防治办法的猪病流行情况确定的。按照 GB/T 22914—2008《SPF 猪病原的控制与监测》，中国无特定病原控制范围要求临床检查没有 15 种病（口蹄疫、猪水泡病、猪瘟、非洲猪瘟、布鲁氏杆菌病、弓形体病、猪痢疾密螺旋体病、流行性乙型脑炎、细小病毒病、猪丹毒、猪肺疫、猪链球菌病、旋毛虫病、猪囊尾蚴病、猪伪狂犬病）和实验室检测没有 12 种病原（猪伪狂犬病病毒、猪繁殖与呼吸综合征病毒、猪传染性胃肠炎病毒、猪流行性腹泻病毒、猪瘟病毒、布鲁氏杆菌、猪产毒多杀性巴氏杆菌、猪肺炎支原体、猪胸膜性肺炎放线杆菌、猪痢疾密螺旋体、猪血虱、猪疥螨）；北京市 SPF 猪育种管理中心确定所控制的 7 种疾病为：猪喘气病（MPS）、猪萎缩性鼻炎（AR）、猪伪狂犬病（PR）、猪传染性胃肠炎（TGE）、猪痢疾（SD）、虱（Lice）、螨（Mange），还要确保无蓝耳病、细小病毒、猪瘟等绝大多数急慢性传染病原。

培育 SPF 猪群的目的是建立健康状态良好的猪群，也不是完全净化的无菌猪。SPF 猪群建立后，不仅可以有效地防止主要传染病的传染，也可减少其他疾病的发生，提高猪的成活率、日增重和降低饲料消耗，缩短育肥期，降低生产成本。

（二）SPF 猪群的建立方法

1. SPF 仔猪的获得

初代 SPF 仔猪可以通过剖腹取胎和无菌接产两种方法得到。

（1）剖腹取胎法（图 6-2-7）　从母猪体内取出胎儿有子宫切除和子宫切开两种方法。子宫切除法是将妊娠 112 d 或 113 d 的母猪进行体表消毒后，处死母猪取出带有仔猪的子宫，浸在消毒液中，并迅速移至无菌室内切开子宫取出仔猪。子宫切开法是不摘除子宫，将母猪麻醉后，剖腹切开子宫，取出仔猪，允许母猪愈合。仔猪要在恒温环境中人工哺育长大，并在隔离环境中繁殖后代，以育成 SPF 猪群。此法可使仔猪尽快地保持无菌，在以后的严格哺育环境中可有效地消除四大慢性传染病的感染，这种生产方式需要特殊的设备，技术性较强，成功率高。但剖腹产牺牲了母猪，减少了母猪的利用年限，生产成本高。

（2）无菌接产法　母猪自然分娩时，将母猪后躯及产道消毒后用人工接产获得仔猪。对妊娠母猪要选择食欲正常、健康、生产性能高的个体。具体的接产方法：事先准备好经过严格消毒的产房，临产前将母猪体表用温水清洗，并用 0.2% 新洁尔灭溶液消毒，再用灌肠器将新洁尔灭溶液反复冲洗阴道，然后让母猪卧于消毒后的塑料布上进行接产。接产人员要穿无菌工作服，并浸泡消毒双手。

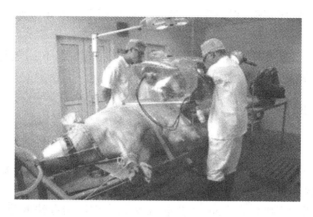

图 6-2-7　SPF 猪的生产

仔猪出生后不能落地,立即放入事先消毒好的容器内,迅速送至哺乳室,用消毒溶液擦洗全身,放在哺乳室内人工哺育。

这种方法由于对母猪分娩准确预测的困难,以及参与接产者对分娩的干扰,实际操作有较大困难。更重要的是,很难控制仔猪一点也不被污染,因为建立一个原代 SPF 猪群相当昂贵,万一在接产过程中出现问题,则会导致 SPF 猪失败。因此,接产时要有一套严密的消毒制度,将产房、母体、用具及哺乳室和工作人员的工作服和双手严格消毒,不可掉以轻心。

2. SPF 仔猪的饲养

(1)人工乳的配制　配制人工乳要以猪乳的成分及性质和仔猪消化能力发育的规律为依据,考虑人工乳的营养性、消化性、适口性及抗病效能等问题。

人工乳的成分要与母乳相似,猪乳的成分不是一成不变的。因此,在设计人工乳时,即使以牛、羊乳为基础,还需要补加脂肪和糖,以提高其含热量。人工乳中粗蛋白的含量不宜过多,一般为 16%～20%,因为初生仔猪的肾脏机能还不完善,人工乳中生理上多余的蛋白质要转化为尿素,从尿中排出,有加重肾脏负担导致肾脏机能紊乱的危险。同时也会引起肠道内微生物区系的改变,增加大肠杆菌群,减少对机体有益的菌群,对蛋白质不仅要求数量,更要注重蛋白质的必需氨基酸平衡。仔猪生后最初几天要给予初乳替代品,最好是补充免疫球蛋白,口服牛初乳往往无效。

初生仔猪对非猪乳原料的消化吸收能力很差,配制人工乳必须选择合适的原料并添加适量的胃蛋白酶,由于小肠内蔗糖酶的分泌较差,故在前期的人工乳中不应使用蔗糖,以添加葡萄糖为宜,其次是麦芽糖。脂肪酶的活性在 30 日龄前不发达。因此,在使用油脂时,以猪油为宜,其表观消化率为 91.9%,人工乳中加入 2.7% 的猪油可满足仔猪的需要。

配制人工乳既要选择和母乳成分相似。能供给仔猪完全营养的原料,更要注意其消化性和适口性。人工乳的营养价值再高,如适口性和消化性不好,仔猪不爱吃,或不能消化利用,也不是好的人工乳。添加香味剂、甜味剂等是提高适口性的好方法。

初生 SPF 仔猪,吃不到母猪初乳,人工乳中一定要补充猪免疫球蛋白,同时在人工乳中添加抗生素,可抑制肠内微生物区系中有害细菌的繁殖,并能防止肠壁增厚,有利于养分的吸收。

(2)SPF 仔猪的饲养　仔猪在 3 日龄以内喂给奶牛初乳为主的人工乳,并加喂猪免疫球蛋白,10 日龄以后可以喂给仔猪诱食料。临用前加入母猪血清 20%,隔水加温至 60℃,奶瓶分装,待降温至 40℃时饲喂。其饲养制度见表 6-2-3。

表 6-2-3　SPF 仔猪饲养制度

项目	日 龄						
	0～3	4～5	6～8	9～11	12～14	15～17	18～21
日喂次数	20	18	16	15	14	12	
日饮水次数	10	8	6	6	5	5	4
每头每日喂人工乳/mL	210	275	357	430	470	503	608
每头每日饮水量/mL	150	160	170	200	220	240	270
血清比率/%	20	15	14	10	5	—	—
诱食率/%	—	—	—	2	5	10	15

3. SPF 仔猪的管理

人工哺育室应控制一定温度,1 日龄 37℃,2～4 日龄 33℃,5～7 日龄 30～28℃,8～35 日龄 28～20℃,相对湿度 70%。哺育舍和所有用具要定期消毒。人工喂养的仔猪放入猪场环境中,其适应过程面临诸多问题,大多会经历一个生长停滞阶段,可能持续数周。个别的可能会发生各种疾病,如发烧、厌食、多发性关节炎、软膜蛛网膜、腹泻等,大部分可以用抗生素治疗。为了避免这些问题的出现,应让仔猪逐渐适应新的环境。SPF 猪群十分脆弱,如果猪群中发生病原侵入,会暴发严重的疾病,所以一定要及时使用疫苗和实施严格的生物安全措施。

【实训操作】
保育猪的饲养管理

一、实训目的
了解保育舍工作流程,掌握保育舍饲养管理要点和保育舍僵猪的处理技术。

二、实训材料与工具
标准化猪场、保育猪。

三、实训步骤
1.反复放映录像带;
2.根据生产要求,参加保育猪的饲养管理;
3.分析僵猪产生的原因,提出改进措施。

四、实训作业
根据实训过程写出实训报告。

五、技能考核

保育猪饲养管理及僵猪处理方法

序号	考核项目	考核内容	考核标准	评分
1	过程考核	操作规范	能按猪场保育舍工作流程进行规范操作,熟练地独自完成操作	20
2		喂料	根据猪仔大小和料槽剩料情况确定投料类别、数量和时间	10
3		保育猪管理	能对保育猪进行保温、分群、调教、教槽和转群等操作	10
4	结果考核	处理僵猪	根据采食情况和猪群状况能鉴定病残僵猪,并合理进行处理	20
5		总体评价	能熟练处理生产过程中出现的问题	20
6		实训报告	总结记录各种生产数据、正确填报生产表,写出实训报告	20
合计				100

【小结】

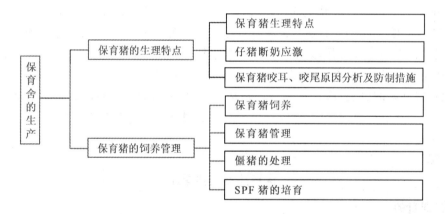

【自测训练】

一、填空题

1.仔猪断奶应激主要表现在_____、_____和_____三个方面。

2.保育猪的日饲喂次数一般在每日_____次,而饲喂量以体重的_____为佳。

3.保育猪的最佳环境温度为_____℃。

4.保育猪每群的大小以每群_____头为宜,每头面积为_____。

5.僵猪产生的原因主要有_____、_____、_____、_____和_____五种。

6.SPF 是指_____。

7.SPF 猪获得的方式主要有_____和_____。

二、问答题

1. 保育猪的生理特点有哪些?

2. 保育猪产生应激的原因有哪些?

3. 生产实际中,如何提高保育猪的生长速度?

4. "三个维持,三个过渡"的内涵是什么?

5. 简述 SPF 猪的概念及意义,如何建立 SPF 猪群?

6. 僵猪产生的原因及如何处理?

学习情境 7　育肥舍的生产

【知识目标】

1. 了解生长育肥猪的生长发育规律；
2. 掌握提高生长育肥猪生产力的主要技术措施；
3. 熟悉猪肉品质评定。

【能力目标】

1. 能进行合理饲养与管理，能检查饲喂效果；
2. 能设计饲养试验方案；
3. 能对生长育肥猪进行保健；
4. 能对猪肉品质进行评定。

工作任务 7-1　生长育肥猪的生长发育规律

生长育肥猪一般是指日龄在 70～180 d 的肉猪，这一阶段为生长速度最快的时期，也是肉猪体重增长中最关键时期，肉猪体重的 75% 要在 110 d 内完成，平均日增重需保持 700～750 g。其中，在 25～60 kg 体重阶段日增重应为 600～700 g，60～100 kg 阶段应为 800～900 g。即从育成到最佳出栏屠宰的体重，该阶段占养猪饲料总消耗的 70% 左右，也是养猪经营者获得最终经济效益高低的重要时期。为此，必须掌握和利用肉猪增重，体组织变化的规律，了解影响肉猪的遗传、营养、环境、管理等因素，采用现代的饲养管理技术，提高日增重，饲料利用率，降低生产成本，提高经济效益，满足市场需要。

一、体重的增长

在正常的饲养管理条件下，猪体的每月绝对增重，是随着年龄的增长而增长，而每月的相对增重（当月增重÷月初增重×100），是随着年龄的增长而下降，到了成年则稳定在一定的水平，表现在小猪的生长速度比大猪快。就外来品种而言，一般猪在 100 kg 前，猪的日增重由少到多；而在 100 kg 以后，猪的日增重由多到少，至成年时停止生长。也就是说，猪的绝对增长呈现慢—快—慢的增长趋势，而相对生长率则以幼年时最高，然后逐渐下降，到成年时，稳定在一定的水平。

猪的体重变化与生长发育还受饲养水平、环境条件等多种因素的影响。

二、组织的生长

猪体骨骼、肌肉、脂肪、皮肤的生长强度也是不平衡的（图 7-1-1）。一般骨骼是最先发育，也是最先停止的。骨骼是先向纵行方向长（即向长度长），后向横行方向长。肌肉继骨骼的生长之后而生长。脂肪在幼年沉积很少,而后期加强,直至成年。脂肪先长网油,再长板油。从出生到 6 月龄(体重 100 kg)猪体脂肪随年龄增长而提高。水分则随年龄的增长而减少;矿物质从小到大一直保持比较稳定的水平;在 20～100 kg 这个生长阶段主要是蛋白质沉积,实际变化不大,每日沉积蛋白质 80～120 g。小肠生长强度随年龄增长而下降,大肠则随着年龄的增长而提高,胃则随年龄的增长而提高,总的来说,育肥期 20～60 kg 为骨骼发育的高峰期,60～90 kg 为肌肉发育高峰期,100 kg 以后为脂肪发育的高峰期。所以,一般杂交商品猪应于90～110 kg 进行屠宰为适宜。

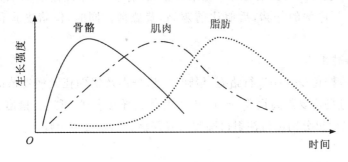

图 7-1-1　猪组织生长曲线

三、猪体化学成分的变化

随着年龄和体重的增长,猪体的水分、蛋白质和灰分相对含量降低,而脂肪相对含量则迅速增高。猪在生长过程中,增重所含成分随年龄和体重的增加而变化,幼猪增重中水分所占比例高达 50%,90 kg 以上时,蛋白质增重比例降至 10% 以下。灰分的增长则变化不大(表 7-1-1)。

表 7-1-1　不同体重猪的化学成分变化

体重/kg	水分/%	蛋白质/%	脂肪/%	灰分/%
15	70.4	16.0	9.5	3.7
20	69.6	16.4	10.1	3.6
40	65.7	16.5	14.1	3.5
60	61.8	16.2	18.5	3.3
80	58.0	15.6	23.2	3.1
100	54.2	14.9	27.9	2.9
120	50.4	14.1	32.7	2.7

四、育肥前的准备工作

1.猪舍清扫与消毒

在进猪前对猪舍内外要打扫干净,清除一切粪便、垃圾、垫草及污物,地面要用 3% 的火碱刷洗,再用清水冲洗;天棚、墙壁要用20%的石灰乳刷白消毒;把用具搬到舍内密封门窗,用甲醛熏蒸消毒24 h后,排出气体。熏蒸时如能保持室温15~20℃,相对湿度70%~80%,消毒效果最佳。

2.育肥仔猪的挑选

最好选二元或三元杂交猪进行育肥;从出生到断奶阶段体重达到20 kg以上的仔猪,属于发育良好,饲料利用率高的个体,育肥生产性能好;要选择身腰长,背膘薄,瘦肉率高的仔猪;挑选管围粗的仔猪,一般管围的粗细与骨的粗细成正比,骨骼大,肌腱附着面积大,瘦肉率高;要选肋开张好;胸深、胴体深的仔猪,后躯比前躯高,背膘薄。同时,仔猪皮肤和被毛有光泽的为佳。

3.做好免疫接种工作

自养的仔猪,应按免疫程序进行猪瘟、猪肺疫、猪丹毒及猪伪狂犬病疫苗的预防接种。从外地购入的仔猪,进场后要隔离饲养7~10 d,没有什么异常表现,可进行猪瘟、猪肺疫、猪丹毒三联苗免疫,1周以后再分别进行注射口蹄和口服仔猪副伤寒疫苗免疫。

4.及时驱虫与健胃

猪体内寄生虫以蛔虫感染最普遍,体外寄生虫以疥螨为常见。可使用伊维菌素进行驱虫,使用方法简便,效果好。驱虫后2~3 d,可用碳酸氢钠15 g,在早晨喂猪时拌在饲料中饲喂,再隔1~2 d,按每千克体重1片大黄苏打片分3次喂给,第2天改喂酵母粉,每次10 g,连用2 d,或用其他健胃药均可。

5.合理分群

育肥猪进行分群时,应按品种、来源、性别、体重、吃食快慢等进行分群,同窝的最好不分群。

【实训操作】

生长育肥猪生长发育规律的认识

一、实训目的
了解生长育肥猪生长发育规律。

二、实训材料与工具
录像、生长育肥猪。

三、实训步骤
1.反复放映录像带;

2.根据要求,参观生长育肥猪的饲养管理,测量不同体重猪的体重情况,并记录其体重生长情况;

3.根据体重测量结果,绘制生长育肥猪的生长曲线。

四、实训作业
根据实训过程写出训练报告。

五、技能考核

生长育肥猪生长发育规律的认识

序号	考核项目	考核内容	考核标准	评分
1	过程考核	体重的生长	熟悉生长育肥猪体重增长的规律	20
2		组织的生长	熟悉生长育肥猪体组织生长的规律	10
3		化学成分的变化	熟悉猪体化学成分变化的规律	10
4	结果考核	育肥前的准备工作	熟悉育肥前的准备工作内容	20
5		总体评价	熟悉生长育肥猪生长发育规律	20
6		实训报告	总结记录各种生产数据,写出实训报告	20
合计				100

工作任务 7-2　猪的育肥

一、猪的育肥方法

猪的育肥方法主要有以下三种。

(一)阶段育肥

又称吊架子饲养方式。这是广大农村所常采用的一种育肥方式。中国劳动人民在小农经济的历史条件下,经过长期的生产实践,根据饲料资源的特点,为了多养猪、多积肥、养好猪,而创造出来的一套育肥方法,遵循一种所谓的"养猪不挣钱、回头看农田、杀猪为过年"的饲养模式。由于猪在不同的生长阶段,体组织的发育情况不同,因此可根据猪的生长发育和营养需要分成小架子猪、大架子猪和催肥猪三个时间。

1. 小架子猪阶段

从断乳到 25 kg 左右,称为小架子猪阶段。此阶段主要任务是要求小架子猪在哺乳期后有较好的增重,防止断奶跌膘,以免出现僵猪,为进入大架子期打下良好的基础。为此,一般给予的饲料质量基本上与哺乳阶段相似,数量则逐渐增多,除青、副料外,精料应多一些,一般不用粗料。日增重为 0.25~0.4 kg。

2. 大架子猪阶段

体重 25 kg 以上催肥期以前,称为大架子猪阶段。这一阶段的主要要求是撑大肚皮,拉大骨架。此阶段可喂给大量的青、粗饲料,精料宜少喂,使骨骼有充分的发育。日增重一般为 0.3~0.35 kg。

3. 育肥阶段

当猪的体重达到 45 kg(有的定为 60 kg)时,便进入育肥阶段。此阶段日粮中应含有的能量水平,多用精料,青、副料,少用粗料,使架子猪迅速增膘,有较高的日增重,提早上市。

以上三个阶段的长短,因饲料条件、饲养习惯不同而异,一般分别为 2 个月,总的原则是两头精,中间粗,精料集中使用在小架猪和催肥猪两个关键阶段。

(二)直线育肥(又称一条龙或一贯育肥法)

直线育肥是目前一些饲料条件较好、精饲料供应比较充裕的地区和单位常采用的一种育肥方式。这种方式的特点是:育肥初期就开始给予较多的精饲料,并且比例随体重增加而逐渐加大,当猪达到一定体重时,精饲料在日粮中的比例仍保持不变。总的要求是,能量水平必须不断提高,蛋白质水平可前高后低,该育肥方式的优点是,在整个育肥过程中,可比较充分地发挥猪的生长优势,缩短育肥时间,减少用于维持的营养消耗,改善饲料报酬。

(三)前催后吊育肥法

前催后吊育肥是现代化养肉猪的先进方式。其特点是:只需经过较短时间的高强度饲养,就可使猪达到所要求的屠宰体重。在快速育肥条件下,肉猪体重的增长速度和体组织结构,前期与种用生长猪相同,后期则生长速度加快,体组织结构中脂肪沉积的比例增加。采用快速育肥法的肉猪具有较高的屠宰率,由于宰杀时年龄较小,故瘦肉率高,饲料转化率也高。料肉比一般在1:(2.8～3.5)。快速育肥具有较强的科学性和技术性,必须按照饲料标准,配制全价日粮,以满足猪快速生长的需要。

二、提高猪育肥效果的技术措施

(一)选择优良品种及适宜的杂交组合

1.选择优良的品种

猪的品种、类型较多,对肥育的影响很大。不同猪种对生长速度的影响差异较大。一般来说,在良好的饲养管理条件下,外来品种的生长速度明显好于本地品种或杂交品种,特别是经过高度培育的外来品种,如PIC、斯格等品种,在育肥期的平均日增重可高达1 000 g以上;而本地品种的平均日增重在300～400 g。

2.选择适宜的杂交组合

在猪的品种、品系或品群之间开展杂交,充分利用后代的杂种优势,是提高肥育的有效措施之一。通过杂交所得的后代,称为杂种,杂种具有生活力强,增重快,肥育期缩短,饲料利用率提高,成本降低,可明显地提高养猪的经济效益。不同的杂交组合模式对猪的增重影响也是非常大的,目前猪场普遍采用的"杜长大"三元杂交组合、"皮杜长大"四元杂交模式进行生产,其杂种猪的生长速度快、瘦肉率高,但肉质比较差。因此在杂交组合中适当安排我国优良地方猪种是很有必要的。

3.选择配套系,生产杂优猪

我国目前已引进了美国的PIC、荷兰的达兰(DALLAND)、法国伊彼得(FRANCE-HYBRIDES)、比利时的斯格(SEGHERS)等配套系。另外,借鉴国外培育杂优猪的经验,我国已经开始选育配套系。深农猪配套系、冀合白猪配套系、中育猪配套系、华农温氏猪Ⅰ号配套系、滇撒猪配套系、鲁猪Ⅰ号配套系和渝荣猪配套系等7个配套系通过国家审定,获得新品种证书。这些配套系生产出来商品猪生长速度快、饲料利用率高、生产性能良好。

（二）提高商品猪的始重和均匀度

1. 提高商品猪的始重

一般情况下,仔猪初生重大,生活力就强,体质健壮,哺乳期间吃奶多,生长快,断奶时成活率高、断奶重大,肥育期增重就快。而出生时体重越小,哺乳期死亡率越高(表7-2-1)。仔猪初生重、断奶重与肥育效果关系密切,素有"初生差1两、断奶差1斤、肥育差10斤"的说法。所以,重视种猪的选择和饲养管理,加强仔猪培育,提高仔猪初生重和断奶重,才能为肥育打下良好的基础。

表 7-2-1　某猪场仔猪出生重和哺乳期死亡率的关系

初生重/kg	头数	占总产仔数的比例/%	断奶死亡率/%
<0.9	104	6.4	36
0.9~1.5	632	38.7	8
1.5~2.0	750	45.9	5
>2.0	147	9.0	0
合计	1 633	100	5.5

2. 提高商品猪的均匀度

猪群的均匀度与猪场的经济效益密切相关,无论是种猪还是肉猪,生长整齐、均匀度高的猪群能有效地提高猪场的经济效益。因此,提高猪群的均匀度有着重要的意义。

猪只在25 kg后,一般不宜再进行分群,若这时分群,则猪只打斗非常激烈,因打斗而死亡的情况时有发生。确实需要重新分群的情况有:因猪栏性质和密度的需要、因饲养试验分组的需要。体质差异相对较大的分栏重新组群时,要将弱小的猪留在原栏饲养,从其他栏加入的猪在数量、体质上要稍强于原栏留养的猪,保证双方力量相对均衡。个体差异相对较小的并栏合群时,一般是弱并弱、强并强。不要局限于两栏的猪简单相并,可以多个栏的多头猪平均相并一栏。从各栏中选出来较强壮的猪混群时,尽量在晚上进行合群,同时在每个猪体表涂以消毒药和烧酒等有刺激性气味的物质,以减少打斗现象,猪群以10头左右育肥效果较好。

分群相对稳定后,在饲养的过程中,有一些因病或其他情况而"掉队"的残次猪,要将其挑出集中进行饲养,加强护理。确实没有饲养价值的猪要及早淘汰,以免浪费人力物力。

自由采食较限饲时猪的采食量提高,少喂勤添可使猪保持较强的食欲,并减少饲料浪费;在气温过高时,将饲喂时间改在早晚气温凉爽时,尽量使猪保持正常的采食量水平。喂料尽量使用料槽,并需要有足够的槽位供猪采食。如果猪只不能同时吃到饲料,就会造成体重的两极分化,时间越长,情况就越严重。同时要注意经常清理料槽,防止部分饲料在料槽中发霉。如果饲料是直接洒在地面的,则需要少喂勤添,尽可能保证每头猪都能同时吃到饲料。而且可以有效地避免饲料的浪费。在猪群重新组群和调栏后,对于喜欢争食的猪要勤赶,使不敢采食的猪能够采食,帮助猪建立新的群居秩序。

给猪群创造一个适合其居住的环境,温度、湿度、光照等条件适合不同阶段的猪的要求。减少不良气体和噪声对猪的影响。猪群应按程序做好有关免疫和保健措施,减少疾病的发生。每天关注猪群的健康状态,特别是要观察其采食、粪便情况。对于疾病尽早诊断和尽快处理。只有这样才能最大限度地提高猪群的均匀度。

(三)选择适宜的育肥方法

选择育肥方法时,要根据品种、出栏要求进行。一般地方品种猪选择"吊架子育肥法",地方品种和外来品种的杂交猪或兼用型猪可选择"阶段育肥法",而对于外来瘦肉型商品猪,应该选择"前催后吊育肥法"。

(四)提供适宜的营养水平

养猪效益如何主要取决于猪育肥育成阶段。因为育肥猪用料占猪只整个周期总耗料的$70\%\sim80\%$,占养猪成本的$50\%\sim60\%$,甚至更高。所以,这一阶段的饲料效率对养猪整体效益水平的影响就至关重要了。

猪的每一增重,都来自饲料中的各种养分,包括能量、蛋白、维生素、矿物质等。饲料中的各种营养成分被猪消化吸收后,在猪体内重新分配到组织器官中,用于其生长发育,表现在体重的增加。因此,提供一适宜的营养水平,是提高商品猪生长速度的关键。任何一个好的品种和经济杂交,都离不开这个物质基础。饲养水平不仅影响猪的增重速度和饲料利用率,而且对胴体瘦肉率也有一定的影响。营养水平对肥育猪影响极大,一般来说,肥育猪摄取能量越多,日增重越快,饲料利用率越高,屠宰率也越高,胴体脂肪含量也越多,膘越肥。

此外,饲料应有多种原料配合才能组成营养全面的日粮。不同种类的饲料不仅影响猪的采食量,而且对猪的增重影响也较大,表现在料肉比差异增大。以饼粕类饲料而言,花生粕的适口性最好,豆粕次之,棉粕最差。

在相同蛋白质水平的前提下,含有动物蛋白的饲料对猪的增重效果明显优于不含动物蛋白的饲料。

(五)合理调制饲粮和适宜的饲喂方法

1.饲粮调制

饲粮调制的目的是要缩小饲料容积、增进适口性、提高利用效益。在加工调制过程中,要注意搭配的多样化,充分考虑氨基酸的平衡——理想蛋白,同时考虑饲粮的形态,一般来说颗粒料优于碎粒料,碎粒料优于粉料,湿料优于干料。料水比以$1:1$最好。就干料饲喂和湿料饲喂而言,一般干喂的优点是省工,易掌握喂量,能保持室内的清洁干燥,剩料不易腐烂或冻结。缺点是糟蹋饲料较多,对猪呼吸系统有影响。而湿喂的优点是便于采食,浪费饲料少,并可减少饮水次数。

2.适宜的饲喂方法

自由采食或限制饲喂。自由采食增重速度快、胴体背膘厚,由于料槽里饲料不断,所有的猪都能随时吃饱,很少争抢,故而整体增重速度较快,缺点是有病猪不易通过采食发现,不争抢也一定程度上影响猪的采食欲,猪的整体健康程度会受一定影响,需要有比较好的饲养管理。限制饲喂饲粮的利用率高、胴体背膘薄。因此,要根据生产上的实际情况采用不同的饲喂方法。而饲喂次数应根据饲粮形状、日粮的营养物质浓度、猪的年龄和体重决定。一般保育结束的小猪 5～6 次/d,中猪 3～4 次/d,肥猪 2～3 次/d。就饲喂量而言,一般早、晚多喂,中午少喂。

（六）提供舒适的环境条件

猪的机体和环境条件之间时刻都在进行着物质和能量的交换,在正常情况下,猪体和环境经常保持着一种动态的平衡,形成机体和环境的统一,在这种条件下,猪只快速健康的生长。如果环境发生变化,猪与环境的平衡就会破坏,猪机体产生抗逆反应,以求达到新的平衡,在新的平衡状态下,猪的生命活动也达到正常,猪的这种能力称为"抗应激能力"。但猪的这种能力有一定的范围,当环境变化较大,超出了猪的耐受能力,猪通过自身的调节还难以克服时,就会导致生产性能的下降、甚至死亡。

集约化养猪生产是在高密度舍饲环境条件下进行,猪舍内的小气候是主要的环境条件。猪在整个生长育肥阶段,环境条件的变化对猪的生长育肥影响较大。猪舍的环境条件包括:温度、湿度、风速、气体、声音等,这些环境因素都会直接影响猪的增重速度、饲料利用率和养猪的经济效益。为此,做好环境控制工作,给猪提供一舒适的环境条件,是提高猪育肥效果有效的方法之一。

1. 适宜的温度和湿度

猪自身调节体温的能力差,只有极少的汗腺可以在热天进行调节,也只有极少的被毛抵御冬季的寒冷。因此,猪舍必须具有良好的隔热、保温效果,并且用通风系统进行调控。温度和湿度保持在适宜的范围,使猪感到舒服,才能获得高的生产性能。反之或高或低,都会使猪产生应激反应,导致不良后果。另外,中国地域广阔,南北气候差异大,为猪群创造最适宜的温度和湿度条件对养猪生产十分重要。猪通过采食和走动产生的热必须排出去。猪舍内的相对湿度和温度决定了猪热还是不热。因为猪的汗腺很少,无法通过出汗来给自己降温。加快呼吸是猪最重要的散热方式。舍内温度达到 21℃,猪的呼吸频率开始增加。湿度越高,通过这种散热越难。更少的水分蒸发,更少的热量可以散发到空气中。猪将开始躺卧在缝隙地板上,并且在实心地面上排粪尿。因此,在生产上可以通过给猪提供充足的、新鲜的凉水来帮助猪降温。天气炎热时,确保每平方米的猪的数量不是太多。猪太热的信号有呼吸加快、全身伸展躺在地板上、猪躺卧的时候互相之间离得较远、饮水量及采食量发生变化、吃得少、动得少。

试验研究证明,生长育肥猪的最佳温度是 20℃。当温度降低,猪被迫多吃,采食能量中的大部分将用于产热,而不是产肉。如果温度过高,猪采食量下降。俗话说:"小猪怕冷,大猪怕热",这表明不同体重的肉猪要求最适宜的温度是不一样的。研究证明 11～45 kg 体重的猪最适宜温度是 21℃,而 45～100 kg 的猪为 18℃,135～160 kg 的猪为 16℃。当外界环境温度高于 30℃时,就应采取降温措施,打开纵向排风系统,喷洒凉水或加喂青绿多汁饲料。当舍内温度过低时应采取保温措施来提高增重,在北方地区寒冷季节应将门窗封严,减少寒风入侵,适当增加些垫草,开放式猪舍添加塑料暖棚均可使肉猪舍保持在 11～18℃之间,而不影响猪的增重。舍内温度对生长育肥猪的影响,是与湿度相关的,获得最高日增重的最适宜温度为

20℃和相对湿度为50%。在最适宜温度条件下,湿度大小对增重和饲料利用率的影响较小。湿度的高低与其他环境因素有关,并有可能造成疾病而间接影响增重速度。

2.适宜的通风换气

猪舍里的通风换气与风速和通风量有直接关系。通风速度大小对猪的日增重和饲料转化率有一定影响。据试验报道,用体重40 kg以上的猪做试验,在不同气温下比较不同风速对生产性能的影响,当气温超过37.8℃时,加快风速,日增重也下降,并增加了饲料消耗。当气温为4～19℃时,遭受贼风侵袭,也会降低日增重和增加饲料消耗。集约化高密度饲养的生长育肥猪一年四季都需通风换气,但是在各季必须解决好通风换气与保温的矛盾,不能只注意保温而忽视通风换气,这会造成舍内空气卫生状况恶化,使肉猪增重减少和增加饲料消耗。在华北地区中午打开风机或南窗,下午3～4时关风机或窗户,就能降低舍内湿度增加新鲜空气。密闭式肉猪舍要保持舍内温度15～20℃,相对湿度50%～75%,冬、春、秋空气流速每秒应为0.2 m,夏季为1.0 m,每头肉猪每小时换气量冬季为45 m³,春秋季为55 m³,夏季为120 m³。

3.合理的饲养密度

饲养密度过大会明显地影响猪的生产性能。一般认为,每10 kg体重至少应有0.1 m²的地面面积。不同生长阶段每头猪应有的圈养面积(部分漏缝地板)为:小于25 kg为0.25 m²、25～50 kg为0.50 m²、50～75 kg为0.70 m²和75～100 kg为0.85 m²。

4.减少舍中的尘埃和微生物

(1)灰尘 猪舍中的灰尘少部分是大气带入,主要是饲养管理工作所引起的,如打扫卫生、分发饲料、刷拭猪体,而这些灰尘大多数是有机性质的。灰尘落在体表上,可与皮脂腺的分泌物以及细毛、皮屑、微生物等混在一起,粘在皮肤上,使皮肤发痒、发炎,同时由于汗腺和皮脂腺管道堵塞,使散热功能下降,并堵塞呼吸道。易造成猪只发生肺炎和支气管炎。因此,猪场四周植树、使用干料湿喂、保持通风良好、禁止干扫猪舍和栏内刷拭猪只就显得特别重要。

(2)微生物 猪舍中的微生物比外界高得多,其中包括大量的病原微生物。由于舍中灰尘和飞沫较多,它们常常粘在一起,四处飘浮,传播各种疾病,引起传染病的暴发。因此,选好场址、全面消毒、保证通风、严禁非生产人员进入猪场是减少微生物的有效办法。

5.适宜的化学环境条件

化学环境条件主要指猪舍内的NH_3、H_2S、CO、CH_4等的含量,其中危害最大的是NH_3和H_2S。猪舍内的有害气体对猪的影响是长期和连续的,轻则降低商品猪的增重速度和饲料报酬,重则引起商品猪死亡。为改善条件,必须及时清除栏内粪便、辅以垫草、保持合理的通风条件。在商品猪生产中,NH_3的浓度应控制在20 mg/m³、H_2S则是66 mg/m³以下比较理想。

6.适宜的光照

经常接触光照,可增进新陈代谢、促进血液循环、可使皮肤中的7-脱氢胆固醇变成维生素D_3,从而保证机体正常的钙磷代谢,促进骨骼生长,提高生长发育速度。紫外线具有杀死细菌、病毒等作用,光照会使红细胞增加,血红蛋白、嗜中性白细胞增加,从而增强杀菌力和免疫力。光照还能使机体氧化过程加强,对脂肪的沉积有减慢作用,故利于瘦肉生长。但光照过强,容易引起皮肤炎,对角膜和结膜有不利影响。

(七)合理安排去势、防疫和驱虫的时间

1. 去势

对商品猪而言,一般公猪在 15~40 日龄去势,母猪不去势。去势的时间越早,刀口越小、对商品猪的影响也越小。故集约化、规模化猪场小猪的去势时间一般安排在出生后的 7~10 d 进行去势。

2. 防疫

生长育肥猪应该在不同的日龄注射各种不同的疫苗,以防止各种传染病的发生。猪场一般应该根据自身的实际情况,建立自己猪场的免疫程序,各种疫苗按免疫程序进行接种,同时考虑自己和周边猪场的实际情况,有针对性的调整免疫程序,以保证生产的安全。

3. 驱虫

除春、秋两季的常规驱虫外,生长育肥猪在育肥期一般进行 2 次驱虫工作,即小猪转中猪、中猪转肥猪时要各采取 1 次驱虫,以减少猪体内、外寄生虫,提高其增重速度和饲料利用率。

(八)适宜的猪群规模和饲养密度

1. 猪群规模

就生长育肥猪而言,适宜的猪群规模,也是提高养猪生产效益的有效措施,如果育肥猪群规模较小,栏舍的利用率低,同时劳动生产率低;如果规模过大,往往造成生产管理上的不利。故在一般育肥猪场,应控制在年生产商品猪 2 000~3 000 头是比较适宜的;如果管理水平高,可生产商品猪 10 000 头或以上。每一群头数的多少,应根据猪舍条件、圈养密度以及饲养方式而定,在自然的饲养管理下,每群以 10~20 头为宜,在良好的条件下,每群不超过 50 头。群体数量过大,往往造成猪的交锋次数增多,影响猪的休息和增重速度。

2. 饲养密度

在每头猪相同的圈养面积条件下,不同的猪群数量也会影响饲养效果。据试验报道,比较了每圈 8~16 头猪与 16~32 头猪的生产性能,发现前者明显优于后者。在舍饲的条件下,较小组的性能有明显的提高,这是因为咬尾和争斗的现象减少了。采用原窝饲养可以避免咬尾、争斗等现象,原窝猪在哺乳期就已形成的群居秩序,生长育肥期仍保持不变,这对生产极为有利。但在猪种整度稍差的情况下,难免出现些弱猪或体重小的猪。这样就把来源、体重、体质、性格和吃食等方面相近似的猪合群饲养。同一群猪个体间体重差异不能过大,在小猪(前期)阶段群内体重差异不宜超过 2~3 kg。分群后要保持群的稳定,除因疾病或体重差别过大,体质过弱不宜在群内饲养加以调整外,不应任意变动。

密度过高,局部气温升高,猪的食欲下降、采食量减少,同时环境变得恶劣、降低猪的增重和饲料利用率。一般商品猪的密度为每头 0.8~1.0 m²,以保证每头猪有足够的采食和休息空间(表 7-2-2)。

表 7-2-2　生长育肥猪适宜的密度

体重/kg	圈栏面积/m²	排污区面积/m²
35	0.3~0.5	0.2~0.3
75	0.6~0.7	0.3~0.4
100	0.8~1.0	0.5~0.6

(九)适宜的屠宰上市时间和体重

肥育猪在不同体重屠宰,其胴体瘦肉率不同,控制适宜的体重进行屠宰,可提高商品猪的胴体瘦肉率。关于肥猪何时销售,要考虑以下几个方面:

1.肥育期的日增重及饲料利用率情况

就外来品种而言,当体重达到90～110 kg时,其生长速度和饲料利用率开始下降,此时继续养殖,经济效益也明显开始下降;而地方品种当体重达到65～75 kg时,其生长速度和饲料利用率开始下降;对于外来品种和本地品种的杂交后代,当体重达到75～85 kg时,其生长速度和饲料利用率开始下降。

2.要根据市场行情而定

中国猪肉消费的季节性非常明显,一般来说在每年的春节后,猪肉消费量明显下降,进入所谓的淡季,进入5月后,猪肉的消费量逐渐增加,到每年的10月左右,猪肉消费开始逐渐进入旺季。

3.要考虑屠宰率及胴体瘦肉率

就猪的屠宰率而言,猪的体重越大,屠宰率越高。而胴体瘦肉率随着体重增加逐渐增加,到达一定体重后(外来品种110 kg左右,地方品种60 kg左右,外来品种和本地品种的杂交后代75 kg左右),胴体瘦肉率开始由于脂肪的沉积而下降,体重越大,下降速度越快。

综合考虑上述因素,育肥猪在选择屠宰时机时,既要考虑胴体瘦肉率,又要考虑综合经济效益。一般大型猪可在100～120 kg屠宰,中小型猪可在75～85 kg屠宰。

三、商品肥猪的饲养管理

生长育肥猪的喂养是养猪生产中最后的一个环节。喂养肉猪占用的资金多、耗料多。因此对整个养猪生产关系重大,又与经济效益所系。养肉猪的目的是最少的饲料和劳动力,在尽可能短的时间内、获得成本最低、数量最多,质量最好的猪肉,获得最佳的经济效益,以满足人们的肉猪和外贸的需要。影响肉猪生长发育的因素较多,单靠某一种技术是难以达到目的,只有采用综合的技术措施,才能在短时间内获得成本最低、数量最多、质量最好的猪肉,才能提高肉猪的出栏水平。

(一)进猪前的准备

1.栏舍清洗与消毒

当猪转出后将空出的栏舍彻底清洗干净(包括舍内房顶、墙壁和舍内一切设施,料槽内装满水浸泡后再清洗),用3%烧碱水喷洒消毒栏舍(特别是栏舍四周及死角)、地面及走道,之后彻底冲洗晾干,再用10%～20%的石灰乳喷洒消毒栏舍、料槽、地面、走道及墙壁(以喷白为准)。

2.空栏

空栏5～7 d,进猪前一天将栏舍、地面及料槽内的石灰冲洗干净,彻底晾干,并用0.3%过氧乙酸喷雾消毒后等待进猪。

3.检查

更换漏水和不出水的饮水器,检查通风降温系统是否完好。

(二)育肥猪只的选择

育肥猪选择的要求见表7-2-3。

表 7-2-3 育肥猪只的选购要求

项目	要求
外形	体型、外貌、毛色等符合特定杂交品种(如白色、杂色)的标准要求。
健康状况	1.无明显外伤、耳肿、明显的疝症的可减重出售(减重最高不超过 0.5 kg),但耳肿已治愈且无其他疾病的为合格猪苗。 2.无明显皮肤病,如渗出性皮炎、明显疥癣、直径超过 10 cm 的斑疹、直径 3 cm 以上的疮肿。渗出性皮炎作残次猪处理,其余皮肤病由于相对容易处理恢复,可减重出售(减重最高不超过 0.25 kg)。 3.无明显肢蹄病,如软骨症、跛行、关节肿,轻微关节肿但不影响行走的为合格猪苗,两处及以上关节肿但不影响行走,可减重出售(减重最高不超过 1 kg)。 4.无明显呼吸道病,如呼吸困难、流鼻血。 5.无明显消化道病,如水样下痢及便血。 6.无神经症状,如转圈、角弓反张、四肢呈游泳状划动及病态拱背(轻微拱背但皮毛、颜色、精神状态正常为正品苗)。
生长情况	无僵猪,出栏日龄、出栏体重范围按照相关规定执行[僵猪特征:体型瘦弱、明显露骨、头尖臀尖、反应迟钝、松毛(卷毛猪除外)等]。

(三)猪群日常管理

1.分栏转群

(1)小猪 从保育舍转入肥猪舍,按强弱、大小进行分栏,并根据不同的季节以及公司的要求决定每栏所装的头数。

(2)中猪 刚进入肥猪舍的中猪,先按不同大小进行分栏,并根据不同的季节、品种的要求决定每栏所装的头数。

分栏时做好三点定位调教(定点采食、定点排粪尿、定点睡觉)。进猪时将地面上半段放上少许饲料,后半段用水淋湿,诱导小猪在栏内前半段睡觉,后半段排大小便。

转群必须拿赶猪板,不得空手转群,严禁踢打。

2.饲料转换

(1)小猪 刚进栏时喂 7 d 驱虫料(1/5 保育猪后期料+4/5 小猪料),然后转成小猪料,养到 35 kg 左右。

(2)中、大猪 小猪养到 35 kg 左右分栏,分栏后直接用中猪料,养到 65 kg 左右直接转大猪料,一直喂到出栏。

3.喂料

(1)自由采食,做到每天空槽一次。空槽时间控制在白天,晚上不得空槽。

(2)每天下午统一加料一次。加料时若槽里没吃完,则不能将饲料倒入槽内,待其吃完时再加入饲料(图 7-2-1)。

(3)每天上午上班、下班和下午上班、下班时各查看一次,每次查看时,若槽内有料够吃则不需要加料,必须让其空槽一次。若饲料不够则必须加料。

(4)勤检查,勤清扫,防霉变。饲喂时白天少加勤添,晚上宜多放饲料。

图 7-2-1 饲料的添加

4. 弱小、病残猪管理

对一些久病不愈、体质较差的猪只,另外关放,特别护理。小猪喂一期特别加药料。

5. 清洁卫生

(1)冲栏。

①春夏秋季,小猪转入后 3～5 d 冲第一次栏,以后每隔 2 d 冲栏一次。如果天气太冷,每天只能用水冲洗大小便两次,不能冲洗猪身和地面。中大猪每天冲栏一次。

②冬季小猪转入后 5～7 d 冲第一次栏,以后每隔 3～5 d 冲栏一次,大猪每隔 2 d 冲栏一次。

(2)每日查看栏舍、通道、料仓、粪沟等方面的卫生情况,及时清理。

6. 公、母猪分饲方案

公、母分饲可提高猪舍空间的利用效率。因公猪比母猪生长快,公、母猪分开饲养,同一栏中的猪生长将更整齐,公猪饲养栏的利用速度比母猪加快,因此,采用公、母猪分开饲养,每年用相同的饲养空间可养更多的猪。

公、母分饲意味着公猪与母猪将饲喂不同的饲料,青年母猪由于采食量低而瘦肉生长快,因而氨基酸及其他养分的需求量较去势公猪高,其日粮氨基酸水平或者说氨基酸能量比在生长阶段、肥育阶段分别比去势公猪高 5% 和 15% 左右。

青年母猪对日粮能量升高的反应更为明显。生产者可以考虑尝试采用能量高于去势公猪的日粮饲喂青年母猪,一直达到较大的体重。另一方面,肥育阶段的去势公猪日采食量可适当降低,因为在这个阶段,猪体内主要沉积体脂肪,降低采食量可以提高饲料效率和胴体品质。如果采用公、母分饲的方案来组织生产,应该牢记公、母猪在生产性能上的差异,因此最佳的饲养策略将随猪的品种和基因型不同而变化。不论何时采用公、母分饲方案,监视公、母猪采食量及生产性能差异均显得尤为重要。

7. 全进全出的饲养管理模式

所谓"全进全出"就是在同一栋猪舍内只进同一批日龄、体重相近的育肥猪,并且同时全部出场。出场后彻底打扫、清洗、消毒,切断病原的循环感染。消毒后密闭 1～2 周,再饲养下一批猪。这种饲养制度的最大优点是便于管理、容易控制疫病。因整栋(或整场)猪舍都是日龄、体重相近的猪,温度控制、日粮更换、免疫接种等极为方便,出场以后便于彻底打扫、清洗、消毒,切断病源的循环感染,保证猪群健康高产。现代肉猪生产要求全部采取"全进全出"的饲养制度。它是保证猪群健康、根除病原的根本措施,并且与"非全进全出"制相比,增重率高,耗料少,死亡率低。

因此,在采用全进全出制时,首先要选择生长发育较整齐的猪仔,在饲养时要提供良好的饲料和足够的饲槽,在管理时要采取公和母、强和弱分群饲养,同时要加强疾病的预防保健等有效措施,只有这样才能做到猪群同期出场。

(四)防疫消毒

1.正常情况

冬季每周用0.3%过氧乙酸带猪消毒2次,夏季每周用0.3%过氧乙酸带猪消毒1次。每周更换一次门口消毒盆中的消毒液(用3%的烧碱)。

2.特殊情况

根据场里要求消毒。

(五)肥猪出栏的管理

(1)肥猪出栏时,过磅、收钱要相互监督,出栏负责人负责监督并执行该区域的卫生和消毒工作。

①买猪车辆未经0.5%的过氧乙酸喷雾消毒不得磅猪,且每年11月至翌年4月买猪车辆必须由负责人亲自消毒。

②卖完猪后,负责人必须督促上猪人员搞好出猪台的卫生并消好毒(0.5%的过氧乙酸喷雾消毒)后方可离开。

(2)所有卖猪人员必须由消毒室出入。

(3)凡是卖猪必须由两个人在生产区外负责接猪和上车,3～4人在猪舍内负责把猪赶到宿舍旁门口,内外赶猪人员严禁越界赶猪。

(4)卖完最后一车猪后,不论任何时间,上猪人员必须先把出猪台冲洗干净并消好毒后方可离开;猪舍内赶猪人员必须先把赶猪道冲洗干净并消好毒后方可离开。

(5)卖猪人员卖完最后一车猪后,不论任何时间必须冲完凉、洗干净衣服后方可进入生活区。

(6)如有卖不完的大猪则留在待售栏饲养,等候处理;小猪则转移到生产区外隔离栏饲养。

四、提高猪肉品质的措施

(一)饲养管理措施

高温环境下猪采食量减少,造成能量供给不足。为缓解猪受高温环境的影响,一般在高温季节应给予猪较高营养浓度的日粮,以弥补因高温引起的能量摄入量的不足。在生长猪日粮中加入植物油,并相应降低碳水化食物的含量,从而可以减少体增热,减轻猪的散热负担。

炎热环境下,猪体内的氮消耗多于补充,热应激时尤为严重。高温使猪血浆尿素含氮量升高,蛋白质分解代谢加强。高温条件下,采食量下降使蛋白质摄入的绝对量减少,且有证据表明在热应激期间蛋白质的需要量也增加。实验表明,在饲料和各种养分中,虽然蛋白质的体增热大,占代谢能的30%,但低蛋白日粮只要符合猪只的生理需要,体增热不是增加而是减少;在平均气温30.7℃的高温条件下,将生长猪能量提高3.23%,蛋白质增加2个百分点,在日采食量相同的情况下,日增重提高8.03％,料肉比降低7.69％。也有报道认为平衡氨基酸、降低粗蛋白摄入量是缓解猪热应激的重要措施。喂给合成的赖氨酸代替天然的蛋白质对猪有益,因为赖氨酸可减少日粮的热增耗。炎热气候条件下,以理想蛋白质为基础,增加日粮中赖氨酸的含量,饲料转化率可得到改进,猪生产性能、胴体品质与常规日粮相比,无显著差异。

高温环境造成饲料中某些维生素氧化变质,降低其生物利用率。正常情况下猪体内合成的维生素减少,而猪为了适应高温应激,对一些维生素的需要却增加了,因此必须通过饲料或饮水补充维生素,以保证机体的特殊需要。在肥育猪饲料中添加维生素E有一定的抗热应激作用。维生素C可以调节猪体内物质代谢,增强免疫功能,降低肉猪在热应激时的体温和呼吸数,提高抗应激能力,并可有效改善肥育猪的生产性能。因此,当外界温度超过34℃时,可酌情使用维生素C、维生素E、生物素、碳酸氢钠和胆碱等抗热应激添加剂。

热应激时猪的体热增加,为减少肌肉不必要的活动和产热,可用镇静类药物来抑制中枢神经及机体活动,从而减轻热应激的影响。

将肉猪整个肥育期,按体重分成两个阶段,即前期30～60 kg,后期60～100 kg。根据肉猪不同阶段生长发育对营养需要的特点,采用不同营养水平和饲喂技术。肥育前期,采用较高的营养水平和自由采食的饲喂方法,肥育后期,采用适当限制喂量或降低饲粮能量水平的饲喂方法。

肥育前期,采用较高的营养水平和自由采食的饲喂方法,其目的在于使猪采食量达到最高,进而使其日增重达到最高。另外,自由采食与限饲相比,肌肉嫩度和多汁性较好。自由采食的肥猪生长速度较快,蛋白分解酶活性较强,屠宰后这些酶仍保持较高活性,肉的熟化较快,肉的嫩度较好。同时由于生长较快,达到上市体重的日龄较短,肉中结缔组织的含量较低。另外,自由采食肌间脂肪含量较高,肌肉较嫩。

肥育后期,适当限饲,可以防止脂肪过多沉积,提高胴体瘦肉率。另外,屠宰前短期限饲(屠宰前限饲10～18 h)可以降低PSE肉的发生。这主要是由于屠宰前限饲能够降低骨骼肌纤维中肌糖原的数量,肌肉中的乳酸较少,肉的pH较高。但限饲时间不能超过24 h,否则肌肉能够从脂肪组织中获能,使其能贮恢复到未限饲前的水平,这样反而会对肉质产生不利影响。

(二)环境控制措施

应激是机体对各种非常刺激产生的全身非特异性应答反应的总和,能引起猪只应激反应的各种环境因素称为应激源。如高温、寒冷、潮湿、饮水短缺、饥饿、防疫、转群、运输、拥挤、微生物的入侵等都会造成应激,可导致猪只疾病的发生,甚至死亡。在炎热的夏季,热应激会导致猪的生产性能急剧下降,甚至造成死亡;在秋冬季节,应激对猪呼吸道疾病的影响更为严重。由此,在生产实际工作中,要积极采取有力措施,预防和减少各种应激源对猪只造成的不良应激。

1. 改善舍内通风

猪在恶劣的空气环境中多数会发生肺炎。搞好通风可调节畜舍内的温湿度和降低有害气体的浓度。但要防止贼风,因为贼风更易引起应激。除了考虑整栋猪舍的通风状况外,还要考虑局部风的强度,高速的局部气流可使猪感到寒冷而引起应激。其标准是,猪身水平处的风速不应超过每秒0.3 m。如进风口位置不当、门没关好、门窗破了或者墙上和帘子上有洞,风速都会增强,这样猪就会发生呼吸系统疾病。即便在最热的天气,也要对风速加以控制。通过控制温度,给育肥猪一个舒适的环境条件,减少应激,从而提高猪肉品质。

2.控制舍内温度

在理想的温度条件下,猪只任何时间都会感到舒适。酷热和寒冷都会造成应激,降低猪的免疫力,增加发病概率。应保证新断奶猪舍足够温暖,必要情况下进猪前应提前 24～48 h 为猪舍增温。猪对温度的需求随着年龄的增长而降低,生长肥育猪适宜的温度是:在体重 60 kg 以前为 16～22℃(最低 14℃),而体重 60～90 kg 为 14～20℃(最低 12℃),体重 90 kg 以上为 12～16℃(最低 10℃)。气温过低或过高均影响商品猪增重和饲料利用率并进而影响猪肉品质。

3.控制舍内湿度

猪舍内的相对湿度以 50%～75% 为宜。潮湿空气的导热性为干燥空气的 10 倍,冬季如果舍内湿度过高,就会使猪体散发的热量增加,使猪只更加寒冷,猪只堆积在一起,增加了打斗的概率,引起猪只伤害并产生应激;夏季舍内湿度过高,就会使猪呼吸时扩散到空气中的水分受到限制,猪体污秽,病菌大量繁殖,易引发各种疾病,增加养猪成本,不仅降低了养猪效益,而且影响猪肉品质。生产中可采用加强通风和在室内放生石灰块、煤渣等办法降低舍内湿度。

4.合理的饲养密度

饲养密度依气候而不同,夏季应尽可能小,冬季可稍大一些。但每个栏舍内应有总面积 2/3 的干燥地面用于猪只躺卧和休息。无论是水泥地面还是裸露的地面,都要保证睡眠区的清洁干燥和舒适,从而减少猪的应激。

5.饮水消毒

饮水消毒可减少水中病原对猪只造成的应激,减少猪只发病,提高猪只的健康水平。最好是采用地下水或不含有害物质和微生物的水,同时要注意随时供应清洁充足的饮水,以满足猪体的需要。

6.其他措施

(1)屠宰前清除饲料中的矿物质。矿物质是育肥猪生长不可缺少的营养成分,尤其是高铜具有促进生长和抑菌作用。生产中,钙、磷、铜、铁、锌、锰、硒、碘等矿物质的剂量总是超标准添加,由于排泄物质的大量排放,造成环境严重污染,致使土壤中磷、铜严重超标,同时由于其在猪体内的残留,猪肉产品也十分不安全,影响人们身体健康。肥猪在屠宰前 10～20 d 饲料中停止添加矿物质和抗生素,不影响猪的生长速度和瘦肉率,而且有利于肉质的改善,其肉色、大理石纹、pH、肌间脂肪含量、瘦肉率和肌纤维直径等肉质指标得到改善。所以,屠宰前清除饲料中的矿物质和抗生素不仅减轻环境污染,而且有利于提高猪肉的品质。

(2)饲料中添加甜菜碱。甜菜碱是一种季胺型生物碱,无毒、无害,且性质稳定。日粮中添加甜菜碱饲喂育肥猪,可增大眼肌面积,提高胴体瘦肉率,使肥育猪的平均背膘厚度和板油重明显下降,胴体脂肪量显著降低。

(3)肉碱、共轭亚油酸、色氨酸、肌肽、硫酸镁的合理应用。实验表明,在育肥猪日粮中适当添加肉碱、共轭亚油酸、色氨酸、肌肽也能改善猪肉品质。

【实训操作】

生长育肥猪的饲养管理

一、实训目的

1.了解生长育肥猪饲养管理的要点；

2.掌握提高生长发育效果的技术；

3.正确饲养生长育肥猪。

二、实训材料与工具

育肥猪场,生长育肥猪。

三、实训方案与操作

1.在老师指导下,理解生长育肥猪的饲养管理要点；

2.参与猪场日常饲养管理工作,在操作过程中理解其饲养管理要点；

3.总结饲养管理过程中的要点。

四、实训作业

学生参与猪场日常的饲养管理,对猪场饲养管理提出改进意见,形成分析报告。

五、技能考核

生长育肥猪的饲养管理

序号	考核项目	考核内容	考核标准	评分
1	育肥猪的饲养管理	育肥猪的饲养方法	能正确掌握育肥猪饲养方法	15
2		育肥猪的饲养技术	能正确掌握育肥猪的日常饲养技术	15
3		育肥猪的管理	能正确掌握育肥猪的日常管理要点	20
4	综合考核	育肥猪的饲养管理	能准确回答老师提出的问题	20
5		提高育肥效果的措施	能正确分析影响育肥猪生长速度的原因,并提出合理化建议	20
6		实训报告	能将整个实训过程完整、准确地表达	10
合 计				100

猪的屠宰测定和肉质品质测定

一、猪的屠宰测定

（一）实训目的

1.掌握屠宰测定的项目和方法；

2.掌握肥育猪的屠宰率、瘦肉率、胴体长、膘厚、眼肌面积和后腿比例等技术指标的测定方法。

（二）实训材料与工具

达到屠宰日龄的肥育猪 2 头,求积仪、钢卷尺、游标卡尺、秤、桶、剔骨刀 8 把、方盘 8 个、吊钩 1 把、拉钩 3 把、硫酸纸、记录表格等。

（三）实训步骤

1.屠宰

待测猪达到规定体重（90～100 kg）后，空腹 24 h（不停水），宰前进行称重。

（1）宰前称重。经停食后 24 h，称得空腹体重为宰前体重。

（2）放血、烫毛和退毛。放血部位是在胛后部凹陷处刺入，割断颈动脉放血。不吹气褪毛，屠体在 68～70℃热水中浸烫 3～5 min 后褪毛。

（3）开膛。自肛门起沿腹中线至咽喉左右平分剖开体腔，清除内脏（肾脏和板油保留）。

（4）劈半。沿脊柱切开背部皮肤和脂肪，再用砍刀或锯将脊椎骨分成左右两半，注意保持左半胴体的完整。

（5）去除头、蹄和尾。头在耳后缘和颈部第一自然皱褶处切下。前蹄自腕关节、后蹄跗关节切下。尾在荐尾关节处切下。

2.胴体测定

（1）胴体重。猪屠宰后去掉头、蹄、尾、内脏（肾脏和板油保留），左右两半胴体的重量之和即为胴体重。

（2）屠宰率。胴体重占宰前体重的百分比。

（3）胴体长度。从耻骨联合前缘到第一肋骨与胸骨接合处前缘的长度，称为胴体斜长；从耻骨联合前缘到第一颈椎底部前缘的长度，称为胴体直长。

（4）背膘厚度及皮厚。在第六与第七胸椎连接处背部测得皮下脂肪厚度、皮厚。也可用以三点测膘，即肩部最厚处、胸腰结合处和腰荐结合处测量脂肪厚度计算平均值。

（5）眼肌面积。指最后肋骨处背最长肌横截面的面积。可用求积仪测出眼肌面积，若无求积仪可用下面公式估算。眼肌面积（cm^2）＝眼肌高（cm）×眼肌宽（cm）×0.7。

（6）后腿比例。沿腰椎与荐椎结合处垂直切下的后腿重量占该半胴体重量的百分比称为后腿比例。

（7）胴体瘦肉率。将左半片胴体的骨、皮、肉和脂肪进行剥离称重，瘦肉重量占这四部分重量的百分比为胴体瘦肉率（不包括板油和肾脏）。

3.注意事项

（1）褪毛水温不宜过高，以免影响褪毛效果。

（2）测量前要校正测量用具。

（3）作业损耗控制在 0.2％。

二、胴体品质的实验室检测

（一）实训目的

1.熟悉常见的肉质品质测定的指标；

2.掌握 pH、系水力、滴水损失、肉色、肌间脂肪等指标的测定方法。

（二）实训材料与工具

秤、天平、剪刀、镊子、刀、手术刀柄和刀片、精密 pH 试纸、塑料袋、铁丝钩、瓷盘、表皿、烧杯、计算器、不锈钢锅、恒温水浴锅、酸度计、电炉和冰箱等。

（三）实训步骤

实验室常进行肌肉的 pH、颜色、系水力、贮存损失、大理石纹、熟肉率、嫩度和香味 8 项性状进行胴体品质评定。

1. 肌肉 pH

肌肉 pH 的高低与肉质关系密切,是判定正常和异常肉质的重要依据,常作为评定肌肉品质优劣的标准。pH 测定的时间是屠宰后 45 min 和宰后 24 h,测定部位是背最长肌和半膜肌或头半棘肌中心部位。可采用玻璃电极(或固体电极)直接插入测定部位肌肉内测定。由于肌肉 pH 呈连续变异,不可能精确划定肉质优劣的界限值,常用背最长肌的 pH 来测定 PSE 肉;半膜肌或头半棘肌的 pH 来判定 DFD 肉。标准为:宰后 45 min 和 24 h 眼肌的 pH 分别低于 5.6 和 5.5 是 PSE 肉;宰后 24 h 半膜肌的 pH 高于 6.2 是 DFD 肉。

2. 肌肉的颜色

肌肉的颜色是重要胴体品质之一。肌肉颜色的深浅取决色素的含量,同时颜色的重要性在于它是肌肉的生理学、生物化学和微生物学变化的外部表现,人们可以很容易地利用视觉加以鉴别,从而由表及里地判断肉质。

肉色评定方法,可分主观评定和客观测定两种,前者是凭肉色评分标准图进行目测评分,后者是利用科学仪器对肌肉的亮度、色度进行测定。

目测肉色,要求屠宰后 2 h 内,在胸腰结合处取新鲜背最长肌横断面,对照标准肉色图评分;目前,国内通用 5 级分制评定肉色:1 分为灰白色(PSE 肉色),2 分为轻度灰白色(倾向PSE 肉色),3 分为鲜红色(正常肉色),4 分为稍深红色(正常肉色),5 分为暗红色(DFD 肉色)。用目测评分法,白天室内正常光照下评定,不允许阳光直射试样,也不允许在黑暗处进行评定。

3. 肌肉系水力

(1)系水力的概念与重要性。系水力是指肌肉蛋白质在外力下保持水分的能力。系水力是一项重要的肉质性状,它不仅直接影响肉的滋味、香气、营养成分、多汁性、嫩度、色泽等食用品质,而且还有重要的经济意义。例如,2012 年中国肉类总产量 6 590 万 t,若因系水力不良而多损失 0.5% 的重量,则全国将多损失 32.9 万 t 可食肉,按人均年消费 25 kg,可以供 1 310多万人一年食用。

屠宰前、屠宰过程中和宰后一系列因素:年龄、品种、个体、脂肪厚度、肌肉的解剖学部位、宰前运输、囚禁与饥饿、屠宰工艺、胴体贮存、熟化、切碎、盐渍、加热、冷冻、融冻、干燥、熏制、包装、货架展销等,均会影响肌肉系水力。因此,肉猪养殖者、屠宰者、肉品加工业者、包装或零售业者都应十分重视这项性状。

(2)肌肉系水力的测定方法。肌肉系水力的测定方法有多种,常用的是压力失重法和面积法。

压力失重法:取宰后 2 h 内左半胴体第 2~3 腰椎处背最长肌一块,在硬橡胶板上切取厚度为 1.0 cm 的肉片,再用直径为 2.523 cm 的圆形取样器切取肉样。将肉样用感应量为 0.01 g 的天平称重,记为 W_1。用医用纱布在肉样上、下各盖一层,纱布外各垫 18 层化学定性分析滤纸,滤纸外分别各垫一层硬塑料垫板,然后将垫好的肉样放置在压力仪的平台上,用匀速缓慢摇动压力仪的摇把,使压力升至 35 kg 的读数为止,并保持此压力 5 min,迅速撤除压力,取出被压肉样并立即用天平称重,记为 W_2。按下列公式计算肉样的失水率,失水率越高,系水力越低,从而估计系水力。

$$肌肉失水率 = (W_1 - W_2)/W_1 \times 100\%$$

式中：W_1—压前试样重，单位 g；W_2—压后试样重，单位 g。

4.贮存损失

在不施加其他任何外力而只受重力作用条件下，肌肉蛋白质在测定期间的液体损失，也称滴水损失，用它可以判断肌肉的系水力。

测定方法：宰后 2 h 内取第 4～5 腰椎处背最长肌，并将试样修整为长 5 cm、宽 3 cm、高 2 cm 大小的肉样，放在感应量为 0.01 g 的天平上称重，记为 W_1，然后用铁丝钩住肉样一端，使肌纤维垂直向下吊挂在充气的聚乙烯薄膜袋中，扎紧袋口，避免肉样与袋壁接触，吊挂于冰箱中，在 4℃ 条件下贮存 24 h，然后取出试样称重，记为 W_2，按下式计算：

$$滴水损失＝(W_1－W_2)/W_1×100\%$$

5.肌肉大理石纹

肌肉大理石纹指一块肌肉内可见的肌内脂肪。它的含量和分布状况与肌肉的多汁性、嫩度和滋味密切相关。一般取胸腰结合处的背最长肌肉样，置于 4℃ 的冰箱内 24 h 后，对照大理石纹评分标准图进行评分：1 分脂肪呈极微量分布，2 分脂肪呈微量分布，3 分脂肪呈适量分布，4 分脂肪呈较多量分布，5 分脂肪呈过多量分布。中国地方猪种的肌肉大理石纹分布与含量远较国外瘦肉型品种猪丰富。

6.熟肉率

取宰后 2 h 内腰大肌中段 100 g 左右，蒸前称重（W_1），然后放置于盛有沸水的铝锅蒸屉上，加盖，置于电炉上加热 30 min，取出蒸熟肉样，用铁丝钩住吊挂于室内阴凉处，冷却 15～20 min 后再称量熟肉重（W_2）。

$$熟肉率＝W_2/W_1×100\%$$

7.肌肉嫩度

肉的嫩度是人们对肉的口感满意程度的重要指标，通常所谓的肉嫩或老化是消费者对骨骼肌各种蛋白质结构特性的总概括。口感肉嫩表示容易咀嚼，它直接与肌肉蛋白质结构及其在一些因素的作用下发生的变性、凝集和水解有关。

8.香味

肉与其他任何食品一样都是通过人的嗅觉和味觉所感知的。一系列挥发性物质刺激鼻黏膜和水溶性、脂溶性物质刺激味蕾对感知肉香味起主要作用，但肉的纹理、嫩度和多汁性对口腔的物理学刺激所产生的口感也对肉味起一定作用。香味的来源有两种不同的观点，一是瘦肉起源说，该观点认为香味来自瘦肉中水溶性香味前体物质在加热时产生的，脂质不能产生对肉香味有特殊贡献的含氮、硫的芳香类化合物。二是脂肪起源说，该观点认为香味来自脂肪而不是瘦肉。如将不同种的动物纯瘦肉加热，则难以鉴别出牛、羊和猪肉，如将脂肪加热则产生出种间特有的香味差异。

9.PSE 肉和 DFD 肉

（1）PSE 肉。指猪宰后肌肉呈现灰白颜色、柔软和汁液渗出征状的肌肉。PSE 肉外观上肌肉纹理粗糙，肌肉块互相分离，贮存时有水分渗出，严重时呈水煮样，宰后 45 min 肌肉 pH 低于 5.6。PSE 肉是猪应激综合征表现。在屠宰后肌肉处于高温条件下（30℃ 以上），由于肌糖原酵解加速，造成肌肉中乳酸大量积累，pH 迅速降低，肌肉呈现酸化，致使肌肉中可溶性蛋白质和结构蛋白质变性，从而失去了对肌肉中水分子的吸附力，造成水分大量渗出，肌肉系水力降低或丧失。沉淀于结构蛋白质的可溶性蛋白质干扰了肌肉表层的光学特性,致使肌肉的半透明度降低,更多的光由肌肉表面反射出来,使肌肉呈现特有灰白色。

(2)DFD肉。宰后肌肉外观上呈现暗黑色、质地坚硬、表面干燥的征状,即为DFD肉。这是由于宰前动物处于持续和长期的应激状态下,肌糖原都用来补充动物所需要的能量而消耗殆尽,屠宰时猪呈衰竭状态所造成的。动物宰后肌肉呈现DFD肉征状不需要遗传基础,所有的猪都可能发生,最关键的条件是屠宰时肌肉中能量水平低,死前肌糖原耗竭。DFD肉的宰后24 h半膜肌的pH一般在6.2以上。

三、技能考核

猪肉肉质测定

序号	考核项目	考核内容	考核标准	评分
1	肉质测定	肉质测定指标	能熟悉常见的猪肉肉质测定指标	15
2		肉质测定方法	能正确掌握肉质评定指标的测定方法	15
3		肉质品质评定	能熟悉肉质评定标准	20
4	综合考核	猪肉肉质	能准确回答老师提出的问题	20
5		提高猪肉肉质的措施	能正确分析影响猪肉肉质的原因,并提出合理化建议	20
6		实训报告	能将整个实训过程完整、准确地表达	10
合　计				100

【阅读材料】

育肥猪保健操作要点

一、目标

健康、整齐,成活率98%,180日龄均重110 kg,准时上市。

二、管理关键点

1.合理分群,防止咬斗

转入猪按强弱、大小合理分群,初次分群每栏多放2~5头,要预留隔离栏及猪群调整时备用栏(一般每100头预留2个空栏)。

2.及时调教,三点定位

进猪后的头3 d要对小猪进行调教,定点采食、定点拉粪、定点睡觉;定时定量定餐,从第3天起,逐渐增加喂料量,直至自由采食;每天应有1~2次1 h左右的空槽时间。

3.保持清洁,定时消毒

冬春季温度低于20℃时对小猪全群带猪消毒1次(中、大猪2次),夏秋季每周对全群带猪消毒2次,每周换1次消毒药;喷洒消毒水前要将猪栏打扫干净后再消毒,消毒需兼顾湿度控制,以地面全部湿润为准。

4.冬要保温,夏要降暑

冬季一定要保温,北方最好供给暖气,同时提高饲料的能量水平,以免猪维持生理代谢所需的能量过大而影响猪的生长。

5.定期驱虫,重在防病

每3个月驱虫1次,新购进的猪第3~5天用阿苯达唑、伊维菌素预混剂驱虫1次。

6. 重视营养,加强管理

此阶段猪绝对生长速度最快,更需要全面的营养素,因此,不可忽视饲料质量。

7. 注意二免,莫忘接种

建议 65 日龄接种猪瘟脾淋苗 2 头份及口蹄疫苗。

8. 细心观察,合理用药

从进苗后的第 20 天起要多加观察,出现大小不均时,要及时对猪群进行适当调整;根据情况要及时用药,发现病猪及时隔离治疗。

9. 全进全出,彻底消毒

上市完毕后严格按照操作规程及时全面做好清洗消毒工作;充分空栏。

三、关键性细菌性等疾病预防控制

1. 关键性细菌性等疾病

水肿病、肺炎支原体病、附红体、寄生虫、猪肺疫、胸膜性肺炎、弓形体。

2. 药物预防保健关键点

抗应激、防水肿和链球菌病、防高热病、综合防治。

中国猪肉出口

中国猪肉传统的出口国家和地区主要包括越南、吉尔吉斯斯坦、中国澳门、朝鲜、韩国、中国香港、阿尔巴尼亚、哈萨克斯坦、新加坡和俄罗斯联邦等。2013 年、2014 年,中国出栏商品肥猪分别为 7.15 亿头和 7.35 亿头,由于中国养猪业产能过剩,而出口又不畅,市场供大于求,猪肉价格一跌再跌,进入亏损的时候。到 2014 年 9 月,因为口蹄疫问题,俄罗斯开始停止向中国进口猪肉。

由于中国猪肉产能大于需要,因此连续两年中国养猪进入深度亏损状态。与此相比,进口猪肉却大幅增长(图 7-2-2)。

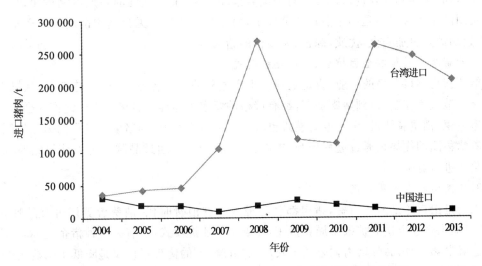

图 7-2-2　2004—2013 年美国向中国及中国台湾地区出口猪肉情况

一、中国猪肉出口不畅的原因

1.产品质量不高,市场竞争力不强

市场经济条件下,企业的竞争归根结底是产品质量的竞争,谁的产品质量好,谁就有市场,质量是企业生存的基本条件,是走向世界各地的"通行证"。然而,我国猪肉产品档次低、质量差,抽查合格率低,假冒伪劣商品屡禁不止。有资料表明:我国目前产品质量的总体水平与国际相差 20 年左右,发达国家合格率和优质率分别达 98% 和 74%,而我国仅为 71% 和 24%,猪肉及其制品在国际市场上缺乏强有力的竞争实力。现阶段,中国猪肉出口面临的难题较多,主要是因为中国国内猪场往往各种疾病多发,猪场生物安全措施不到位。目前我国养猪业还处在粗放式阶段,养猪业迫切需要提升质量。

2.品牌与形象竞争力差

从某种意义上讲,现代市场竞争的焦点就是以品牌为核心的竞争。在国际市场上,中国自有品牌出口经常是"猪肉卖成豆腐价"。中国猪肉产品大多数还远未形成自己的风格与特点。在我国,能够获得出口猪肉资格的企业,必须是集团自己饲养的猪,也就是必须是产业链集团企业,像单纯只做屠宰的企业很难获得出口资格。也就是说中小猪场饲养的猪,很难走出国门,猪肉出口给养猪集团企业的一个福音,对猪的品种、饲料营养和兽药使用都有严格的要求。

3.市场营销体系竞争力弱

市场营销体系反映了企业把握市场信息与产品到达消费者的能力,是实现产品与服务销售的保障。我国猪肉及其制品普遍表现为产品销售不畅,许多企业缺乏营销指导思想,营销组织不健全,尚未建立起完善的营销网络和产品售后服务体系,缺乏专人对市场信息进行收集与研究,缺乏专业的营销人员,企业各部门缺乏良好的沟通和协调,组织的效率未能体现出来等。

二、出口猪肉给中国养猪业的几点启示

1.猪肉要出口,生产企业必须是集团化、规模化养猪

规模化、集团化养猪的优势不仅仅是养猪成本上,更多是标准化和食品安全上。中国猪肉要想出口,必须达到国际进口标准。对中国养猪场来说,最难做到的是疫情完全净化,大规模养猪集团的未来肯定不是和小散户竞争成本,而是竞争质量。无论是中国消费者还是出口他国,都迫切需要更加安全、优质、绿色、无残留的猪肉食品。

2.养猪生产过程的全面控制、全产业链模式

能够获得出口资格的企业,肯定是养猪生产过程的全面控制、全产业链模式,从饲料搭配到养猪环节过程控制,再到屠宰加工,都有严格的要求和标准。养猪全产业链模式会越来越受到国家重视,消费者认可,全产业链模式也大有前途。事实上,养猪生产过程的全面控制、全产业链养猪集团的优势是通过过程控制,提供更多品牌猪肉,通过品牌溢价来获得收益,而非与中小猪场进行竞争。

3.猪肉消费进入新时代

无论是出口还是国内消费,猪肉都已经进入品牌消费时代,消费者更认可有品牌猪肉产品,屠宰加工企业也逆势扩张布局养猪业,发展全产业链模式,还有一些种猪企业,养猪集团企业自建屠宰场,推出品牌猪肉,"公司+农户"、"五统一"的优势不仅仅是降低了采购成本,而更多是对养殖环节实现了过程控制。

工作任务 7-3　发酵床养猪

随着养猪规模化、集约化程度的不断提高,中国养猪业当前面临着三大难题日益凸显:一是猪肉产品质量安全,二是养猪效益提高,三是环境治理。由此带来的后果表现为药物残留、能源缺乏、饲料短缺、疾病频发、环境污染等已成为限制中国养猪业发展的瓶颈。

利用微生物发酵技术完善和改进了猪舍和饲养管理模式,形成了生态、循环养猪技术,又称自然养猪法。自然养猪法是当今养猪生产中推行的一项新技术,是一种以发酵床技术为核心,在不给自然环境造成污染的前提下,以生产健康食品为己任,尽量为猪只提供优良生活条件等福利待遇,使猪只健康快速生长的无污染、高效、新型的科学养猪方法。"生态养猪法"、"发酵床养猪"、"生物环保养猪"、"零排放养猪"等,都是现有自然养猪法的基本饲养模式在不同区域的不同叫法,其基本技术原理是一样的,即在养猪圈舍内利用一些高效有益微生物与垫料建造发酵床,猪将排泄物直接排泄在发酵床上,利用生猪的拱掘习性,加上人工辅助翻耙,使猪粪尿和垫料充分混合,通过有益发酵微生物菌落的发酵,使猪粪尿的有机物质得到充分的分解和转化。

一、发酵床养猪的含义

生态养猪技术的叫法各异,如发酵床养猪、自然养猪、生物环保养猪、清洁养猪、微生态养猪、懒汉养猪、零排放养猪等,但其本质都是一样的,统称生态养猪法。目前在世界上已有近百个国家在生产和使用生物发酵素,包括日本、美国、朝鲜、巴西、中国、法国、澳大利亚、韩国、菲律宾、泰国、印度尼西亚、缅甸、巴基斯坦、印度等。

二、发酵床养猪的优点

1.猪舍建设易取材

猪舍的建造坚持"因地制宜,因陋就简,就地取材,经济实用"原则,风格可以多样化。发酵床垫料以锯末、稻壳和农作物秸秆为主,易取材,成本低。

2.提高了经济效益

由于不用每天清扫猪圈的粪尿,仅做喂料、翻耙垫料、清扫饲喂台、调整温湿度等工作,一般每人可饲喂 500～1 000 头猪,节省劳力 30%～50%;除饮用水外,猪舍基本不再用水,可节水 75%～90%;猪在垫料上拱食菌体蛋白、酵母素,可有效改善肠道环境,提高了饲料转化率,可节省饲料 10%～15%;猪在垫料上活动,恢复了自然习性,应激性小,基本无病原菌传播,减少了药残,死亡率可降低 4%。

此外,在中国北方地区,自然养猪法利用发酵床提供的温和的生物热,克服了冬季寒冷对养猪的不利因素,改善了猪只体感温度,提高了冬季饲养育肥速度,节约了能源,提高了效益。据试验,在舍外温度为 −2℃ 的情况下,舍内温度可达 14℃,发酵床温度可达 28℃。平均饲养期可以缩短 5～7 d,每头猪可节约饲料粮 5～15 kg,经济效益明显提高。

3.变废为宝,改善生态环境

在发酵床内,粪尿是微生物源源不断的营养食物,不断地被分解,从而不再需要对猪排泄物采用清扫排放,也不会形成大量的冲圈污水,没有任何废弃物排出养猪场,真正达到养猪污染物零排放的目的。猪生活于这种有机垫料上面,猪的排泄物被微生物作为营养迅速降解、消化,当天就无臭味,只需 3 d 左右的时间,粪便就被微生物分解成非常细的粉末,消失得无影无踪,尿液中的水分被直接蒸发。猪舍不再臭气熏天,发酵床使蝇蛆和虫卵不适合生存,过去长期困扰人们的粪尿处理难题得以破解。不仅改善了猪场本身的环境,而且也有利于新农村建设。据调查,每 10 m² 的发酵床可以使用 666.7 m² 地的玉米秸秆,这也为禁烧秸秆、美化城乡生态环境提供了另外一条比较好的解决途径。

图 7-3-1　发酵床养猪

由于养猪场内外无臭味,氨气含量显著降低,养殖环节消纳污染物,在发酵制作有机肥料时,锯末、稻壳、花生壳、玉米秸秆等农业废弃物均可作为垫料原料加以使用,通过土壤微生物的发酵,这些废弃物变废为宝,变成优质有机肥料,从根本上解决了粪便处理和环保难题,实现"零排放"和生态环保养殖(图 7-3-1)。

4.提高了劳动生产效率

利用该技术养猪省工节本,可提高养猪效益。由于发酵床养猪技术不需要用水冲洗猪舍,不需要每天清除猪粪,猪发病少,在治病方面的投入少;采用自动喂料、自动饮水技术等众多先进技术,达到了省工节本的目的。由于免除了猪圈的清理,仅此一项就可以节约劳动力近50%,一个人可以饲养 500～1 000 头肥猪,100～200 头母猪,节约用水 70%～90%,在现阶段饲养人员招聘比较困难的情况下,使用发酵床养猪的优点更加突出,同时对于提高生猪饲养的规模化水平和实现产业化也具有十分重要的意义。

5.提高猪肉品质

发酵床养猪结合适宜的特殊猪舍,使其更通风透气、阳光普照,温湿度适合于猪只生长。再加上自然养猪法满足了猪只拱掘的生物学习性,运动量的增加,符合动物福利要求,猪能够健康地生长发育,机体对疾病的抵抗力增强,发病率明显降低,大大减少使用或不再使用抗生素等抗菌药物,避免了药残的存在和耐药性菌株的产生,提高了猪肉品质,生产出的猪肉肉色红润、纹理清晰,市场竞争力增强。经检测,这种方法饲养的猪,其猪肉达到了国家无公害猪肉标准的要求。

三、发酵床养猪的栏舍建设

(一)猪舍设计的思路

科学的生物发酵床猪舍是尽最大可能利用自然资源,如阳光、空气、气流、风向等免费的自然元素,尽可能少的使用如水、电、煤等现代能源或不可再生资源,尽可能大地利用生物性、物理性转化,尽可能少的使用化学性转化(图 7-3-2 至图 7-3-4)。

图 7-3-2　猪舍设计样图

图 7-3-3　简易大棚猪舍样图

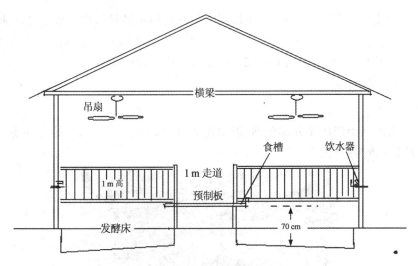

图 7-3-4　发酵床养猪保育舍剖面图

(二)猪舍设计的基本原则

1.“零”混群原则

由于生物发酵床在养猪生产过程中,一般不允许不同来源的猪只混群,这就需要考虑隔离舍的准备。

2.最佳存栏原则

始终保持栏圈的利用,这就需要均衡生产体系的确定。

3.按同龄猪分群原则

不同阶段的猪只不能存一起,这是全进全出的体系基础。

(三)猪场选址

1.地理位置

确定场址的位置时,应尽量接近饲料产地,有相对好的运输条件。由于发酵床养猪法用水量少,实现了粪污零排放,养猪环境明显改善,故猪场选址限制因素明显减少,应结合区域规划,着重考虑猪场整体防疫。

2.地势与地形

发酵床养猪法对猪场场址要求是:地势较高、干燥、平缓、向阳。地下水位低的地方可采用地下式或半地下式发酵垫料池,地下水位较高的地方选择地上式发酵垫料池比较适宜。平原地区宜选择地势较高、平坦而有一定坡度的地方,以便排水、防止积水和泥泞。地面坡度以1‰~3‰较为理想。山区宜选择向阳坡地,不但利于排水,而且阳光充足,能减少冬季冷气流的影响。地形宜开阔平整,不要过于狭长或边角太多,否则会影响建筑物合理布局,使场区的卫生防疫和生产联系不便,场地也不能得到充分利用。

3.土质

发酵床养猪法猪舍对土质要求有一定的承载能力,最好选择透气透水性强、毛细管作用弱、吸湿性和导热性小、质地均匀的沙壤土。

4.水、电

发酵床养猪法由于不用冲洗圈舍,所以用水量只要满足猪只的饮用水需要,同时保证垫料湿度控制、用具洗刷、员工和绿化用水即可。水质要良好,达到人饮用水标准。由于猪舍多采用自然光线,猪场用电主要保证相关设施设备运行和夜晚照明即可。

(四)猪舍布局形式

1.单排式猪舍

猪舍按一定的间距依次排列成单列,组织比较简单,一边是净道,一边是污道,互不干扰。布局整齐,条件一致为好(图7-3-5)。

图 7-3-5　单排式猪舍

2.双排式猪舍

猪舍按一定的间距依次排列成两列。其特点是:当猪舍栋数较多时,排列成双列可以缩短纵向深度、布置集中,供料路线两列共用,电网、管网等布置路线短,管理方便,能节省投资和运转费用。

3.多排式猪舍

大型猪场可以采用三列式、四列式等多排式布局,但道路组织比较复杂,道路多,主次不易分辨。

(五)猪舍间距

猪舍的间距主要考虑日照间距、通风间距、防疫间距和防火间距。自然通风的自然养猪法猪舍间距一般取 5 倍屋檐高度以上,机械通风猪舍间距应取 3 倍以上屋檐高度,即可满足日照、通风、防疫和防火的要求。在确定间距过程中,防疫间距极为重要,实际所取的间距要比理论值大。中国猪舍之间的间距一般为 10~14 m,其中 12~14 m 间距的用于多列式猪舍或炎热地区双列式猪舍,其他情况一般 10~12 m。

(六)栏舍设计

采用生物发酵床技术养猪,猪舍一般采用单列式进行饲养(图 7-3-6),猪舍跨度为 9~13 m,窗面采用全开放卷帘式,猪舍屋檐高度 3.6~4.3 m。栋舍间距要宽些,小型挖掘机或小型铲车可开动行驶,一般在 4 m 以上。栏舍面积大小可根据猪场规模大小(即每批断乳猪转栏数量)而定,一般掌握在 40 m² 左右,饲养密度 0.8~1.5 头/m²。在猪舍一端设一饲喂台,在猪舍适当位置安置饮水器,要保证猪饮水时所滴漏的水往栏舍外流,以防饮水潮湿垫料。对于地面槽式结构、半坑道结构一般每个栏舍一面墙体留设 1.5~3.0 m 缺口,供垫料方便进出。缺口用木板或其他材料遮挡。垫料高度:保育猪 40~60 cm;中大猪 80~160 cm。猪舍地面根据地下水位情况,可水泥固化,也可不用固化。

走　　道			
饲喂区（水泥地面）	饲喂区（水泥地面）	饲喂区（水泥地面）	饲喂区（水泥地面）
垫料区	垫料区	垫料区	垫料区

图 7-3-6　发酵床建设平面示意图

1.地面槽式结构

样式与传统中大猪栏舍接近,三面砌墙(图 7-3-7)。发酵床高度:保育猪 50~70 cm,中大猪 90~110 cm,一般要比垫料层高 10 cm 左右,上方增添 50~80 cm 铁栏杆防止猪跑出。优点:猪栏面高出地面,雨水不容易溅到垫料上,地面水不易流到垫料,通风效果好,且垫料进出方便。缺点:猪舍整体高度较高,造价相对高些;猪转群不便;由于饲喂料台高出地面,饲喂不便。

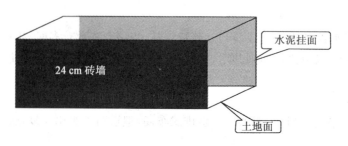

图 7-3-7　发酵床地面建设样图

2. 地下坑道式结构

即根据不同类型的猪舍向地面下挖,也就是垫料在地面以下。深度:保育猪 40～60 cm;中大猪 80～100 cm。栏面上方增添 50～80 cm 铁栏杆防止猪逃出。优点:猪舍整体高度较低,造价相对低,猪转群方便,由于饲喂料台与地面平,投喂饲料方便。缺点:雨水容易溅到垫料上,垫料进出不方便,通风不容易,地下水位高的地方不适合使用。

3. 半坑道式结构

其结构介于上述两者之间。

（七）使用设备

发酵床养猪使用的设备和传统养猪差异不大,但当养殖数量多时,最好增加小型挖掘机、翻耙设备,以降低劳动强度。

四、发酵床垫料的制作

1. 有效的发酵菌母种

自然养猪法垫料发酵分解粪尿的过程是微生物作用的结果,微生物在垫料中的发酵活动也增加了垫料的肥效,而且还产生高温杀死很多有害病菌和虫卵等。所以,发酵菌母种活力的高低决定了粪便分解和垫料发酵的效率,是发酵床养猪垫料制作的首要关键因素。

2. 具备一定的微生物营养源

一般来说,微生物的活动繁殖所需的最佳碳氮比为 25∶1,因为微生物每合成一份自身的物质,刚好需要 25 份碳素和 1 份氮素。制作自然养猪法发酵垫料就是通过相关措施控制碳氮比,使发酵菌种均衡、持续、高效地活动和繁殖。由于猪粪的碳氮比为 7∶1,是提供氮素的主要原料,所以自然养猪法发酵垫料原料必须选择碳氮比大于 25∶1 的原料即能达到发酵的目的。由于养猪生产粪尿持续产生,所以垫料原料碳氮比越高,垫料使用时间越长。

3. 适宜的酸碱度

垫料发酵微生物多是需要一种微碱性环境,pH 7.5 左右最为适宜,过酸(pH＜5.0)或过碱(pH＞8.0)都不利于猪粪尿的发酵分解。猪粪分解过程会产生有机酸,在区域内 pH 会有所降低。正常的发酵垫料一般不需调节 pH,靠其自动调节就可达到平衡。可以通过翻耙垫料或其他措施调节酸碱度,以适应发酵微生物的生长。

4. 透气性

由于垫料发酵微生物多为耗氧性微生物,只有垫料本身透气好,才有利于发酵微生物的活动和繁殖,利于粪尿的分解。若垫料透气性差,使得嫌气性微生物活动加强,则不利于粪尿及垫料的分解,过早地生成大量垫料腐殖质。翻堆、深耙、悬耕等都可调节透气状况,改善垫料原料的透气性(空隙率在 30% 以上)。

5.保水性

发酵垫料需要具有一定的保水性。因为水分是影响微生物生命活动的重要因素,微生物在发酵垫料的水膜里进行着生命活动。同时,水分也影响堆料内部养分和微生物的移动,影响发酵效率的高低,也影响空气成分和垫料及舍内的温度。一般情况下,发酵垫料的含水量为持水量的 50%～70%。含水量过高或过低时均不利于发酵处理。当水分含量大于 85% 时,由于垫料的毛细结构被破坏,从而影响发酵效率。

6.厚度

参与发酵的微生物,通常在 30℃ 以上的环境温度下增殖旺盛。所以,垫料床的厚度是决定温度的重要因素,一般要求发酵床垫料厚度为 80～100 cm,不得低于 50 cm。如果垫料太薄则发酵产生的热量迅速散失,发酵垫料难以达到适宜的温度,从而使发酵微生物增殖受限,导致不发酵。垫料太厚,则可能导致内部升温太高、太快,且一次性投入大,垫料深翻工作量大,不利于垫料管理。

最常用的垫料原料组合是"锯末＋稻壳"、"锯末＋玉米秸秆"、"锯末＋花生壳"、"锯末＋麦秸"等,其中垫料主原料包括碳氮比极高的植物碎片、木屑、锯末、树枝粉、树叶等及禾本科植物秸秆等。这些原料主要提供菌体生长繁殖所需的碳素。不过,在垫料选择过程中,应注重原料质地要软硬结合,防止质地过软而使透气性变差,影响发酵效果。由于制作的垫料需要水分为50%～60%,而新鲜农作物原料本身含有大量水分,在农作物收获季节原则上也可以直接使用新鲜农作物秸秆搭配其他原料进行垫料制作。

五、发酵床养猪的垫料管理

一般情况下,水分及垫料的含水量是影响生物发酵速度的一个重要参数。有水分的地方先发酵,缺水的地方后发酵,水分适宜(总水分不超过 70%)者先发酵,水分少者发酵慢。在其他条件(生物发酵素、透气性、营养伤、酸碱度等)一样的情况下,通过增加翻动、均匀搅拌、补充营养液等措施,使之尽快形成均衡的发酵局面。但要注意春秋季节,温、湿度适宜,在没有特别加快发酵或均衡发酵时,可顺其自然均衡发酵;在夏季,由于舍内温度已经很高,为减少热应激,可人为地制造区域(粪尿排泄区)或人工垫料加快速发酵,休息区人工垫料发酵慢或不发酵,让猪只有选择的休息处。

日常管理中,填充到垫料池的各种垫料原料必须经过发酵成熟后,耙平整后,铺设 10 cm厚未经发酵的质量好的垫料原料后,24 h 后即可进猪。进猪一周内为观察期,防止垫料表面扬尘。此周内一般不用特殊管理,主要观察猪排粪拉尿区分布情况,猪只活动情况,发现有无异常现象,做好相关记录。1 周后,一般根据垫料湿度和发酵情况,每天翻耙垫料 1～2 次。若垫料太干,出现灰尘,则应根据垫料干湿情况,向垫料表面喷洒适量水分;用叉把特别集中的猪粪分散开来;在特别湿的地方按垫料制作比例加入适量锯末、谷壳等新垫料原料;用叉子或便携式犁耕机把比较结实的垫料翻松,把表面凹凸不平之处整平。从进猪之日起每隔 50 d,大动作地深翻垫料一次。在猪舍内可使用小型挖掘机或铲车,在粪便较为集中的地方,把粪尿分散开来,并从底部向上反复翻耙均匀;水分过多的地方添加一些锯末、谷壳等垫料原料;看垫料的水分决定是否全面翻弄。如果水分偏多,氨臭较重,应全面上下翻耙一次,看情况适当补充一些垫料原料和发酵菌种（图7-3-8）。

全部猪只出栏后，最好先将发酵垫料放置干燥2～3 d。将垫料从底部反复翻耙均匀一遍，看情况可以适当补充米糠与菌种添加剂，重新由四周向中心堆积成梯形，使其发酵至成熟杀死各种病原微生物。同时，除垫料区外，其他地区可进行全面消毒（硬化地面、金属器械等推荐用火焰消毒）。进猪前1～2 d，可将发酵成熟的垫料摊平后填充未发酵的垫料原料（如谷壳、锯末等），厚度约10 cm，间隔24 h后即可再次进入下一批猪只进行饲养。

图7-3-8　发酵床垫料的检查

一般制作一次垫料，可使用2～3年。

六、生物发酵床养猪法的要点

1. 选择健康猪只

应着重自繁自养，如确需从外购入猪只，需从同一来源的、健康无病的养猪场引进猪只，按程序经免疫、驱虫后再放在圈内饲养。随意购买的猪只，很可能导致养猪失败。

2. 严格防疫制度

猪场进猪后进行封闭管理，严禁参观，本场人员出入猪舍也应遵守消毒规则，场内外工具，人员衣、鞋、靴、帽不得交叉使用。

3. 食槽、饮水设施必须规范

自动食槽必须规范，随着猪采食而随时漏料，饮水设施应科学合理，禁止饮水"跑、冒、滴、漏"，影响发酵床正常发酵。

4. 加强饲养管理

生物发酵床养猪法省工、省力，但不能放任不管，要随时观察猪群状况、饮水器漏水状况、自动食槽状况、地面干湿状况、垫料翻动情况等，发现异常要及时调整和处理。

5. 确保垫料厚度

所用垫料一定要新鲜、清洁、干燥，垫料须经铡碎垫到舍内，厚度应不少于40 cm，应尽量多掺些锯末，因锯末松散性大。生物发酵床养猪法在冬季运作非常顺利，而夏天要进行防暑。猪场周围要栽植树木或速生瓜菜类，以调节气温。气温达30℃以上时，每天下午要利用喷淋器进行喷洒，1个/m² 喷头，每30 min一次，每次2 min（图7-3-9）。

6. 营养全价平衡

搞好饲料配合，保证充足营养，要根据不同体重、性别、生理状态配制猪的日粮。饲料中不宜添加任何抗生素。

七、发酵床养猪的日常管理工作

1. 经常观察猪的排粪情况

尽量不让猪群形成固定地点排泄的习惯，这样有利于微生态垫料分解猪粪尿，因为越是分散的猪粪尿，越好分解利用。这一点与普通的养猪方法需要培养固定地点排泄的方式正好相反。对于过于集中的猪粪，等到尿液渗入垫料，粪便稍干之后将成团的粪便，用工具分散埋好

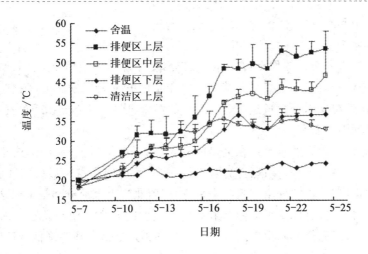

图 7-3-9　发酵床温度变化

后耙平即可。操作中根据实际情况进行人工辅助，一般情况下数天一次。

对于一般性个别猪拉稀现象，直接给药即可，不需要隔离，如果有（细菌性或病毒性）拉稀严重现象的猪只，立即采取隔离措施（防止传染其他猪只）。如果某段时间内养殖密度过大，粪便堆积较多，应适当铲出部分类便于栏外。

2.注意观察猪群采食情况，做到自由采食

保证猪 24 h 都能吃到料（或者每次要喂饱）。不然，猪可能会由于饥饿而大量采食发酵好的垫料，尽管猪吃发酵垫料是本方法的主要优点之一，也是本法养猪降低成本的主要途径，但吃垫料也要适量，过量采食明显降低了猪的生长速度，而且过量地翻动垫料会影响垫料的正常发酵和使用寿命。实践证明，使用同样饲料、同样重量分别饲喂传统水泥池与发酵床中的猪，发酵床中的猪增长率提高了 10% 左右，饲料利用率显著提高。

3.注意观察垫料厚度

采用纯锯末做垫料的发酵床，并且按照以上技术制作，一般只需要在每批猪出栏后（3～4 个月）补充极少量的新垫料（约 0.5%），或者两批猪出栏后补充一次（6～8 个月）。

垫料的厚度主要看季节和养猪密度而定，冬天垫料厚一点，夏天可以适当降低厚度，因为冬天温度低，发酵强度不大，需要增加垫料厚度来保温和增强发酵力，夏天则正好相反，以北方为例，春秋季节一般在 70 cm 左右厚度即可，冬天适当增加厚度到 80 cm 以上，夏天可以在 60 cm 左右。垫料厚度的控制是人工添加（夏季可以一直不添加新垫料）。

4.注意观察垫料含水量

最合理的垫料水分含量是 50% 左右，其中上层最干，大约应该有 30% 的含水量，中间兼性主发酵层应该为 50%，下层厌氧发酵层为含水量 60% 左右。当中下层垫料过干时，只要将 1% 的保健液水喷洒在垫料表面，由于表层锯末疏松的原因不会怎么吸水，很快就会流到中下层垫料中，这就是为什么垫料表层含水量不会很高的原因。

平时多注意表层的水分，如果太干，则需要洒上点水，如果阴雨天气发现表层垫料过于湿润，则需要用耙子和铲子进行适当松料，把耙铲插入料中约 15 cm，抖动几下，如此进行松料操作，目的是让微生态垫料适当松动，以便进入更多的空气，加速发酵产热，蒸发更多的水分，也便于水分从垫料中挥发出来，适当打开卷帘和排风扇进行通风。太湿的情况下，也可以来用含水量少的垫料进行中和水分。

5.南方省市发酵床使用过程中的问题

发酵床养猪具有十分明显的优点,在中国北方寒冷、干燥地方使用效果比较明显。但在南方多雨、潮湿的地方使用效果不理想。究其原因主要是南方夏天气候温度高、空气湿度大,发酵床如果管理不善、发酵床水分含量过高,往往出现"烂床"现象,即发酵床颜色变黑、微生物的发酵基本停止。其原因主要有:

(1)夏季发酵床及猪舍温度过高。在炎热的夏季,猪睡在垫料上,易产生热应激。因此最好是采用天窗式(也叫钟式楼)屋顶进行隔热。天窗式养殖房屋会自然形成空气流通,不断地将热气流从天窗中送出去,将室外空气吸收进来,如广西北流市大部分都是采用这种方式。屋顶层材料用隔热材料建造,可以避免太阳辐射对猪舍温度的升高。使用设置屋顶天窗结合排风扇是最佳的方案,可以完全排除南方夏天舍内闷热的不足之处。适当降低养殖密度,在高温季节养殖密度稍大时,由于猪体热的作用造成猪体相互间的小环境温度升高,同时猪的密度越大,猪粪尿就越多,垫料发酵所产生的温度也就越高。

在夏季发酵床养猪的密度 30 kg 以下的仔猪每头至少 1 m²;30～60 kg 的猪每头至少 2 m²;在秋、冬、春季节可以恢复到正常的养殖水平。南方地区在春末和夏季初建发酵床垫料的厚度建议为 30 cm,冬季天气变冷时再慢慢适应增加。

使用水帘-风机降温系统机组 0.5～1 min 可急速降温达到 4～13℃,在炎热干燥地区降温可达 4～15℃。一般在炎热的午后每间隔 1 h 开启 1 次,每次持续时间为 20～30 min,可有效改善夏天气温升高形成的室内高温、闷热、废气、异味等工作环境,解决发酵床栏舍的闷热高温难题。

(2)发酵床蝇虫滋生。发酵床蝇虫滋生的原因是卫生环境差并且高湿。发酵床菌种不足也是容易造成蝇虫滋生的原因。解决办法是:把发酵床整个的从上到下翻动 1 次,通过蒸发来降低发酵床的水分;加入没有加菌种搅拌、没有加水的干净的锯末、稻壳均匀地撒在发酵床上,调整发酵床的湿度;每天把裸露在表面的粪便埋在发酵床的中间,阻断苍蝇生存的条件;保持饲喂台的干净清洁;在发酵床垫料中及时补足发酵菌种。

(3)垫料温度过高过低。可以通过适当补充水分、增强垫料通透性的措施来解决。水分过高或过低时,也会导致发酵床温度过低。垫料通透性过低,发酵床温度也低,这时就要通过疏松垫料,来增加垫料发酵强度,从而提高发酵床温度。

【实训操作】

发酵床制作和养猪

一、实训目的

1.了解发酵床养猪的概念;

2.掌握发酵床养猪的饲养管理的技术;

3.熟悉发酵床垫料的制作要领;

4.掌握发酵床养猪的关键技术。

二、实训材料与工具

育肥猪场,生长育肥猪发酵床。

三、实训步骤

1.在老师指导下,理解发酵床养猪的概念;

2.参与发酵床垫料的制作;

3.参观发酵床养猪的猪栏,记录其建筑参数;

4.参与发酵床养猪的日常饲养管理。

四、实训作业

学生参与实训基地猪场日常的饲养管理,对发酵床养猪的饲养管理现状提出改进意见,形成分析报告。

五、技能考核

发酵床养猪

序号	考核项目	考核内容	考核标准	评分
1	发酵床养猪	发酵床养猪的技术要求	能正确掌握发酵床养猪的技术要点	15
2		发酵床的建设	能正确掌握发酵床的建设	15
3		发酵床的管理	能正确掌握发酵床的管理	20
4	综合考核	口试	能准确回答老师提出的问题	20
5		改进意见	能正确分析猪场发酵床存在的问题,并提出合理化建议	20
6		实训报告	能将整个实训过程完整、准确地表达	10
合计				100

工作任务 7-4　猪的福利

随着经济的发展,当今世界人类正面临着诸多的问题,包括人口增长、环境污染、资源减少、营养短缺等,这些问题又对环境和生物的多样性构成了严重的威胁,而缓解这些问题又依赖于对生物多样性的保护。动物的保护与福利受多种因素的影响,诸如人们的思想观念、宗教信仰、文化习俗等。动物的生活不仅需要食物与营养,而且需要适宜的生活环境。尊重和善待动物,是人类文明进步以及自身素质提高的表现,人类渐渐意识到,享受福利不仅是人类的权利,也是动物包括猪的权利。养猪生产以猪为本,尊重猪的权力本身也是对人类本身权利的尊重。

一、猪福利的含义

(一)福利

所谓福利养猪,就是让猪在饲养、运输、宰杀过程中,确保其有不受饥渴的自由,有不受痛苦伤害和疾病威胁的自由,有生活无恐惧的自由,享受舒适的和表达天性的自由。不因它们是动物,而人为虐待或加害,按照人道的原则,在饲养上创造各种条件满足其生存的需要(足够的食物、饮水,适宜的温度、湿度,清新的空气,符合习性要求的饲喂、管理方法等);管理猪时,要善待而不加害,体恤而不粗暴,做到人与猪的"亲和",使猪生存舒适;在宰杀时尽量减轻它们的痛苦。

(二)福利的内涵

猪的福利是指让猪在康乐的状态下生活。猪的康乐即健康与快乐,本质上是指猪的机体及心理与环境维持协调的状态。猪的福利有丰富的内涵,不但指猪的身体健康,而且要求其心理健康,精神愉快,无疾病,无行为异常,无心理紧张、负担、恐惧、压抑、痛苦和折磨等感觉。为此,应当为不同种类的猪创造与其相适应的外部条件,以满足猪的需要。因此,要求饲养人员、其他与猪打交道人员做到以下几方面:

(1)保持猪的健康,满足猪生理的、社会的及行为的需要。

(2)在猪不同的生长或生产阶段及不同饲养体系中,理解关心猪,避免其痛苦。

(3)在猪的饲养中,利用合理的管理方法,使猪每日的活动达到理想的平衡状态。

保障猪的生活需要,保持各类猪的康乐是首要的。健康是猪保护及福利的核心内容和目标。为此,与猪的福利有关的一切措施都与健康保护有关:①根据猪的种类,提供适于不同猪的生理、心理需要的生活环境及良好的饲养管理。②满足其营养需要。③免疫接种,控制疾病。④保持猪的繁殖延续,有序地保持一定猪的种群数量规模,保持不同猪种群的适当平衡,最终实现自然生态平衡。这既是保护地球生态环境的需要及人类与自然和谐发展的目标,也是人类社会文明发展的必然结果(图7-4-1)。

图 7-4-1　嬉戏中的仔猪

(三)猪福利的判断标准

猪福利有以下3个判断标准:

1. 自然生活标准

指各类猪的生活接近自然状态,能够自如地表现其正常行为,不被过分限制。集约化密集的饲养对猪的自然生活限制太强,其自由运动、交际甚至休息受到影响,改变了猪的行为,是违反猪福利的主要方面。

2. 生物机能标准

指猪的成活率高或达到应有的指标,生产性能,生物机能正常展现。

3.情感状态标准

减少或避免猪的紧张、不安、压抑、负担、恐惧甚至痛苦的感觉,增加和保障猪的舒适、快乐和满足感(图7-4-2)。

图7-4-2　采食后的肥猪随意躺卧

二、猪福利的目的、意义

(一)猪福利的目的

猪的保护及福利的主要目的是:保持猪的健康,提供猪康乐的条件,避免、预防和减轻猪的痛苦,避免折磨猪,保持猪品种正常的繁衍。

(二)猪福利的意义

1.有利于提高猪肉产品品质

畜产品安全已成为影响中国养殖业健康、可持续发展的一个关键问题。农药、兽药、饲料添加剂等的大量或违规使用,给动物性食品的安全带来严重的隐患,直接影响到这些产品的内销和出口。随着中国加入世贸组织,中国出口的畜禽产品却连续受到国际市场的封杀和退货。如果生产实践中推广动物福利原则,则可以保证动物在良好的环境中进行生产,动物的各种内在的行为和生理需要将得到满足,非正常行为减少,应激状态及其程度将大幅度降低,同时可以大量减少抗生素等药物的使用,从而提高猪肉的产品品质。

2.有利于促进养猪业的可持续发展

改革开放以来,中国养猪业的发展突飞猛进,创造了持续增长的奇迹。但是,随着养猪业的迅速发展,规模化的养殖场越来越多,由养猪业生产产生的排泄物以及其中的抗生素等药物大量进入畜禽场周围的土壤、地表,造成了严重的环境污染。实施动物福利可大大减少动物的排泄物,从而从根本上减轻环境污染问题。

3.有利于提高养猪业生产水平

猪饲养环境的改善和福利水平的提高可使猪在相对卫生、宽松、平和的条件下进行采食、饮水、排泄、躺卧(休息)、玩耍等活动;当饲养员进行喂料、清扫、抓捕等作业时,猪争食、争斗、自残或相残、惊群等现象明显减少,相反它们表现出很放松、友好,比较活泼,容易接近,精神状态良好。因此,提高猪的福利水平,可以减少猪的应激反应和疾病,特别是慢性的心理压抑方面疾病的发生,促进猪的快速生长,进而提高中国养猪业生产的整体水平。

4.有利于猪的健康和卫生防疫

根据猪营养、生理和行为等方面的需要改善它们的生存环境,并进行规范管理,必然会减小它们的应激反应,极大地提高猪自身的抗病能力和免疫能力,提高它们的健康水平,减少各种疫病的发生和蔓延,减轻猪的市场的卫生防疫压力,这与提倡"养重于防,防重于治"的猪的疫病防治理念是完全一致的。猪的福利关注的另一方面是要确保猪在待宰阶段能获得基本的生理和心理需求,为它们提供安静的休息场所,避免它们过度的恐惧和紧张,即要"减少宰前动物的痛苦"。只有这样,才能提高肉品的品质,减少肉品被有害微生物污染的可能性,减轻肉品卫生防疫检查的压力。

三、提高猪福利的措施

(一)科学的地面

由于地面材料的物理特性和导热性很重要,猪舍内地面是猪生活的主要场所。地面的好坏直接影响猪的生活环境,对猪的福利和健康状况有极大影响,因此对地面的要求为:

1.便于清洁

地面面积应较大且设计合理。猪喜欢将休息区、活动区与排粪区分开。如果舍内地面设计不适当或太小,会导致地面变脏,猪变得不讲卫生。使用实地面时,要保证粪尿及冲洗用水能及时排出。对于猪来说训练它们在固定地点排粪尿较为重要。使用漏缝地面可以减少管理人员的清粪强度并便于清理,也便于猪与粪尿及时隔开。漏缝地面的狭缝宽度设计就十分重要,过窄时粪便下漏的效果不好;过宽则易导致肢蹄部或脚部损伤。因此,狭缝的宽度要视根据猪的年龄而定,适合各体重猪的漏缝地面要求见表7-4-1。

表 7-4-1　漏缝地面板条和狭缝宽度　　　　　　　　　　　　　　　　mm

项目	仔　猪	生长猪	育肥猪、母猪
板条宽度	50～120	75～150	80～200
狭缝宽度	9.5～22	12.5～25	17～30

2.保暖、防寒、防潮

导热性强的材料,保温隔热能力差;导热性差的材料,保温隔热能力强。因此地面材料是影响地面保暖防寒能力的重要因素。不同地面材料导热性能相差较大,如木地面的导热能力差,而水泥地面的导热能力强。在寒冷季节,水泥地面散失热量多,不宜作为猪的畜床;木地面散失热量少,适合作为猪的畜床。而在炎热夏季,水泥地面散失热量多,适合作为猪的畜床;木地面散失热量少,不适合作为猪的畜床。因此,常见的水泥地面在寒冷季节要垫上木板或其他导热能力差的材料,这样就能保证猪舍地面冬暖夏凉。地面的防水、防潮能力对地面导热性能和卫生状况影响很大。潮湿的地面增加了它的导热性,因此在炎热的季节可通过向地面洒水来降低温度,而在寒冷的季节则要保持地面的干燥。另外,如果地面渗水,尿、污水会渗入到地面下层,容易污染猪舍内环境。

3.结实、平坦、安全、防滑

不平坦、不安全的地板给猪带来的危害主要表现为身体损伤,特别是肢蹄病,如蹄部溃烂、瘸腿症等。光滑的表面、深层褥草可引起蹄过度生长,导致蹄畸形及跛蹄。地面太硬,猪躺着时不舒服,易引起膝关节水肿;地面太滑或凹凸不平,猪易摔倒。随着猪体重的增加,地面凹凸不平使它们打斗时变得更危险,很容易损伤它们的腿脚部。地面还应保持一定的坡度,如猪舍为 2%~3%,这样有利于粪尿排出,但坡度过大会造成猪各肢受力不匀,引起损伤。

(二)适宜的垫料

在猪舍内地板上使用垫料或玩具,能改善舍内环境。常用的猪舍内垫料有稻草、锯末、泥炭等,它们具有导热性能差、吸潮能力强、柔软等特点,因此能起到保暖、吸潮作用,使猪更加舒服,不仅有利于猪的健康生长,还能减少彼此的争斗,有利于提高胴体品质。

母猪在限位饲养条件下咬栏是常见的异常表现。生活在不能随意转身或活动的环境中,且地面无任何杂物时,母猪无以消闲,这样,咬栏就成了消闲、增加刺激的唯一途径。猪表现出的各种怪癖表明它们的福利受到极大损害,而提供垫草,则可成为猪的消遣、探究的材料,增加它们的探究动机和正常探究行为的表达,使它们感到安逸、舒适,比较放松。垫草的这种能提高猪福利状态的功能,也正是欧盟各国极力提倡在猪生产系统中使用它的原因,有些国家甚至在猪福利的法规中明确规定,必须使用垫草。

(三)适宜的猪群结构

每一群猪都有自己的群体结构序列。当仔猪出生后,它们独自吮吸一个固定的乳头直到断奶。一头仔猪一旦占用一个乳头后,它就会阻止同窝其他仔猪吮吸,从而形成了"乳头顺序"。在分娩后,早出生的和体重大的仔猪吮吸位于前面产乳多的乳头,后出生的、体弱的仔猪吮吸后面泌乳少的乳头。群体序列建立后,猪能保持其的相对稳定,但是由于饲养管理的需要,经常需要对猪进行并栏、转群等工作,这样一来旧的猪群体结构被打乱,必须建立新的结构序列,在这一新旧变更过程中,猪群体间充满了争斗。当不熟悉的断奶仔猪初次合在一起时,它们通过争斗并形成一个新的群体结构序列,这一过程需 24 h 以上,其争斗行为主要为碰头、顶撞、身体挤压和咬,容易造成猪只受伤,伤害程度和猪的体重成正比,因此在日常管理中肥猪、种猪一般不并群。

(四)提供合理的温度、湿度、光照

环境气候的各种因素对猪的福利有重要影响,特别是温度、湿度、光照和噪声等因素对猪福利的影响。因此人为的改变环境,为猪提供更舒适的生活环境,是提高它们福利的有效措施。

1.温度

在影响猪福利的因素中,温度是最重要的因素。哺乳仔猪和保育猪由于被毛稀少,保持体温能力差,温度对它们的影响比成年猪大。与其他畜禽相比,猪毛提供的保温作用比较少。猪的绝热作用主要是由皮下脂肪层提供的,稀少的被毛使得热量容易从皮肤散失。当散热时猪不会出汗,猪主要靠弄湿皮肤或在泥里打滚散热。

低温对猪也有不良影响。饲养在寒冷环境下的猪比饲养在温暖环境下的猪需要更多的热量。随着环境温度降低,猪开始咳嗽、腹泻、咬尾和咬耳频率增加。猪不愿受到日晒雨淋,当猪在户外活动时需要遮阴棚。猪也不喜欢风吹,当有风时它们会寻找避风的棚子;如果是群体,它们会挤在一起避风取暖。猪的这种行为是天生的,研究表明,猪出生几分钟后就会挤在一起取暖,这种习惯是很强烈的。育肥猪宁愿挤在一起取暖,也不愿从红外灯中取暖,当温度升高,

猪休息时则会散开。

2.湿度

湿度高低对猪的福利有很大影响,高湿对猪体温调节不利(不管是温度高还是低),而低湿会导致猪烦躁不安。在适当的温度条件下,湿度对猪的福利影响较小。不管温度高还是低时,高湿对猪的福利都有不良影响,当高温、高湿时,猪散热的能力差,致使体温升高而引发热应激。另外,当湿度高时,猪的皮肤容易患细菌、寄生虫病。低温、高湿时,猪非蒸发散热增加,致使体温降低而引起冷应激。湿度过低时,猪皮肤和黏膜易干裂,降低机体的抗病能力,特别在相对湿度在30%以下时,猪易发生呼吸道疾病。

3.光照

光照对猪福利影响主要体现在光照强度上,当光照强度弱特别是夜晚时,猪群争斗明显减少,即使是将猪群重新组群,争斗的概率也明显下降。

4.噪声

噪声可来自环境和猪本身。在猪舍内猪较多时,猪可能产生很大的噪声,特别是猪群体兴奋和好斗时,采食时也容易产生很大噪声。而在采食、打斗时猪产生的噪声更大。在分娩猪舍内,仔猪在安静时也会产生高频率的噪声;在给猪进行免疫注射或治病时也会产生很大噪声。有些设备,如通风系统、喂料器械、清粪机等,工作时间长了也会产生很大噪声,因此在生产中常使用这些设备,并且是必不可少的工具时,应该仔细估测它们对猪福利的影响。高水平噪声对猪是一种不良的刺激,猪往往表现为在栏内无目标的乱窜,容易造成猪只损伤,对猪健康有害,对猪福利也有不良影响。

(五)其他措施

同传统生产相比,集约化生产目的是追求单位猪舍的最大产出量、最大生产效益及最低产品价格。国内集约化程度较高的猪场,年出栏1万头肥猪,占地面积仅20 000 m²。高密度饲养导致的猪健康、福利及行为异常等问题也日益突出。高密度限位饲养时,猪后肢无力、行走困难、肢蹄损伤等,限位还会剥夺猪的某些行为并导致行为异常,如母猪表现为顽固性的啃咬栏杆。而料槽、饮水器数量不足时,猪只争斗次数明显增加。因此,合理的料槽、饮水器的设置见表7-4-2。

表 7-4-2 猪的料槽、饮水器的设置　　　　　　　　　　　　　　　　　　　　头/个

种类	料槽	饮水器
断奶～35 kg	6～8	20～25
35～55 kg	4～6	20～25
55 kg 以上	3～5	10～15
母猪	3～5	12
公猪	1	3

饲养密度的大小影响猪的行为,并且影响猪的福利。咬尾频率随饲养密度增大而增加,从生物学角度看,猪只有固定的休息时间,休息时间减少表明其福利变差。猪饲养在高密度环境下,最突出的表现是咬尾、咬耳,最初是把同伴的尾巴、耳朵放在嘴中玩耍、轻咬,被咬猪也能忍受这种轻咬。但是随着体重的增长,个别兴奋的猪往往用力过大,尾尖往往被咬破或咬断,耳

朵也会被咬破,渗出的血液加剧或刺激了咬尾、咬耳现象的发生。由于个别猪的积极表现会导致其他猪的积极参与,最后使全群染上咬尾习惯。

随着活动空间减少,猪的日增重和饲料转化率变差,这可能是因为饲养密度过大是一个慢性应激,对氮平衡有负面影响。饲养密度过大对猪的繁殖性能也有不利影响。饲养在高密度下的母猪怀孕率较低,其原因可能是没有觉察到发情,而不是没有排卵。

在日常管理过程中,剪牙、断尾、编号、断奶、并群、转群、疫苗注射等都会引起猪只应急,影响猪的福利。

四、不同种类猪福利的保证

(一)仔猪的福利

1.降低仔猪的死亡率

对于刚出生的仔猪,身体虚弱和死亡率高明显降低了仔猪的福利,会给养猪场造成很大的经济损失。导致仔猪死亡率高的因素很多,但母猪的过度趴卧、初生仔猪可能被挤压致死,或者不能及时哺乳、导致仔猪身体变得虚弱、容易感染疾病是主要的原因之一。因此,让初生仔猪及时吃到初乳,提高仔猪的抗病能力就显得特别重要。

当母猪在铺有稻草的产床上产仔时,如果稻草垫得较薄,初生仔猪就容易出现死亡现象;如果没有铺设垫草,初生仔猪的死亡率会更高。将仔猪移离母猪(除了哺乳时),仔猪死亡率就会下降。如果一个猪舍内采用限位分娩栏,由于栏位尺寸较小,又不铺设垫草,那么初生仔猪的死亡率就会明显上升。在此情况下应用保育箱会降低初生仔猪的死亡率,目前各种样式的保育箱在猪场得到广泛应用。另外,为仔猪提供温暖的限定区域,可以减少仔猪移到母猪身下的机会。

2.做好仔猪的断奶工作

现在在商业猪场,每头仔猪都要经历断乳过程,仔猪断乳应在自然条件下为 10 周龄以后,但猪场为了缩短产仔间隔,更好地利用繁殖母猪,在 4 周龄左右就对仔猪进行强行断奶,有的甚至将仔猪断奶日龄提早到 21 d。

早期断乳势必会对仔猪产生相当大的影响,导致福利问题的产生。缺少母猪的哺乳,将迫使仔猪寻找其他食物,并且导致其大叫,吸吮同窝小公猪的包皮、把鼻子放在其他仔猪的腹部上下运动等行为。研究表明,14 d 断奶的仔猪咬尾、舔咬其他猪等异常行为明显高于 28 d 断奶的仔猪。但提供断奶仔猪乳头式饮水器可明显减少这类现象(图 7-4-3)。

母猪哺育仔猪,仔猪在母猪身边自由自在地生活,这是动物的天性,是动物的一种康乐。现在有些集约化猪场不顾条件地盲目追求提早仔猪断奶日龄,不仅显著增加了生产成本,而且因断奶引起的应激所造成的损失也较大。

3.合理安排去势

通常在仔猪出生后的几天(周)内对其去势。这种手术一般不进行麻醉,在操作过程中往往会造成仔猪的挣扎和尖叫。如果操作不当造成组织的撕裂,则情况会更加严重。而且刚刚去势的仔猪由于疼痛会出现颤抖、摇动和跌倒,有时会出现呕吐。因此,在管理方面,要避免仔猪急于躺下,或躺下时要避开伤口。

去势的主要目的是为了减少猪在达到性成熟后发生的打斗行为,以便于管理,同时保证肉品质量。但在实际生产中,往往在猪性成熟之前便会进行屠宰。因此,这种操作应当尽量避

图 7-4-3　断奶仔猪乳头式饮水器

免,或者在操作时采取麻醉来减少动物在手术前后的疼痛,并提供适当的护理。

4.科学剪牙

为了减少对母猪乳头及其他仔猪造成伤害,通常会在仔猪出生后不久将其牙齿剪短。这种操作有时会对牙本质造成损伤,引起仔猪的疼痛。剪牙并不会对仔猪的健康和生长速度造成严重影响。因此,在不给仔猪造成严重疼痛的前提下,这种操作可以考虑。

5.降低仔猪混群后的争斗

为获得统一的体重,不同群的断乳仔猪都要经过混群。互相不熟悉的仔猪混群后会通过打斗来确定其在群体内的地位,主要表现为对腹部、耳部、脸颊的攻击。这些争斗势必会产生损伤,但伤势不是很严重。损伤产生的主要原因是舍内的猪不断地被别的一头或多头猪追逐,而由于畜舍空间太小,导致被追逐的猪无法脱离其他猪的视线。如果猪不能摆脱其他猪的进攻,则争斗更严重。混群后的打斗,会浪费一定的能量,同时进食量也会受到影响,对之后的育肥效果会造成负面影响。将同一窝仔猪从出生到屠宰都饲喂在一个没有应激、条件适宜的猪舍中,则其健康状况、生产性能都能比混群后猪群好。

年龄不是发生打斗的决定性因素,但是打斗的次数和持续的时间与年龄有关系。另外,进食也容易引起竞争行为,并且总是对地位低的猪不利。食物竞争一般是发生在撒料后的30 min,地位高的猪会阻止其他的猪进食,导致地位低的猪育肥效果不佳。通常通过打斗确定下来的社会等级会持续一段时间,但也会经常变化,尤其是处于中间地位的猪。

因此,在日常管理上,对仔猪应尽量避免混群。有时混群在所难免,也应该做好充分准备,以减少相互争斗造成损伤。通过剪齿会减少对面部及身体造成的伤害。争斗的数量与环境刺激有关,通过提供轮胎、软皮管等玩具可以减少仔猪的打斗。在混群前使用一定的镇静药物会起到一定的作用,但是药效过后仍然会发生打斗。也可以在混群时使用体嗅掩盖剂。经验表明,在混群或饲喂时,光线较弱或提供一定数量的垫草可以有效减少猪的打斗。

6.妥善解决仔猪的咬尾与科学断尾

在集约化养猪生产中,猪之间的咬尾现象比较普遍,一旦发生往往难以制止,会严重影响猪的健康和生产性能,导致严重的福利和经济问题(图 7-4-4)。一般来说,发生咬尾症的猪群,其生长速度和饲料转化率要比正常猪群降低20%以上。

仔猪在生长发育过程中,用于探求活动的时间较多,而目前多数猪舍的环境又比较单调,因此缺乏环境刺激的仔猪极容易把尾巴作为自己玩耍的对象。营养、环境、畜舍管理和疾病等方面的原因都会导致猪咬尾现象的发生。其中,猪舍环境不舒服、猪受到压抑是主要原因。

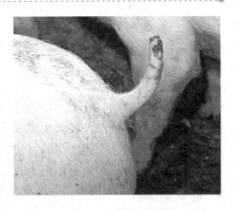

图 7-4-4 猪的咬尾

通过断尾可以减轻这个问题,但是会造成短期、剧烈的疼痛和痛苦。猪的尾巴具有交流信息的作用,断尾后会受到影响。同时,断尾的切断面神经形成的神经瘤会造成长期的疼痛。受断尾影响,猪对其剩余的部分尾巴会更加敏感,总是会避开任何可能接触到其尾巴的行为或物体。

目前,在生产实际上,要防止咬尾现象的发生,必须采取综合措施进行预防,包括满足猪的营养需要、提供良好的环境条件、进行合理的组群、饲养密度适宜等。通过提供稻草或玩具丰富的环境,满足其习性,咬尾现象可以大幅度减少。有咬尾恶癖的猪应单栏饲养。可在饮水中加入镇静药物后实施断尾。对于被咬猪应及时隔离治疗处理。

7.加强日常检查管理工作

技术人员、饲养人员加强对仔猪的日常检查,对保证仔猪福利是非常重要的。对仔猪的忽略或漠视会影响猪的福利,其中可能包括生病、受伤后没有及时护理,没有及时饲喂或清理、打扫栏舍。对于表现出福利差的迹象,如身体、运动姿势反常,食欲差,呼吸紧促,关节肿胀,瘸腿等,应当及时采取纠正措施,并对饲料、饮水的卫生加以注意。

(二)肥猪的福利

1.保持适宜的饲养密度

保持适宜的饲养密度对肥猪的福利来说是非常重要的,高度密集饲养,不仅造成大量粪尿、臭气、噪声污染,也会影响育肥猪的福利,最终导致生长速度缓慢,肉质下降。

图 7-4-5 为猪提供玩具

降低猪的可利用空间会对猪的生产性能和行为产生不良影响。如果每头猪的面积不足 0.6 m²,就会影响其平均日增重。高的饲养密度还会增加猪群的不稳定性,导致猪咬尾、咬耳和争斗的发生。

给猪提供适当的空间,有充分的休息场所,并提供玩具,由于猪运动自由了,猪会把大量的时间花费在拱地上而减少好斗的行为(图 7-4-5)。因此,保证猪的空间需要很重要。当评定猪的空间需要时,应该注意其趴卧、站立运动状况需要,空间分区因素(如趴卧区和排粪区)以及采食时应避免被其他猪攻击。

因此,在进行猪舍设计时,应使猪处在没有许多分区的环境中,以便其能逃避其他猪的进攻。为猪提供可弹开的洞,可使猪躲入其中,这样可以减少不利的争斗,有利于保证其福利,减少不良行为的发生频率,缩短达到屠宰体重的时间。

2.做好育肥猪的混群工作

猪在混群时由于需要重新确立群体内的等级地位,会发生打斗,造成较多的皮肤伤害,导致肉品质量下降。

3.防止育肥猪的损伤

育肥猪主要存在两个方面的福利问题:

(1)集约化猪场的育肥猪生产大多采用漏缝地板,由于育肥猪长期站立于不舒适的地板上,容易造成大多数肥猪肢蹄部损伤和感染,从而导致脚部受伤。水泥材料的漏缝地板给猪带来的问题相当大,它容易使育肥猪的站立和运动产生不舒适的感觉。由于地面光滑并且很凉,常导致猪擦伤、摔伤、肢蹄扭曲及患关节炎等,从而导致了育肥猪的肢蹄部、腿部的损伤和高淘汰率。如果猪长期生活在设计不合理、材料选择不当的漏缝地板猪舍中,至屠宰时有 60% 猪只的蹄子会受到不同程度的损伤。

(2)由于其他猪的进攻而造成损伤。这种行为一开始表现为猪舍内某些猪咬嚼同圈猪的尾或耳的行为明显增加,随后群内其他猪通过模仿而使咬嚼行为扩散到全群,鲜血的腥味又增加了同类相残的发展。损伤对一个管理体系不完善的猪场会产生严重的福利问题。引起育肥猪相互进攻的因素包括:运动受限、饲养密度高、环境单调、气候恶劣以及日粮中养分缺乏。因此,在实际生产中应采取必要的措施来防止同类相残所造成的损伤。在群养条件下,良好的管理能减少争斗所造成的损伤,如应用一种良好的饲喂体系,并且维持稳定的群体。

4.妥善安排长途运输与屠宰

装车是运输中最关键的一步,此操作中包括环境的变化及与人的接触,这些都会使育肥猪产生应激。为便于装车的顺利进行,常使用一些辅助工具来驱赶猪前进,但有时这些工具的使用会造成动物的应激。如在装车时电刺棒的使用会导致猪产生应激,对猪的福利、胴体及肉品质量产生负面影响。因此,在实际生产上,用编织袋代替各种棍棒赶猪是一种最佳的选择,同时在赶猪道上随意放置一些小石头、砖块、泥巴等也是降低应激的有效措施。

猪在运输前,通常会被禁食一段时间,其优点为:可以降低运输死亡率、防止运输途中发生呕吐现象、减少运输途中的粪便的排泄量、减少了屠宰场废弃物的处理成本。禁食本身对肉质影响较小,但是禁食与其他应激因素的叠加,会造成严重的影响,特别是禁食时间过长,会造成体重及胴体的损失。

运输过程中的动物福利也是极其重要的。欧盟国家的动物福利法规定,在猪的运输途中必须保持运输车的清洁,按时喂料、供水,运输时间超过 8 h 就要休息 24 h。乌克兰曾经有一批猪通过 60 多小时的长途跋涉,运抵法国后却被法国有关部门拒收,理由是运输过程没有考虑到猪的福利,中途未按规定时间进行休息。过去中国生猪主产区的育肥猪往往要经 10~12 h 的车载运输才能到达目的地。为此要尽力改善这一状况,借助目前便捷的交通条件缩短运输时间,同时为生猪创造良好的运输环境。

多年来人们一直从保护消费者利益和人类健康的角度谴责制造"注水猪"的行为,却较少从动物福利的角度关注这一现象。一些转运站在收到一车经长途运输的肥猪后,立即强制给每头肥猪灌服 20~30 L 凉水。甚至有报道给肥猪注水现象,这一过程是在猪的惨叫和挣扎中完成的。在猪运输过程中强制灌水不仅影响猪的福利,也会造成猪肉品质的下降。

现在一些养猪业发达的国家如欧盟、美国非常注重生猪的屠宰过程。猪被宰杀之前,需要进行充分清洗。在宰杀猪时,一般都是一头猪进入屠宰房后立即隔离在一个单独的空间,隔离宰杀,不被其他猪看到,以防其他猪产生恐惧感。用高压电快速击中猪的致命部位,使猪在很短时间内失去知觉,减少其痛苦,然后才能放血和解剖。而中国过去传统的屠宰流程是让猪排着队走进宰杀场,猪能够看到自己的同伴惨叫、流血、被分割。这种宰杀方法不仅对猪不人道,而且对食用者也有害。因为当猪处于突然的恐怖和痛苦状态时,肾上腺激素会大量分泌从而影响肉质。屠宰方式落后,产品出口就容易受到动物福利贸易壁垒的影响,难以达到出口标准要求。因此应该积极推行关注动物福利的生猪屠宰方法。

(三)母猪的福利

1. 单体限位饲养对母猪福利的影响

在一些机械化、规模化猪场,目前饲养管理上通常的做法是普遍对母猪采用单体限位饲养,有的甚至把正在生长发育的后备猪也关在单体限位栏内饲养,虽然限位饲养节省了饲料、有利于日常管理,但这严重违背了让猪享有正常表达行为自由的原则,造成种母猪体质下降,使用年限缩短,肢蹄病严重,以致有的猪场种母猪在生产 3～4 胎后就因站不起来、配不上种、难产、死胎增多而不得不提前淘汰。

从 2001 年欧盟公布限位栏禁令开始,欧洲生猪产业用了 12 年的时间来接受这一概念,从而为禁令做准备,即将原有的母猪限位栏废弃,转用群养猪舍。2014 年 5 月,中国首部农场动物福利标准通过专家审定。此次出台的《农场动物福利要求》是中国农场动物福利系列中的首部标准,该标准参考了国外先进的农场动物福利理念,填补了国内动物福利标准空白,适用于农场动物中猪的养殖、运输、屠宰及加工全过程的动物福利管理。

限位栏是 20 世纪 80 年代在国际上兴起的一种工厂化养猪方式。人们对母猪设置限位栏的初衷,是为了在工厂化养猪过程中便于对母猪进行质量管理与流水作业管理,以期获得最大效益。但经过 20 年的实践,限位栏因其给母猪带来的巨大伤害,成为众多业内人士攻击的重点目标。有的人把它比作是在让母猪"坐水牢",有的把它当成母猪的隐形杀手,还有的声称限位栏已经成为阻碍种猪业发展的绊脚石等。

在中国有很多人持相反的意见,认为限位栏是中国目前最能提高母猪生产效率的饲养方式,限位栏可以节省空间,便于情期管理和适时配种、胚胎着床,容易根据母猪膘情对母猪进行饲喂量的调整等。因为母猪怀孕后,如果没有及时转到限位栏里,就会出现相互咬架或者是过度驱赶,这对胚胎着床是相当不利的。此外,采用限位栏的优点就是节约用地。

但科学证明,如果动物健康、感觉舒适、营养充足、安全、能够自由表达天性并且不受痛苦、恐惧和压力威胁,则满足动物福利的要求。母猪限位栏因其限制了母猪活动自由,无形中增加了母猪的恐惧和焦虑感,从而造成了母猪很多的不适,尤其是肢蹄病,近年来发病率极高,有业内人士分析认为,这与限位栏的使用有直接关系。国外进口的外来品种,母猪一般体重都在200～250 kg,下肢不是特别粗壮,身体所有的重量都压在腿上,大大增加了患肢蹄病的概率。

因此,理想的做法是母猪断奶后采取小群饲养模式,配种后采取限位栏饲养,妊娠后期再采取小群饲养模式,采用这种模式可明显提高母猪的使用年限。或者采用条板漏缝式限位栏。这种限位栏的结构与普通的基本一致,只是将水泥地坪改成了混凝土制条板漏缝式地坪,架高20 cm、条板宽 8 cm、漏缝宽 2 cm。后端下面设尿水沟,采用人工收干粪措施。漏缝条板平坦无坡度。

对条件较好的猪场采取智能化喂料系统是比较理想的,但投资较大。

2.哺乳母猪福利

为了防止母猪突然转身或躺卧造成仔猪的意外伤亡,大多数猪场采用产仔限位栏。它是一个狭小的有金属栅栏的单独小间,母猪从产仔的前几天到仔猪断奶这段时间一直待在里面。产仔限位栏严重影响了繁殖母猪的福利。研究发现母猪在产仔前的 24 h 有强烈的筑巢行为,在限位栏中此行为被剥夺,造成严重行为受挫,尤其栏中没有畜床时则更严重。由此在限位栏里产仔的母猪大都出现病态,限位饲养的母猪易患泌尿系统疾病,如果母猪躺卧在它们的排泄物上,则更容易引起尿道机能紊乱。产生此类问题是由于猪活动少、不经常喝水。采用拴系式饲养中,猪喝水少,排尿也少,因此尿的浓度大,细菌在尿道中作用时间长。这在一定程度上反映了畜舍条件对母猪造成的影响,应通过多运动和增加饮水来减少此类问题的发生。另外,产仔限位栏饲养所导致的运动缺乏对母猪也不利,如果母猪被限位饲养,会造成死胎概率的上升。

在欧洲,由于有动物福利法的制约,大多采取户外散养的方式(图 7-4-6)。但在中国普遍采取限位栏饲养模式,分娩限位栏的应用是为了限制母猪在分娩和哺乳时的身体移动,从而减少母猪对仔猪的踩、压,减少哺乳仔猪的死亡率。普遍使用的分娩限位哺育栏空间太小,不能满足母猪正常的站立和躺卧的需要,母猪在这样狭小的空间内会出现很多问题(图 7-4-7)。

图 7-4-6　哺乳母猪户外饲养

图 7-4-7　限位饲养哺乳母猪栏

目前,中国国内一部分猪场采取组合式哺乳栏,效果较为理想。组合式分娩哺育栏长 2.6 m,宽 2.2 m,高 0.5 m;限位架长 2.1 m,宽 0.6 m,高 1.05 m。限位架前侧是母猪出入用栏门,栏门上安装母猪饲槽,饲槽上方是母猪的自动饮水器,限位架后部设置一个门,供清理粪便时使用。组合式分娩哺育栏后侧一角安装仔猪的自动饮水器。限位架使用直径 6.7 cm 的铁管焊接而成,两侧各用 4 根横管,相邻两管间距 20 cm,最下面的管距床面 30 cm。限位架两侧都可以打开,打开后固定在组合式分娩哺育栏的两侧,这时母猪活动面积达 2.1 m×2.2 m。限位架在母猪分娩后 7 d 打开。组合式分娩哺育栏结构见图 7-4-8。

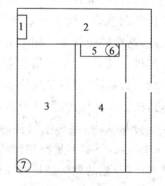

图 7-4-8　组合式分娩哺育栏示意图
1.仔猪补料槽　2.仔猪保温区
3.仔猪活动区　4.母猪限位区
5.母猪食槽　6.母猪自动饮水器
7.仔猪自动饮水器

3.疾病因素对母猪福利的影响

疾病本身就时常意味着猪的福利受到了损害恶化的一个指标。限位饲养的繁殖母猪比群养者更易感染高致病性蓝耳病、肢蹄疼痛、溃疡等疾病。在妊娠和产仔过程中的疾病因素也会影响猪的福利。实验表明:饲养于限位栏中的产仔母猪的乳房炎、子宫炎的发病率较高。

4.异常行为对母猪福利的影响

限位饲养的猪不能正常地修饰自己,不能与其他的猪正常交往,不能逃避人和其他潜在威胁的刺激。当个体不能充分控制周围的环境时就会产生异常行为,如咬栏、无食咀嚼等各种重复、没有明显生物学功能的特异性行为。并且以此行为来补偿外来刺激的缺乏,或将注意力从诱发条件转移开,从而驱散由环境条件引起的紧张和挫折感。这些行为在非限位饲养的群养猪也偶尔表现,但发生率相当低。

减少咬栏行为的措施是尽量采用散养方式;改善母猪饲料组成成分,增加粗饲料的饲喂量;改善猪舍环境,在栏内铺设垫草和锯末以增加畜舍环境的丰富性。针对无食咀嚼的异常行为,应采取饲喂高纤维日粮饲料的措施,并且为其提供复杂的畜舍环境,如舍内铺设稻草或锯末以满足其探究行为。

(四)公猪的福利

1.去势对公猪福利的影响

去势的目的之一是为了减少公猪间的争斗。但不少地区对小公猪不实施去势,这是因为大多数猪在达到性成熟前就被屠宰。另外,将个体大小一致的猪合群,在一定程度上也可以避免争斗。目前,一些猪场和养殖户对猪的去势操作程序还不尽完善,会导致去势公猪的痛苦,比较好的方法是在公猪越小去势对公猪的影响越小,此外使用药物去势也是一种减少应急的好方法。

2.运动与公猪福利

运动可促进猪的血液循环及新陈代谢,调节神经和内分泌机能,增进食欲,还可以防止过于肥胖。运动可使公猪反应机敏、四肢强壮,减少肢蹄病的发生。经常运动的公猪,其受精力有显著改善,有利于配种任务的完成。

3.单圈饲养与公猪福利

成年公猪相遇会打架,为避免公猪相互咬伤,从后备公猪开始,就要单圈饲养。公猪舍与母猪舍要分开,除配种时间外,不要使公猪看到母猪,以减少对公猪的性刺激,使之保持安静。单圈饲养,要给公猪提供适当的空间,提供较大的畜床,从而保证其各种各样的趴卧姿势,每头公猪的圈栏面积至少应达到 $10 \ m^2$ 以上。

4.自淫对公猪福利的影响

自淫是公猪最常见的恶癖,对公猪的福利影响很大。公猪自淫是由于受到不正常的性刺激,引起性冲动而爬跨其他公猪、围墙或饲槽而自动射精,容易造成公猪阴茎的损伤。公猪形成自淫后变得瘦弱,性欲大大减退,严重时不能配种。防止公猪自淫的措施是防止和杜绝不正常的外界性刺激,将公猪舍建在远离母猪舍的上风头,不让公猪看见母猪,听不到母猪的声音,闻不到母猪的气味。在采用群饲方式时,公猪配种后带有母猪气味,容易引起同圈公猪的爬跨,因此,应让配种后的公猪休息 1～2 h 之后再回圈。配种场地应与公猪舍保持一定的距离,防止发情母猪到公猪舍逗引公猪。后备公猪和非配种期公猪不要整天关在栏内不活动,应该加大公猪运动量或放牧时间,使公猪回到栏圈后能安静休息。

【实训操作】

猪的福利

一、实训目的

1.了解猪福利的基本概念；

2.熟悉猪福利的基本要求；

3.掌握满足猪福利的方法。

二、实训材料与工具

猪场猪舍、各类猪群。观察各类猪只的行为特点。

三、实训步骤

1.由老师结合场地特点，进一步讲解猪的福利要求；

2.学生2人一组，仔细观察测量各类猪舍的基本结构，掌握猪的存栏情况；

3.观察猪群的行为特点；

4.根据猪场的实际情况，分析该猪场猪的福利；

5.提出改进猪福利的技术措施。

四、实训作业

根据猪场实际情况，提出改进猪福利的技术措施，完成实训报告。

五、技能考核

猪的福利评分标准

序号	考核项目	考核内容	考核标准	评分
1	猪福利因素分析	猪栏结构	猪栏结构是否科学合理、能否满足猪的福利需要	15
2		猪群结构	各栏猪数量是否合理，各种条件能否满足	15
3		猪的福利状态	猪的行为是否正常	10
4	综合考核	口试	能准确回答老师的提问	20
5		改进措施	是否科学合理，操作性强	30
6		实训表现	服从老师安排，态度与表现好	10
合　计				100

工作任务7-5　无公害养猪生产

中国是一个世界上的养猪大国，也是猪肉消费大国。中国生猪存栏数约占世界总存栏量的一半，猪肉产量占世界总量的46.7%，生猪饲养量、猪肉产量位居世界第一。中国的养猪业在畜牧生产和国民经济中都占有十分重要的地位。加入WTO后，中国养猪业也要参与国际竞争，这些有利因素为中国的养猪业带来了无限生机，于是养猪产业近年来呈现蓬勃发展之势。但是中国猪肉出口量却仅占中国猪肉产量的0.7%，占世界猪肉贸易量的3%，导致这一问题的原因就是中国猪肉食品安全达不到国际标准的要求。同时随着中国规模化养猪的发展,猪场对环境带来的污染也日益严重。因此,中国的养猪业要生存并发展下去,就必须要进一步转变观念,大力发展无公害、绿色、有机生猪生产,创造绿色效益。

当前中国养猪产业面临的严禁形势和挑战,主要表现在以下两个方面:

一是违禁饲料添加剂和抗生素的滥用。养猪场为了片面追求利润,从促生长、控制疾病和提高瘦肉率等目的出发,超量或违禁使用矿物质、抗生素、防腐剂和各类激素等。如为促生长而使用"高铜"、"高锌"饲料,造成排泄物矿物质含量超高,影响土壤生态;使用砷制剂以促生长和提高饲料利用率,造成猪肉中有害物残留,直接危害人体健康;为使肉猪体型丰满,而违禁使用"瘦肉精",导致人体中毒的恶性案件也屡有发生。抗生素的大量滥用,导致耐药性、残留、过敏和中毒等一直是长期的危害,更是中国加入 WTO 后农产品要面对的巨大挑战。

二是养猪造成的环境污染压力越来越大。采用集约化方式饲养,据测算一个存栏万头的肉猪场,日排粪尿、污水量达 100 多 t,相当于 1 个 5 万~8 万人的城镇生活废弃物排放量。猪场排放的污水的化学需氧量(COD)、5 日生化需氧量(BOD_5)和悬浮固体物(SS)分别超过国家标准的 53 倍、76 倍和 14 倍。部分猪场污水不经处理,含有大量病原微生物和超高含量的氮、磷等直接排入河流,严重污染水源,进入土壤也将造成大量矿物质和营养素的富集,破坏土壤植被生存,同时猪场恶臭在周边空气中散发,造成空气质量恶化和对大气环境的污染。

一、无公害养猪的意义

"无公害养猪"就是运用生态学原理、食物链原理、物质循环再生原理、物质共生原理,采用系统工程方法,在无污染的适宜猪繁殖生长的环境下,在一定的养殖空间和区域内,通过相应的技术和管理措施,把养猪业与农、林、渔及其他生态环境有机结合起来,有效开发利用饲料资源的再循环,以降低生产成本,变废为宝,减少环境污染,保持生态平衡,提高养殖效益的一种养殖方式。这种养殖方式实现了养猪经济效益、生态效益、社会效益的统一,是养猪业发展的高级阶段。目前中国许多地方推广"猪—沼—果"三位一体的生态养猪模式,就是一种典型的无公害生态生产方式。它运用现代科学技术进行日粮营养配方,减少或限量使用抗生素,禁止使用激素,利用生态工程原理保持猪场环境协调,让猪发挥最大生产潜能,为人类创造最大价值,从而提供安全优质的猪肉。

猪肉产品的安全与卫生,不仅关系到养猪业生产和养猪业经济,还关系到人类的身体健康和生存环境,这已经成为世界各国政府和人民广泛关注的问题。中国养猪业整体状况良好,但是由于饲料和养殖过程等环节控制不严,导致药物残留问题比较严重,近几年最突出的是盐酸克伦特罗和磺胺类等药物残留问题。同时近几年随着养猪业的快速发展和规模的不断扩大,给猪场周边环境带来了严重的污染,从而使猪场内大量的病原微生物得以繁殖并给疫病的控制带来许多的困难。

因此发展环保型绿色生态养猪已成当务之急,它不仅是养猪业可持续发展的需要,而且是保障人民身体健康、提高生活水平的需要,是大势所趋。因此,引导养猪业建设"猪—沼—植物"三位一体的生态养猪模式,大力发展无公害生态生猪,保护生态,治理环境的重要举措,对促进农业增效、农民增收,意义重大。

1.维护消费者权益与健康的需要

随着中国经济的发展,人民生活水平的提高,中国城乡的生活从温饱型向小康型转变。养猪业的发展带动了市场供求关系的转变,猪肉市场已从卖方市场向买方市场转化,由数量向质量型转化。中国的消费者对猪肉产品的质量尤其是食品安全问题越来越重视,消费者加强食品安全的呼声日益强烈。为了维护消费者的权益,保障广大人民群众的身体健康,发展无公害养猪生产是中国政府也是各类养猪场(户)必须作出的选择,这也是推动养猪业生产水平的提高,带动产业进一步发展的必由之路。

2.环境保护的需要

由于人类生存活动的工业化程度的加快,人类生存越来越受到生存"代谢物"的危害。因此,"改善生存空间,造福子孙后代"、"既要金山银山,更要绿水青山"已经成了人们共同关心的课题。发展无公害养殖业可以进一步带动无公害种植业,因为只有使用了种植业生产的无公害饲料和无公害化学生长调节剂,才能生产出无公害的猪肉产品。避免在生产中使用有害的物质,既有利于保护农业生态环境,促进农业的持续发展,也有利于中国的环境保护。

3.养猪业持续发展的需要

中国加入世界贸易组织后,在各个生产领域,正逐步与国际市场接轨。一方面,国外的各种产品进入国内市场;另一方面,国内的产品也可以进入国际市场,市场竞争呈现全球化。猪肉及其制品同样面临这个问题。在商品市场竞争的几个要素中,商品的质量非常关键,而商品质量中商品的安全性至关重要。当一国的政府发现从国外进来的商品有可能危害本国人民的健康时,必然会采取措施对其进行限制和封锁。因此,中国养猪业必须经历变革,走"安全、优质、高产可持续发展"的路子,才能满足消费者不断提高的消费需求和适应国际市场的发展趋势,养猪企业的竞争力才会变得更强,发展前景才会更好。

二、无公害养猪生产要求

(一)猪舍环境和工艺

(1)猪舍应建在地势高燥、排水良好、水源充足、水质良好、背风向阳、交通方便而且有利于防疫的地方,场址用地应符合当地土地利用规划的要求。猪场周围 3 000 m 内无大型化工厂、矿厂、皮革厂、肉品加工厂、屠宰场或其他畜牧场污染源。

(2)猪场距离干线公路、铁路、城镇、居民区和公共场所 2 000 m 以上,猪场周围有围墙或防疫沟,并建立绿化隔离带。

(3)猪场生产区布置在管理区的上风向或侧风向处,污水粪便处理设施和病死猪处理区应在生产区的下风向或侧风向处。

(4)场区净道和污道分开,互不交叉。

(5)实行小单元式饲养,实施"全进全出制"饲养工艺。

(6)猪舍应能保温隔热,地面和墙壁应便于清洗,并能耐酸、碱等消毒药液清洗消毒。

(7)猪舍内温度、湿度环境应满足不同生理阶段猪的需求。

(8)猪舍内通风良好,空气中有毒有害气体含量应符合 NY/T 388 的要求。

(9)饲养区内不得饲养其他畜禽动物。

(10)猪场应设有废弃物储存设施,防止渗漏、溢流、恶臭对周围环境造成污染。

（二）引种

（1）需要引进种猪时，应从具有种猪经营许可的种猪场引进，并按照 GB 16567 进行检疫。

（2）只进行育肥的生产场，引进仔猪时，应首先从达到无公害标准的猪场引进。

（3）引进的种猪，隔离观察 15～30 d，经兽医检查确定为健康合格后，方可供繁殖使用。

（4）不得从疫区引进种猪。

（三）饲养条件

（1）饲料和饲料添加剂原料应符合 NY 5032 的要求。

（2）在猪的不同生长时期和生理阶段，根据营养需求，配制不同的配合饲料。

营养水平不低于 GB 8471 要求，不应给肥育猪使用高铜、高锌日粮，建议参考使用饲养品种的饲养手册标准。

（3）禁止在饲料中额外添加 β-兴奋剂、镇静剂、激素类、砷制剂。

（4）使用含有抗生素的添加剂时，在商品猪出栏前，按有关准则执行休药期。

（5）不使用变质、霉败、生虫或被污染的饲料。不应使用未经无害处理的泔水及其他畜禽副产品。

（6）经常保持有充足的饮水，水质符合 NY 5027 的要求，经常清洗消毒饮水设备，避免细菌滋生。

（四）免疫

猪群的免疫符合 NY 5031 的要求。

（1）免疫用具在免疫前后应彻底消毒。

（2）剩余或废弃的疫苗以及使用过的疫苗需要做无害化处理，不得乱扔。

（五）兽药使用

（1）保持良好的饲养管理，尽量减少疾病的发生，减少药物的使用量。

（2）仔猪、生长猪必须治疗时，药物的使用要符合 NY 5030 的要求。

（3）育肥后期的商品猪，尽量不使用药物，必须治疗时，根据所用药物执行停药期，达不到停药期的不能作为无公害生猪上市。

（4）发生疾病的种公猪、种母猪必须用药治疗时，在治疗期或达不到停药期的不能作为食用淘汰猪出售。

（六）卫生消毒

1.消毒剂

消毒剂要选择对人和猪安全、没有残留毒性、对设备没有破坏、不会在猪体内产生有害积累的消毒剂。选用的消毒剂应符合 NY 5030 的规定。

2.消毒方法

（1）喷雾消毒　用一定浓度的次氯酸盐、有机碘混合物、过氧乙酸、新洁尔灭等，用喷雾装置进行喷雾消毒，主要用于猪舍清洗完毕后的喷洒消毒，带猪消毒，猪场道路、周边环境、进入场区的车辆消毒。

（2）浸液消毒　用一定浓度的新洁尔灭、有机碘混合物或煤酚的水溶液，进行洗手、洗工作服或胶靴。

（3）熏蒸消毒 每立方米用福尔马林（40%甲醛溶液）42 mL、高锰酸钾 21 g,21℃以上温度、70%以上相对湿度,封闭熏蒸 24 h。甲醛熏蒸猪舍时,应在进猪前进行。

（4）紫外线消毒 在猪场入口、更衣室,用紫外线灯照射,可以起到杀菌效果(紫外灯照射消毒应注意灯具与消毒物的距离不大于 150 cm,否则达不到目的)。

（5）喷撒消毒 在猪舍周围、入口、产床和培育床下面撒生石灰或烧碱可以杀死大量细菌或病毒。

（6）火焰消毒 用酒精、汽油、柴油、液化气喷灯,在猪栏、猪床等猪只经常接触的地方,用火焰依次瞬间喷射,对产房、培育舍使用效果更好。

3.消毒制度

（1）环境消毒 猪舍周围环境每 2～3 周用 2%烧碱消毒或撒生石灰 1 次;场周围及场内污水池、排粪坑、下水道出口,每月用漂白粉消毒 1 次。在大门口、猪舍入口设消毒池,注意定期更换消毒液。

（2）人员消毒 工作人员进入生产区净道和猪舍,要经过洗澡、更衣、紫外线消毒。严格控制外来人员,必须进生产区时,要洗澡,更换场区工作服和工作鞋,并遵守场内防疫制度,按指定路线行走。

（3）猪舍消毒 每批猪只调出后,要彻底清扫干净,用高压水枪冲洗,然后进行喷雾消毒或熏蒸消毒。

（4）用具消毒 定期对保温箱、补料槽、饲料车、料箱、针管等进行消毒,可用 0.1%新洁尔灭或 0.2%～0.5%过氧乙酸消毒,然后在密闭的室内进行熏蒸。

（5）带猪消毒 定期进行带猪消毒,有利于减少环境中的病原微生物。可用于带猪消毒的消毒药有 0.1%新洁尔灭、0.3%过氧乙酸、0.1%次氯酸钠进行。

（七）饲养管理

1.人员

饲养员应定期进行健康检查,传染病患者不得从事养猪工作。场内兽医人员不准对外诊疗猪及其他动物的疾病,猪场配种人员不准对外开展猪的配种工作。

2.饲喂

（1）饲料每次添加量要适当,少喂勤添,防止饲料污染腐败。

（2）根据饲养工艺进行转群时,按体重大小强弱分群,分别进行饲养,饲养密度要适宜,保证猪只有足够的躺卧空间。

（3）每天打扫猪舍卫生,保持料槽、水槽用具干净,地面清洁。经常检查饮水设备,观察猪群健康状况。

3.灭鼠、驱虫

定期投放灭鼠药,及时收集死鼠和残余鼠药,并做无害化处理。

选择高效、安全的抗寄生虫药进行寄生虫控制,控制程序符合 NY 5031 的要求。

4.运输

商品猪上市前,应经兽医卫生检疫部门根据 GB 16549 检疫,并出具检疫证明,合格者方可上市屠宰。运输车辆在运输前和使用后要用消毒液彻底消毒。运输途中,不应在疫区、城镇和集市停留、饮水和饲喂。

5.病、死猪处理

(1)需要淘汰、处死的可疑病猪,应采取不会把血液和浸出物散播的方法进行扑杀,传染病猪尸体应按照 GB 16548 进行处理。

(2)猪场不得出售病猪、死猪。

(3)有治疗价值的病猪应隔离饲养,由技术人员进行诊治。

6.废弃物处理

(1)猪场废弃物处理实行减量化、无害化、资源化原则。

(2)粪便经堆积发酵后应作农业用肥。

(3)猪场污水应经发酵、沉淀后才能作为液体肥使用。

7.资料记录

(1)认真做好日常生产记录,记录内容包括引种、配种、产仔、哺乳、断奶、转群、饲料消耗情况等。

(2)种猪要有来源、特征、主要生产性能记录。

(3)做好饲料来源、配方及各种添加剂使用情况记录。

(4)技术人员应做好免疫、用药、发病和治疗情况记录。

(5)每批出场的猪应有出场猪号、销售地记录,以备查询。

(6)资料应尽可能长期保存,最少保留 2 年。

【实训操作】

无公害养猪生产

一、实训目的

1.了解无公害养猪基本概念;

2.熟悉无公害养猪生产的基本要求。

二、实训材料与工具

无公害养猪生产录像带、猪场。

三、实训步骤

1.由老师结合无公害养猪生产的概念,进一步讲解无公害养猪生产;

2.仔细看录像带,掌握无公害生产的基本要求;

3.实地调查猪场的实际生产情况;

4.分析猪场与无公害生产要求存在的差异;

5.提出改进的技术措施。

四、实训作业

根据猪场实际情况,提出实现无公害生产的改进措施,完成实训报告。

五、技能考核

无公害养猪生产评分标准

序号	考核项目	考核内容	考核标准	评分
1	无公害生产	基本要素	掌握无公害生产的基本要求	20
2		实际生产过程	生产过程是否符合无公害要求	30
3	综合考核	口试	能准确回答老师的提问	10
4		改进措施	针对猪场生产实际,提出的改进意见是否可行	30
5		实训表现	服从老师安排,态度与表现好	10
合 计				100

【小结】

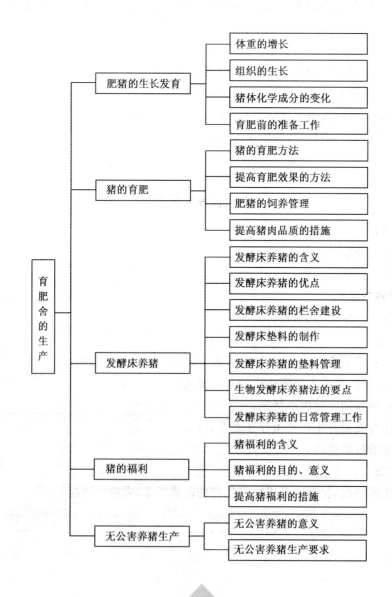

【自测训练】

一、填空题

1. 猪体的化学成分包括_____、_____、_____、_____。

2. 猪的育肥方法有 _____、_____、_____三种。

3. 生长育肥猪的最佳温度是 _____。

4. 影响猪肉质的因素主要包括_____、_____、_____等。

5. 福利是否合理的判断标准是 _____、_____、_____。

6. 影响猪福利的环境因素主要包括_____、_____、_____、_____等。

二、问答题

1. 简述育肥猪的生长发育规律。

2. 在进行育肥前,要做好哪些准备工作?

3. 育肥猪常见的饲养方法有哪些?

4. 养猪生产上考虑猪福利的意义是什么?

5. 改善育肥猪福利的技术措施有哪些?

6. 有机、绿色、无公害猪肉的区别是什么?

7. 影响育肥效果的因素有哪些?生产实际中如何提高育肥效果?

8. 商品猪育肥过程中,如何做好环境控制工作?

9. 提高猪肉肉质的技术措施有哪些?

【阅读材料】

有机、绿色、安全猪肉产品的生产

随着中国国民经济的发展,人们生活水平的提高,对猪肉食品的质量提出了越来越高的要求。但是由于受自然环境及社会诚信环境的污染,市场上不安全的污染猪肉食品时有出现,严重地威胁着人们猪肉食品的安全性,危害着人们的身体健康。猪肉是中国人民的主要肉食品,根据《中国农业年鉴》2014 年公布的资料,全国年生产猪肉 5 671 万 t,人均消耗量已高达 41.46 kg 猪肉,平均每两个人一年消耗将近一头猪,其消耗量相当大(图7-4-9),占整个肉食品消费的 60% 以上。但是人们对猪肉的安全性存在不少的疑虑,特别是"瘦肉精事件"的出现,以及有的猪肉未经检疫就上市等。因此,更促使人们普遍希望能从市场上购到有保证的、无污染的安全猪肉。

无污染猪肉主要包括有机猪肉、绿色猪肉和安全猪肉(或称无公害猪肉)3 种类别。这 3 类猪肉产品的生产标准和要求虽略有差异,但有一个共同的地方,就是都以生产安全猪肉为第一要素,而且离不开生态养猪技术。

有关猪肉的绿色产品和安全产品的生产,在中国已受到相当的重视,政府也颁布了一系列的法规以及鉴定、验证、监督的有关制度和要求,并制定了具体实施的办法。

按照有机食品生产标准及无公害食品生产标准所生产和加工的食品,经过国家的绿色食品专门认定机构审定的,符合国家制定的标准要求的无污染、无公害、安全、优质、营养型食品,则可以被认定为绿色食品,就可被准许使用绿色食品标志,这样的猪肉就可认定为绿色猪肉。因此,绿色食品必须是一种符合绿色食品生产要求的、其质量符合绿色食品标准的、经过国家专门的绿色食品认定机构认定的食品才能称作为绿色食品。

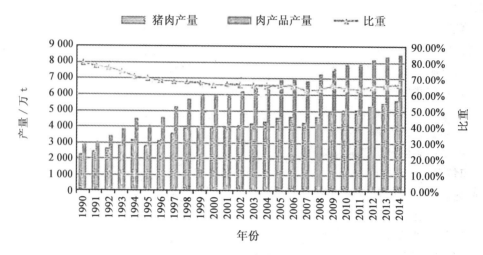

图 7-4-9 1990—2014 年中国猪肉产量

一、有机猪肉的生产

随着现代农业的发展,为了获得高的农业产量,农业生产中也同时大量使用化学合成的肥料、农药和各类添加剂等。大量的农用化学合成物质进入了农田及畜禽以及水产品的体内,并积累在土壤、水体及动物体中,导致食物的污染,最终危害人体健康。这种过度依赖石油化工和煤化工等矿物生产的添加品为原料的产品,具有隐藏的危害性、累计性和长期性。

几千年来,中国农业属于有机农业生产范畴。从 20 世纪 80 年代后,在大量农田中使用化肥与农药后逐渐萎缩。欧洲的农业工作者在 20 世纪 20 年代,提出了有机农业的概念,并付之于实践。到 1940 年英国植物病理学家霍华德最早提出了发展有机农业的建议,以后有机农业在欧美国家逐渐有了很大发展,对有机农业的定义虽有不同的描述,但含义基本相似。国际有机农业运动联合会(IFOAM)给有机农业下的定义为:有机农业为包括所有能促进环境、社会和经济良性发展的农业生产系统。这些系统将当地土壤肥力作为成功生产的关键,通过尊重植物、动物和景观的自然能力,达到使农业和环境各个方面的质量都最完善的目标。有机农业通过禁止使用化学合成的肥料、农药和药品而极大减少外部物质投入。强调利用强有力的自然规律来增加农业产量和抗病能力。有机农业坚持世界普遍可接受的原则并根据当地的社会经济、地理气候和文化背景具体实施。国际有机农业运动联合会对有机农业的定义是比较全面的,强调了环境、社会和经济三大效益的协调发展。

(一)有机食品的概念

有机食品需要符合以下 4 个条件:

(1)原料必须来自有机农业生产体系的或采用有机方式采集的野生天然产品。

(2)产品在整个生产过程中必须严格遵循有机食品的生产、加工、包装、贮藏、运输等标准要求。

(3)生产者在有机食品生产、加工和流通过程中,有完善的质量跟踪审查体系和完整的生产及销售记录档案。

(4)必须经过独立的有机食品认证机构进行全过程的质量控制和审查,符合有机食品生产标准并获得颁发证书的产品。

（二）有机猪肉生产的技术要求

有机猪肉的生产是养猪业在一个相对封闭的有机农业中的一种专业生产,因为养猪的饲料主要来自于有机农场中的有机农产品,因此其生产是有一定的限制的,其基本要求如下:

1. 根据土地面积及其容畜量适量养猪

有机农场的养猪饲料是不从场外购买的,而是能生产多少饲料,就养多少猪。但有机农场的肥料又是依靠养的猪及其他畜禽的粪尿提供的。饲料有限,而所需要的粪尿的供应量也是有限的,只要保证农场土地肥料及沼气发酵所需即可,肥料多了反而污染环境和土壤。要求农场内饲料、肥料、畜产品、沼气生产有一个平衡关系。

2. 要贯彻生态养猪的原则

猪的饲养要按照家猪的自然本性和生存要求进行管理,要充分满足动物的行为需要与生理特点,要废弃将猪当成机器那种"工厂化"饲养的反自然生态的养猪方法。因为在那种追求片面的经济效益的指导思想下一些做法,满足不了猪的天然习性的要求。由此产生了过分的要求,猪生产出极高的瘦肉,或片面地要求过高的生产效率,以致造成猪的全身生长的失衡,生长达不到平衡,繁殖能力下降,母性减退,四肢及骨骼发育不良,猪的生活能力下降,对疾病抵抗能力降低,从而引起疾病的增加等,出现一系列反生物法则的现象。

有机农业中的养猪生产提倡人们尊重家畜,把猪当成人的朋友来看待,让猪能够按其天生的行为习惯自由地生活。猪舍的设计不能影响猪的健康,猪要有自由活动、拱土以及玩水或放牧等活动的场所,猪圈内要铺垫草,给猪创造良好的生活条件。在必须外购饲料时,其外购饲料的干物质不能超过总饲料的干物质量的 $10\%\sim20\%$,其他饲料必须是有机饲料(除食盐、钙粉及微量元素外),不能喂抗生素、化学药物及重金属添加剂。所需的维生素及矿物元素,尽量通过青绿多汁饲料及氨基酸整合矿物质或无害矿物质解决,不足的维生素部分才用工业生产的产品。对于疾病要贯彻预防为主、防重于治的方针,严格执行免疫程序及防疫制度、有病及时治疗,挖掘中草药等自然疗法的方法,限用抗生素及有残留性的或产生耐药性的化学药物。不允许猪肉中有兽药的残留。

要重视动物福利,体现人类的生态道德观、文明观,对生命的重视和珍爱。在运输准备出售或屠宰活猪时,一定要有良好的运输条件和环境,屠宰时要采用非暴力无知觉死亡的方式处死等。

（三）有机猪肉的认证

有机猪肉产品必须经过国家专门的有机产品认证机构的检查认证,并颁发特定的证书,方可确认其有机产品的资格。

有机农业产品的生产和加工的标准是由国际有机农业运动联合会于 1980 年制定有机生产基本标准,并以此作为认证机构依据的最低标准。

世界各主要有机产品生产国家,根据 IFOAM 的标准,制定自己国家的标准。中国也有自己的标准,是由有机食品发展委员会(OFDC)制定的。

有机农畜产品的认定,国家有专门的要求,以及审批的报审程序及制度,可普遍按国家有关规定执行。

有机农业强调物质的循环使用,强调多样化的种植和养殖,提倡种养结合、资源的充分利用。有机产品的生产,是生态农业工程中的一种发展,它是生态农业工程中按有机农业的生产标准相结合的完整的生产体系。实质上发展有机农业是离不开生态农业工程的发展,生态农业的体制是发展有机农业的基础,两者必须紧密地结合。

在中国现代的有机农业的发展概念,应该符合 IFOAM 及中国的 OFDC 将有机农业与生态农业结合在一起的要求。中国提倡有机农业的种、养、加、产、供、销、农、工、贸的一体化、多样化,与自然和谐化的原理和生态农业系统工程。发展生态有机农业,按生态农业原理的要求进行总体设计农业生产的要求,进行有机农业生产,将其建立在高效、高产、高综合效益、生产优质农畜产品的可持续发展农业。两者结合以后,发展成有机农业生态系统。使生态农业包含更完整的内容,使农产品更为安全。将国外的有机农业的概念,从单纯的农业措施提升到一个可持续发展的现代化农业系统,并将中国固有的农业生产推向新的发展阶段。

二、绿色猪肉食品生产

所谓绿色食品,必须是专门的绿色食品认定机构,对被认定的特定单位生产的猪肉产品经检验、认定后,才能批准给予绿色食品的称号。

在 20 世纪 70 年代初,美国的雷切尔·卡逊女士在著名的《寂静的春天》一书中,以美国密歇根州东兰辛市为消灭伤害榆树的甲虫,而大量用 DDT 喷洒树木,树叶在秋天时落地,蠕虫吃了树叶后,被知更鸟作为饲料而食入,1 周后全市的知更鸟几乎全部死亡这样一个实例,并指出"化学药品已侵入万物赖以生存的水中,渗入土壤,并且在植物上布成一层有害的薄膜,已经对人体产生严重的危害。除此之外,还有可怕的后遗祸患,可能几年内无法查出,甚至可能对后代造成影响,几个世代都无法察觉"。她的这一论断唤醒了人们对自然界可持续发展的觉醒,人们开始掀起了限制化学物质过量投入以保护生态环境、保护人类生命而开展发展有机农业的浪潮,从美国、欧洲、日本等发达国家开始,逐渐发展到发展中国家纷纷展开了发展生态农业的研究,以缓解石油农业给环境和资源造成的严重压力。中国也开始了开发无污染、安全、优质的营养型食品,并将它们定名为绿色食品。

(一)绿色食品的分级和标准

1. 绿色食品的分级

绿色食品分为 AA 级及 A 级两种。

(1)AA 级绿色食品　要求生产产品的生态环境质量符合生态环境质量标准,生产过程中不使用任何有害化学合成物质,按特定的生产操作规程生产。其加工、产品质量及包装经检测、检查符合特定标准,并经专门机构认定后,允许定为绿色食品并使用 AA 级及绿色审批标志。

(2)A 级绿色食品　要求生产产品的生态环境质量符合生态质量标准,生产过程中允许限量使用限定的化学合成物质,按特定的生产操作规程生产、加工、产品质量及包装经检测、检查符合特定标准,并经专门机构认定允许定为绿色食品,并使用 A 级绿色审批标志。

两者差别在于 AA 级绿色食品的生产不允许在生产过程中使用有害的任何合成的化学物质,而 A 级则允许限量使用限定的化学合成物质。

2. 绿色食品的标准

绿色食品的标准是由农业部发布的推荐性的农业行业标准(NY/T),是绿色食品生产企业必须遵照执行的标准。绿色食品标准以"从土地到餐桌"全程质量控制理念为核心,由以下 4 个部分构成。

(1)绿色食品产地环境标准,即《绿色食品产地环境技术条件》(NY/T 391)。

(2)绿色食品生产技术标准。

(3)绿色食品产品标准。

(4)绿色食品包装、贮藏、运输标准(对于绿色食品,农业部有比较明确的行业标准)。

绿色食品是介于有机食品和安全食品之间的一种无污染的食品,国家对于绿色食品的认定有明确的要求,绿色猪肉食品是属于绿色食品中的一种。

绿色猪肉食品在生产过程中必须按照绿色食品的要求进行生产,才可以向特定的绿色食品认证机构提出申请作为绿色食品,在出售的商品猪肉上才能带有绿色食品标志。

(二)绿色食品和有机食品的区别

绿色食品和有机食品两者基本上是相似的,它们之间的差别主要包括以下几点。

(1)有机食品应用的是国外的标准,而绿色食品是中国通用的标准,是由农业部颁布的行业标准。

(2)有机食品禁止使用基因工程技术及辐射技术,而绿色食品对此不作规定,只要是政府有关部门批准的基因工程技术产品就不受限制。

(3)有机食品在土地转型方面有严格规定,考虑到某些物质在环境中会残留相当一段时间,土地从生产其他食品到生产有机食品需要 2~3 年的转换期,而生产绿色食品则没有转换期的要求。

(4)有机食品在数量上进行严格控制,要求定地块、定产量。生产其他食品无此要求。

(5)绿色猪肉及安全猪肉生产的标准对生产地生态环境有更明确的要求。

三、安全猪肉生产

(一)安全猪肉概念

安全猪肉(或称无公害猪肉)的生产是在养猪生产过程中严格按照国家相关法律的规定及标准,从种猪培育到商品猪生产,对饲养管理、饲料生产、疫病防治、屠宰加工、贮存、运输等各个环节进行有效而严格的管理控制,使生产的猪肉在感官指标、理化指标、安全卫生指标等方面均要达到国家质量标准的要求。

(二)有关生产安全猪肉的国家法定要求

生产安全猪肉国家有以下明确的要求和法规:

(1)不含各种有害的、有毒的残留物质或符合国家食品卫生要求的猪肉。

(2)猪肉的品质好、肉色鲜红或微红、pH 6.1~6.4。横剖面可见大理石纹、肌纤维细嫩良好。

安全猪肉的指标及胴体品质的要求见表 7-4-3 和表 7-4-4。

表 7-4-3   猪肉食品安全指标

项目	指标	项目	指标
挥发性盐基氮	≤15 mg/100 g	土霉素	≤0.10 mg/kg
汞	≤0.50 mg/kg	氯霉素	不得检出
铅	≤0.50 mg/kg	磺胺类	≤0.10 mg
砷	≤0.50 mg/kg	伊维菌素	≤0.20 mg
镉	≤0.10 mg/kg	盐酸克伦特罗	不得检出
铬	≤1.5 mg/kg	菌落总数	≤1×10⁴ cfu/100 g
六六六	≤0.10 mg/kg	大肠杆菌	≤1×10⁴ mpn/100 g
DDT	≤0.10 mg/kg	沙门氏菌	不得检出
金霉素	≤0.10 mg/kg		

表 7-4-4 猪肉胴体品质要求

品质项目	要求
第 10 腰肋骨处腰肌上的脂肪厚度(包括皮)	最厚不超过 3.3 cm
眼肌面积(LMA)	不小于 29.0 cm²
用肉眼观察所得出的肌肉发育程度	要达到中等
胴体长度	不短于 74.95 cm
修整后的热胴体重	不小于 68.04 kg
肌肉颜色得分	2～4
肌肉坚韧性和含水量得分	3～5
大理石花纹含量得分	2～4

安全猪肉的生产和技术规范,国家有关部门都有比较明确的规范及准则要求,有一系列的标准以及规范的检验、认定和认证的标准和机构。目前国内已经在很多市、县积极推行,政府对此还有鼓励措施。

安全猪肉的生产要求,比有机肉生产及绿色肉生产的要求标准略低。但是对生产环境的要求基本上是相似的,三者都要求有良好的生态环境和生产条件。

生产有机、绿色、安全猪肉产品的基本目的就是在保护人类生态环境基础的条件下,为人们生产和提供安全、无污染、优质、营养的猪肉食品,通过对这些无污染猪肉产品的标准、要求、简要的生产程序,可以清楚地了解无污染猪肉的生产的基本前提是必须在实行生态养猪的基础上才能达到的基本要求。在这些无污染猪肉的生产中,有机猪肉生产要求最高。绿色猪肉生产要求是根据中国具体情况而提出的,与国外要求略有不同。安全肉生产是一个基本标准,各地都必须在生产过程中认真执行并达到其要求,这是对每个猪肉生产者最基本的道德和法律要求。

关于有机肉、绿色肉、安全肉产品的认定的申请、认定、批准、程序等方面,国家有关部门有明确和完整的规定和要求,可照章依法办理。

学习情境 8　猪场饲料的生产与加工

【知识目标】

 1. 了解猪在各个阶段对营养物质的需要；

 2. 熟悉猪的常用饲料原料分类及其营养特点；

 3. 掌握配合饲料的基本概念、特点及配制原理；

 4. 掌握饲料加工工艺过程及质量控制与检测；

 5. 了解常规饲料资源与非常规饲料资源的开发与利用。

【能力目标】

 1. 能区别不同饲料的营养特点；

 2. 能进行猪饲料配方的设计方法；

 3. 能对饲料的质量与掺假的进行检测。

工作任务 8-1　猪的营养需要

一、仔猪的营养需要

 仔猪刚出生时其营养来源主要是母乳。3 周龄之前，母乳的营养物质基本能够满足仔猪的营养需要。为了使仔猪能尽快适应固态颗粒饲料，促进其消化器官的发育和消化机能的完善，以便为断奶后的饲养打下坚实的基础，在生产中，通常 1 周龄以后开始补料。

 随着仔猪日龄和体重的增加，母乳能量满足程度下降，差额部分需要由补料满足，补料中的能量浓度一般在 13.8～15.0 MJ/kg。能量不仅能影响断奶仔猪肠道绒毛的恢复，还与蛋白质沉积间有一定比例关系，因此要保证饲料的最佳效率，能量水平不仅要求高还需要有合理的能量蛋白质比。仔猪肠道发育不完善，对饲料中蛋白质的消化利用能力还较低，因此，饲粮中蛋白质含量不宜过高，需要供给易消化、生物学价值高的蛋白质。5～10 kg 阶段的仔猪其饲料粗蛋白需要量一般为 20%～22%，10～20 kg 阶段粗蛋白需要量为 18%～19%。饲粮中高水平的粗蛋白质将引起进入大肠的蛋白质增加，大肠微生物生长繁殖迅速，易使蛋白质发生腐败而形成氨和胺类腐败产物。这类腐败产物对肠道黏膜有毒性作用，肠道受损后吸收能力降低，使仔猪腹泻概率增加。

 由于理想蛋白质概念的引入，通常把赖氨酸作为参照基础。因此，只要确定了仔猪赖氨酸需要量，就可根据理想蛋白质确定其他必需氨基酸的需要量。一般认为，赖氨酸是常规猪日粮的第一限制性氨基酸，其次是蛋氨酸和苏氨酸。美国 NRC(2012)以表观回肠可消化氨基酸为基础，建议 5～7 kg、7～11 kg、11～25 kg 仔猪日粮赖氨酸需要量为 1.45%、1.31%、1.19%，蛋氨酸需要量 0.42%、0.38%、0.34%，苏氨酸需要量为 0.81%、0.73%、0.67%，色氨酸需要量为 0.23%、0.21%、0.19%。一般来说，蛋氨酸 + 胱氨酸为赖氨酸的 55%，苏氨酸为赖氨酸的 60%。

仔猪至少需要 13 种矿物元素,其中常量矿物质主要有钙、磷、钠、钾和氯。钙、磷是构成骨骼的主要成分,钙还具有调节神经兴奋性、触发肌肉收缩、促进内分泌和激活多种酶的活动等功能。磷则具有参与能量代谢、促进营养物质吸收、保证生物膜完整和作为遗传物质 DNA、RNA 的结构成分等功能。NRC(2012)建议 5~7 kg、7~11 kg、11~25 kg 仔猪总钙需要量分别为 0.85%、0.80%、0.70%,有效磷分别为 0.41%、0.36%、0.29%,总磷分别为 0.7%、0.65%、0.60%。仔猪饲料钙、磷比例一般以(1~2):1 为宜。一些必需微量元素也是非常重要的,其中,铁是红细胞中血红蛋白的重要部分,也是肌红蛋白、运铁蛋白的成分。哺乳仔猪每天需要存留铁 7~16 mg,以维持足够的血红蛋白和铁贮量,哺乳仔猪仅靠母乳无法满足铁的需要。因此,仔猪出生头 3 d 需要注射铁剂(右旋糖苷铁等)150~200 mg,可以防止发生缺铁性贫血。锌是多种 DNA 或 RNA 合成酶或转运酶的组成成分,在蛋白质、碳水化合物与脂类代谢中具有重要作用。仔猪饲粮中锌需要量为 80~100 mg/kg。锰是碳水化合物、脂类和蛋白质代谢有关酶的组成成分,为硫酸软骨素合成所必需,且与骨骼发育有关,其在饲粮中的需要量为 3~40 mg/kg。硒是谷胱甘肽过氧化酶的组成成分,缺硒可导致仔猪白肌病,其在饲粮中的需要量以 0.3 mg/kg 为宜。

维生素是仔猪阶段不可或缺的一种营养补给物。维生素是辅酶参与到机体的一种营养代谢。日粮中维生素长期供给不足或消化吸收出现障碍,常常导致仔猪维生素的缺乏症。饲养标准中维生素推荐量大多是防止维生素出现缺乏症的最低需要量。为了满足猪的最佳生产性能或抗病能力,生产中通常需要考虑安全系数。但由于维生素本身的不稳定性和饲料中维生素状况的变异性,使得合理满足仔猪维生素需要的难度很大。其影响因素主要包括日粮类型、日粮营养水平、饲料加工工艺、贮存时间与条件、仔猪生长遗传潜力、饲养方式、应激与疾病状况、体内维生素贮备等。

二、生长肥育猪的营养需要

生长肥育猪(体重 20~100 kg),一般分为生长期和肥育期两个阶段。体重在 20~60 kg(肉脂型为 50 kg)为生长期,主要是骨骼和肌肉的生长阶段;60 kg 至出栏为肥育期,此阶段猪的脂肪组织生长旺盛。生长肥育猪是养猪生产的最后一个重要环节。这一阶段的核心任务是利用猪的生长发育规律,应用科学的饲养管理技术,用最少的投入,提高猪肉产量和品质,最终达到理想的生产效益。

一般情况下,猪采食量越多,日增重越快,饲料利用率越高,沉积脂肪也越多。但此时瘦肉率降低,胴体品质变差。蛋白质的需要更为复杂,为了获得最佳的育肥效果,不仅要满足蛋白质的需求,还要考虑必需氨基酸之间的平衡和利用率。能量高使胴体品质降低,而适宜的蛋白质能够改善猪胴体品质,这就要求日粮具有适宜的能量蛋白比。生长期为满足肌肉和骨骼的快速增长,要求能量、蛋白质的水平较高,肉脂型猪的饲粮中含消化能为 12.97~13.97 MJ/kg,粗蛋白质水平为 16%~18%,能量蛋白质比为 188.28~217.57(粗蛋白质 g/DE MJ),赖氨酸 0.56%~0.64%,苏氨酸 0.35%~0.54%,色氨酸 0.10%~0.19%,蛋氨酸＋胱氨酸 0.37%~0.42% 为宜。瘦肉型猪各体重阶段的营养含量较肉脂型猪的高。由于猪是单胃杂食动物,对饲料粗纤维的利用率有限,研究表明,在一定条件下,随饲料粗纤维水平的提高,能量摄入量减少,增重速度和饲料利用率降低。因此,猪日粮粗纤维不宜过高,肥育期应低于 8%。肥育期要控制能量,减少脂肪沉积,饲粮含消化能 12.30～12.97 MJ/kg,粗蛋白水平为 13%～15%,适宜的能量蛋白质比为 188.28(粗蛋白质 g/DE MJ),钙 0.46%,磷 0.37%,赖氨酸 0.52%,蛋氨酸+胱氨酸 0.28%。猪只生长需要搭配各种营养物质,单一饲粮往往营养不全面,不能满足猪生长发育的要求。

生长育肥猪至少需要 13 种矿物元素,包括钙、磷、钠、氯、钾、镁、硫 7 种常量元素和铁、铜、锌、锰、碘、硒 6 种微量元素,有时还需要钴合成维生素 B_{12}。矿物质和维生素是猪正常生长和发育不可或缺的营养物质,长期过量或不足,将导致代谢紊乱,轻者增重减缓,严重的发生缺乏症或死亡。钾有节约生长猪赖氨酸需要量的作用。快速育肥猪易患缺锌症,维生素 A 及维生素 D_3 均可促进锌的吸收。生长育肥猪日粮中应含钙 0.50%～0.55%,磷 0.41%～0.46%,钾 0.23%～0.28%。

三、后备母猪的营养需要

后备母猪是一个猪场后续生产的生力军。后备母猪的生产时间长达 3～5 年,担负着繁重的繁殖任务。因此,后备母猪的营养与饲养管理显得尤为重要。后备母猪生产管理的好坏直接影响到基础母猪的补充,因而直接影响到养猪场的生产。管理好后备母猪对养猪场能否获利有着重要的意义。在饲养管理上,后备母猪体重达到 50 kg 之前,其饲喂方式和商品肉猪没什么不同。

被选作繁殖用的后备母猪(50 kg 以后)要求有较低的背膘厚和良好的生长率。后备母猪选留后,应喂以营养水平较高的饲料,提供高能量日粮以保证足够的体脂储备,同时提供高质量的蛋白质以确保稳定的体增长。在达到适度膘情后,适当控料,进行合理限饲,以保证母猪不至于过肥或过瘦,直至配种前 3 周开始增加喂料量。限制青年母猪的采食量(50%～85%)将延迟初情期 10～14 d。日粮消化能水平越高,母猪初情期越长,同时胚胎死亡率也越高(尤其是发情周期内)。为不延迟初情期,同时又能保持较好的体况,饲料消化能(DE)供给应低于后备母猪,一般以 30 MJ/d 为宜。蛋白质和氨基酸不足也会延迟初情期。日粮中提供 15.0% 的 CP 和 0.70% 的赖氨酸可以满足后备母猪的需要。使用较高水平的维生素和微量元素是为了提高这些营养素在体内的贮存。因为在猪舍内种用猪比商品猪饲养时间周期要长得多。后备母猪日粮中高水平的钙、磷可以延长繁殖寿命,0.82%钙、0.73%磷最为合适。

四、妊娠母猪的营养需要

母猪妊娠从配种开始,至分娩结束。该阶段饲养管理的目标是保证胎儿在母体内正常发育,防止流产和死胎,生产出健壮、生命力强、出生体重大的仔猪,同时使母猪保持中上等体况。妊娠母猪的饲养根据胎儿的发育变化,常将 114 d 妊娠期分为两个阶段,妊娠前 84 d(12 周)为妊娠前期,85 d 至出生为妊娠后期。

妊娠母猪的营养需要可按维持需要和生产需要的析因法来确定。其消化能需要考虑母猪本身的维持消化能、子宫增重所需消化能、母体增重所需消化能、体温调节所需消化能。妊娠母猪的维持能量需要为 20.8～37.7 MJ DE/d,母体增重需要为 0～7.7 MJ DE/d,子宫增重能量需要为 0.9 MJ DE/d,总需要量变化范围在 29.5～38.5 MJ DE/d。妊娠期高水平的采食量将带来胚胎存活率和窝产子数的降低,造成哺乳期采食量的下降。配种后 70～105 d,应尽量避免使用高能饲料。想要获得最佳的生产性能,饲粮中必须提供足够数量的必需氨基酸,同时提供合理的能量以及其他必需的养分。中国肉脂型猪饲养标准规定,妊娠母猪前期和后期日粮粗蛋白含量分别为11%、12%。瘦肉型母猪日粮蛋白需要比肉脂型稍高。另外,除了饲喂配合饲料外,为使母猪有饱感和补充维生素,最好搭配品种优良的青绿饲料或粗饲料。

钙离子参与黄体孕酮的合成及卵母细胞的成熟,日粮中缺钙会影响胎儿的发育及母猪产后的泌乳。母猪不孕和流产的原因之一是因为日粮缺磷,钙磷比例最好在(1~1.5):1。NRC(2012)建议,配种体重140 kg的妊娠母猪总钙需要量前后期分别为:0.61%和0.83%,有效磷为0.23%和0.31%,总磷为0.49%和0.62%。

维生素A或胡萝卜素含量升高有利于胚胎存活,维生素E缺乏会增加胎儿的死亡率,日粮中叶酸含量增加可以提高产仔数,胆碱可提高母猪的繁殖性能。生物素可以改善蹄部的硬度、承受强度及皮肤和被毛条件等,使蹄裂和脚垫损伤减少。

五、泌乳母猪的营养需要

母猪泌乳期的饲养目标是尽可能提高母猪的泌乳量和乳品质,从而最大限度地提高仔猪窝增重,减少母猪泌乳期失重,缩短断奶—发情间隔时间,并增加下一繁殖周期的排卵数。泌乳期间适宜的营养供给将使母猪获得最佳的繁殖效率。

泌乳母猪的营养需要与其泌乳量密切相关。因此,生产中需要尽可能提高其能量的摄入量。泌乳母猪的能量需要包括维持、产乳、母猪失重以及体温调节四个方面。泌乳母猪每天需要的能量约有75%用于泌乳,而实际营养需要完全取决于窝仔猪生长速度。因此,泌乳母猪日粮能量以13.0~14.0 MJ/kg为宜。母猪的采食量变化将会影响到断奶仔猪断奶重、母猪断奶后的返情期及其受胎率。当饲料营养摄入不能满足其泌乳需要时,就会动用体内的脂肪来满足产奶需要,从而导致母猪掉膘和体重下降。母猪过度掉膘不但影响哺乳仔猪的增重速度,还将引起下一胎次妊娠早期黄体激素水平下降,进而影响母猪下一胎的生产性能,包括断奶至再发情的间隔时间延长、受胎率下降、产仔数和仔猪初生重降低。因此,生产中通常对哺乳母猪采用高营养浓度的饲喂方式。另外,母猪泌乳量也与日粮中蛋白质水平有关。母猪在泌乳期必须获得足够的蛋白,蛋白质水平以15.0%~17.0%为宜。此时,缬氨酸往往成为泌乳母猪日粮中的第一限制性氨基酸。缬氨酸最适需要量为赖氨酸水平(0.8%~1.0%)的1.2倍。日粮中钙、磷不足或比例不当,将影响泌乳母猪的产奶量,并动用骨中的钙、磷储备。长此下去,容易造成母猪瘫痪,因此日粮中应该保证足够的钙、磷水平。

六、种公猪的营养需要

繁殖猪群的遗传性状有一半来自于种公猪。因此,种公猪对猪群的整体质量有极大的影响。为了提高与配种母猪的受胎率和产仔头数,最大限度地发挥其遗传潜能,对种公猪进行良好的饲养管理是生产中的一个重要环节。给以适宜水平的日粮营养,种公猪才能获得良好的生长发育,保持强烈的性欲,较高的精液产量,健壮的体质和较长的利用年限。

后备公猪日粮中能量供应不足时将影响其睾丸及附属器官的发育,造成性欲下降,而后所产生的精子质量下降。当日粮能量水平过高时,则易导致体况过肥,进而降低甚至丧失其配种能力。种公猪的维持消化能需要量为418.4 $W^{0.75}$ kJ(W为种公猪的体重)。非配种期的能量需要是维持的1.55倍,即在维持的基础上增加55%;配种时期的能量需要又为非配种时期的124.5%。公猪在配种前应根据体况强化饲养。一般于配种前1个月在饲养标准基础上增加

20.0%～25.0%。蛋白质是构成精液的重要成分,在种公猪日粮中需供给一定数量的优质蛋白质。日粮粗蛋白含量至少在 14.0% 以上。

钙离子能刺激细胞的糖酵解过程,给精子活动提供能量,从而提高精子活力,促进精子和卵子的融合。但是钙离子过高也会影响精子活力。钙、磷比以 1.25∶1 为宜。在种公猪日粮中,较高水平的锌可以保证睾丸的正常发育。种公猪的精子密度和矿物质硒含量呈显著的正相关,而锰含量不足则可引起睾丸生殖上皮细胞的退化。因此,配种期的种公猪要注意此类矿物质的补充。NRC(2012)推荐,种公猪日粮中钙需要量为 0.75%,锌需要量为 50.0 mg/kg,硒需要量为 0.3 mg/kg。

维生素也是公猪不可缺少的营养物质。例如,长期缺乏维生素 A,后备公猪的性成熟将延迟,睾丸显著变小,精子数量和质量降低。长期缺乏维生素 E,成年公猪睾丸将退化,并可能永久性地丧失繁殖力。

【实训操作】

猪的营养需要

一、实训目的

1.了解不同猪只的营养需要;

2.掌握不同营养要素的功能;

3.熟悉营养缺乏症对猪的影响。

二、实训材料与工具

猪的营养需要标准、各种营养缺乏症的图片或录像。

三、实训步骤

1.在老师指导下,熟悉不同猪的营养需要。

2.根据饲养标准,理解不同猪只各营养要素的营养特点。

3.根据图片或录像,理解不同营养要素的缺乏症并能根据图片判断其原因。

四、实训作业

学生根据猪的营养需要标准,理解各营养要素的营养特点和猪的营养缺乏症,形成分析报告。

五、技能考核

猪的营养需要

序号	考核项目	考核内容	考核标准	评分
1	猪的营养需要	不同猪的营养需要	熟练掌握不同猪的营养需要	15
2		不同营养要素的特点	正确掌握不同营养要素的营养特点	15
3		猪的营养缺乏症	区别营养缺乏引起的各种症状	20
4	综合考核	猪的营养需要	准确回答老师提出的问题	20
5		猪场各种营养缺乏症	正确分析猪场营养缺乏症,并提出合理化建议	20
6		实训报告	将整个实训过程完整、准确的表达	10
合计				100

工作任务 8-2 猪的常用饲料及营养特点

一、能量饲料

能量饲料指的是在绝干物质中,粗纤维含量低于18%,粗蛋白质含量低于20%,天然含水量小于45%的谷实类、糠麸类等。常用的是谷实类及糠麸类饲料,一般每千克饲料绝干物质中含消化能在10 MJ以上,高于12.5 MJ消化能者属于高能量饲料。

这类饲料富含淀粉、糖类和纤维素,是猪饲料的主要组成部分,用量通常占日粮的60%左右。豆类与油料作物籽实及其加工副产品也具有能量饲料的特性,由于它们具有富含蛋白质的重要特性,故列为蛋白质饲料。

能量饲料在营养上的基本特点是淀粉含量丰富,粗纤维含量少(一般在5%左右),易消化,能值高。蛋白质含量在10%左右,其中赖氨酸和蛋氨酸较少,矿物质中磷多钙缺,维生素中缺乏胡萝卜素。

猪常用的能量饲料主要有谷实类及其加工副产品,如玉米、大麦、小麦、稻谷、大米、碎米、麦麸以及脂肪粉、乳清粉等(图8-2-1至图8-2-7)。

图 8-2-1 玉米

图 8-2-2 大麦

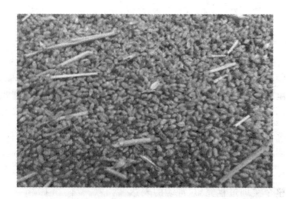

图 8-2-3 小麦

图 8-2-4 稻谷

图 8-2-5　麦麸

图 8-2-6　脂肪粉

图 8-2-7　乳清粉

二、蛋白质饲料

这类饲料的蛋白质含量在 20% 以上,粗纤维含量在 18% 以下。蛋白质饲料包括植物性蛋白质饲料、动物性蛋白质饲料、微生物蛋白质饲料。这类饲料同时也具有能量饲料的某些特点,即干物质中粗纤维含量较少,容易消化的有机物质较多,每单位所含的消化能较高。

猪常用的蛋白质饲料有:植物性蛋白质饲料包括各种饼粕类,如豆粕、菜籽粕、棉籽粕、玉米蛋白粉;动物性蛋白质饲料,如鱼粉、肉骨粉、蚕蛹、血粉、羽毛粉等;微生物蛋白质饲料,如饲料酵母等(图 8-2-8 至图 8-2-12)。

图 8-2-8　鱼粉

图 8-2-9　肉骨粉

图 8-2-10　蚕蛹

图 8-2-11　血粉

图 8-2-12　羽毛粉

三、青绿饲料

青绿饲料一般是指天然和人工栽培的牧草和饲料作物及树叶、叶菜、水生植物等。这类饲料分布很广、养分比较完全,而且适口性好,消化利用率较高。青绿饲料一般具有以下特点:一是含水量高。陆地生长的植物含水量为 60%～90%,水中生长的含水量占 95% 左右,所以青绿饲料的热能值较低。二是蛋白质含量较高且品质较好。以干物质计算,禾本科青绿饲料中粗蛋白质含量 8%～15%,豆科青饲料 10%～20%,有的高于 20%,且赖氨酸含量较高,可用其补充谷物饲料的不足。三是粗纤维含量变化大。幼嫩的青饲料含粗纤维低,木质素少,无氮浸出物较高,猪采食后容易消化吸收。但随着植物生长期延长,其粗纤维和木质素的含量逐步增加。一般来说,植物开花或抽穗之前,粗纤维含量较低。木质素对消化率影响较大,其含量每增加 1%,有机物质消化率下降 5% 左右。猪对未木质化的粗纤维消化率较高,对已木质化的粗纤维消化率较低。四是矿物质比例均衡,尤其是钙、磷比例适宜。五是维生素含量丰富,特别是胡萝卜素含量较高,并且 B 族维生素、维生素 C 含量高。

青饲料是一种营养相对平衡的饲料,但由于青饲料干物质中消化能较低,从而限制了它们潜在的其他方面的营养优势。故这类饲料主要在母猪上应用,商品肥猪上很少应用。

　　常见栽培的青饲料有黑麦草、象草、苏丹草等，瓜果类有南瓜、冬瓜、萝卜、红薯等，蔬菜类有白菜、甘蓝、空心菜等，水生牧草有水葫芦、水浮莲、水花生等（图 8-2-13 至图 8-2-17）。

图 8-2-13　黑麦草

图 8-2-14　象草

图 8-2-15　甘蓝

图 8-2-16　空心菜

图 8-2-17　水葫芦

四、粗饲料

粗饲料是指含有较多的粗纤维,而淀粉和糖类、脂肪、蛋白质含量又较低的饲料。一般来说,粗饲料体积大、难消化、可利用养分少、绝干物质中粗纤维含量在 18% 以上,有机物的消化率在 70% 以下,每千克干物质中的消化能低于 10.46 MJ。粗饲料主要包括干的饲草和秸秆、秕壳等农副产品。粗饲料的来源广、种类多、产量大、价格低,农村养猪生产中主要应用农副产品类。

粗饲料中的干草是由天然或人工栽培的牧草适时收割干制而成,也是青饲料在非草生季节的一种延续利用的形式,其营养成分和价值的消长规律与青草的植物学分类、品种、生长阶段密切相关,还与干制的工艺有关。

秸秆和秕壳的可消化蛋白质含量低,粗纤维的含量高,其中木质素的含量非常高。不适合大量用作猪的饲料。

猪对粗纤维的消化能力较差,因为猪胃内没有分解粗纤维的微生物,大肠内也仅有少量微生物可以分解少量粗纤维。因此,在猪的饲养中,应控制粗纤维在日粮中所占的比例,一般为 5%～8%,以保证日粮的全价性和易消化性。

五、矿物质饲料

矿物质饲料是指天然生成的矿物质和工业合成的单一化合物,以及配合有载体的微量元素、常量元素矿物质饲料。矿物质的来源有 2 个途径,一种来自动物植物体,另一种来自无机的矿物质元素。猪生长过程中需要 10 多种矿物质元素,这些元素在动植物性饲料中都有一定的含量,但不能完全满足猪的需要,特别是饲养在水泥地面而又生长迅速的猪,对矿物质的需求量较大,此时就必须另行添加所需的矿物质,以满足猪的生长发育和生产需要。在现阶段猪的饲养条件下,需要较大量补充的矿物质种类并不多,主要是钠、氯、钙、磷等。

猪常用的矿物质饲料主要有食盐、石粉、贝壳粉、磷酸氢钙、骨粉等。

【实训操作】

猪的常用饲料

一、实训目的

1. 了解猪常用饲料的种类;

2. 掌握不同饲料的营养特点。

二、实训材料与工具

猪场饲料原料仓库、各种原料。

三、实训步骤

1. 在老师指导下,进一步了解饲料原料的种类;

2. 在原料仓库对各种原料进行识别;

3. 理解不同饲料的营养特点。

四、实训作业

学生参观猪场饲料厂或饲料仓库,认识各种饲料原料,分析其营养特点,形成报告。

五、技能考核

猪场饲料原料的认识

序号	考核项目	考核内容	考核标准	评分
1	原料的认识	饲料的分类	正确认识各种原料	25
2		各类饲料的营养特点	正确掌握各种原料的营养特点	20
3	综合考核	饲料原料的种类	准确回答老师的问题	15
4		原料质量认识	正确分析各种原料质量	20
5		实训报告	将整个实训过程完整、准确地表达	20
合　计				100

工作任务 8-3　配合饲料与日粮配合

一、配合饲料

(一)猪饲料配合的基本原则

1.营养全面、平衡

所谓营养全面,就是使日粮中的蛋白质和氨基酸、能量、矿物质和维生素达到饲养标准的要求。要做到这一点,必须用多样化的饲料来配合日粮,这样可使多种饲料之间的营养物质得到相互补充,从而提高日粮的营养价值。

2.饲料体积适宜

在配制饲料时,一定要注意猪的采食量与饲料体积大小的关系。如配合饲料体积过大,由于猪的胃肠容积有限,吃不了那么多,营养物质得不到满足。反之,如果饲料体积过小,猪多吃了浪费,按标准饲喂达不到饱感,还会影响饲料转化率的提高。

3.控制粗纤维含量

猪是单胃动物,对粗纤维几乎不能消化。粗纤维不但自身不能供能,还会降低其他营养物质的利用率,降低猪的生产性能。配合饲料中粗纤维含量,仔猪3%～4%,最高不要超过5%,肥育猪不超过8%,种公猪7%,空怀、妊娠母猪8%～10%,哺乳母猪7%。猪的耐粗性还受到品种的影响,地方品种猪耐粗性比外来引进品种好,空怀和妊娠期饲粮的粗纤维含量可达12%左右甚至更高些。

4.注意饲料适口性

在配制饲料时要注意饲料的适口性,适口性好,可刺激食欲,增加猪的采食量。反之,降低采食量,影响生产性能。

5.因地制宜选择原料种类

在养猪生产成本中,饲料费用所占的比例最大,约为70%。所以,在配制饲料时,既要考虑满足猪的营养需要,又要考虑成本。可根据当地情况,选择来源广泛、价格低廉、营养丰富的饲料,有效降低饲养成本。

6.注意饲料品质

发霉变质的饲料不能使用,如发霉玉米含有黄曲霉毒素,容易导致中毒。棉籽饼、菜籽饼须进行去毒处理,并限量使用。

(二)猪的配合饲料种类

猪的配合饲料主要依据猪各生长发育和生理阶段的营养需要而设计配制,通常分为乳猪料、仔猪料、生长肥育猪料、妊娠母猪料、泌乳母猪料和种公猪料。

(三)饲养标准

饲养标准是指满足猪生长发育、生产、繁殖所需的各种营养物质的数量,它是通过大量的试验研究和生产实践总结出来的,是饲料配合的重要依据。在中国养猪生产中,参考价值较高的饲养标准有中国瘦肉型猪饲养标准(2004 年)、美国 NRC 猪的饲养标准及各大育种公司猪的饲养标准。

(四)饲料配方设计

饲料配方设计计算方法有试差法、对角线法、公式法和计算机法等。

二、日粮(饲粮)的配合

(一)日粮、饲粮的基本概念

1.日粮

依据猪的营养需求给予一头猪 24 h 的所有饲料。

2.饲粮

根据日粮所要求的营养比例,配制出的大量饲料。单一饲料其实并不能满足猪的营养需求。在实际生产中,人们常常依据猪的饲养标准和饲料成分及其营养价值表,选择一些常用饲料原料和当地生产较多、价格适宜的饲料,按一定的配方比例进行配制,使生产的饲料满足动物的营养需要并符合规定的质量标准,这个过程称为"饲粮配合"。

(二)饲粮配合的基本原则

1.科学原则

饲料配方技术是一个非常复杂的过程,要体现出科学性必须遵循以下几个特点:

(1)营养性　配合饲料不是一些原料的简单的混合,而是饲料原料按一定的配方比例配制,并经过非常复杂的加工工艺生产而成。生产中,要获得优质的饲料产品,首先必须设计科学的饲料配方。饲料配方是根据营养需求所确定的饲粮中各种饲料原料的合理混合比例。

(2)适口性　动物喜欢适口性好的饲料。饲料较差的适口性将导致动物采食量的下降。因此,配制饲料时,要尽量避免应用有特殊气味、霉变或比较粗的原料。生产中,通常会选择性使用一些调味剂,以提高饲料产品的适口性。

(3)易消化性　各种营养物质的吸收和利用与饲料的易消化性息息相关。在设计配方时需要特别注意动物对不同原料中的养分消化率。选择易消化、抗营养因子含量少的优质饲料原料是提高饲料产品质量和动物生产性能的良好途径。

2.经济原则

取得尽可能大的经济效益是养猪生产者的首要目标。饲料配方的制定既需要考虑猪的生产性能,同时还要考虑饲料成本。在实际饲养过程中,有些配合饲料价格稍高,但是猪日增重大、料肉比低,而有的配合饲料价格低,但带来的影响是猪的生产性能也较低,甚至无法弥补饲料成本低的价格优势。因此,设计配方时需要正确处理好饲料的营养水平、生产性能和饲料成本三者之间的关系。

3.卫生原则

保持饲料的卫生与安全是保证猪群健康的一个重要前提条件。选用无污染、无霉变、无毒害的饲料原料是配制合格饲料产品的关键。一些饲料原料(尤其是粉碎处理后的玉米、麦麸)因含较高的脂肪而容易氧化霉变;另一些饲料原料如花生粕、棉籽粕等则在贮存过程中容易感染黄曲霉毒素;当然,还有一些饲料原料本身含有天然的抗营养因子,这些都是饲料生产者和养猪生产者在配制日粮时需要特别关注的地方。

【实训操作】

猪的日粮配合

一、实训目的

1.了解猪饲料配合的方法;

2.掌握饲料配合的原则;

3.熟悉不同猪种的饲料配合技巧。

二、实训材料与工具

猪场饲料仓库或饲料加工厂。

三、实训步骤

1.在老师指导下,进一步了解配合饲料的种类;

2.参观饲料厂生产过程;

3.通过和技术人员和生产人员交流,理解饲料配合的基本原则;

4.参观饲料成品仓库,了解猪常见的配合饲料种类;

5.进行饲料配方设计并按配方组织生产。

四、实训作业

学生参观猪场饲料厂,认识各种配合饲料,形成报告。

五、技能考核

猪的日粮配合

序号	考核项目	考核内容	考核标准	评分
1	日粮配合	配合饲料的种类	正确认识各种配合饲料	20
2		饲料配合的方法	熟练掌握饲料配合的方法	10
3		饲料配合的原则	熟悉饲料配合的基本原则	15
4	综合考核	日粮配合	准确回答老师的问题	15
5		配合饲料分类	熟悉各种不同的配合饲料	20
6		实训报告	能将整个实训过程完整、准确地表达	20
合 计				100

【小结】

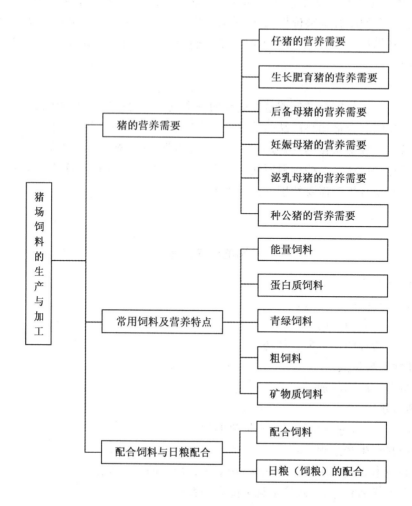

【自测训练】

1.猪的饲料原料分为哪几类？

2.作为猪的常用饲料,玉米、豆粕有什么特点？

3.配合饲料分为哪几类？

4.饲料配合的方法有哪些？ 各有什么优缺点？

5.猪的营养要素包括哪些？

6.在生产实际中,如何防止猪的营养缺乏症发生？

学习情境 9 猪场的经营管理

【知识目标】

1.了解猪场各种数据、表格；

2.了解猪场经营管理的要求和基本原理；

3.掌握猪场经营管理的基本原则；

4.熟悉猪场成本项目；

5.掌握猪场成本核算和效益核算的方法。

【能力目标】

1.能填写猪场各种数据和表格并对其进行分析；

2.能制订养猪场生产计划；

3.能对猪场的生产成本进行核算、监控和效益分析；

4.能制订规模化猪场各种规章管理制度和生产操作规程；

5.能对猪场财务报表进行分析。

工作任务 9-1 养猪场数据管理

一、猪场数据

猪场的数据种类很多,真实的记录并保存各种数据对分析猪场存在的疫情、生长发育情况、母猪生产性能、猪场的经济效益具有十分重要的意义。猪场数据一般通过盘点、登记的方法获得,猪场数据根据其作用主要分为三种。

1.生产数据

根据猪场生产实际每天记录的数据。包括发情、配种、分娩、断奶、转群、存栏、死亡、饲料用量、出栏、水电、药品、疫苗等各种数据,这些数据是猪场管理的基础,是猪场管理中最重要的数据。

2.经济记录

为猪场现金的收支数据。

3.日常生产事件记录

是对猪场发生的事情的记录,包括事件、相片、视频等。

二、猪场常用记录表(卡)

猪场各种数据或事件记录一般用记录表(卡)来反映,常用记录表的主要有:

1.公猪配种记录表（卡）

主要反映公猪年度配种、采精质量、免疫注射情况等（表9-1-1、表9-1-2）。

表9-1-1 公猪采精记录表

采精日期	公猪耳号	颜色	气味	pH	采精量/mL	精子密度	精子活力	稀释倍数	采精人
本周（月）累计采精次数									
精液质量评估									

表9-1-2 _____年_____号公猪配种记录表

品　　　种_____　　出生日期_____　　引入时间_____
父亲耳号_____　　初配日龄_____　　初配体重_____
母亲耳号_____　　淘汰时间_____　　淘汰原因_____

配种日期	与配母猪	配前状态	栋号	预产期	分娩情况	
					总产仔	健仔数

免疫注射记录

猪瘟		乙脑		伪狂犬		细小		蓝耳		五号	
配种总数		分娩总数		受胎率							
总产仔数		总产健仔数		平均窝产健仔数							

2.母猪繁殖记录表（卡）

主要反映母猪生产情况，包括配种记录、繁殖记录、免疫注射情况等（表9-1-3至表9-1-5）。

表9-1-3 母猪配种记录卡

母猪耳号_____　　　　品　　　种_____　　　　出生日期_____
第一次发情时间_____　　初配日龄_____　　　　父亲耳号_____
初配体重_____　　　　　　　　　　　　　　　　　　母亲耳号_____

断奶日期	发情日期	第一次配种		第二次配种		预产期	备注
		时间	公猪	时间	公猪		

表 9-1-4　母猪产仔记录表

品　　种＿＿＿＿＿＿　出生日期＿＿＿＿＿＿　引入时间＿＿＿＿＿＿

父亲耳号＿＿＿＿＿＿　初配日龄＿＿＿＿＿＿　初配体重＿＿＿＿＿＿

母亲耳号＿＿＿＿＿＿　淘汰时间＿＿＿＿＿＿　淘汰原因＿＿＿＿＿＿

配种日期	预产期	产仔日期	栋号	产仔记录					
				总产	产活仔数	健仔数	弱仔数	死胎	木乃伊

免疫注射记录

猪瘟	乙脑	伪狂犬	细小	蓝耳	圆环

表 9-1-5　母猪产仔记录卡

胎次	产仔记录				初生		断奶		哺育率
	总产仔数	活仔数	死胎	木乃伊	初生重	初生窝重	断奶重	断奶窝重	
1									
2									
3									

3. 猪场日报表

主要反映猪场每日发生的各种情况,包括配种记录、生产记录、死亡记录、母猪周转记录、各类猪只新增数、死亡数、存栏数、饲料发放情况等(表 9-1-6 至表 9-1-12)。

表 9-1-6　＿＿＿月＿＿＿日猪场配种记录日报表

耳号	公猪号	预产期	配前状态	栋号	耳号	公猪号	预产期	配前状态	栋号

表 9-1-7　＿＿＿月＿＿＿日猪场母猪生产记录汇总表

栋号	耳号	总产	合格	弱仔	畸形	死胎	木乃伊	栋号	耳号	总产	合格	弱仔	畸形	死胎	木乃伊

表 9-1-8 ＿＿月＿＿日猪场死亡记录日报表

栋号	头数	死前及解剖症状	死亡原因及处理措施	栋号	头数	死前及解剖症状	死亡原因及处理措施

表 9-1-9 ＿＿月＿＿日母猪周转表

转出栋号	转入栋号	转入数量	转栏原因	耳号	转出栋号	转入栋号	转入数量	转栏原因	耳号

表 9-1-10 ＿＿月＿＿日销售日报表

头数	栋号	类别	备注	头数	栋号	类别	备注

表 9-1-11 ＿＿月＿＿日仓库发料表

品种	1栋	2栋	3栋	4栋	5栋	6栋	7栋	…	合计发料	库存
妊娠料										
哺乳料								…		
⋮										
填表人				负责人						

表 9-1-12 ＿＿月＿＿日猪只存栏报表

品种	1栋	2栋	3栋	4栋	…	合计
空怀母猪						
种公猪						
怀孕母猪					…	
待产母猪						
哺乳母猪						
⋮						
合计						
填表人			负责人			

4.周、月、年度报表

主要反映猪场 1 周、1 月或 1 年生产和经营情况。表格主要包括猪场每周、月、年出生、死亡、配种、产仔、断奶、转群、销售等方面的情况(表 9-1-13 至表 9-1-15)。

表 9-1-13　猪舍周记录卡

日期_____　周别_____

日期	母猪情况				仔猪情况			死亡情况		出售/转出数
	第一次配种数	重复配种数	分娩窝数	断奶窝数	产活仔数	死胎数	断奶数	哺乳仔猪/断奶仔猪	母猪/公猪	
上周转入数										
周一										
周二										
周三										
周四										
周五										
周六										
周日										
一周总计										
目标设计										

表 9-1-14　母猪月度生产统计表　年度_____

月份	平均存栏母猪	母猪配种头数	母猪返情头数	母猪分娩头数	母猪断奶头数	总产活仔猪数	总产死仔猪数	总断奶仔猪数	平均窝产仔猪数	平均窝断奶仔猪数	出售/转出数
1 月											
2 月											
3 月											
4 月											
5 月											
6 月											
7 月											
8 月											
9 月											
10 月											
11 月											
12 月											
年度合计											

表 9-1-15　年度盘存表

年度	2009 年	2010 年	2011 年	2012 年	2013 年	2014 年
平均存栏母猪数						
配种母猪数						
返情母猪数						
分娩母猪数						
断奶母猪数						
总产活仔猪数						
总死产仔猪数						
总断奶仔猪数						
平均窝产仔猪数						
平均窝断奶仔猪数						
出售/转出数						

【实训操作】

猪场数据的填写

一、实训目的

1. 了解猪场日常管理中的常用数据；

2. 熟悉猪场各种表格；

3. 掌握猪场数据的填写并根据数据分析猪场存在的问题。

二、实训材料与工具

1. 材料

以 10 000 头商品出栏肥猪的猪场作为实训材料,根据猪场提供的各种数据填写表格并分析存在的问题,提出改进意见。

2. 工具

猪场常用表格、电脑。

三、实训步骤

1. 由老师提供猪场实际数据；

2. 在老师指导下,根据猪场各种数据填写各种表格；

3. 根据各种表格,分析猪场的生产情况；

4. 学生根据分析情况,指出问题并提出整改意见。

四、实训作业

根据实训基地猪场报表,学生进行分析,了解猪场生产的实际情况,并对报表中的生产技术指标提出意见,形成实训报告(要求提供电子版和纸质稿)。

五、技能考核

猪场数据报表

序号	考核项目	考核内容	考核标准	评分
1	猪场数据的识别	各种数据识别	各数据的准确统计、计算	15
2		表格填写	各数据填写是否正确	15
3		数据分析	按现代工厂化正常的数据进行对比分析	10
4	综合考核	口试	能准确回答老师的提问	20
5		表格	是否美观、符合生产实际	20
6		实训表现	能正确分析存在的问题，提出合理化建议	20
合计				•100

工作任务 9-2　猪场生产计划的制订

一、猪群划分

猪群一般是依据猪的年龄、性别、用途、生长阶段等对猪进行划分，在同一个猪场，同类型的猪划分时必须统一标准，以便于统计。一般猪场将猪划分为以下几种：

(1)种公猪　是指已经经过鉴定合格的、用于配种生产的公猪。

(2)种母猪　是指产过一胎并鉴定为合格的母猪，包括空怀母猪、妊娠母猪和哺乳母猪。

(3)哺乳仔猪　是指从出生到断奶前的仔猪，一般为0～21(或28)日龄的仔猪。

(4)保育猪　是指断奶后(一般7 kg左右)到15 kg的猪。

(5)小猪　指保育结束到30 kg体重阶段的猪。

(6)生长猪　是指体重为30～60 kg的猪。

(7)育肥猪　是指60 kg至出栏的商品肉猪。

(8)后备种猪　是指经过选择(一般在4月龄、50 kg左右)到初次配种的公、母猪。

(9)鉴定公猪　是指参加初配，所产仔猪等待性能测定的公猪。

(10)鉴定母猪　是指已产一胎，仔猪等待性能测定的母猪。

(11)淘汰种猪　是指已经失去种用价值、等待淘汰的种公、母猪。

二、猪场猪群结构

猪场在引进种猪开始生产，经过一段时间后，各类猪群的结构和比例会基本保持一种相对稳定的动态平衡状态。由于生产性质、生产目标的不同，猪场的猪群结构有所不同。一般来说，一个商品猪场的猪群结构包括成年公、母猪、哺乳仔猪、保育猪、小猪、生长育肥猪，对于种猪场而言，还包括后备种猪和鉴定种猪。对于不同性质的猪场，其猪群结构的比例差异较大，在确定了种猪的品种、生产规模、生产方式的前提下，制约猪场经济效益的主要因素是能繁母猪的规模以及公母比例、母猪的年龄结构等。

在确定能繁母猪规模时，主要依据猪场的生产计划、投资额、面积、排污处理技术和土壤的承受能力。而公猪数量的确定主要依据配种方式，一般本交时公母比例为 1：（20～30），而人工授精时为 1：（80～100），最高可达 1：200。由于母猪的生产性能在 3～6 胎（壮年母猪）为最佳繁殖年龄，7 胎以后开始下降，到 9 胎以后容易出现产仔不均匀现象。所以猪场母猪应该以壮年母猪为主，一般占母猪群的 50% 以上，1、2 胎占 30% 左右，7 胎以上占 20% 左右比较适宜。对于后备种猪，其留种比例公猪为 1：（5～6），母猪为 1：3 比较适宜。确定母猪繁殖规模后，在规模化猪场一般采取流水线生产模式，每月（周）配种母猪数、妊娠母猪数、分娩母猪数就确定了。按照母猪的生产性能，每周出生的仔猪数、断奶数、转保育栏数也随之确定，生长育肥猪及每周可销售肥猪数也确定下来。某猪场猪群组成见表 9-2-1。

表 9-2-1 猪场猪群组成表

品 种	1栏	2栏	3栏	4栏	5栏	6栏	7栏	8栏	9栏	10栏	11栏	12栏	13栏	14栏	合 计
种公猪	6														6
空怀母猪	45														45
怀孕母猪		166	164												320
哺乳母猪				41	42	10									93
待产母猪				1		37									38
产房仔猪				414	430	109									953
保育商品猪							384	409	417						1 210
商品猪										345	341	363	377	311	1 737
后备母猪	35														35
合 计	86	166	164	335	257	334	384	409	417	345	341	263	377	311	4 434
制表人签字							组长签字								

三、猪群更新计划

种猪的更新计划是指在一定的时间内（一般以年为单位）新投入配种的后备种猪、淘汰繁殖性能低的种猪的具体数量和时间安排的计划。种猪更新率是指投入配种后备种猪占猪场种猪的百分率。后备种猪从投入配种到淘汰或死亡是一个周而复始的连续生产过程，在此过程中，由于鉴定不合格、繁殖性能低下、因病不愈淘汰或饲养过程中途死亡等，会造成猪场种猪数量的减少。因此，在制订种猪更新计划时要依据猪场现有种猪的年龄结构、繁殖性能的高低、资金来源等因素，科学合理地确定猪场的年更新率、年度淘汰种猪数量并均衡地分配到每个月中。

种猪的淘汰率越高，种猪的更新速度越快，企业投入的资金量就越大，成本也就越高。因此，对于猪场而言，保持合理的淘汰比例是提高猪场经济效益的主要技术措施。一般来说，保持猪场母猪淘汰率在 30%，公猪淘汰率 50% 左右是最适宜的。

某猪场猪群更新计划见表 9-2-2。

表 9-2-2　某猪场猪群更新计划

	1月	2月	3月	4月	5月	6月	7月	8月	9月	10月	11月	12月	合计
公猪	1			1			1			1			4
母猪	15	15	15	15	15	15	15	15	15	15	15	15	180

四、生产计划的制订

猪场生产计划是将母猪更新计划、配种产仔计划和生产计划三个相对独立又相互联系的计划紧密结合起来的计划。其具体包括：

（一）猪场生产工艺流程

现代养猪生产过程中，猪场应根据自身饲养规模、技术水平、不同猪群的生理要求等要素，制订生产工艺流程。制订生产工艺流程必须注意：

(1)生产母猪分组。将生产母猪分成相对固定的组（一般 25 组），分批次饲养，永不混群，每组遇有淘汰，立即用后备猪补充，保持组群完整。

(2)工作安排以周为单位计划实施。

(3)把连续性的生产分割、量化到每周。

(4)每个生产环节的多个生产单元统一作业，步调一致。

(5)1 周内的每一天工作基本固定，循环往复。

(6)均衡生产，定岗定员，安排有序，合理分工，责任明确，避免混乱。

(7)多劳多得，多产多奖，弱化"人治"。目标奖励、数据管理。

(8)每周全场的产出与投入基本固定，利于发现异样情况，可做到防患于未然。

猪场猪群流动见图 9-2-1（猪场生产工艺流程制订可参照工作任务 1-5 规模化猪场工艺流程和设计）。

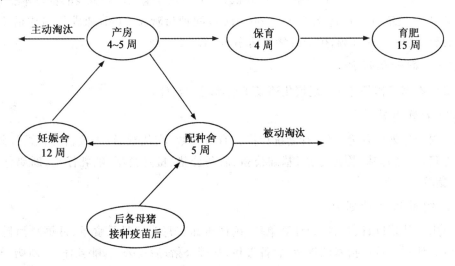

图 9-2-1　种猪流动图

（二）猪场关键技术指标参数

1. 繁殖周期

母猪繁殖周期＝母猪妊娠期 ＋ 母猪哺乳期 ＋ 母猪断奶到发情的时间

由于母猪妊娠期平均一般为 114 d(109～117 d)，规模化猪场的哺乳期一般为 21～28 d，断奶到发情的时间一般为 7～10 d。因此，母猪的繁殖周期一般为 150 d 左右。

2. 母猪年产窝数

母猪年产窝数 ＝ 365÷ 繁殖周期

理论上，母猪年产窝数为 365÷150＝2.4(窝)，但由于母猪的配种受胎率在 90％ 左右，而妊娠母猪因流产、"假孕"等原因，其分娩率也在 98.5％ 左右。因此，在实际生产上，母猪的年产窝数为 2.1～2.3 窝。

3. 猪场年总产仔窝数

猪场年总产仔窝数＝计划年出栏数÷每窝产仔数÷出生到出栏成活率

猪场各阶段成活率一般为：出生到断奶 90％～94％，断奶到保育结束 95％，生长育肥阶段为 98％。

4. 出栏率

出栏率＝年出栏肥猪总头数÷年初存栏数(不包括哺乳仔猪)

5. 猪场主要技术参数

根据中国目前的生产实际水平，猪场的主要技术参数为：母猪繁殖周期为 150～160 d，妊娠期 114 d；母猪平均年产胎次为 2.1～2.3，母猪窝产仔猪数 9～10 头，母猪情期受胎率 90％；哺乳期 21～28 d，保育期 28～35 d，断奶至发情配种时间 7～10 d；仔猪出生体重 1.2～1.4 kg，35 日龄 8～8.5 kg，70 日龄 25～30 kg，160～170 日龄 90～100 kg；猪场本交时公母比例 1∶25，人工授精时公母比例为 1∶(60～80)；配种后观察 21 d；哺乳仔猪成活率 90％～94％，断奶仔猪成活率 95％，生长育猪成活率 98％。

（三）猪群结构设计

可参照本书工作任务 1-5 规模化猪场工艺流程和设计。

（四）猪群周转计划

猪群周转计划以月为单位，计划统计指标有月初数、淘汰数、转入数、转出数；计划项目包括基础母猪、后备母猪、检定母猪、基础公猪、后备公猪、检定公猪、哺乳仔猪、断奶仔猪、育成猪、肥育猪等。

（五）饲料用量计划

饲料用量计划以日、月、年为计算单位，统计指标有每头猪日采食量、月饲料消耗量、年饲料消耗量。计划项目包括基础母猪、后备母猪、基础公猪、后备公猪、哺乳仔猪、断奶仔猪、育成猪、肥育猪等。

（六）猪场生产计划制订实例

1.个体养殖户生产计划制订

某个体猪场年末引进后备母猪 50 头,公猪 2 头,其公猪为 12 月龄经过鉴定,母猪月龄分别为 6 月龄 15 头,7 月龄 15 头,8 月龄 20 头。

假设后备母猪 8 月龄开始配种,窝产仔数为 8 头;经产母猪窝产仔 10 头,母猪 60 日龄断奶、年产 2 窝;母猪受胎率为 100%,哺乳仔猪成活率为 95%、保育猪成活率 96%、生长育肥猪成活率为 98%。种猪不进行淘汰更新,直接进行生产计划的制订。

由上述条件可知,后备母猪从 1 月份开始配种,则 1 年可配种 100 头次,产仔 85 窝,可产仔猪 680 头。如果以肉猪 6 个月出栏计算,则年可出栏肉猪 143 头,其生产计划见表 9-2-3。

表 9-2-3　个体养殖户生产计划

月份	配种头数	产仔窝数	产仔数	断奶数	保育猪	生长猪	可出售肉猪
1	20						
2	15						
3	15						
4							
5		20	160				
6		15	120				
7	20	15	120	152			
8	15			114	146		
9	15			114	109	143	
10					109	107	
11		20	160			107	
12		15	120	152			143
合计	100	85	680	532	364	357	143

2.规模化猪场猪群生产计划的制订

假设某猪场存栏基础母猪 600 头,公猪 8 头,自繁自养生产商品肉猪,肉猪出栏体重 110 kg,按流水线生产模式均衡生产,其生产计划制订如下:

（1）根据猪场生产实际确定技术参数

①基础母猪年更新 30%、公猪年更新 50%,后备母猪自己培育;

②母猪平均受胎率为 90%（基础母猪受胎率 91%,后备母猪受胎率 85%）,母猪年产 2.2 窝（经产母猪产仔 10 头,后备母猪产仔 8 头）;

③哺乳成活率 95%,保育成活率 96%,小猪成活率 98%,生长育肥猪成活率 98.5%;

④商品肉猪 190 d 出栏,体重 110 kg。

（2）生产计划制订。根据技术参数以均衡生产进行计算可知母猪年产 1 320 窝,每月 110 窝,每月配种 122 头次,后备母猪年补充 180 头,每月 15 头。每月配种、分娩、断奶、更新等计划见表 9-2-4。

表 9-2-4 规模化猪场生产计划

月份	断奶母猪/头数		投入检定母猪	计划配种/头次			母猪分娩计划						内转留种	商品猪/头	
	总数	留用		经产母猪	检定母猪	合计	经产母猪		后备母猪		合计			出售肉猪	淘汰母猪
							窝数	仔数	窝数	仔数	窝数	仔数			
1	110	95	15	105	18	123	95	950	15	120	110	1 070	15	926	15
2	110	95	15	104	18	122	95	950	15	120	110	1 070	15	927	15
3	110	95	15	105	17	122	95	950	15	120	110	1 070	15	926	15
4	110	95	15	104	18	122	95	950	15	120	110	1 070	15	927	15
5	110	95	15	104	18	122	95	950	15	120	110	1 070	15	926	15
6	110	95	15	105	17	122	95	950	15	120	110	1 070	15	927	15
7	110	95	15	104	18	122	95	950	15	120	110	1 070	15	926	15
8	110	95	15	104	18	122	95	950	15	120	110	1 070	15	927	15
9	110	95	15	105	17	122	95	950	15	120	110	1 070	15	926	15
10	110	95	15	104	18	122	95	950	15	120	110	1 070	15	927	15
11	110	95	15	104	18	122	95	950	15	120	110	1 070	15	926	15
12	110	95	15	105	17	122	95	950	15	120	110	1 070	15	927	15
Σ	1 320	1 140	180	1 253	212	1 465	1 140	11 400	180	1 440	1 320	12 840	180	11 118	180

【实训操作】

猪场生产计划的制订

一、实训目的

1. 了解猪场生产计划制订的方法；

2. 熟悉猪场各种技术参数；

3. 掌握不同规模猪场生产计划的制订。

二、实训材料与工具

1. 材料

以某猪场年末存栏 300 头基础母猪,猪场以流水线均衡生产模式作为实训材料,根据猪场技术参数制订猪场生产计划。

2. 工具

笔、纸、计算器、电脑。

三、实训步骤

1. 由老师进一步提示猪场生产计划制订的方法；

2. 在老师指导下,每 4 个学生为一组,根据猪场情况,确定技术参数；

3. 根据技术参数,计算各类猪只存栏情况；

4. 根据各类猪只的存栏,制订生产计划。

四、实训作业

根据实训已知条件:以某猪场存栏 300 头基础母猪,制订猪场生产计划。

五、技能考核

猪场生产计划制订

序号	考核项目	考核内容	考核标准	评分
1	生产计划制订	分析猪场年末存栏	猪场年末各类猪存栏计算是否准确	15
2		确定各种技术参数	技术参数是否正确	15
3		各类猪只计划存栏	各类猪只计划数量是否正确	20
4	综合考核	口试	能准确回答老师的提问	20
5		表格	是否美观、符合生产实际	20
6		实训表现	小组相互合作良好,分工明确,能提出合理化建议	10
合计				100

工作任务 9-3　猪场岗位设置及承包方案

一、猪场组织机构

猪场的组织机构设置依据猪场规模、生产模式不同而不同。一般猪场实行场长负责制,副场长、生产线主管(技术主管)、财务主管和后勤主管协助场长负责分管工作;生产线主管下根据规模设组长若干名,各组长组织各组开展工作,并相互合作,维持猪场正常的运行。组长向生产线主管负责,各主管、副场长向场长负责,场长向公司负责的层层管理、分工明确;具体工作专人负责;下级服从上级;重点工作协作进行,重要事情协商研究的工作方式。

在大型猪场或多个分场组成的企业,一般由总场和各分场派出代表形成一个分公司,协调各分场之间既分工又合作地开展相对独立的工作,共同对总公司负责,同时还可以成立工会、党支部、妇女联合会、共青团等组织机构(图9-3-1)。

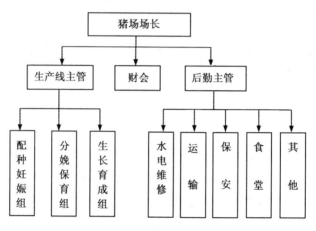

图 9-3-1 猪场组织机构

(一)岗位设置和定编

猪场人员设置和定编是根据规模、生产模式、生产设备等来进行确定。在以人工为主的场,人员设置较多,而机械化猪场则人员相对较少。目前中国一个年出栏30 000头肥猪的机械化猪场生产一线最少人员为9人,而传统猪场则高达50人以上。

1.管理人员设置和定编

一般猪场管理人员包括场长(1人)、副场长(1~2人)、生产主管(1~4人)、财务主管(1人)、后勤主管(1人)、畜牧兽医技术人员(1~6人)等。其他人员如党支部、工会、妇联、共青团人数依据生产情况单独或合并设置。

2.饲养员设置和定编

饲养人员设置包括配种组(包括组长1人)、妊娠组(包括组长1人)、分娩组(包括组长1人)、保育组(包括组长1人)、生长育肥组(包括组长1人)、夜班人员等。

3.后勤人员设置和定编

后勤人员按实际岗位需要设置人数,如会计、出纳、司机、维修工、水电工、保安门卫、炊事员、勤杂工、种植员工等。

(二)实例

江西某存栏1 200头母猪自繁自养猪场人员布局如下:

1.管理岗位

场长1人、副场长(兼技术主管)1人、技术员1人,合计3人。

2.生产人员

配种组：主配、辅配各 1 人，饲养员 4 人；产房组：组长 1 人，饲养员 5 人；保育组：组长 1 人，饲养员 4 人；育肥组：组长 1 人，饲养员 10 人；晚班 1 人。合计 29 人。

3.后勤人员

门卫 1 人，采购兼司机 1 人，仓库兼保管 1 人，会计 1 人，出纳 1 人，水电工 1 人，食堂 2 人，污水处理 1 人，饲料加工场 3 人。合计 12 人。

猪场总计人员 44 人。

二、各岗位职责

猪场不同岗位的职责不同，在制订岗位职责时依据猪场的生产模式、猪舍结构、猪栏面积、饲养品种等进行。

1.场长岗位职责

负责猪场的全面工作；负责制定和完善本场的各项管理制度、技术操作规程；负责猪场后勤保障工作，及时协调各部门之间、猪场与周边环境的工作关系；负责制定具体的实施措施，落实和完成公司各项任务；负责监控本场的生产情况，员工工作情况和卫生防疫，及时解决出现的问题；监督、落实全场的经营生产计划，物资需求计划；负责全场的生产报表，并督促做好周上报工作、月结工作；做好全场员工的思想工作，及时了解员工的思想动态，出现问题及时解决，及时向上反映员工的合理化意见和建议，对现有员工进行月、季、半年和年度考评，根据生产需要引进新员工和解聘员工；负责全场直接成本费用的监控与管理；负责落实和完成公司下达的全场技术指标；直接管辖生产线主管、组长，通过生产线主管、组长管理生产线员工，负责全场生产线员工的技术培训工作，每周或每月主持召开生产例会。

2.副场长岗位职责

协助场长开展工作，在场长离场期间承担场长责任；协助场长制定和完善本场的各项管理制度、技术操作规程；负责猪场内部生产保障工作的管理，及时协调猪场各组之间的工作关系；负责猪场生产技术指标的制定，落实和完成公司的各项任务；负责监控猪场的生产情况，员工工作情况和卫生防疫，及时解决出现的问题；协助场长监督、落实全场的经营生产计划，物资需求计划；负责收集全场的生产数据，并督促做好周上报、月结工作；协助场长做好全场员工的思想工作，及时了解员工的思想动态，出现问题及时解决，及时向场长反映员工的合理化意见和建议，对现有员工进行月、季、半年和年度考评；协助场长对猪场直接成本费用的监控；具体负责全场生产线员工的技术培训工作，协助场长召开每周或每月生产例会。

3.技术主管岗位责任

负责生产线日常工作，执行饲养管理技术操作规程、卫生防疫制度和有关生产线的管理制度，并组织实施；负责生产线报表工作，随时做好统计分析，以便及时发现问题并解决问题；负责猪病防治及免疫注射工作；负责生产线饲料、药物等直接成本费用的监控与管理；负责落实和完成场长下达的各项任务；直接管辖组长，通过组长管理员工；对现有员工进行考评指标统计、分析；协助副场长做好员工培训和其他工作。

4.技术员岗位职责

认真做好防疫、消毒、驱虫、免疫和保健工作，严格执行《猪场防疫、消毒、免疫和保健程序》和技术员岗位职责要求，保质保量；严格按照操作规程制定本岗位的具体工作流程，对生产进行有序调控;负责流程的督促与落实,提高猪群的抗病能力;每天巡视和认真观察猪群及设施和设备,及时发现问题和隐患,同时上报公司,并在最短时间内解决;对于病猪必须做必要的临床检查,如体温、食欲、精神、粪便、呼吸、心率等全身症状的检查,然后做出正确的诊断。诊断后要提出治疗方案及时对症用药,有并发症和继发症的要采取综合措施,并跟踪观察治疗效果,同时做好各种记录备查。预防中毒、应激等急性病,发现时及时抢救治疗。做好病猪病志、剖检记录、死亡记录和解剖拍照,经常总结临床经验、教训。对久治不愈或无治疗价值的病猪及时上报生产部处理;正确保管和使用疫苗、兽药,有质量问题或过期失效的一律禁用。建立和健全疫苗的使用、免疫注射、消毒、疾病治疗、淘汰与剖检的各种业务档案。免疫和保健做到一栏一针头,免疫和治疗器械用后消毒,不同猪舍不得共用注射器等器械;负责和加强对所属猪舍的饲养管理与员工培训工作。对所属猪舍的各项生产指标负责,协助统计员和各组组长做好统计工作;按要求做好本阶段工作计划和总结,每周日做好下周工作计划,并向副场长、场长汇报;积极参加猪场的其他工作。

5. 配种妊娠组组长岗位职责

负责组织本组人员严格按《饲养管理技术操作规程》和每周工作日程进行生产;及时反映本组中出现的生产和工作问题;负责整理和统计本组的生产日报表和周报表并上报;妥善安排本组人员休息并安排替班;负责本组定期全面消毒,清洁绿化工作;负责本组饲料、药品、工具的使用计划与领取及盘点工作;服从场长、副场长、技术员的领导,完成下达的各项生产任务;负责本生产线配种工作,保证生产线按生产流程运行;负责本组种猪转群,调整工作;负责本组公猪、后备猪、空怀猪、妊娠猪的预防注射工作。

6. 分娩保育组组长岗位职责

负责组织本组人员严格按《饲养管理技术操作规程》和每周工作日程进行生产;及时反映本组中出现的生产和工作问题;负责整理和统计本组的生产日报表和周报表并上报;妥善安排本组人员休息并安排替班;负责本组定期全面消毒、清洁、绿化工作;负责本组饲料、药品、工具的使用计划与领取及盘点工作;服从场长、副场长、技术员的领导,完成下达的各项生产任务;负责本组母猪、仔猪转群、调整工作;负责哺乳母猪、仔猪预防注射工作;负责本组公猪、后备猪、空怀猪、妊娠猪的预防注射工作。

7. 育肥组组长岗位职责

负责组织本组人员严格按《饲养管理技术操作规程》和每周工作日程进行生产;及时反映本组中出现的生产和工作问题;负责整理和统计本组的生产日报表和周报表;妥善安排本组人员休息替班;负责本组定期全面消毒,清洁绿化工作;负责本组饲料、药品、工具的使用计划与领取及盘点工作;服从领导,完成下达的各项生产任务;负责猪的出栏工作,保证出栏猪的质量;负责猪的周转、调整、预防注射工作;负责本组空栏猪舍的冲洗、消毒工作。

8. 饲养员岗位职责

(1)配种舍饲养员 负责接受断奶母猪、消毒后进入空怀舍饲养;负责对空怀母猪和后备母猪的发情鉴定并协助组长进行配种工作;协助配种手对已配种母猪的妊娠鉴定,对已经确定妊娠母猪消毒后转定位栏内;负责公猪、空怀猪、后备猪的日常饲养管理工作,严格按规定饲喂饲料;日常饲养过程中,应经常观察猪群,发现问题及时上报技术主管,并积极配合技术主管进行治疗。

(2)妊娠舍饲养员 负责接受已配种母猪、消毒后进入妊娠舍饲养;负责对妊娠母猪的观察工作,尤其是配种后的 21 d 和 42 d,对出现返情、流产母猪消毒后及时赶回配种舍进行配种;负责妊娠母猪日常饲养管理工作,按规定饲喂不同饲料;日常饲养过程中,应经常观察猪群,发现问题及时上报技术主管,并积极配合技术主管进行治疗;负责对产前母猪进行消毒,并转入产房。

(3)哺乳母猪饲养员　协助组长做好临产母猪转入、断奶母猪及仔猪转出工作;协助组长做好哺乳母猪、仔猪的预防注射工作;负责本舍产仔哺乳母猪、仔猪的日常饲养管理工作;负责本舍猪舍设备的消毒、清洗工作;负责本舍商品仔猪的阉割工作;经常检查猪只,发现问题及时处理并上报组长。

(4)保育猪饲养员　协助技术主管、产房组长做好保育猪转群、调整工作;协助技术主管做好保育猪预防注射工作;负责本舍保育猪的日常饲养管理工作;负责本舍猪舍设备的消毒、清洗工作;经常检查猪只,发现问题及时处理并上报组长。

(5)生长育肥猪饲养员　协助技术主管、保育组长做好小猪转群、调整工作;协助技术主管做好小猪预防注射工作;负责本舍保育猪的日常饲养管理工作;负责本舍猪舍设备的消毒、清洗工作;经常检查猪只,发现问题及时处理并上报组长;在主管副场长的指导下、全场员工的配合下,做好小猪的销售工作。

(6)夜班人员　每天工作时间一般为午间 11:30—14:00,晚间 17:30 至次日早 7:30;负责值班期间猪舍猪群防寒、保温、防暑、通风工作;负责值班期间防火、防盗等安全工作;重点负责分娩舍接产、仔猪护理工作;负责哺乳仔猪夜间补料工作;做好值班记录。

三、操作规程

操作规程因猪场性质、猪场规模略有不同,但基本内容一致,见各工作任务。

四、猪场承包方案

猪场实行目标管理、责任承包是目前猪场最常见的管理方式。对管理人员、技术人员、饲养人员的承包一般采取技术指标承包的方式,而对管理团队则采取经济指标承包的方式。

由于技术指标、经济指标的确定是根据最近几年猪场的实际指标和对未来生产进行预测的基础上完成的,所以对于一线员工往往只确定其技术指标参数,在完成技术指标后,员工领取其相应的报酬,在超过或低于其技术指标时,相应给予奖励或适当扣除其报酬。在进行承包时采取平时检查、中期考评、年终统一结算的考核方式,因而员工工资一般由基础工资(保底工资)+月度(季度)绩效工资+年终统一结算工资+其他工资、福利的方式构成,每月只预发基础工资和其他工资、福利,绩效工资在计算出来后按月(或季度)发放,半年统一预发一次绩效工资,其他部分年终统一结算。

(一)承包方案实例

1.配怀组

(1)季度考核　考核标准:以产房实际产仔窝数计算健仔数,标准为 8.5 头,包括体重大于 0.75 kg,健康无缺陷的仔猪,产房初生身体上无胞衣仔猪同样核算。死胎、体重低于 0.75 kg、外观缺陷不计算。

奖惩措施:以健仔数进行季度考核,奖惩措施如下:胎平均产健仔等于 8.5 头,组长特别奖励 1 000 元/每月,全组无奖励;胎平均产健仔低于 7.5 头,每少 0.1 头全组扣除 200 元;胎平均产健仔 7.5～8.5 头,全组无奖励;胎平均产健仔 8.5～9.0 头,季度奖为胎平均每多 0.1 头,组长特别奖励 1 000 元/每月,全组奖励 400 元;胎平均产健仔 9.0～9.5 头,季度奖为胎平均每多 0.1 头,组长特别奖励 1 000 元/每月,全组奖励 600 元;胎平均产健仔 9.5 头以上,季度奖为胎平均每多 0.1 头,组长特别奖励 1 000 元/每月,全组奖励 1 000 元。

(2)年度考核 以每头存栏母猪平均年产窝数(标准为 2.1 窝)进行考核,奖励如下:每头存栏母猪年产小于等于 2.1 窝,奖励为 0;低于 2 窝,每少 0.1 窝,全组扣除 200 元;每头存栏母猪 2.1～2.15 窝,每多 0.1 窝,全组奖励 400 元;每头存栏母猪年 2.15～2.20 窝,每多 0.1 窝,全组奖励 600 元;每头存栏母猪年 2.20 窝以上,每多 0.1 窝,全组奖励 1 200 元。

(3)奖励发放 季度考核超过 8.5 头标准,组长特别奖金按照每月发放,全组季度奖金按照季度发放,年度奖励按照合同签订终期结算。

分配比例:组长占 60%,复配占 20%,饲养员各占 10%。

2. 产房组

(1)季度考核 考核标准:以产房实际健仔的成活率(标准为 94%。包括断奶体重大于 5 kg,健康无缺陷的仔猪为合格仔,疝气、没有阉割、外观有缺陷、疾病等的除外)进行季度考核。

奖惩如下:初生健仔成活率低于 94%;奖励为 0;低于 93%,每少 0.1 个点扣 100 元;初生健仔成活率 94%～95%,季度奖为每多 0.1 个点,组长特别奖励每月 1 000 元,全组奖励 100 元;初生健仔成活率 95%～96%,季度奖为每多 0.1 个点,组长特别奖励每月 1 000 元,全组奖励 200 元;初生健仔成活率 96% 以上,季度奖为每多 0.1 头,组长特别奖励每月 1 000 元,全组奖励 400 元。

(2)年度考核 以每头存栏母猪平均年提供断奶数(标准为 18 头)进行考核。

奖惩如下:每头存栏母猪年提供 18 头合格断奶仔猪,奖励为 0,低于 17 头,每少 0.1 头扣 100 元;每头存栏母猪年提供 19 头合格断奶仔猪,每多 0.1 头奖励为 100 元;每头存栏母猪年提供 20 头合格断奶仔猪,每多 0.1 头奖励为 200 元;每头存栏母猪年提供 21 头以上合格断奶仔猪,每多 0.1 头奖励为 400 元。

奖励发放:奖励发放为组长占 60%,饲养员各占 20%。

3. 保育组

(1)季度考核 以保育栏实际健仔的成活率(标准为 95%。包括出售或 15 kg 转群健康无缺陷的仔猪为合格仔,疝气、没有阉割、外观有缺陷、疾病等的除外)进行季度考核。

奖励如下:初生健仔成活率低于 95%;奖励为 0;低于 93%,每少 0.1 个点扣 100 元;初生健仔成活率 95%～96%,季度奖为每多 0.1 个点,奖励 100 元;初生健仔成活率 96%～97%,季度奖为每多 0.1 个点,奖励 200 元;初生健仔成活率 97% 以上,季度奖为每多 0.1 个点,奖励 400 元。

(2)年度考核 以每头存栏母猪平均年提供断奶数(标准为 17.5 头)进行考核。

奖励如下:每头存栏母猪年提供 17 头合格断奶仔猪,奖励为 0;低于 16 头,每少 0.1 头扣 100 元;每头存栏母猪年提供 18 头合格断奶仔猪,每多 0.1 头奖励为 100 元;每头存栏母猪年提供 19 头合格断奶仔猪,每多 0.1 头奖励为 200 元;每头存栏母猪年提供 20 头合格断奶仔猪,每多 0.1 头奖励为 400 元。

(3)奖励发放 发放比例为组长占 60%,饲养员各占 20%。

4.育肥组

(1)季度考核　以育肥栏实际出栏数计算成活率(标准为97％。包括出售或90 kg以上商品猪或后备种猪)进行季度考核。

奖励如下:育肥猪成活率低于97％;奖励为0;低于97％,每少0.1个点扣100元;成活率97％~98％,季度奖为每多0.1个点,奖励100元;育肥猪成活率98％~99％,季度奖为每多0.1个点,奖励200元;育肥猪成活率99％以上,季度奖为每多0.1个点,奖励400元。

(2)年度考核　以年度计算育肥猪的成活率(标准为97％,包括出售或90 kg以上商品猪或后备种猪)进行考核。

奖励如下:育肥猪成活率低于97％;奖励为0;低于97％,每少0.1个点扣200元;成活率97％~98％,季度奖为每多0.1个点,奖励200元;育肥猪成活率98％~99％,季度奖为每多0.1个点,奖励400元;育肥猪成活率99％以上,季度奖为每多0.1个点,奖励800元。

(3)奖励发放　发放比例为组长占40％,饲养员各占15％。

(二)委托饲养合同

在中国,一些大型养殖企业由于出于资金、设备、环保等方面的考虑,会将保育仔猪委托给其他猪场或个体户进行养殖,肥猪养至出栏体重后再由企业进行回收,这些大型养殖企业往往和其他猪场或个体户需要签订委托饲养合同。委托饲养合同格式很多,内容往往根据双方的实际情况进行签订,主要条款包括:

委托双方名称,合同签订时间、地点,委托养殖双方的责、权、利,委托养殖的猪名称、数量和保证金交付标准,委托养殖的猪的标准、饲料、疫苗的供应情况,肥猪回收标准、价格及结算方式,交货时间、地点、运输方式和费用情况,违约责任,争议解决方式,合同期限,其他事项。

(三)承包方案管理

猪场应成立由场长、副场长、技术主管(技术员)、财务、各组负责人和生产员工组成的考核小组,对承包方案进行月度、季度考查和年终统一核算。考查内容包括出勤、卫生、场规场纪、公共劳动、服从安排开展其他工作(某猪场评分标准见表9-3-1等),每月考查2次,根据结果量化成百分制,在每月初将上月结果计算出来,张贴公布,对于评为优秀员工每月给予100~200元奖励,对于合格不予奖励,对于不合格人员适当扣罚其基本工资。

表 9-3-1　某猪场考核评分标准

项目	配种组	分娩组	保育组	生长育肥组	饲料舍	后勤组
舍内卫生	5	5	5	5	5	5
包干区卫生	5	5	5	5	5	5
饲料用量	10	5	10	10		
猪瞟情	20	15	15	20		
猪只健康状况	10	10	10	10		
日常工作	10	10	10	10	30	20
饲养管理	10	10	10	10		
值班		10			10	10
按时上下班	5	5	5	5	15	10

续表 9-3-1

项目	配种组	分娩组	保育组	生长育肥组	饲料舍	后勤组
保证各种供应					10	20
服从安排	5	5	5	5	5	5
寝室卫生	5	5	5	5	5	5
团结合作	5	5	5	5	5	5
公共劳动	5	5	5	5	5	10
请假休假	5	5	5	5	5	5
合计	100	100	100	100	100	100

说明:各岗位按照评分标准,对照岗位责任和操作规程进行考查评分。各项评分最多为满分,差的可得负分,一项负分即为不合格。90分以上为优秀,60~89分为合格,59分以下为不合格。考查结果和奖励情况全场公布,员工没有意见后3 d内上报。核准后当月发放。

【实训操作】

猪场承包方案的制订

一、实训目的

1.了解猪场承包方案制订的内容;

2.熟悉猪场各岗位设置要求;

3.掌握猪场承包方案的制订。

二、实训材料与工具

1.材料

某猪场上年度生产计划、各种资料。

2.工具

笔、纸、计算器、电脑。

三、实训步骤

1.由老师进一步分析上年度承包计划的优缺点;

2.根据猪场生产计划情况,计算各项生产技术指标;

3.根据指标,设置管理目标,制订承包计划。

四、实训作业

根据实训已知条件:某猪场600头基础母猪,公猪10头,后备母猪一年从外面购买2次。存栏基本包括:空怀母猪45头,妊娠母猪400头,产房哺乳和待产母猪155头,保育1 100头,生长育肥猪3 600头。采取流水线、均衡模式进行生产。请制订猪场承包方案(提供电子版和纸质稿)。

五、技能考核

猪场承包计划制订评分标准

序号	考核项目	考核内容	考核标准	评分
1	承包计划制订	分析猪场年末存栏	猪场年末各类猪存栏计算是否准确	10
2		设置承包目标	技术指标是否正确	10
3		设置人员定编	各类人员定编数量是否正确	20
4		目标制定	目标是否明确,责、权、利分明	10
5		方案制订	方案是否合理	15
6	综合考核	综合评定	合理正确,可操作性强	15
7		实训表现	各项记录是否完整、方案可行	20
合 计				100

【案例】

猪场岗位设置

某猪场存栏 800 头母猪,猪场采取岗位责任制的管理方法,实行场长负责制,副场长、技术员、采购、财务协助场长负责分管工作;技术员下设组长 2 名,各组长组织各组开展工作,并相互合作,维持猪场正常的运行。组长向技术员、副场长负责,技术员、副场长向场长负责,场长向公司负责的层层管理、分工明确;具体工作专人负责;下级服从上级;重点工作协作进行,重要事情协商研究的工作方式。其岗位设置如下:

1. 管理人员设置和定编

猪场管理人员包括场长(1 人)、副场长(1 人)、技术员(1 人)、财务(1 人)、采购(1 人),合计 5 人。

2. 饲养员设置和定编

饲养人员设置:包括配种妊娠组 2 人(包括组长 1 人)、分娩组(1 人)、保育组(1 人)、生长育肥组 3 人(包括组长 1 人)、临时人员(1 人),合计 9 人。

3. 后勤人员设置和定编

后勤人员 1 人。

以上合计 15 人。

工作任务 9-4　猪场成本核算

养猪的成本是指猪在养殖过程中所发生的一切直接和间接费用的总和,总和除以产品量的总量即为单位成本。

一、猪的成本种类

猪场养猪的成本主要包括以下几种:

（1）饲料费用　指饲养各类猪只所消耗的各种饲料费用。在养猪成本中所占比例最大，一般为 70％～80％。

（2）工资、福利　指直接从事养猪生产一线员工的工资报酬和各种福利。

（3）水、电费用　指养猪过程中消耗的水、电的费用。

（4）药费　包括治疗、预防猪群发病所使用的各种药品、消毒药品费用。

（5）疫苗费用　用于猪群预防各种疾病发生而注射的各种疫苗费用。

（6）固定资产折旧　指猪场生产所需各种设备每年折旧产生的费用。

（7）低值易耗品　指猪场生产过程中使用的低价值工具（包括扫把、铲子、水管、饮水器、灯泡等）以及生产过程中的劳保用品费用。

（8）其他　不能直接列入以上各项的费用，如接待费、办公费用等。

（9）管理费　即共同生产费用，如管理人员工资、后勤人员工资及其他管理费用。

（10）财务费用　主要指贷款产生的利息费用。

二、成本核算

根据生产过程，核算养猪成本，并计算各猪群头数、活重、增重、主产品数量等数据后，便可计算出各猪群的饲养成本。在养猪生产过程中，计算成本的方式很多，有计算猪的日饲养成本、单位增重成本、活重单位成本和主产品成本的，也有计算养殖猪群实际成本的，具体如下。

（一）增重成本

单位增重成本是指猪只在饲养期间增重所消耗的直接成本，其计算方式有：

1. 猪群饲养日成本

指猪群每天饲养所消耗的费用。

$$猪群饲养日成本＝猪群饲养费用÷猪群饲养日数$$

2. 断奶仔猪增重单位成本

指仔猪出生到断奶所消耗的费用。

$$断奶仔猪增重单位成本＝断乳仔猪群饲养费用÷断乳仔猪总活量$$

3. 商品猪单位增重成本

指商品猪在单位时间内增重的成本。

$$商品猪单位增重成本＝\frac{肉猪群饲养费用－副产品价值}{肉猪群总增重}$$

4. 主产品单位成本

指不同猪群单位时间内消耗的总成本。

$$主产品单位成本＝\frac{各群猪的饲养费用－副产品价值}{各群猪主产品总产量}$$

在实际生产中，猪场的主产品主要是指断奶仔猪和商品肉猪，副产品则包括粪肥、自产饲料、出售的沼气和沼液等。

（二）猪只实际成本核算

1. 仔猪新生成本

仔猪新生的成本由后备母猪培育成本，母猪饲养成本，公猪分摊到每一窝的成本，公、母猪药品、疫苗、水电、栏舍设备折旧和其他费用共同组成,再分摊给每一头仔猪,构成仔猪新生成本。

2.断奶仔猪成本

新生仔猪成本×1.06(假定哺乳仔猪成活率为94%)+教槽料成本+水电和哺乳仔猪药品、疫苗费用组成。

3.保育猪成本

断奶仔猪成本×1.04(假定保育仔猪成活率为96%)+保育料成本+水电和保育仔猪药品、疫苗费用组成。

4.生长育肥猪成本

其计算方法同上。

在所有的成本中,一般饲料费用占整个成本的 70%~80%,其他成本一般仅占 20%~30%。

(三)猪场成本控制要点

要想提高养猪的经济效益,降低养殖成本,在日常工作中,要做好如下工作:

(1)完善各岗位的管理制度、制订操作规程和操作标准,严格按要求组织生产。

(2)加强财务监控,控制各种不必要的开支。

(3)严格按照免疫程序进行预防接种,加强抗体水平监测、根据检测结果及时调整免疫程序,严格防疫,控制各种疾病的发生、发展,杜绝各种烈性传染病的发生和蔓延。

(4)根据猪场的实际生产情况,认真如实填写各种数据、表格,通过报表数据,对照年度制订的技术指标,及时发现问题并及时处理。

(5)采取措施,调动员工的劳动生产积极性,以降低饲养成本。

【实训操作】

猪场成本核算

一、实训目的

1.了解猪场成本组成;

2.熟悉猪场成本核算方法;

3.掌握猪场降低成本的方法。

二、实训材料与工具

1.材料

某猪场上年度生产指标、成本费用等各种资料。

2.工具

笔、纸、计算器、电脑。

三、实训步骤

1.查阅猪场相关数据,根据猪场生产计划情况,计算各项生产技术指标;

2.计算分析该猪场的成本组成并提出降低成本的措施。

四、实训操作

根据实训已知条件:某猪场 550 头基础母猪,公猪 10 头,自繁自养,年出栏肥猪 10 000头,平均体重 110 kg,平均售价 14.00 元/kg,饲养员共计 28 人,平均年工资 30 000 元,管理员

5 人,总工资 30 万元,饲料年总消耗 6 000 t,平均价格 3 500 元/t,年药品费用合计 100 万元,水电费用 40 万元,低值易耗品年 10 万元,固定资产投资 600 万元,按年 5％折算。请计算仔猪成本、肥猪成本(提供电子版和纸质稿)。

五、技能考核

猪场承包计划制订评分标准

序号	考核项目	考核内容	考核标准	评分
1	成本分析	分析猪场成本组成	猪场成本组成是否准确	20
2		设置技术指标参数	技术指标是否正确	20
3		计算养殖成本	成本计算是否正确	20
4	综合考核	口试	能准确回答老师的提问	20
5		实训表现	能提出合理化建议	20
合　计				100

工作任务 9-5　计算机在猪场上的应用

随着养猪生产从小规模、个体户养殖为主向集约化、规模化方向的发展,猪场规模不断扩大,管理越来越精细化,猪场各种数据越来越多,统计工作变得越来越复杂。依靠传统的人工统计方法,工作量不仅非常巨大,而且复杂、繁琐,经常出现错误。随着电子计算机在养猪生产上的应用和普及,猪场管理软件、饲料配方软件、疾病诊断软件的开发,测定标准的统一,养猪技术水平提高的速度大大加快。中国大多数中大型猪场都根据自己的实际,引进了各种类型的猪场管理软件,这些软件的应用,对提高养猪管理水平、提高经济效益起到了积极的推进作用。

一、猪场管理软件

目前,在中国养猪生产中,应用较多的软件主要有以下几种。

1. PigCHN 管理软件

该软件是在吸收国际流行软件 PigWIN,PigCHAMP 的先进设计思路,紧密结合国内猪场实际情况的基础上研制的。软件主要功能有种猪档案管理、商品猪群管理、性能分析与成本核算、问题诊断与工作安排、配种计划、生产预算和强大的统计报表。该软件具有思路清晰、功能强大、操作简便等特点。

2. PigMAP 管理软件

PigMAP 猪场管理软件适用于规模化、集约化的种猪场或商品猪场。该软件提供了丰富的猪场常用工具软件,包括生产管理系统、育种管理系统、财务管理系统、仓库管理系统、疾病诊断辅助系统和饲料配方系统 6 个子系统。生产管理系统提供了灵活、多样的数据统计功能:用户在生产管理系统可按日、周、月、年或任意时间段统计出猪场的分娩率、返情率、窝产活仔数、胎龄结构、死亡率、每头日耗料量、料肉(重)比、上市日龄等关键生产数据;能准确预计下周应配、应产、应断奶母猪和低效率母猪;并能随时统计出各栏舍的猪只存栏数及猪群转栏情况。

3. 猪场超级管理软件

该软件基于规模化、规范化的现代化养殖模式,通过详细的种猪档案、生产记录、发病记录、免疫记录等信息的录入,可有效管理种猪档案,自动生成生产提示、生产分析、销售分析、疾病分析等分析报告,还可自动生成各类生产、销售、分析报表,并具有兽医管理、总经理(场长)查询、仓库管理等功能。软件的普及版适用于存栏母猪 300 头以下且管理要求不太高的猪场,标准版适用于存栏母猪 500 头左右且管理要求比较规范的猪场,豪华版适用于有多个养猪分场或多条生产线、需要联网工作的大型养猪企业。

4. 农博士猪场管理系统软件

该软件采用先进的编程技术,系统贴近养猪生产实际,人性化设计,运行稳定、功能强大,提供灵活的打印输出等功能(系统内挂接 Excel 表格)。该系统的主要项目有生产管理、销售管理、种猪管理、饲料管理、药品管理、系统管理、基础数据、期初数据等,能同时满足猪场"全进全出"管理模式与粗放饲养的业务需要。系统实行猪群饲料、兽药、存栏、调动、变动、分群一体化统一管理,利于猪场更好地控制库存、降低成本。该软件还有功能强大的种猪管理项目,可对种猪实行全程跟踪,如发育、配种、繁殖记录等,系统根据种猪配种情况自动生成种猪系谱。另外,系统还可以自动生成各种报表。

5. GPS 猪场生产管理信息系统

该系统通过采集生产过程中发生的种猪配种、受胎检查、种猪分娩、断奶数据,生长猪转群、销售、购买、死淘和饲料使用数据,种猪、肉猪的免疫情况,种猪育种测定数据等信息,进行各种分析。如生产统计分析:根据生产年数据统计分析猪场生产情况,并根据任意时间段统计分析和生产指导信息;生产成本分析:按实际生产的消耗、销售、存栏、产出情况,系统提供猪只分群核算的基本成本分析数据,可帮助用户降低成本、获得最大效益;育种数据分析:根据实际育种测定数据和生产数据,可系统提供方差组分剖分(计算测定性状的遗传力、重复力、遗传相关等)、多形状 BLUP 育种值和复合育种值(选择指数)的计算等经典和现代的育种数据分析。系统提供了 30 余种统计分析模型和从种猪性能排队到选留种猪近交情况分析等多达 24 种育种数据分析表,用户可直接使用于具体的育种工作中。此外,系统还提供数据与 Excel 和 Html 文件格式的接口功能,方便用户公布自己的数据。

6. PigWIN(c)管理软件

PigWIN(c)是面向养猪生产者、兽医、猪群健康和管理专家顾问的一个新颖的、用户界面友好的和功能强大的管理工具。主要功能有:种猪管理(包括生产性能分析、母猪淘汰管理、猪群评价、掌上助理等)、生长猪管理(包括生产管理、生产性能分析、猪群评价、掌上助理等)、猪群报告(包括全群性能评价模块,母猪淘汰管理、母猪淘汰策略模块)、遗传分析(基因评估模块)、猪群比较、质量控制、呼吸道疾病监控和屠宰监测。

7. PigCHAMP 管理软件

该软件是北美著名的猪场管理软件。PigCHAMP 最初于 20 世纪 80 年代早期由明尼苏达州立大学兽医学院开发。20 世纪 90 年代中期,中国浙江金华种猪场、河北玉田种猪场和四川内江种猪场等"中加合作项目"猪场曾使用过该软件。

8. Herdsman 管理软件

该软件是一种用于猪场数据收集、报表制作及数据管理的软件。Herdsman 的版本有多种。目前该软件在美国使用较多,中国使用较少。它的主要功能有:报表、工作列表及图标制作,导入 PigCHAMPTM 及 PigWINTM 数据,BLUP 场内育种值计算,场间生产数据对比(数据不进行分享),猪只所处位置查询,动物系谱管理,多代内的血统及近交系数计算,4 个繁殖性状(产活仔数、出生窝重、21 日龄窝重和断奶活仔数)及 4 个生长性状(达到 105 kg 的日龄、日增重、背膘厚度、眼肌面积)的 EBV(育种值指数)计算及分析,并将 EBV 整合成 4 个指数(母猪繁殖指数、母系指数、轮回指数、终端指数)等。

二、猪场管理软件实例

金牧猪场管理软件 pigCHN 内容包括种猪档案管理、商品猪群管理、性能分析与成本核算、问题诊断与工作安排、配种计划、生产预算、统计报表等功能。

1. 运行步骤

按说明安装该软件。

2. 管理应用

进入 PigCHN 金牧猪场管理软件的界面(图 9-5-1 和图 9-5-2)。

点击界面上的"选择猪场",出现下拉菜单,选择需要进入的猪场名称。若新买软件,则建立一个猪场,并命名猪场名称(图 9-5-3)。

点击界面上的"猪场管理",出现一个新的界面(图 9-5-4)。

点击基础母猪,出现一个新的界面(图 9-5-5),对照生产数据进行修改、补充。

根据界面显示内容,选择所需要更新或查找的项目,点击即可进入。如全场存栏情况,见图 9-5-6。所有界面的内容,根据需要可输出打印。

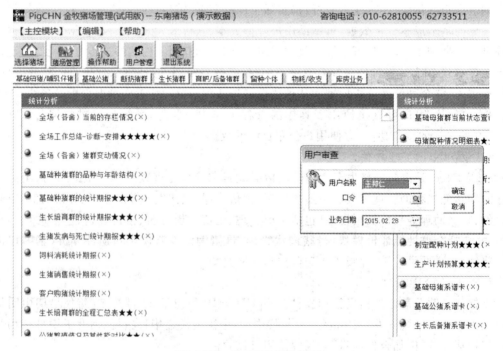

图 9-5-1 PigCHN 开机界面

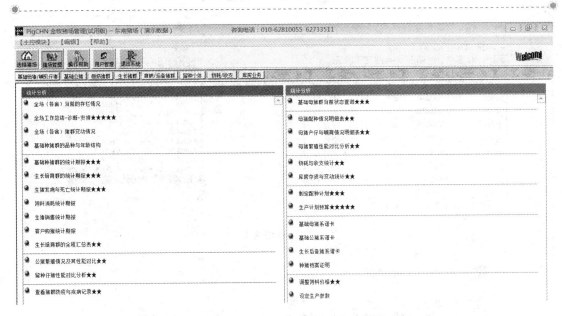

图 9-5-2　PigCHN 金牧猪场管理软件的界面

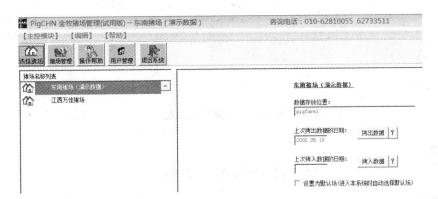

图 9-5-3　选择或新建猪场

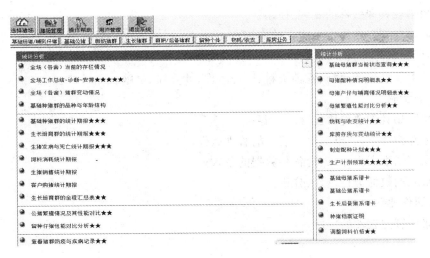

图 9-5-4　猪场管理界面

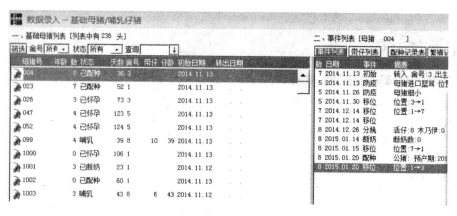

图 9-5-5　数据录入

图 9-5-6　全场存栏情况

【实训操作】

猪场管理软件的应用

一、实训目的

1.了解猪场管理软件的内容;

2.熟悉猪场管理软件的安装、使用;

3.掌握猪场管理软件在生产上的应用。

二、实训材料与工具

某猪场上年度生产计划、各种资料、管理软件、计算器、电脑。

三、实训步骤

1.了解猪场管理软件所包含的内容;

2.在老师指导下,在电脑上安装猪场管理软件;

3.根据猪场生产指标,进行各种数据的录入;

4.对录入的数据进行统计、分析。

四、实训作业

熟悉猪场管理软件的应用。

五、技能考核

猪场管理软件应用的评分标准

序号	考核项目	考核内容	考核标准	评分
1	操作过程考核	管理软件的内容	管理软件的内容是否熟悉	10
2		管理软件的安装	安装是否正确	10
3		数据录入	录入是否正确、熟练	20
4		统计分析	数据统计结果是否正确、全面	15
5		结果评价	数据分析是否正确、措施是否得当	20
6	综合考核	综合评定	合理正确，可操作性强	15
7		实训表现	团队合作能力	10
合　计				100

【小结】

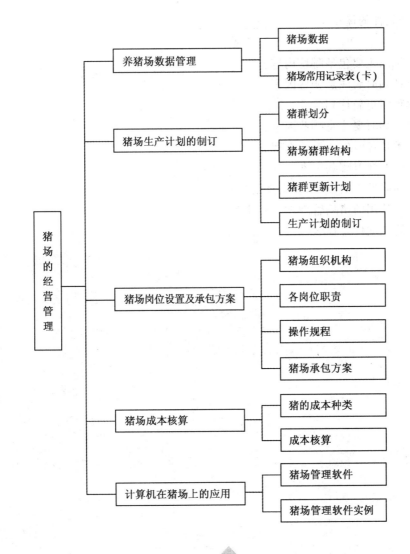

【自测训练】

一、填空题

1.猪场常见数据主要有 _____、_____、_____等三种。

2.猪场日报表是 _____。

3.一个自繁自养猪场猪群结构主要 _____、_____、_____、_____、_____、_____等几种类型。

4.猪场生产计划包括 _____、_____、_____。

5.猪场岗位主要包括 _____、_____、_____等三种类型。

6.在制订承包计划时,猪场生产人员的工资可由 _____、_____、_____等组成。

7.猪场成本主要包括_____ 和 _____。

8.单位增重成本是指 _____。

9.猪场管理软件包括 _____、_____、_____、_____、_____等功能。

10.猪场管理软件的优点是 _____。

二、问答题

1.日常生产记录主要包括哪些内容?

2.制订生产计划时要注意哪些因素?

3.如何理解种猪更新计划?

4.制订承包计划时要注意哪些因素?

5.在分析技术指标时应注意什么问题?

6.成本计算时要注意哪些因素?

7.养猪场如何降低养殖成本,提高经济效益?

8.目前生产上使用的猪场管理软件有哪些?

9.猪场使用管理软件有什么作用?

附　　录

附录 1　不同阶段猪只适宜的环境温度

日龄和类别	适宜温度	最高温度	最低温度
0～3 日龄	32～35	36	28
4～7 日龄	30～32	33	26
8～15 日龄	28～30	32	25
16～28 日龄	26～28	30	25
29～56 日龄	20～24	28	18
20～40 kg 生长猪	18～22	27	13
60～110 kg 育肥猪	18～22	27	12
种公猪	16～20	25	12
空怀及妊娠母猪	16～20	27	12
哺乳母猪	20～24	27	13

附录 2　母猪繁殖生理常数

项目	生理常数
母猪性成熟期	6～8 月龄
性周期	21 d
发情持续期	2～3 d
产后发情期	断奶后 5～7 d
开始繁殖月龄/可供繁殖年龄/停止繁殖年龄	9～10 月龄/4～5 年/6～8 年
寿命	12～16 年
每年繁殖胎数	2.0～2.5 胎
胎儿产出间隔时间	1～30 min
恶露排完时间	2～3 d
妊娠时间	114 d

附录 3　不同规模猪场猪群存栏结构

头

猪舍类型	100 头基础母猪	300 头基础母猪	600 头基础母猪
成年公猪	4	12	24
后备公猪	1	2	4
后备母猪	12	36	72
空怀妊娠母猪	84	252	504
哺乳母猪	16	48	96
哺乳仔猪	160	480	960
保育舍	228	684	1 368
生长育肥舍	559	1 676	3 352
合计	1 064	3 190	6 380

注：在均衡生产的情况下，每阶段的存栏偏差应小于 10%。

附录 4　不同猪舍配置的猪栏数

个

猪舍类型	100 头基础母猪	300 头基础母猪	600 头基础母猪
公猪舍	4	12	24
后备公猪舍	1	2	4
后备母猪舍	2	6	12
空怀妊娠舍	21	63	126
哺乳母猪舍	24	72	144
保育舍	28	84	168
生长育肥舍	64	192	384
合计	144	431	862

附录 5　猪只饲养密度

猪群类别	每栏饲养头数	每头占床面积/(m²/头)
公猪	1	9.0～12.0
后备公猪	1～2	4.0～5.0
后备母猪	5～6	1.0～1.5
空怀妊娠母猪	4～5(或1)	2.5～3(1.365)
哺乳母猪	1	4.2～5.0
保育猪	9～11	0.3～0.5
生长育肥猪	9～10	0.8～1.2

附录6　规模猪场水量供应参考表

t/d

猪舍类型	100 头基础母猪	300 头基础母猪	600 头基础母猪
猪场供水量	20	60	120
猪群饮水总量	5	15	30

注:炎热和干燥地区用水量可增加25%;采用干清粪猪场用水量不低于上述标准。

附录7　猪栏基本参数

mm

猪栏种类	栏高	栏长	栏宽	栅格间隙
公猪栏	1 200	3 000～4 000	2 700～3 200	100
配种栏	1 200	3 000～4 000	2 700～3 200	100
空怀妊娠栏	1 000	3 000～3 300	2 900～3 100	90
分娩栏	1 000	2 200～2 250	600～650	310～340
保育栏	700	1 900～2 200	1 700～1 900	55
生长育肥栏	900	3 000～3 300	2 900～3 100	85

附录8　猪食槽基本参数

mm

猪食槽形式	适用猪群	高度	采食间隔	前缘高度
水泥定量饲喂食槽	公猪、妊娠母猪	350	300	250
铸铁半圆弧食槽	哺乳母猪	500	310	250
长方体金属食槽	哺乳仔猪	100	100	70
长方形金属自动落料食槽	保育猪	700	140～150	100～120
	生长育肥猪	900	220～250	160～190

附录9　自动饮水器的水流速度和安装高度

适用猪群	水流速度/(mL/m)	安装高度/mm
公猪、母猪	2 000～2 500	600
哺乳仔猪	300～800	120
保育猪	800～1 300	280
生长育肥猪	1 300～2 000	380

附录 10 某猪场的免疫程序

群别	日龄	免疫品种	剂量	使用方法
后备种母猪种公猪	100	口蹄疫	3 mL	耳后根肌肉注射
	160	口蹄疫	2 mL	耳后根肌肉注射
	170	伪狂犬	2 头份	耳后根肌肉注射
		猪瘟、猪丹毒、猪肺疫	4 头份	配专用稀释液耳后根肌肉注射
	180	乙脑	2 mL	配专用稀释液耳后根肌肉注射
		细小病毒	2 mL	耳后根肌肉注射
	每年 3～4 月份(180 日龄以上)	乙脑苗加强免疫	2 mL	配专用稀释液耳根肌肉注射(若 180 日龄接种离本次接种时间不超过 2 个月,则本次不需加强免疫),接种两个星期以后才能配种
经产母猪	妊娠 85 d	大肠杆菌	1 头份	配生理盐水稀释液,耳后根肌注
		伪狂犬	2 头份	耳后根肌注。
	妊娠 93 d	口蹄疫	3 mL	耳后根肌注
	妊娠 100 d	腹泻二联	3 mL	耳后根肌注
	产后 23 d	猪瘟猪丹毒猪肺疫	4 头份	配生理盐水稀释液,耳后根肌注
仔猪	23 日龄	猪瘟、猪丹毒、猪肺疫	2 头份	配生理盐水稀释液,耳后根肌注
	40 日龄	口蹄疫	1 mL	耳后根肌注
		副伤寒	1 头份	耳后根肌注
	60 日龄	口蹄疫	2 mL	耳后根肌注
	70 日龄	猪瘟、猪丹毒、猪肺疫	3 头份	配生理盐水稀释液,耳后根肌注
种公猪	每年 3、9 月份每半年	猪瘟(4 头份)、猪丹毒(4 头份)、猪肺疫(4 头份)、伪狂犬苗(2 头份)		
	每年 2、7、11 月份	口蹄疫苗(3 mL)		
	每年 3—4 月份	乙脑(2 mL)		

注:在每季度内对空怀或超期未配的母猪集中进行一次口蹄疫苗(3 mL)和猪瘟(4 头份)的注射。

附录 11 猪场驱虫程序

寄生虫分为体内寄生虫(如蛔虫、结节虫、鞭虫等)和体外寄生虫(如疥螨、血虱等),猪群感染寄生虫后不仅使体重下降、饲料转化效率低,严重时可导致猪只死亡,引起很大的经济损失,因此猪场必须驱除体内外寄生虫,一般的驱虫程序为:

1.后备猪:外引猪进场后第 2 周驱体内外寄生虫一次;配种前驱体内外寄生虫一次。

2.成年公猪:每半年驱体内外寄生虫一次。

3.成年母猪:在临产前 2 周驱体内外寄生虫一次。

4.新购仔猪:在进场后第 2 周驱体内外寄生虫一次。

5.生长育成猪:9 周龄和 6 月龄各驱体内外寄生虫一次。

6.引进种猪:使用前驱体内外寄生虫一次。

7.猪舍与猪群驱虫消毒:①每月对种公母猪及后备猪喷雾驱体外寄生虫一次;②产房进猪前空舍空栏驱虫一次,临产母猪上产床前驱体外寄生虫一次。

8.驱虫药物视猪群情况、药物性能、用药对象等灵活掌握。

9.同时驱体内外寄生虫时一般采用帝诺玢、伊维菌素、阿维菌素等混饲连喂一周的方法。

10. 如果采用一次式混饲驱体内外寄生虫的方法,要隔 7 d 再用一次。

11. 商品猪驱虫前最好健胃。

附录 12　养猪相关网站

国际捕捞规则公约 http://www.iwcoffice.org

南极海洋生物资源养护公约 http://www.ccamlr.org

关于特别是作为水禽栖息地的国际重要湿地公约 http://www.ramsar.org

濒危野生动植物种国际贸易公约 http://www.cites.org

保护野生动物迁徙物种公约 http://www.cms.int

生物多样性公约 http://www.biodiv.org

关于动物福利的系列欧洲公约 http://www.conventions.coe.int

世界自然保护联盟 http://www.iucn.org

世界自然基金会 http://www.wwf.org

国际爱护动物基金会 http://www.ifaw.org

世界动物保护协会 http://www.wspa-international.org

中国野生动物保护协会 http://www.cwca.org.cn

华夏养猪网 http://www.pigol.cn

中国农业网址 http://www.ny3721.com

猪 e 网 http://hao.zhue.com.cn

养猪巴巴网 http://www.yz88.cn

中国养猪第一网 http://www.zgyz001.com

参 考 文 献

1.达尔文.物种起源——影响世界历史进程的书.舒德干等译.西安:陕西人民出版社,2001.

2.邢军.养猪与猪病防治.北京:中国农业大学出版社,2012.

3.顾宪红.畜合格利与畜产品品质安全.北京:中国农业科学技术出版社,2005.

4.郑雪君,杨婷婷,等.中国地方猪品种的保护与利用分析.中国畜牧杂志,2015(16):24-27.

5.李海龙,李吕木,等.病死猪堆肥高温降解菌的筛选、鉴定及堆肥效果.微生物学报,2015(9):1117-1125.

6.霍永久,等.饲粮蛋白质水平对育肥东串猪生长性能、血清生化指标及胴体性状的影响.动物营养学报,2015(8):2502-2508.

7.谢杰,李鹏,等.我国生猪价格的周期性波动:实证分析与政策思考.中国畜牧杂志,2015(6):44-47.

8.吴小芳,王贤华,等.农村生物质沼气系统的生命周期分析.太阳能学报,2014(8):1551-1558.

9.刘柱,杨志远,等.分娩与断奶背膘厚度对猪繁殖性能的影响研究.中国畜牧兽医,2014(6):187-190.

10.欧秀琼,郭宗义,等.环境温度变化对仔猪和生长肥育猪健康及生产力的影响.畜牧与兽医,2014(6):129-132.

11.田海林,林聪,等.利用厌氧消化技术处理病死猪的工程应用.可再生能源,2014(12):1869-1873.

12.吴曙光,詹新义,等.基于动物福利的贵州小型猪饲养管理.黑龙江畜牧兽医,2013(12):135-136.

13.丁月云,余大华,等.胎次对皖南黑猪繁殖性能的影响.广东农业科学,2013(20):122-124.

14.史经略,梁天林,等.生物发酵猪饲料饲喂仔猪的效果.江苏农业科学,2013(12):218-219.

15.刘云国.养殖畜禽动物福利解读.北京:北京金盾出版社,2010.